流 体 力 学

白志刚　著

天津大学出版社
TIANJIN UNIVERSITY PRESS

内容简介

流体力学是船舶与海洋工程专业的一门重要专业基础课程，是船舶与海洋工程进行流体性能、载荷与响应研究和分析的理论基础。本书可作为船舶与海洋工程及相近工科专业本科生的流体力学课程教材，也可供从事相关专业教学研究的人员及工程技术人员参考。

图书在版编目(CIP)数据

流体力学/白志刚著. —天津：天津大学出版社，2019.11（2025.4重印）

ISBN 978-7-5618-6134-9

Ⅰ.①流… Ⅱ.①白… Ⅲ.①流体力学—高等学校—教材 Ⅳ.①O35

中国版本图书馆CIP数据核字(2018)第130639号

出版发行	天津大学出版社
地　　址	天津市卫津路92号天津大学内(邮编:300072)
电　　话	发行部:022-27403647
网　　址	www.tjupress.com.cn
印　　刷	北京虎彩文化传播有限公司
经　　销	全国各地新华书店
开　　本	185mm×260mm
印　　张	18.5
字　　数	449千
版　　次	2019年11月第1版
印　　次	2025年4月第3次
定　　价	56.00元

前　言

流体力学是船舶与海洋工程专业的一门重要专业基础课程,是船舶与海洋工程进行流体性能、载荷与响应研究和分析的理论基础。本书可作为船舶与海洋工程及相近工科专业本科生的流体力学课程教材,也可供从事相关专业教学研究的人员及工程技术人员参考。

本书在综合分析国内有关高校船舶与海洋工程、水利工程和土木工程等专业本科生所用的流体力学、水力学教材的内容、特点及存在的问题的基础上,依据目前该专业的培养目标和课程教学大纲的要求,吸收其他专业流体力学教材的成果,结合本校流体力学课程多年的教学体会和教学成果编写而成。本书主要论述了流体力学的相关理论及其应用,重点研究了流体的运动规律与力学规律及其在工程中的应用。全书共分 8 章,内容包括:第 1 章流体的基本物理性质,讲述流体力学的研究对象及任务,流体力学的发展简史和研究方法,流体的基本特征,连续介质假设和连续介质模型,流体的主要物理性质,牛顿流体和非牛顿流体,作用在流体上的力;第 2 章流体静力学,讲述流体静压强及其特性,流体平衡微分方程及其积分,重力作用下流体静压强的分布规律,压强的量测和点压强的计算,流体的相对平衡,静止流体对平面壁的作用力,静止流体对曲面壁的作用力和压力体,潜体及浮体的平衡与稳定性;第 3 章流体运动学,讲述描述流体运动的两种方法,流体运动的分类、迹线和流线,连续性方程,流体微团运动的分析,势流及流速势函数,平面流动和流函数;第 4 章流体动力学,讲述实际流体的应力与变形速度,实际流体的运动微分方程,理想流体的运动微分方程,理想流体的伯努利方程,实际元流的伯努利方程,实际总流的伯努利方程,伯努利方程应用实例,伯努利方程应用拓展,恒定流的动量定理和动量矩定理,恒定总流的动量方程与动量矩方程;第 5 章旋涡理论,讲述旋涡运动的基本概念,斯托克斯(Stokes)定理,汤姆孙(Thomson)定理,亥姆霍兹(Helmholtz)定理,毕奥－萨伐尔(Biot-Savart)定理,旋涡诱导速度场的一般提法,兰金组合涡;第 6 章平面势流理论,讲述流网法求解平面势流,几种简单的平面势流,平面势流的复势,平面势流的复速度,求解平面势流的复势的方法,作用在物体上的力和力矩;第7章水波理论,讲述波浪的产生及要素,波浪运动的基本方程与定解条件,微幅波理论,立波(驻波),波群和波群速,斯托克斯有限振幅波理论,作用在直墙上的波浪力,作用在孤立结构物上的波压力;第8章相似理论与模型实验基础,讲述量纲、单位和无量纲数,量纲齐次性原理和量纲分析法,相似理论,液流相似准则,模型实验。书中有类型多样、数量适中的例题及习题,各学校可根据不同的专业及不同的学时酌情取舍。

本书由天津大学建筑工程学院的白志刚著,白志刚负责第1~6章的编写及全书统稿;山东交通学院的王日升负责第7章和第10章的编写;另外,研究生马暄、王启凡在文字、图表的整理方面提供了一定的帮助。本书在编写过程中得到了天津大学的李德筠教授和李大鸣教授的大力支持和指导,在此表示衷心的感谢!本书参考了大量国内外相关资料,在此向这些资料的作者表示深深的谢意和敬意。由于作者水平有限,不妥与错误之处在所难免,恳请广大读者给予批评指正。

著　者

2019年6月

目　　录

第1章　流体的基本物理性质

1.1　流体力学的研究对象及任务

1.1.1　流体力学的研究对象

流体力学是力学的一个分支，它主要研究流体本身的静止状态、运动状态以及流体和固体界壁间有相对运动时的相互作用和流动规律。流体力学研究得最多的流体是水和空气。它的主要理论基础是牛顿运动定律和质量守恒定律，常常用到热力学知识，有时还用到宏观电动力学的基本定律、本构方程和物理学、化学的基础知识。

1738年伯努利出版他的专著时，首先使用了水动力学这个名词并将其作为书名；1880年前后出现了空气动力学这个名词；1935年以后，人们概括了这两方面的知识，建立了统一的体系，统称流体力学。

除水和空气以外，流体还有作为汽轮机工作介质的水蒸气、润滑油、地下石油、含泥沙的江水、血液、在超高压作用下的金属、燃烧产生的成分复杂的气体、高温下的等离子体等。气象、水利方面的研究，船舶、飞行器、叶轮机械和核电站的设计及运行，可燃气体或炸药的爆炸以及天体物理中的若干问题等，都广泛地用到流体力学知识。许多现代科学技术所关心的问题既受流体力学的指导，又促进它不断地发展。

1. 流体力学的定义

按照力学的术语定义，在任何微小的剪切力的作用下都能够发生连续变形的物质称为流体，所以气体、液体统称流体。

流体力学是一门研究流体的平衡和机械运动规律及其实际应用的技术科学。它是相对于一般力学和固体力学而言的。流体力学的内容包括三个基本部分：流体静力学、流体运动学和流体动力学。流体静力学研究流体（以水为代表的液体和以空气为代表的气体）在静止（或相对平衡）状态下的力学规律及其应用，它的结论对理想流体和黏性流体均适用。流体运动学是研究流体的运动规律及其应用的学科。流体动力学是研究流体的运动规律，力学规律及其应用的学科。

流体力学在研究流体的平衡和运动规律时，要应用物理学及理论力学中有关物理平衡及运动规律的原理，如力系平衡定理、动量定理、动能定理等。因为流体在平衡或运动状态下同样遵循这些普遍的原理，所以物理学和理论力学的知识是学习流体力学课程的必要基础。

2. 流体运动现象事例

人类虽然长期生活在含空气和水的环境中，但对一些流体运动现象却缺乏认识，现举以下几个例子加以说明。

(1)高尔夫球表面光滑好还是粗糙好?

高尔夫球运动起源于15世纪的苏格兰,当时人们认为表面光滑的球飞行阻力小,因此用皮革制球。后来人们发现表面有很多划痕的旧球反而飞得更远,这个谜直到20世纪建立了流体力学边界层理论后才解开。现在的高尔夫球表面有很多小坑,在同样的大小和质量下,其飞行距离为光滑球的5倍。

(2)汽车阻力来自前部还是后部?

汽车发明于19世纪末,当时人们认为汽车阻力主要来自汽车前部对空气的撞击,因此早期的汽车后部是陡峭的,称为箱形车,其阻力系数很大,约为0.8。实际上汽车阻力主要来自汽车后部形成的尾流,称为形状阻力。

自20世纪30年代起,人们开始运用流体力学基本原理改进汽车尾部的形状,出现了甲壳虫形,阻力系数降至0.6;20世纪50—60年代改进为船形,阻力系数为0.45;20世纪80年代经过风洞实验系统研究后又改进为鱼形,阻力系数为0.3,之后进一步改进为楔形,阻力系数为0.2;20世纪90年代科研人员研制开发出未来型汽车,阻力系数仅为0.137。

经过多年来的研究改进,汽车阻力系数从0.8降至0.137,阻力约减小为原来的1/5。目前,在汽车外形设计中流体力学性能研究已占主导地位,合理的外形使汽车具有更好的动力学性能和更低的耗油率。

(3)机翼升力来自下部还是上部?

人们的直观印象是机翼升力来自下部,但19世纪初建立的流体力学环量理论彻底改变了人们的传统观念。机翼的特殊形状使它不用旋转就能产生环量,上部流速加快形成吸力,下部流速减慢形成压力,两者合成形成升力。测量和计算结果表明,上部吸力的贡献远比下部压力的贡献大。

(4)足球的香蕉球现象可以帮助理解环量理论。旋转的球带动空气形成环流,一侧空气加速导致压力减小,另一侧空气减速导致压力增大,形成压力差,产生横向力,从而使足球拐弯,这种现象称为马格努斯效应。

(5)孤立波。1834年英国科学家罗素(J. S. Russell)在狭窄的运河河道中发现一个由船头推动的孤立波脱离船头,以几乎不变的波形和速度向前推进,经过约1英里(1.609 m)的追逐后,在运河的拐弯处消失了。到了20世纪,科学家发现两个孤立波在相互作用后波形保持不变,由此建立了孤立子理论,其已广泛应用于光学、水波、声学、超导等领域。20世纪60年代人们在研究固体热传导时发现了孤立子现象,即两个孤立波在非线性相互作用后波形保持不变。接着重新导出了水波的KdV方程,并发现了孤立子。

(6)混沌与分形。1959年美国气象学家洛伦兹(E. Lorenz)在用流体力学方程求解大气热对流运动时发现了混沌现象。代表无穷多种天气状态的混沌吸引子曲线外形酷似蝴蝶,被称为蝴蝶效应。混沌理论是非线性科学的重要基础,已成功地应用于分形学,甚至用于解释生命和社会学现象。

1963年洛伦兹研究天气预报时,从流体力学方程出发得到了一组简化方程(后来被称为洛伦兹方程),他分析了这组方程后发现,如果控制参数超过某一个临界值,这组确定性方程的解对初值敏感,也就是出现了混沌运动。对有名的贝纳德(Benard)热对流问题作简化,用拉格朗日观点考察二维不可压缩流动中质点的轨迹,可以得到非线性的哈密顿保守系统。20 世纪 80 年代,人们从理论和实验两个方面证实了在这样的保守系统中也存在混沌现象,并称之为拉格朗日湍流。两个偏心圆柱间黏性流体的低雷诺数流动,被理论和实验同时证明存在混沌现象,这是混沌运动的一个典型。

表面看起来无规律、不可预测的现象,实际上有它自己的规律,混沌学的任务就是寻求混沌现象的规律,加以处理和应用。20 世纪 60 年代,混沌学的研究热悄然兴起,并渗透到物理学、化学、生物学、生态学、力学、气象学、经济学、社会学等诸多领域,成为一门新兴学科。科学家给混沌下的定义是:混沌是发生在确定性系统中的貌似随机的不规则运动。一个用确定性理论描述的系统,其行为却表现出不确定性——不可重复、不可预测,这就是混沌现象。

确定性的流动因为对初值敏感而出现极其复杂、混乱的现象,这不仅从根本上改变了人们对牛顿力学的看法,即经典力学的内涵远远没有被充分认识,而且深深影响了人们的自然观。

在欧氏空间中,人们习惯于把空间看成三维的,把平面或球面看成二维的,把直线或曲线看成一维的;也可以稍加推广,认为点是零维的,还可以引入高维空间。人们习惯于整数的维数,而分形理论把维数视为分数。曼德勃罗想用分形来描述自然界中传统欧几里得几何学所不能描述的一大类复杂、无规则的几何对象。例如弯弯曲曲的海岸线,起伏不平的山脉,粗糙的断面,变幻无常的浮云,九曲回肠的河流,纵横交错的血管,令人眼花缭乱的满天繁星等。它们的特点是极不规则或极不光滑。直观而粗略地说,这些对象都是分形的。

以上所举的几个例子足以说明流体力学研究在近代科学发展中所起的作用。流体运动是宏观现象,人类易于观察和感知,而流体力学从本质上讲是非线性的,包含着极为丰富的、至今还未被人们充分认识和理解的现象及规律。从流体力学中发现的规律会逐渐渗透到其他科学领域,并最终形成具有普遍意义的理论科学,从而指导整个自然科学的发展。

1.1.2　流体力学的分类

流体力学按研究的侧重点不同分为理论流体力学和工程流体力学。理论流体力学侧重于严密的数学推理,力求结果的准确性和严密性;工程流体力学则侧重于解决工程实际中出现的问题,而不追求数学上的严密性。从历史发展的角度,流体力学分为古典流体力学、实验流体力学和现代流体力学。古典流体力学是在古典力学的基础上,运用严密的数学工具建立有关理想流体及实际流体的基本运动方程,但理论假设与实际不尽相符;实验流体力学是工程技术人员用实验方法推出一些经验公式,以满足工程需要,但有些公式缺乏理论基础;近来发展形成的现代流体力学将实验方法和理论分析相结合,实践和理论并重。

目前,流体力学按应用领域分为以下三类。

(1)水利类流体力学,面向水工、港口、海洋等领域。

(2)土木类流体力学,面向市政、工民建、道桥、城市防洪等领域。

(3)机械类流体力学,面向机械、冶金、化工、水机等领域。

基于流体力学在各个工程领域的应用,其已经发展出许多分支,如环境流体力学、计算流体力学、高等流体力学、电磁流体力学、化学流体力学、生物流体力学、高温气体力学、非牛顿流体力学、工业流体力学、随机水流体力学、坡面流体力学、高速流体力学、流体动力学、空气动力学、多相流体力学、实验流体力学、爆破力学等。

只有掌握流体的各种力学性质和运动规律,才能有效地、正确地解决工程实际中的各种流体力学问题。

1.1.3 流体力学的主要任务

作为力学的一个分支,流体力学的任务是从力学的观点出发,研究流体的平衡和机械运动规律。随着人类社会的发展,流体力学越来越广泛地渗透到人们生产和生活的各个方面,各行各业中与流体力学有关的问题也越来越多,特别是工程技术领域,如海洋、水利、港口、土木、水资源利用、石油、交通、造船、建筑、机械、动力、环保、冶金、化工、核能、航空航天、采矿、生物医学等领域,涉及大量的流体力学问题,如建筑工程中高层建筑的风载和风振,建筑物基础施工时的基坑排水、基坑抗渗处理等,桥梁工程中渡桥的设计、各种水工建筑物的设计、道路边沟排水等,建筑工程中建筑内部给水、排水、供热、通风、空调等的设计和设备选用等。

简要地说,流体力学是研究流体的宏观运动规律的学科。流体力学的任务是研究流体的运动规律,流体之间或流体与固体之间的相互作用力,流体流动过程中动量、能量和质量的传输规律等,并应用它们解决生活、生产和科研中与流体运动有关的各种问题。

流体力学主要解决工程中的以下问题:流力载荷、过水能力、水流流态、能量损失、能势线、水工模型、渗流、水击、气蚀和高速水流等。

1.2 流体力学的发展简史和研究方法

1.2.1 流体力学的发展简史

任何一门学科都是成千上万的科学家苦心钻研的成果,也包含对以前成果的继承和创新。流体力学是在人类同自然界作斗争的过程中和生产实践中逐步发展起来的。古时有大禹治水疏通江河的传说;秦朝时李冰父子带领劳动人民修建的都江堰至今还发挥着作用;大约与此同时,古罗马人建成了大规模的供水管道系统;等等。

流体力学的漫长发展史始于距今约 2 200 年以前,古希腊伟大的数学家、物理学家阿基米德在《论浮体》一书中对静止时液体的力学性质作了第一次科学总结,建立了包括物理浮力定律和浮体稳定性在内的液体平衡理论,奠定了流体静力学的重要基础,流体力学的万丈高楼才得以建立起来。但令人扼腕的是,此后千余年间,流体力学没有重大发展和突破。直到 15 世纪,我们熟知的在许多领域都颇有建树的意大利画家达·芬奇在其著作中谈到水波、管流、水力机械、鸟的飞翔原理等问题。17 世纪,帕斯卡阐明了静止流体中压力的概念。

流体力学,尤其是流体动力学作为一门严密的科学,是在经典力学建立了速度、加速度、力、流场等概念以及质量、动量、能量三个守恒定律之后才逐步形成的。流体力学的主要发展是从牛顿时代开始的，1687 年牛顿在其名著《自然哲学的数学原理》中讨论了流体的阻力、波浪运动等内容，使流体力学开始成为力学中的一个独立分支。此后，流体力学的发展主要经历了以下过程。

17 世纪，力学奠基人牛顿研究了在流体中运动的物体所受到的阻力，得到了阻力与流体的密度、物体的迎流截面面积以及运动速度的平方成正比的结论。他还针对黏性流体运动时的内摩擦力提出了牛顿黏性定律。但是牛顿没有建立起流体动力学的理论基础，他提出的许多力学模型和结论与实际情形还有较大的差别。

伯努利所提出的液体运动的能量估计及欧拉所提出的液体运动的解析方法为研究液体的运动规律奠定了理论基础，在此基础上形成了一门属于数学的古典水动力学(或古典流体力学)。毕托发明了测量流速的毕托管；达朗贝尔为测定运河中船只的阻力进行了许多实验工作，证实了阻力与物体运动速度之间的平方关系；欧拉采用连续介质的概念，把静力学中的压力概念推广到运动流体中，建立了欧拉方程，正确地用微分方程组描述了无黏性流体的运动；伯努利从经典力学的能量守恒定律出发，研究供水管道中水的流动，精心地安排了实验并加以分析，得到了描述流体定常运动中流速、压力、管道高程之间关系的伯努利方程。欧拉方程和伯努利方程的建立是流体动力学作为一个分支学科建立的标志，从此进入了通过微分方程和实验测量进行流体运动定量研究的阶段。从 18 世纪起，位势流理论有了很大的进展，在水波、潮汐、旋涡运动、声学等方面都阐明了很多规律。法国的拉格朗日对无旋运动、德国的亥姆霍兹对旋涡运动作了不少研究。在上述研究中，流体的黏性并不起重要作用，即所考虑的是无黏性流体。这种理论当然阐明不了流体中黏性的效应。

在古典水动力学的基础上，纳维和斯托克斯提出了著名的实际黏性流体的基本运动方程——纳维 - 斯托克斯方程(N-S 方程)，为流体力学的长远发展奠定了理论基础。19 世纪，工程师们为了解决诸多工程问题，尤其是受黏性影响的问题，部分运用流体力学理论，部分采用归纳实验结果的半经验公式进行研究，从而形成了水力学，至今它仍与流体力学并行发展。1821 年，纳维建立了黏性流体的基本运动方程；1845 年，斯托克斯以更合理的基础推导了这个方程，并论证了其所涉及的宏观力学基本概念。这个方程就是沿用至今的纳维 - 斯托克斯方程。前面提到的欧拉方程正是 N-S 方程在黏度为零时的特例。普朗克学派从 1904 年到 1921 年逐步将 N-S 方程简化，从推理、数学论证和实验测量等角度建立了边界层理论，能实际计算简单情形下边界层内的流动状态和流体与固体间的黏性力，这一理论既明确了理想流体的适用范围，又能计算物体运动时的摩擦阻力。同时，普朗克提出了许多新概念，并将其广泛地应用于飞机和汽轮机的设计中。20 世纪初，以茹科夫斯基、普朗克等为代表的科学家建立了以无黏不可压缩流体位势流理论为基础的机翼理论，阐明了机翼如何受到举力，从而带动很重的飞机飞向天空。但由于 N-S 方程所用数学理论的复杂性和理想流体模型的局限性，其不能令人满意地解决工程问题，故形成了以实验方法推导出经验公式的实验流体力学。

从 19 世纪末起，人们把理论分析方法和实验分析方法相结合，以解决实际问题，同时古典流体力学和实验流体力学的内容不断更新变化，如出现了相似理论、量纲分析、边界层理论和紊流理论等,在此基础上最终形成了理论与实践并重的研究实际流体模型的现代流体力学。

20 世纪 60 年代以后,由于计算机的发展与普及,流体力学的应用日益广泛。

主要的流体力学事件如下。

1738 年,瑞士数学家伯努利在名著《流体动力学》中提出了伯努利方程。

1755 年,欧拉在名著《流体运动的一般原理》中提出了理想流体的概念,并建立了理想流体基本方程和连续方程,从而提出了流体运动的解析方法,同时提出了流速势函数的概念。

1781 年,拉格朗日首先引入了流函数的概念。

1821 年,法国工程师纳维建立了黏性流体的基本运动方程;1845 年,英国数学家、物理学家斯托克斯提出了著名的 N-S 方程。

1858 年,亥姆霍兹指出了理想流体中旋涡的许多基本性质并提出了旋涡运动理论,后来于 1887 年提出了脱体绕流理论。

1876 年,雷诺发现了流体流动的两种流态:层流和紊流。

19 世纪末,相似理论被提出,实验分析和理论分析相结合。

20 世纪以来,现代工业发展突飞猛进,新技术不断涌现,推动着古典流体力学和流体力学进入了新的发展时期,并走上了融合为一体的道路。

我国水利事业的发展历史十分悠久,其中的主要事件如下。

4 000 多年前大禹治水,顺水之性,疏壅导滞(洪水归于河)。

秦国在公元前 256—公元前 210 年修建了我国历史上的三大水利工程(都江堰、郑国渠、灵渠)。

西汉时(公元前 156—公元前 87 年)在黄土高原上修建了龙首渠。

隋朝时(587—610 年)修建了南北大运河。

隋朝工匠李春于 605—617 年在冀中洨河主持修建了赵州石拱桥,拱背的 4 个小拱既能减小主拱的负载,又可宣泄洪水。

元朝时研制出了计时工具铜壶滴漏。

清朝雍正年间,何梦瑶在《算迪》一书中提出流量等于过流断面面积乘以断面平均流速。

现当代钱学森在空气动力学方面的新理论、周培源的紊流理论、吴仲华的叶轮机械三元流动理论皆为世人所瞩目。

1.2.2 流体力学的研究方法

同一切科学的研究方法一样,流体力学的研究方法也经历了从实践到理论再到实践的过程,经过不断反复,流体力学才得以不断发展和提高,直至完善。流体力学的研究方法是理论与实践相结合的研究方法。任何物理现象的背后都有由各种有关变量相互制约、相互依存而形成的一定的函数关系,即所谓的规律。流体力学的研究目的就是掌握统一的规律,并运用规律来计算所需要的各种物理量的值。流体力学的研究方法主要有理论分析法、实验研究法和数值计算法等。

1. 理论分析法

理论分析法是通过对流体的物理性质和流动特征的科学抽象,提出合理的理论模型,根据机械运动的普遍规律建立流体运动的闭合方程组,将实际的流动问题转化为数学问题,在相应的边界条件和初始条件下求解。理论分析法的关键在于提出理论模型,并运用数学方法求出理论结果,达到揭示运动规律的目的。但由于数学上的困难,许多实际的流动问题难以精确求解。

理论分析法首先分析作用在流体上的力,然后引用流体力学的基本假设和有关概念,再运用经典力学的基本原理和数学工具,最后建立流体运动的基本方程。

2. 实验研究法

实验研究法是借助科学实验对流体进行观测,并对观察到的现象和测量的一系列数据进行分析和处理,探明本质,找出规律,从而得出计算公式和方法,其可分为现场观测法和模型实验法。

现场观测是对自然界固有的流动现象或已有工程的全尺寸流动现象,利用各种仪器进行系统观测,从而总结出流体运动的规律,并预测流动现象的演变。过去对天气的观测和预报基本上就是这样进行的。

不过现场流动现象的发生往往不受控制,其发生条件几乎不可能完全重复出现,从而影响人们对流动现象和规律的研究;现场观测还要花费大量物力、财力和人力。因此,人们建立了实验室,使流动现象在可以控制的条件下出现,以便观察和研究。实验能显示流体运动的特点及主要趋势,有助于形成概念,检验理论的正确性。

200 年来,流体力学发展中的每一项重大进展都离不开实验。现场观测常常是对已有事物、已有工程的观测,而实验研究却可以对还没有出现的事物、没有发生的现象(如待设计的工程、机械等)进行模拟,使之得到改进。因此,实验研究是研究流体力学的重要方法。

3. 数值计算法

数值计算法是在应用计算机的基础上,采用各种离散化方法(有限差分法、有限元法等)建立各种数学模型,通过计算机进行数值计算和数值实验,得到在时间上和空间上由许多数字组成的集合体,最终获得定量描述流场的数值解。近几十年来,这一方法得到很大的发展,已形成一个专门的学科——计算流体力学。

上述三种方法相辅相成,为发展流体力学理论、解决复杂的工程技术问题奠定了基础。实验需要理论指导,才能从分散的、表面上无联系的现象和实验数据中得出规律性的结论。反之,理论分析和数值计算也要依靠现场观测和实验研究给出图像或数据,以建立流动的力学模型和数学模式,还需依靠实验检验这些模型和模式的完善程度。此外,实际流动往往异常复杂(例如紊流),理论分析和数值计算会遇到巨大的数学和计算方面的困难,得不到具体结果,只能通过现场观测和实验研究进行研究。

现代流体力学的研究方法是理论、计算与实验并重。20 世纪 60 年代以来,新型电子计算机不断涌现,数值模拟方法不断创新,与此同时,现代量测技术(如激光、同位素和电子仪器)的应用以及计算机在实验数据和资料的监测、采集和处理上所起的巨大作用,使得现代流体力学的各种研究方法更加相辅相成。可以预见,采用这些先进的研究方法,流体力学的发展与应用水平必将大大提高。

1.3 流体的基本特征

物质一般有三态，即固态、液态和气态，流体包括物质三态中的液态和气态两态。流体是由流体分子组成的，流体分子无时无刻不在进行无规则的、随机的布朗运动。从微观角度看，流体分子之间是不连续的、有间隙的，流体分子之间存在着比分子尺度大得多的间隙。因此，流场中各空间点的流体物理量本质上是不连续的。

流体的基本特征是具有流动性。所谓流动性是流体在微小剪切力的作用下连续变形的特性。固体在一般情况下没有流动性，在剪切力的作用下可以维持平衡。所以，流动性是区别流体和固体的力学特征。

用力学的术语进行定义，在任何微小剪切力的作用下都能够连续变形的物质称为流体，所以气体、液体统称流体。

从力学的角度看，流体和固体对外力的抵抗能力不同，故它们有如下区别。

(1)在静止状态下，固体的作用面能够同时承受切向应力和法向应力；而流体只有在运动状态下才能够同时承受法向应力和切向应力，在静止状态下其作用面仅能够承受法向应力，这一应力是压缩应力，即静压强。

(2)固体在力的作用下变形，在弹性极限内变形和作用力之间服从胡克定律，即固体的变形量和作用力的大小成正比；而流体则是角变形速度和剪切力有关，在层流和紊流状态下它们之间的关系有所不同，在层流状态下两者之间服从牛顿内摩擦定律。

(3)作用力停止作用后，固体可以恢复原来的形状；而流体只能够停止变形，不能返回原来的位置。

(4)固体有一定的形状；而流体由于变形所需的剪切力非常小，所以很容易使自身的形状适应容器的形状，并且在一定条件下可以维持下来。

液体和气体的共同点是两者均具有易流动性，即在任何微小切应力的作用下都会变形或流动。

液体和气体的区别如下。

(1)气体易于压缩，而液体难于压缩。

(2)液体有一定的体积，存在自由液面；气体能充满任意形状的容器，无一定的体积，不存在自由液面。

在一定条件下，气体和液体的分子大小并无明显差异，但气体所占的体积是同质量液体的1 000倍，所以气体的分子间距与液体相比大得多，分子间引力非常微小，分子可以自由运动，能够充满所能到达的全部空间。液体的分子间距很小，分子间引力较大，分子间相互制约，分子可以进行无一定周期和频率的振动，在其他分子间移动，但不能像气体分子那样自由移动，因此液体的流动性不如气体。在一定条件下，一定质量的液体有一定的体积，并能适应容器的形状，但不能像气体那样充满所能到达的全部空间。液体和气体的交界面称为自由液面。

1.4 连续介质假设和连续介质模型

1. 连续介质假设

流体由大量分子组成,所有分子都在一刻不停地运动着,分子之间存在相互吸引和排斥的力。液体和气体的分子运动比固体激烈,流体的平衡和运动规律不包括这里所说的微观分子运动。流体力学所要研究的是流体的宏观平衡和运动规律,具体地说就是由外部原因,比如重力、压力差、摩擦力引起的宏观运动。若把物体的平衡状态作为运动状态的特例,那么流体力学的研究任务就可简单地说成研究流体的宏观运动规律。

流体力学研究流体宏观运动的规律,也就是大量分子随机平均的规律性。1753 年瑞士数学家、物理学家欧拉(Euler,1707—1783)首先提出,把流体当作由密集质点构成、内部无间隙的连续体来研究,这就是连续介质假设。

这里所说的质点指大小与流动空间相比微不足道,含有大量分子,具有一定质量的流体微元。它有两个特点:一是其尺度相对分子结构来说足够大,每个质点都含有大量分子,从而能够代表并反映介质中分子运动的统计平均特性;二是质点与所研究的流体空间相比足够小,几乎在任意位置都有这样的质点存在,且没有“空隙”。

连续介质假设的含义如下。

(1)对流体分子结构加以宏观数学抽象。

(2)将周围临界体积范围内的分子平均特性赋予质点。

(3)流体质点无尺度,但有物理意义。

(4)流体质点的物理量是连续可微函数。

(5)根据物理学基本定律建立流体运动微分或积分方程,并用连续函数理论求解方程。

2. 连续介质模型

连续介质模型是利用连续介质假设建立的模型。这个模型不关注分子的存在和分子的运动,所关心的只是连续分布的质点。这些质点固然是由分子组成的,但它们不反映个别分子的运动,而是反映并代表整体分子运动的统计平均特性。当用连续介质模型代替所研究的流体时,流体的一切力学特性,如速度、压力、密度等都可看作空间坐标和时间的连续函数,我们在求解流体力学问题时就能用数学工具来处理。

由于流体是由无间隙的、连续分布的流体质点组成的介质,在连续性假设下,表征流体状态的宏观物理量,如速度、压强、密度、温度等在空间和时间上都是连续分布的,都是空间和时间的连续函数,从而可以用连续函数的解析方法等数学工具研究流体的平衡和运动规律,为流体力学的研究提供了很大的便利。

必须指出的是,连续介质模型的应用是有条件的,即研究所涉及的物体的特征长度与分子的平均自由程相比必须足够大,否则就不适用。由于流体质点在很小的体积内包含足够多的流体分子,因此能够反映流体的宏观统计特性。但在研究高空大气层外航天飞船的运动时,由于空气稀薄,各流体微团内没有足够多的流体分子,连续介质假设就不适用。另外,在高速掺气水流(两相流)中水下爆炸产生的冲击波波面上,连续介质假设也不成立。

在一般情况下，以连续的流体介质代替流体分子是十分合理的。一方面，因为流体所占的空间是分子的尺度及运动范围无可比拟的。例如，在标准状态下，1 cm^3 水中约有 3.3×10^{22} 个水分子，相邻分子间的距离约为 3×10^{-8} cm，1 cm^3 气体中约有 2.7×10^{19} 个分子，相邻分子间的距离约为 3×10^{-7} cm。分子间距如此微小，即使在很小的体积中也含有大量分子，足以得到与分子数目无关的各项统计平均特性。另一方面，在如此微小的体积中有如此多的分子，按分子在自由程内的碰撞间隔为 10^{-6} s 来计算，每秒的碰撞次数为 10^{14} 数量级，那么足够小的体积内的分子所反映和代表的力学统计平均特性（例如压力）就是正确的。

1.5 流体的主要物理性质

流体的物理性质是决定其流动状态的内在因素，与流体运动有关的主要物理性质有易变形性、惯性、黏性、可压缩性、膨胀性、表面张力特性等。

流体几乎不能承受拉力，没有抵抗拉伸变形的能力；流体能承受压力，具有抵抗压缩变形的能力；流体能承受剪切力，关于其抵抗剪切变形能力的叙述如下。

流体只有在运动状态下才能抵抗剪切变形；只要有剪切力的作用，流体就不会静止下来，而是会连续变形而流动；不论作用在流体上的剪切力多么微小，只要有足够长的时间，便能产生任意大的变形；流体抵抗剪切变形的能力（产生的剪切应力的大小）体现在变形的速率上，而不是变形的大小上（与弹性体的不同之处）。设想放置在敞口容器中的初始表面有隆起或凹陷的液体的运动和变形过程可以帮助理解以上论述。

1.5.1 易变形性

流体与固体的分子结构存在差异，液体保持了固体具有一定体积、难以压缩的特点，但在分子运动特性方面却发生了巨大改变，体现了流体的易变形性，即流体不能抵抗任何剪切力的剪切变形趋势。下面列举流体的一些常见行为，并与固体的行为作对照。

当受到剪切力持续作用时，固体的变形一般是微小的（如金属）或有限的（如塑料），而流体却能产生很大甚至无限大的变形（力的作用时间无限长）。

固体内的剪切力由剪切变形量（位移）决定，而流体内的剪切力与变形量无关，由变形速度（切变率）决定。

当剪切力停止作用时，固体变形能完全恢复或部分恢复，而流体变形不能恢复。

任意改变均质流体微团的排列次序，不影响其宏观物理性质；强行改变固体微粒的排列次序，无疑会将它彻底破坏。

流体达到平衡时压强可等值地向各个方向传递，垂直作用于任何方位的平面上（帕斯卡定律）；由固体重量引起的压强只沿重力方向传递，垂直于重力方向的压强一般很小或为零。

固体表面之间的摩擦是滑动摩擦，摩擦力与固体表面状况有关；流体与固体表面为分子量级接触，表面不滑移。

流体运动时内部可形成超乎想象的复杂结构（湍流）；固体受力时内部结构变化相对

简单。

在之后的章节中能看到许多流体的易变形性带来的影响和结果，把握这一性质对理解和掌握流体运动的特点和力学规律很有帮助。

1.5.2　惯性

惯性是物体保持原有运动状态的性质，要改变物体的运动状态就必须克服惯性的作用。惯性的大小与质量和加速度的大小有关。

单位体积的质量称为密度，以符号 ρ 表示。如均质流体体积为 V，质量为 m，则

$$\rho = \frac{m}{V} \tag{1-1}$$

在正常情况下，液体的密度随压强和温度的变化很小，一般可视为常数，如水的密度为 1 000 kg/m³，水银的密度为 13 600 kg/m³。气体的密度随压强和温度变化，在一定的温度下，压强增大，体积减小；在一定的压强下，温度变化，体积也要发生相应的变化。

在 1 个标准大气压下，0 ℃空气的密度为 1.29 kg/m³。在 1 个标准大气压下，水的密度如表 1－1 所示。

表 1－1　水的密度

温度/℃	0	4	10	20	30	40	50	60	80	100
密度/(kg/m³)	999.9	1 000.0	999.7	998.2	995.7	992.2	988.1	983.2	971.8	958.4

几种常见流体的密度见表 1－2。

表 1－2　几种常见流体的密度

流体名称	空气		酒精	四氯化碳	水银	汽油	海水
温度/℃	0	20	20	20	20	15	15
密度/(kg/m³)	1.29	1.20	799	1 590	13 550	700～750	1 020～1 030

【例 1－1】　2.5 m³ 20 ℃的水温度升至 80 ℃，其体积增大多少？20 ℃时 $\rho_1 = 998.23$ kg/m³，80 ℃时 $\rho_2 = 971.83$ kg/m³。

解：$\mathrm{d}m = \mathrm{d}(\rho V) = \rho \mathrm{d}V + V\mathrm{d}\rho = 0$

$$-\frac{\mathrm{d}V}{V} = \frac{\mathrm{d}\rho}{\rho}$$

$$\Delta V = -\frac{\Delta\rho}{\rho}V = -\frac{\rho_2 - \rho_1}{\rho_2}V = -\frac{971.83 - 998.23}{998.23} \times 2.5 = 0.066\ 1\ \mathrm{m^3}$$

$$\frac{\Delta V}{V} = \frac{0.066\ 1}{2.5} \times 100\% = 2.64\%$$

1.5.3 万有引力特性

1. 万有引力特性的定义

万有引力特性是任何物体之间都具有相互吸引力的性质。

2. 重度(容重)

重度是单位体积流体的重量。$\gamma=\lim\limits_{\Delta V\to 0}\dfrac{\Delta G}{\Delta V}$,单位为 N/m^3。

均质流体内部各点的重度均相等,$\gamma=G/V=\rho g$。

水的重度的常用值 $\gamma=9\ 800\ N/m^3$。

3. 气体的比容

气体的比容是单位质量气体的体积。$V=1/\rho$,单位为 m^3/kg。

气体的比容或密度与气体的工况或过程密切相关,是由状态方程确定的。理想气体状态方程为 $p/\rho=RT$,其中 R 为气体常数,空气的 $R=287\ N\cdot m/(kg\cdot K)$。

4. 流体的相对密度

流体的相对密度是流体的密度与标准纯水(1 个标准大气压,4 ℃)的密度之比,没有单位,是无量纲量。

1.5.4 黏性

1. 流体的黏性

流体流动时产生内摩擦力的性质称为流体的黏性,具体表现为相邻两层流体作相对运动时有内摩擦作用。

图 1-1 库仑实验

流体内摩擦的概念最早由牛顿于 1687 年提出,他在《自然哲学的数学原理》一书中指出,流体的两部分由于缺乏润滑而产生的阻力与两部分分开的速度成正比。牛顿当时并没有做平板拖曳实验,而是通过头脑思辨提出假设。他在书中写道:“不过,流体的阻力正比于速度,与其说是物理实际,不如说是数学假设。”后来库仑(C. A. Coulomb)于 1784 年用实验进行了证实。如图 1-1 所示,库仑把一块薄圆板用细金属丝平吊在液体中,将圆板绕中心转过一定角度后放开,由于金属丝的扭转作用,圆板开始往返摆动,同时由于液体的黏性作用,圆板的摆动逐渐衰减,直至停止,这时测定其衰减时间,实验结果如图 1-2 所示。库仑分别用三种圆板(普通圆板、表面涂蜡的圆板、表面有一层细沙的圆板)做实验,结果发现它们的衰减时间相等。

库仑由此得出结论:衰减的原因不是圆板与液体间的摩擦,而是液体内部的摩擦,即内摩擦。既然是同种液体、同种振荡方式,内摩擦作用就应当相同。

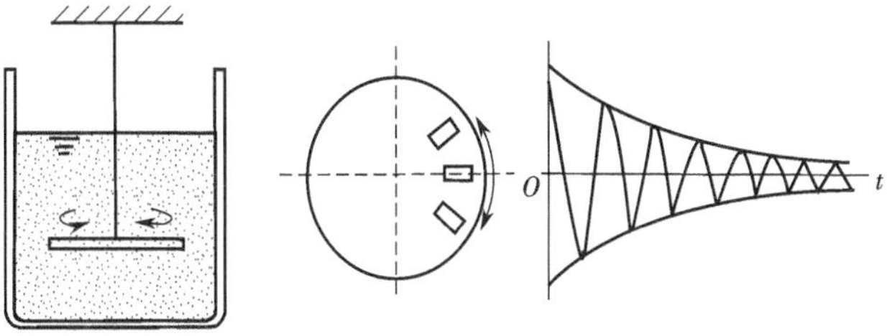

图 1-2　库仑实验的结果

由于存在内摩擦，一层流体对相对运动的另一层流体产生阻力，这种阻力被称为黏性切向力。通过内摩擦作用，黏性切向力可在流体内一层一层地传递。当用棒旋拨盆中部的水时，周围的水就是靠黏性切向力的传递而被带动旋转的。

流体内摩擦是两层流体间分子内聚力和分子动量交换的宏观表现。

实验和计算表明，在常温常压下静止液体分子间的平均距离为平衡距离（$d_0 = 10^{-10}$ m），即分子处于吸引力和排斥力平衡的状态。当两层液体相对运动时，两层液体分子间的平均距离增大，分子间作用力表现为吸引力，这就是分子内聚力（图 1-3）。液体快速层通过分子内聚力带动慢速层，慢速层通过分子内聚力阻滞快速层的运动，表现为内摩擦力。

在一般条件下，气体分子间的距离远远超过平衡距离，内聚力作用极其微弱，但气体分子的随机运动剧烈，流层之间的分子交换频繁。当两层气体分子相对运动时，快速层中动量较大的分子跃入慢速层后，增大了慢速层的动量，慢速层中动量较小的分子跃入快速层后，减小了快速层的动量（图 1-4）。根据动量定律，两层之间的分子动量交换表现为力的作用，这种力称为表观切应力。气体内摩擦力即以表观切应力为主。

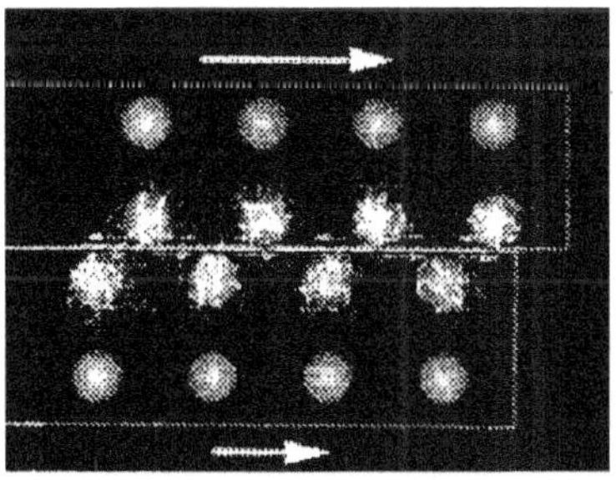

图 1-3　分子内聚力

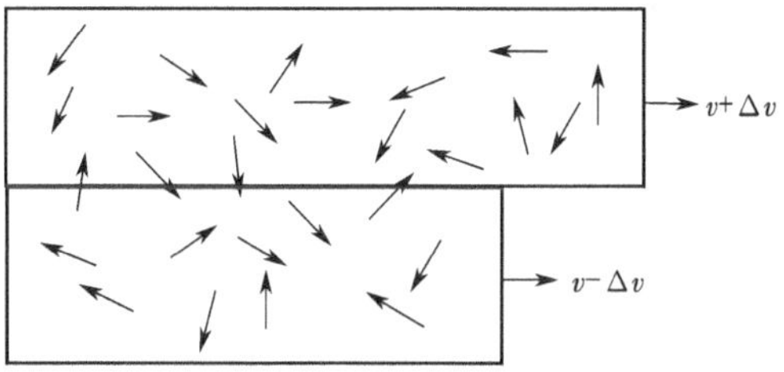

图 1-4　分子动量交换

流体的黏性还表现在流体对固体表面具有黏附作用。由于流体的易变形性，流体可以深入固体表面的任何凹坑内，实现分子量级的接触，不留间隙。分子内聚力将流体黏附在固体表面上，使其随固体一起运动或静止，这种现象称为流体在固体表面的不滑移条件。应当指出，不滑移条件也是一种假设，因为很难用实验直接验证。库仑实验中三种不同表面状况的圆板在水中摆动时衰减时间相同，应假设为遵循相同的不滑移条件，可视为对不滑移条件假设的间接验证。

液体具有抵抗剪切变形的性质。如图 1-5 所示，两个平行的平板间充满静止的流体，

两平板间的距离为 h，以 y 方向为法线方向。保持下平板固定不动，使上平板沿所在平面以速度 U 运动，于是黏附于上平板表面的一层流体随平板以速度 v 运动，并逐层向内影响，各层相继流动，直至黏附于下平板表面的流层速度为零。在 U 和 h 都较小的情况下，各流层的速度沿法线方向呈直线分布。

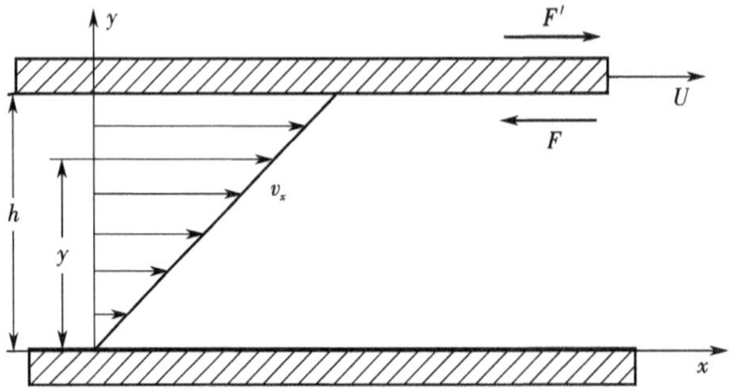

图 1-5 黏性的表象

从运动的液体中取出两个相邻的液层分析如下。

当液体质点（液层）间存在相对运动时，液体质点（液层）间产生内摩擦力抵抗相对运动或剪切变形，这种性质称为液体的黏滞性，这种内摩擦力称为黏滞力。

上平板带动黏附在板上的流层运动，并能影响到内部各流层的运动，说明内部各流层间存在着剪切力，即内摩擦力，这就是黏性的宏观表象。由此得出黏性是流体的内摩擦特性。

2. 牛顿内摩擦定律

如图 1-5 所示，两块相隔一定距离的平行平板水平放置，其间充满液体，下板固定不动，上板在力 F' 的作用下以速度 U 沿 x 方向运动。实验表明，黏附于上平板的流体在平板的切线方向产生的黏性摩擦力 F 即 F' 的反作用力，其和两块平板间的距离 h 成反比，和平板的面积 A、平板的运动速度 U 成正比，关系式如下：

$$F = \mu A \frac{U}{h} \tag{1-2}$$

式中比例系数 μ 为流体的动力黏度，是流体的重要物理属性，和流体的种类、温度、压强有关。某种流体在一定的温度、压强下动力黏度为常数。U/h 为在速度的垂直方向上单位长度的速度增量，称为速度梯度，在上述情况下速度分布为直线，速度梯度为常数，属于特殊情况。一般速度分布为曲线，如图 1-6(a) 所示。以应力表示：

$$\tau = \mu \frac{\mathrm{d}v_x}{\mathrm{d}y} \tag{1-3}$$

式(1-3)称为牛顿内摩擦定律（也称牛顿黏性定律）。式中 $\mathrm{d}v_x/\mathrm{d}y$ 为流速在法线方向上的变化率，称为速度梯度。

在 SI 中黏度的单位是 $\mathrm{N \cdot s/m^2}$ 或 $\mathrm{Pa \cdot s}$；在 CGS 中黏度的单位是 $\mathrm{g/(cm \cdot s)}$ 或 P。

$1\ \mathrm{N \cdot s/m^2} = 10\ \mathrm{g/(cm \cdot s)}$ 或 $1\ \mathrm{Pa \cdot s} = 10\ \mathrm{P}$

在一定条件下，速度梯度愈大，剪切力愈大，能量损失也愈大。当速度梯度为零时，黏性剪切力为零，流体的黏性表现不出来，流体静止、均匀流动就属于这种情况。

牛顿内摩擦定律表明牛顿流体的黏性切应力与流体的速度梯度成正比。对一定的流体，作用在流层上的黏性切应力由相邻两层流体之间的速度梯度决定，而不是由速度决定。静止的流体不表现出黏性作用，运动的均匀流体（速度分布均匀）也不表现出黏性作用。

为进一步说明该定律的物理意义，在厚度为 dy 的上、下两流层间取矩形流体质点，只考虑尺度效应（旋转、变形），习惯上称为微团（图 1－6(b)）。因上、下流层的流速相差 dv_x，经过 dt 的时间，微团除位移外，还发生剪切变形。

$$\frac{d\varphi}{dt}=\lim_{\delta t\to 0}\frac{\delta\varphi}{\delta t}=\lim_{\delta t\to 0}\frac{\delta v_x\delta t/\delta y}{\delta t}=\frac{dv_x}{dy} \tag{1-4}$$

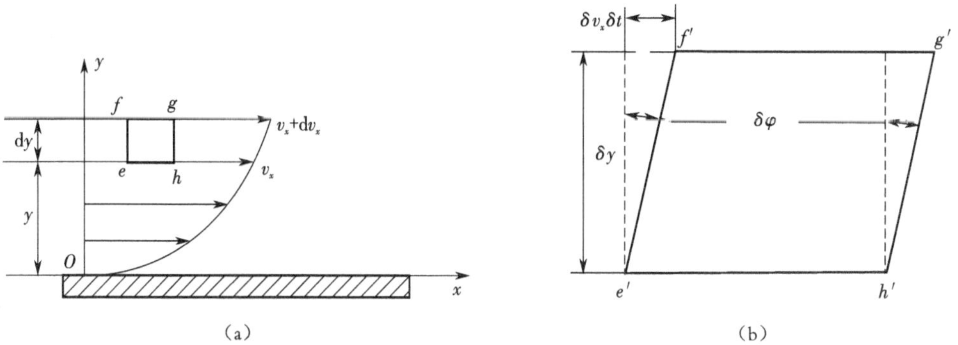

图 1－6　牛顿内摩擦定律

(a) 黏性作用下的速度分布　(b) 微团的剪切变形

可知速度梯度 dv_x/dy 实际上为流体微团的剪切变形速度，则牛顿内摩擦定律也可表示为

$$\tau=\mu\frac{d\varphi}{dt} \tag{1-5}$$

牛顿内摩擦定律表明牛顿流体因黏性产生的内摩擦力与流体微团的剪切变形速度成正比，所以黏性又可看作流体抵抗剪切变形的特性。

在分析黏性流体的运动规律时，经常出现黏度 μ 和密度 ρ 之比的形式，其具有动力学的量纲，故将其定义为流体的运动黏度：

$$\nu=\frac{\mu}{\rho} \tag{1-6}$$

运动黏度的单位为 m^2/s，它是动力黏度和密度的比值，不是流体的固有物理属性，不能用来比较流体黏度的大小，因为不同的流体密度差别非常大，用流体的动力黏度除以密度，在同样的温度下有可能动力黏度大的流体的运动黏度还不如动力黏度小的流体的运动黏度大。如温度为 0 ℃时，空气的运动黏度为 $13.2\times10^{-6}\ m^2/s$，而水的运动黏度仅为 $1.792\times10^{-6}\ m^2/s$。

流体的黏度 μ 的数值随流体种类不同而不同，并随压强、温度变化而变化。

(1) 流体种类：一般地，在相同条件下，液体的黏度大于气体的黏度。

(2) 压强：常见的流体，如水、气体等，μ 随压强的变化不大，一般可忽略不计。

(3) 温度：是影响黏度的主要因素。

水的动力黏度与温度关系的经验公式为

$$\mu = \frac{\mu_0}{1 + 0.033\,7t + 0.000\,221t^2} \tag{1-7}$$

式中 μ_0 为水在 0 ℃时的动力黏度。

由表 1-3、表 1-4 可见，温度对流体黏性的影响很大，且液体与气体的黏度随温度变化的趋势是不同的，液体的黏度随温度升高而减小，气体的黏度则随温度升高而增大。

表 1-3 水的黏度

t/℃	0	5	10	15	20	25	30	35
μ/($\times 10^{-3}$ Pa·s)	1.792	1.519	1.310	1.145	1.009	0.895	0.800	0.721
ν/($\times 10^{-6}$ m²/s)	1.792	1.519	1.310	1.146	1.011	0.897	0.803	0.725
ρ/(kg/m³)	1 000.00	1 000.00	1 000.00	999.13	998.02	997.77	996.26	994.48
t/℃	40	45	50	60	70	80	90	100
μ/($\times 10^{-3}$ Pa·s)	0.654	0.597	0.549	0.469	0.406	0.357	0.317	0.284
ν/($\times 10^{-6}$ m²/s)	0.659	0.603	0.556	0.478	0.415	0.367	0.328	0.296
ρ/(kg/m³)	992.41	990.05	987.41	981.17	978.31	972.75	966.46	959.46

表 1-4 空气的黏度

t/℃	0	10	20	30	40	50	60	70	80
μ/($\times 10^{-5}$ Pa·s)	1.72	1.78	1.83	1.87	1.92	1.96	2.01	2.04	2.10
ν/($\times 10^{-6}$ m²/s)	13.7	14.7	15.7	16.6	17.6	18.6	19.6	20.5	21.7
ρ/(kg/m³)	1.255	1.211	1.166	1.127	1.091	1.054	1.026	0.995	0.968
t/℃	90	100	120	140	160	180	200	250	300
μ/($\times 10^{-5}$ Pa·s)	2.16	2.18	2.28	2.36	2.42	2.51	2.59	2.80	2.98
ν/($\times 10^{-6}$ m²/s)	22.9	23.6	26.2	28.5	30.6	33.2	35.8	42.8	49.9
ρ/(kg/m³)	0.943	0.924	0.870	0.828	0.791	0.756	0.723	0.654	0.597

液体分子间的距离很小，内聚力是产生黏性的主要因素。温度升高，分子间的距离增大，内聚力减小，剪切变形所产生的切应力减小，所以 μ 值减小。

气体分子间的距离远大于液体，内聚力很小，由分子热运动引起的动量交换是产生黏性的主要因素。温度升高，分子热运动加剧，动量交换增大，所以 μ 值增大。

图 1-7 为部分液体和气体的黏度与温度的关系曲线。黏性是引起能量损失的根源，只在运动状态下才体现出来。

3. 理想流体

实际流体（无论是液体还是气体）都是有黏性的。黏性的存在给对流体运动规律的研

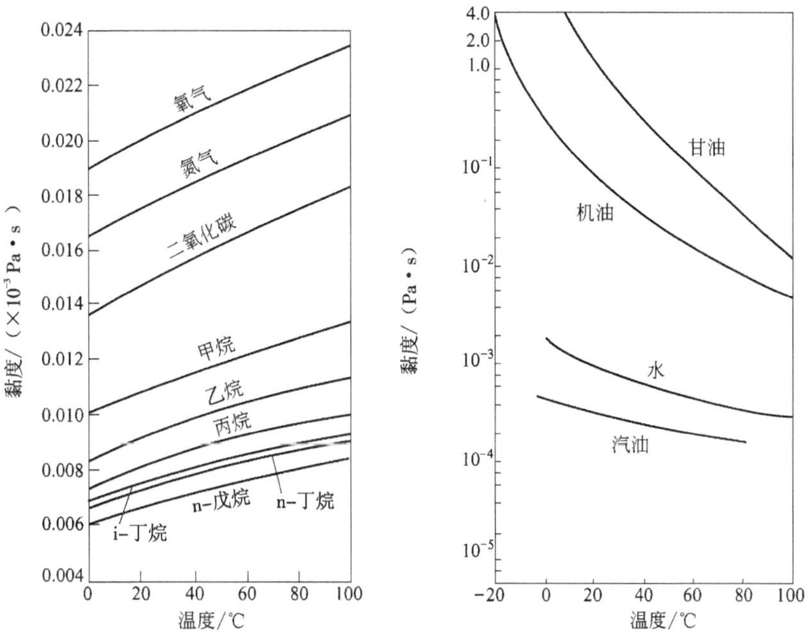

图 1－7　部分气体和液体的黏度与温度的关系曲线

究带来了极大的困难。为了简化理论分析，特引入理想流体的概念。所谓理想流体是无黏性($\mu=0$)的流体，它实际上是不存在的，只是一种对物性进行简化的力学模型。但是如果流体的黏度很小，可以忽略不计，就可看作理想流体。

由于理想流体不考虑黏性，对流动的分析大为简化，从而能得出理论分析结果。对某些受黏性影响很小的流动，所得结果能够较好地符合实际；对黏性的影响不能忽略的流动，则可通过实验对所得结果加以修正，从而比较容易地解决许多实际流动问题。这是处理黏性流体运动的一种很有效的方法。

【例 1－2】　旋转圆筒黏度计外筒固定，内筒由同步电机带动旋转，内、外筒间充入实验液体(图 1－8)。已知内筒半径 $r_1=1.93$ cm，外筒半径 $r_2=2$ cm，内筒高 $h=7$ cm。实验测得内筒转速 $n=10$ r/min，转轴的扭矩 $M=0.004\ 5$ N・m。试求该实验液体的黏度。

解：充入内、外筒间隙中的实验液体在内筒的带动下作圆周运动。因间隙很小，速度近似呈直线分布，不计内筒端面的影响，内筒切应力 $\tau=\mu\dfrac{\mathrm{d}u}{\mathrm{d}y}=\mu\dfrac{\omega r_1}{\delta}$，其中内筒旋转的角速度 $\omega=\dfrac{2\pi n}{60}$，$\delta=r_2-r_1$，扭矩 $M=2\pi r_1\tau h r_1=\dfrac{2\mu\omega\pi r_1^3 h}{\delta}$，解得 $\mu=\dfrac{M\delta}{2\pi\omega r_1^3 h}=0.952$ Pa・s。

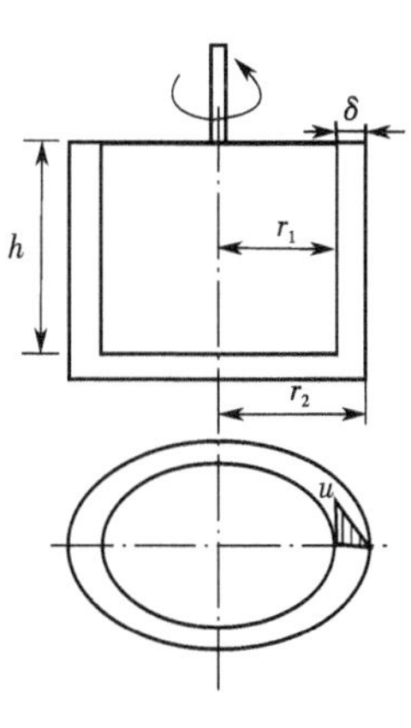

图 1－8　旋转圆筒黏度计

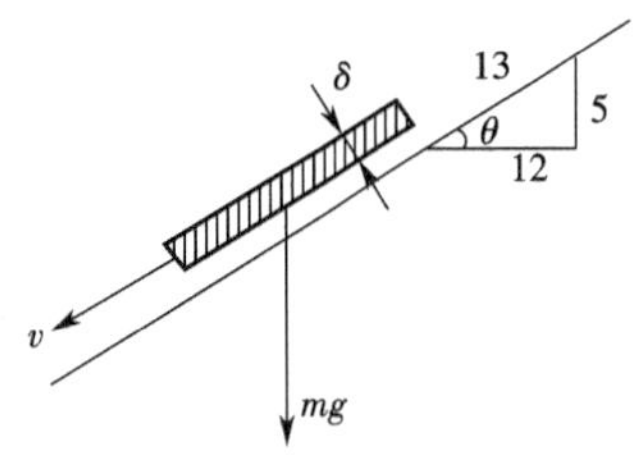

图1－9 例1－3图

【例1－3】 一个底面积为40×45 cm^2、高为1 cm、质量为5 kg的木块，沿着涂有润滑油的斜面向下等速运动，如图1－9所示，已知木块的运动速度 $v=1$ m/s，油层厚度 $\delta=1$ mm，由木块所带动的油层的运动速度呈直线分布，求油的黏滞系数。

解：因为 $\omega=C$（常数），所以 $a_s=0$，由牛顿第二定律可得

$$\sum F_s=ma_s=0,mg\sin\theta-\tau A=0$$

$$\tau=\mu\frac{du}{dy}=\mu\frac{u}{\delta}\text{（呈直线分布）}$$

$$\theta=\arctan(5/12)=22.62^\circ$$

$$\mu=\frac{mg\delta\sin\theta}{Au}=0.105\ N\cdot s/m^2$$

【例1－4】 管流的黏性切应力分布。

已知黏度为 μ 的流体在半径为 R 的圆管中作定常层流流动，流量为 Q。设在圆管截面上轴向速度呈抛物线分布，如图1－10所示。

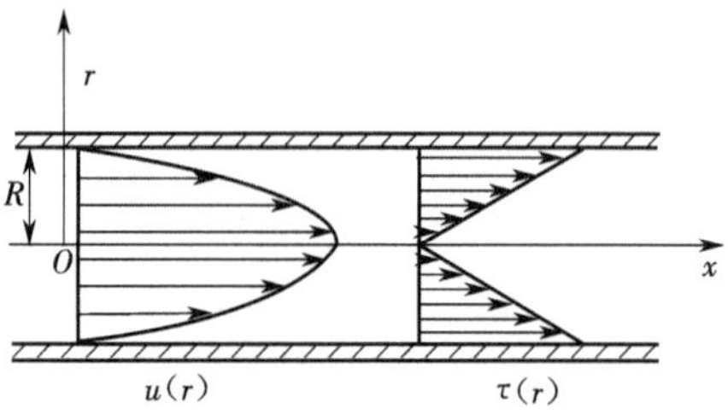

图1－10 例1－4图

求管壁上的黏性切应力 τ_w 和管轴上的黏性切应力 τ_o。

解：由牛顿内摩擦定律可知，圆管内的黏性切应力为 $\tau=-\mu\frac{du}{dr}$。式中的负号是因为当径向坐标 r 增大时，速度 u 减小。

$$\tau=-\mu\left[\frac{2Q}{\pi R^4}(-2r)\right]=\frac{4Q\mu}{\pi R^4}r$$

上式表明在圆管截面上黏性切应力沿径向线性分布。

在管壁上黏性切应力达最大值：

$$\tau_w=\frac{4Q\mu}{\pi R^4}r\bigg|_{r=R}=\frac{4Q\mu}{\pi R^3}$$

在管轴上黏性切应力为零：

$$\tau_o=\frac{4Q\mu}{\pi R^4}r\bigg|_{r=0}=0$$

1.5.5 可压缩性与膨胀性

1. 液体的可压缩性和膨胀性

可压缩性是流体受压时体积减小、密度增大，外力去除后能恢复原状的性质。可压缩性实际上是流体的弹性。膨胀性是热膨胀性的简称，是流体受热时体积膨胀、密度减小，温度下降后能恢复原状的性质。液体和气体的可压缩性和膨胀性有很大的差别，下面分别说明。

(1)压缩系数。作用在流体上的压力变化可引起流体的体积变化或密度变化,这一特性称为流体的可压缩性,可用压缩系数 k 来量度。压缩系数是流体体积的相对减小值与压强增大值之比,即压强增大一个单位值时流体体积的相对减小值,单位为 m^2/N。

若在一定温度下,液体的体积为 V,压强增大 dp 后体积减小 dV,则压缩系数为

$$k=-\frac{1}{V}\frac{dV}{dp} \tag{1-8}$$

由于液体受压体积减小,dp 和 dV 异号,故式右侧加负号,以使 k 值为正,其值越大,液体越容易压缩。

液体压缩前后质量不变,则有

$$-\frac{dV}{V}=\frac{d\rho}{\rho}$$

则

$$k=\frac{1}{\rho}\frac{d\rho}{dp} \tag{1-9}$$

液体的压缩系数随温度和压强变化,水在 0 ℃、不同压强下的压缩系数如表 1－5 所示。

表 1－5　水的压缩系数

压强/at	5	10	20	40	80
$k/(\times10^{-9}\ m^2/N)$	0.538	0.536	0.531	0.528	0.515

(2)体积弹性模量。压缩系数的倒数称为体积弹性模量 K,即

$$K=\frac{1}{k}=-V\frac{dp}{dV}=\rho\frac{dp}{d\rho} \tag{1-10}$$

K 的单位是 N/m^2(Pa)。

在一定温度下,水的体积弹性模量为 $K=2.0\times10^9$ Pa,空气的体积弹性模量为 $K=1.4\times10^5$ Pa。体积弹性模量越大,说明流体越不容易被压缩。液体的 K 随温度和压强而变化,但随温度变化不显著。液体的 K 值很大,除非压强变化很剧烈、很迅速,一般可不考虑压缩性,假设为不可压缩流体,即认为液体的 K 值无穷大,密度为常数。但若涉及水下爆炸、水击问题,则必须考虑压缩性。进行水击计算时,水的体积弹性模量可取 $K=2.1\times10^9 N/m^2$。水的压缩系数 k 与体积弹性模量 K 随温度和压强而变化,但变化甚微。

海水的密度与压强的关系为

$$\frac{p}{p_a}=3\,000\left[\left(\frac{\rho}{\rho_a}\right)^7-1\right] \tag{1-11}$$

说明:①K 越大,液体越不易被压缩,$K\to\infty$,表示该流体绝对不可压缩;②流体的种类不同,k 和 K 值不同;③同一种流体的 k 和 K 值随温度、压强变化而变化;④在一定的温度和中等压强下,水的压缩系数 k 为 1/2 000,变化很小。

【例 1－5】　使水的体积减小 0.1% 及 1%,压强应分别增大多少?(K＝2 000 MPa)

解:$dV/V=-0.1\%$

$\Delta p=-2\ 000\times10^6\times(-0.1\%)=2\times10^6\ \text{Pa}=2\ \text{MPa}$

$dV/V=-1\%$

$\Delta p=-2\ 000\times10^6\times(-1\%)=2\times10^7\ \text{Pa}=20\ \text{MPa}$

【例1-6】 输水管的长度 $l=200$ m,直径 $d=400$ mm。做水压试验,使管中压强达到 $p_1=55$ at 后停止加压,1 h 后管中压强降到 $p_2=50$ at。如不计管道变形,在上述情况下经管道缝流出的平均水量是每秒多少?水的压缩系数 $k=4.38\times10^{-10}\ \text{m}^2/\text{N}$。

解:水经管道缝流出后,管中压强下降,于是水体膨胀,膨胀的体积为

$$dV=-kVdp=-4.38\times10^{-10}\times\left(\frac{\pi}{4}\times0.4^2\times200\right)\times(50-55)\times9.806\times10^4$$

$$=5.39\times10^{-3}\ \text{m}^3=5.39\ \text{L}$$

水体膨胀量 5.39 L 即经管道缝流出的水量,这是在 1 h 内流出的。

设经管道缝流出的水量以 V 表示,则

$$V=\frac{5.39\times10^3}{3\ 600}=1.50\ \text{cm}^3/\text{s}$$

(3)液体的膨胀性。当压强一定时,流体的体积随温度变化而改变的性质称为流体的膨胀性,它是流体受热后体积增大、密度减小的性质。膨胀性的大小用膨胀系数来表示,它是在一定压强下,温度升高 1 ℃密度的相对减小率。

若液体的体积为 V,温度升高 dT,体积增大 dV,则膨胀系数

$$\alpha_V=\frac{1}{V}\frac{dV}{dT}=-\frac{1}{\rho}\frac{d\rho}{dT} \tag{1-12}$$

液体的膨胀系数随压强和温度而变化,水在 1 个标准大气压、不同温度下的膨胀系数见表 1-6。

表 1-6 水的膨胀系数

温度/℃	1~10	0~20	40~50	60~70	90~100
$\alpha_V/(\times10^4/℃)$	0.14	0.15	0.42	0.55	0.72

在常温、常压下,水的膨胀系数约为 10^{-5} 1/℃。在液压封闭系统或热水采暖系统中,若工作温度变化较大,需考虑体积膨胀对系统造成的影响。

2. 气体的可压缩性

气体具有显著的可压缩性。在一般情况下,常用气体(如空气、氮气、氧气、二氧化碳等)的密度、压强和温度三者之间的关系符合理想气体状态方程:

$$\frac{p}{\rho}=RT \tag{1-13}$$

式中 p——气体的绝对压强,Pa;

ρ——气体的密度,kg/m^3;

T——气体的热力学温度,K;

R——气体常数,在标准状态下 $R = 287\ J/(kg \cdot K)$。

气体在很高的压强、很低的温度下或接近液态时,不能当作理想气体看待。

3. 不可压缩流体

实际流体都是可压缩的,然而有许多流体的密度变化很小,可以忽略。所谓不可压缩流体是在运动过程中密度不变的流体。均质的不可压缩流体密度时时处处都不变化,即 ρ 为常数。不可压缩流体是又一个理想化的力学模型。液体的压缩系数很小(体积弹性模量很大),在相当大的压强范围内密度几乎不变。因此,对一般的液体平衡和运动问题,都可按不可压缩流体进行理论分析。然而对某些特殊的流动现象,如有压管流的水击、水中爆炸波的传播等,压缩性起着关键作用,则必须考虑液体的压缩性。液体和远小于声速(340 m/s)的低速气体可以看作不可压缩流体,高速气体是可压缩流体。液体在高压下(如水击时)也应考虑压缩性。

1.5.6　表面张力特性

1. 表面张力

表面张力一般是液体与气体、另一种不相溶的液体或固体接触时,在分界面表面层表现出的张力。由于分子内聚力的作用,液体的自由面都呈现出收缩的趋势。可以想象液体分界面是一层弹性薄膜,由于向内的拉力在分界面上的分力的作用,薄膜处于张紧状态。作用在自由液面上的这个张力就称为表面张力。

一枚硬币放在矿泉水的液面上不下沉,空气中的小肥皂泡和水中的小气泡均呈球形等都是表面张力效应的典型例子。与流体中的其他力(如重力、压力、黏性力等)相比,表面张力常显得微不足道,但在一些特殊场合表面张力却不容忽视。例如在细的液柱式测压管内,水柱或水银柱液面的表面张力会显著影响液柱高度的读数。肥皂、洗涤剂、催化剂、喷雾剂等化学产品的工业应用均与表面张力直接相关。

表面张力的大小以表面张力系数 σ 表示。表面张力系数是作用在单位长度上的力,单位为 N/m。表面张力的大小和液体的种类有关,不同的液体表面张力大小不同。温度变化时,表面张力也会发生变化。如温度升高,表面张力减小。当温度由 20 ℃变化到 100 ℃时,水的表面张力由 0.073 N/m 变为 0.05 N/m。另外,表面张力还和自由表面上的气体种类有关。气体与液体间,或互不掺混的液体间,在分界面附近的分子都受到两种介质的分子力作用,这两种介质的特性决定着分界面的张力及分界面的形状,如空气中的露珠、水中的气泡、水银表面的水银膜。

2. 毛细现象

液体分子间的引力形成内聚力,使得分子相互制约,它们之间的平衡不能轻易被破坏。液体和固体接触时,液体和固体分子相互吸引,形成液体对固体壁面的附着力。

液体和固体壁面接触时,若内聚力小于附着力,液体将在固体壁面上伸展开来,润湿固体壁面,这种现象称为浸润现象。

内聚力和附着力之间的关系可以用来解释毛细现象。将细玻璃管插入水中时,由于附着力大于内聚力，出现浸润现象，表面张力牵引液面上升一段距离，使管内的液面呈向下凹的曲面。将细玻璃管插入水银中时，由于内聚力大于附着力，在表面张力的作用下液面呈现上凸的形状，并下降一段距离。由于内聚力和附着力的差别使得微小间隙的液面上升或下降的现象称为毛细现象，如图 1 - 11 所示。

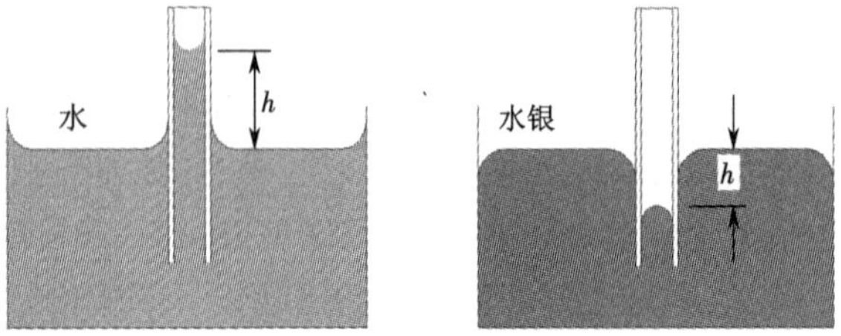

图 1 - 11　表面张力的产生

1.6　牛顿流体和非牛顿流体

1.6.1　流变性

流变性是反映流体在简单剪切流动条件下，切应力与剪切变形速度关系的力学性质。流体的分类如表 1 - 7 所示。

表 1 - 7　流体的分类

<table>
<tr><th colspan="3">类别</th><th>定义</th><th>流变方程 $\tau=\tau_0+\mu\left(\frac{du}{dy}\right)^n$</th><th>实例</th></tr>
<tr><td colspan="3">理想流体</td><td>无黏性的假想流体</td><td>$\tau_0=0, \mu=0, \tau=0$</td><td></td></tr>
<tr><td rowspan="4">实际流体</td><td colspan="2">牛顿流体</td><td rowspan="4">有黏性、可压缩的流体，$\mu\neq0$</td><td>满足牛顿内摩擦定律，$\tau_0=0, \mu=\text{const}, n=1$</td><td>水、空气、汽油、煤油、甲苯、乙醇等</td></tr>
<tr><td rowspan="3">非牛顿流体</td><td>宾汉塑性流体</td><td>$\tau_0\neq0, \mu=\text{const}, n=1$</td><td>牙膏、泥浆、血浆等</td></tr>
<tr><td>伪塑性流体</td><td>$\tau_0=0, \mu\neq\text{const}, 0<n<1$</td><td>橡胶、油漆、尼龙等</td></tr>
<tr><td>膨胀性流体</td><td>$\tau_0=0, \mu\neq\text{const}, n>1$</td><td>生面团、浓淀粉糊</td></tr>
</table>

1. 牛顿流体

符合牛顿内摩擦定律 $\tau=\mu du/dy$ 的流体称为牛顿流体。式(1 - 3)给出了流体简单剪切流动时切应力与剪切变形速度的关系。这种关系反映了流体的力学性质——流变性。表示流变关系的曲线称为流变曲线，如图 1 - 12 所示。水、汽油、煤油、柴油、酒精、香蕉水、甲苯等液体和各种气体的流变性符合牛顿内摩擦定律，这样的流体统称为牛顿流体。牛顿流体的动力黏度 μ 在一定的温度和压力下是常数，切应力与剪切变形速度呈线性关系，故流变

曲线是通过坐标原点的直线,斜率是牛顿流体的黏度,即

$$\mu = \frac{\tau}{\mathrm{d}u/\mathrm{d}y} = \tan\,\theta \tag{1-14}$$

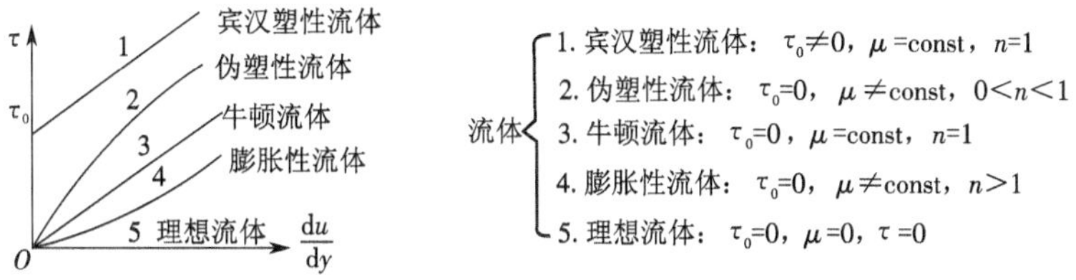

图 1-12　流变曲线

2. 非牛顿流体

除了牛顿流体外,在自然界和工程中还有许多流体(如沥青、水泥砂浆等)的流变性不符合牛顿内摩擦定律,其流变曲线不是通过坐标原点的直线,这样的流体统称非牛顿流体。

对于非牛顿流体,也像牛顿流体一样把切应力与剪切变形速度之比定义为表观黏度,其表观黏度一般随剪切变形速度和剪切作用的持续时间而变化。

非牛顿内摩擦定律为

$$\tau = \tau_0 + \mu\left(\frac{\mathrm{d}u}{\mathrm{d}y}\right)^n \tag{1-15}$$

1.6.2　非牛顿流体简介

非牛顿流体主要有非时变性非牛顿流体、时变性非牛顿流体和黏弹性流体。

1. 非时变性非牛顿流体

非时变性非牛顿流体的表观黏度只与剪切应变速率有关,与剪切作用的持续时间无关。它是应用最多的非牛顿流体,主要分为宾汉(Bingham)塑性流体、伪塑性流体(剪切稀化流体)和膨胀性流体(剪切稠化流体)。

(1)宾汉塑性流体。宾汉塑性流体在施加的应力超过屈服应力时才能流动,也称塑性流体。其流变方程为

$$\tau = \tau_B + \eta_p \frac{\mathrm{d}u}{\mathrm{d}y} \tag{1-16}$$

式中　τ_B——屈服应力,N/m^2;

η_p——塑性黏度,$N \cdot s/m^2$。

宾汉塑性流体是含有固体颗粒的多相液体,作为分散相的颗粒之间有较强的相互作用,在静止时形成网状结构,只有施加的切应力足以破坏网状结构时,流动才能进行,破坏网状结构的应力便是屈服应力。通过改变分散相表面的物理化学性质,可以推迟网状结构的形成,减弱颗粒间的联系,从而降低屈服应力,增强流动性,如砂浆、混凝土、上水污泥、牙膏、油漆、高含蜡原油、中等浓度的悬浮液、某些石油制品等。

(2)伪塑性流体。伪塑性流体随着剪切变形速度增大,黏度降低,流动性增强,流体变稀。其流变方程为

$$\tau = k\left(\frac{\mathrm{d}u}{\mathrm{d}y}\right)^n (0 < n < 1) \tag{1-17}$$

式中 k——稠度系数,$\mathrm{N \cdot s^n/m^2}$;

n——流变指数。

伪塑性流体是含有长链分子结构的高聚物熔融体、高聚物溶液以及含有细长纤维、颗粒的悬浮液。由于长链分子或颗粒之间的物理化学作用,形成某种松散的结构。随着剪切变形速度增大,该结构逐渐被破坏,长链分子沿流动方向定向排列,使流动阻力减小,黏度降低。多数非牛顿流体都是伪塑性流体,如高分子聚合物溶液、尼龙溶液、橡胶溶液、颜料、血浆、某些原油等。

(3)膨胀性流体。膨胀性流体的流变方程为

$$\tau = k\left(\frac{\mathrm{d}u}{\mathrm{d}y}\right)^n (n > 1) \tag{1-18}$$

膨胀性流体的流变曲线大体上是通过坐标原点并向下凹的曲线。膨胀性流体的流动特点是随着剪切变形速度增大,表观黏度增大,流动性降低,表现为流体变稠,因此膨胀性流体又称为剪切稠化流体。

对剪切稠化,雷诺最早的解释是:膨胀性流体多为含形状不规则的固体颗粒的浓度很高的悬浊液,在低剪切速度时,不同粒度的颗粒排列较密,随着剪切速度增大,颗粒间的空隙增大,存在于空隙间起润滑作用的液体数量不足,流动阻力增大,表观黏度增大。浓度特别高的挟沙水流、淀粉糊、阿拉伯树胶溶液等都是膨胀性流体。

2. 时变性非牛顿流体

流体的表观黏度不仅与剪切应变速率有关,而且与剪切作用的持续时间有关,原因是这类流体受剪切作用时内部结构调整需要一个过程。时变性非牛顿流体分为触变流体和触稠流体,在一定的剪切应变速率下,前者的表观黏度随剪切作用持续而减小,如某些油漆、涂料;后者的表观黏度随剪切作用持续而增大,如某些乳胶悬浮液。

3. 黏弹性流体

这类流体兼有黏性和弹性双重性质,因而显现出纯黏性流体所没有的特殊现象,如容器内的黏弹性流体沿旋转的搅拌杆向上爬升,液面内高外低,这种现象称为魏森贝格(Weissenberg)效应。而牛顿流体由于离心力的作用,液面呈凹形,外高内低。黏弹性流体通过细管自大容器流出时,流体的直径大于细管的直径。多数黏性流体,如高分子溶液从细管内挤出时,一般 $d_e/d = 3 \sim 4$,这种挤出胀大现象称为巴拉斯(Barus)效应。牛顿流体由细管流出时,形成射流收缩。将黏弹性流体中的吸管慢慢地拔出液面,流体仍继续流入管内,形成无管虹吸。某些高分子溶液、尼龙溶液、蛋清、人的唾液等都是常见的黏弹性流体。

1.7 作用在流体上的力

力是造成物体机械运动的原因,因此研究流体机械运动的规律要从分析作用在流体上的力入手。作用在流体上的力分类如下。

(1)按物理性质分:重力、摩擦力、惯性力、弹性力、表面张力等。

(2)按作用方式分:一类是隔离体以外的物体作用在隔离体上的表面力;另一类是某种力场作用在流体上的力,这种力称为质量力。

1.7.1　表面力

表面力是通过直接接触施加于流层间、不同流体间以及流体与固体的接触面的力。在运动流体中取隔离体为研究对象(图 1-13),周围的流体对隔离体的作用以分布的表面力代替。表面力在隔离体表面某一点的大小用应力来表示。

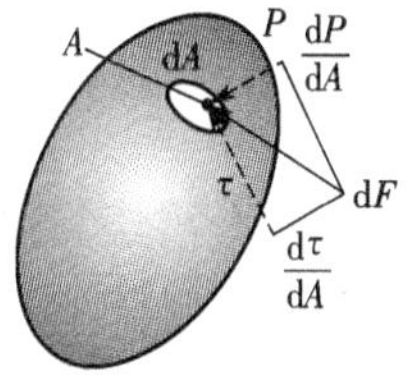

图 1-13　隔离体

设 A 为隔离体表面上的一点,取包含 A 点的微小面 dA,作用在 dA 上的总表面力为 dF,外界通过接触传递对所研究的流体表面的作用力用应力来表示。将其分解为法向分力(压力)P 和切向分力 τ,则 A 点的压应力 $=\frac{dP}{dA}$,A 点的切应力 $=\frac{d\tau}{dA}$。应力的单位是帕斯卡,简称帕,以符号 Pa 表示,1 Pa = 1 N/m^2。

1.7.2　质量力

质量力是某种力场作用在全部流体质点上的力,其大小与流体的质量或体积成正比,故称为质量力或体积力。质量力分布在流体的质量(体积)上,是一种远程力。在均质流体中,质量力与体积之比为常量。质量力主要包括重力和惯性力。重力是最常见的质量力;若所取坐标系为非惯性系,建立力的平衡方程时,其中的惯性力如离心力、科氏惯性力也属于质量力。

$$\boldsymbol{F}=\oiint_V \rho \boldsymbol{f}(x,y,z,t)\,dV$$

质量力的大小可用单位质量力 $\boldsymbol{f}(x,y,z)$ 表示。设均质流体质量为 m,在隔离体上取微小体 ΔV,其所受质量力为 $\Delta \boldsymbol{F}$,则单位质量力为

$$\boldsymbol{f}(x,y,z)=\lim_{\Delta m\to 0}\frac{\Delta \boldsymbol{F}}{\Delta m}=\frac{1}{\rho}\lim_{\Delta V\to 0}\frac{\Delta \boldsymbol{F}}{\Delta V}=\frac{d\boldsymbol{F}}{\rho dV}=X\boldsymbol{i}+Y\boldsymbol{j}+Z\boldsymbol{k}$$

其中 $X=\frac{\Delta F_x}{\Delta m}, Y=\frac{\Delta F_y}{\Delta m}, Z=\frac{\Delta F_z}{\Delta m}$。

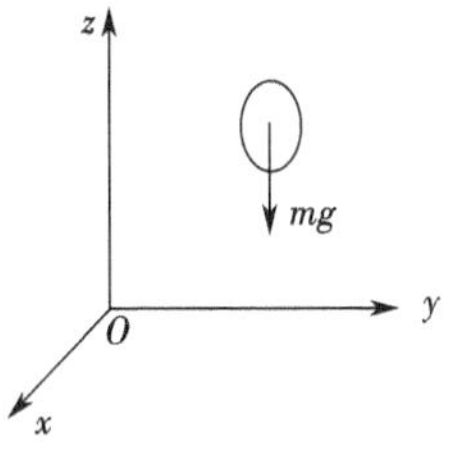

图 1-14　质量力

单位质量力即单位质量的流体所承受的质量力,单位为 m/s^2。

在一般的流体力学问题中,根据流体的受力状态可比较容易地确定单位质量力。质量力采用分量的形式表示为流体力学研究提供了极大的便利。

若作用在流体上的质量力只有重力(图 1-14),则单位质量力 $X=0, Y=0, Z=\frac{-mg}{m}=-g$。

在地球表面静止流体所受的单位质量力为 $-g$,自由落体所

受的单位质量力为0。

习　题

一、问答题

1. 液体的基本特性是什么？

2. 质量、重量、密度的定义、量纲和单位分别是什么？

3. 什么叫作黏滞性？黏滞性对液体运动起什么作用？

4. 固体之间的摩擦力与液体之间的内摩擦力有何原则上的区别？何为牛顿内摩擦定律？该定律是否适用于所有液体？

5. 什么是理想液体？理想液体与实际液体的根本区别是什么？

6. 为什么可以把液体当作连续介质？这个假设对研究液体的运动规律有何意义？

7. 作用于液体上的力可以分为哪两类？二者有何区别？试举例说明。

8. 在流体力学中，主要的力学模型是哪三个？

9. 什么是不可压缩流体？

二、计算题

1. 已知某种油的重度为7 800 N/m^3，求它的密度和相对密度。0.2 m^3 此种油的质量和重量分别为多少？

2. 某封闭容器内空气的压力从101 325 Pa 增大到607 950 Pa，温度由20 ℃升高到78 ℃，空气的气体常数为287.06 J/(kg·K)。每千克空气的体积将比原体积减小多少？减小的百分比为多少？

3. 海面附近的海水密度为1 025 kg/m^3，海面下8 km 处压强为81.7 MPa，设海水的平均体积弹性模量为2 340 MPa，求该深度处海水的密度。

4. 盛满石油的油槽内部绝对压强为 5×10^5 Pa，从槽中排出40 kg 石油，槽内压强降低至 10^5 Pa。已知石油的相对密度为0.9，体积弹性模量为 1.35×10^9 N/m^2，求油槽的体积。

5. 在温度不变的条件下，压强从1 个大气压增大到5 个大气压，5 m^3 水体积减小了1 L，求水的压缩系数和体积弹性模量。

6. 温度为20 ℃的空气在直径为2.5 cm 的管道中流动，在距管壁1 mm 处空气流速为3 cm/s，试求：(1)管壁处的切应力；(2)单位管长的黏性阻力。

7. 两块竖直的平行玻璃平板相距1 mm，求其间水的毛细升高值。

8. 用内径为0.6 cm 和1.2 cm 的玻璃管作测压管，管中的水由于毛细管现象而上升的高度分别为多少？

9. 黏度 μ 为 3.92×10^{-2} Pa·s 的黏性流体沿壁面流动，距壁面 y 处的流体流速为 $v=3y+y^2$ (m/s)，求壁面的切应力。

10. 相距1 mm 的两块平行平板之间充有某种黏性液体，当其中一块板以1.2 m/s 的速度相对另一块板等速移动时，作用于板上的切应力为3 500 N/m^2。求该液体的黏度。

11. 一个圆锥体绕竖直中心轴等速转动，锥体与固体边界之间的缝隙宽度 $\delta=1$ mm，其

间充满 $\mu = 0.1$ Pa·s 的润滑油。已知圆锥体顶面半径 $R = 0.3$ m，高度 $H = 0.5$ m，当转速 $\omega = 150$ r/min 时，求所需的旋转力矩。

12. 上、下两个平行圆盘直径均为 d，间隙为 δ，间隙内充满黏度为 μ 的液体。若下盘固定不动，上盘以角速度 ω 旋转，写出所需力矩 M 的表达式。

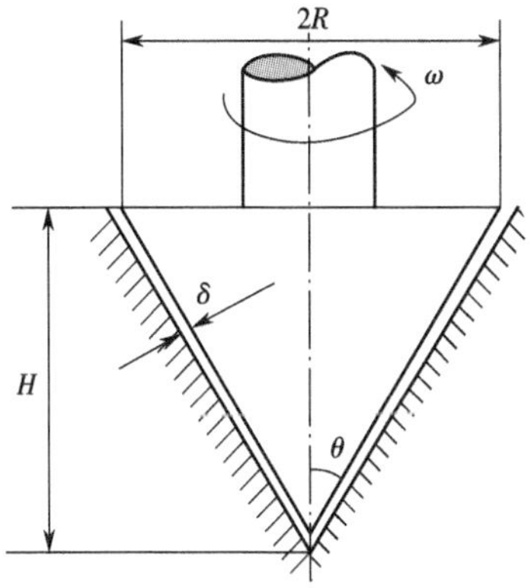

计算题 11 附图

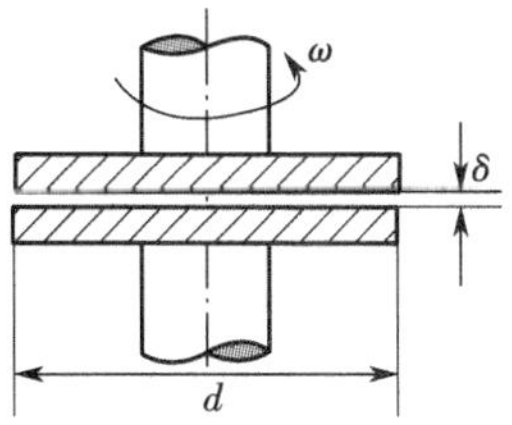

计算题 12 附图

13. 当压强增量 $\Delta p = 5 \times 10^4$ N/m^2 时，某种液体的密度增大 0.02%。求此液体的体积弹性模量。

14. 一个圆筒形盛水容器以等角速度 ω 绕其中心轴旋转，写出图中 $A(x,y,z)$ 点处质量力的表达式。

15. 图示为一个水暖系统，为了防止水温度升高时体积膨胀将水管胀裂，在系统顶部设了一个膨胀水箱。系统内水的体积为 8 m^3，加温前后温差为 50 ℃，在该温度范围内水的热胀系数 $\alpha = 0.000\ 5$ 1/℃。求膨胀水箱的最小容积。

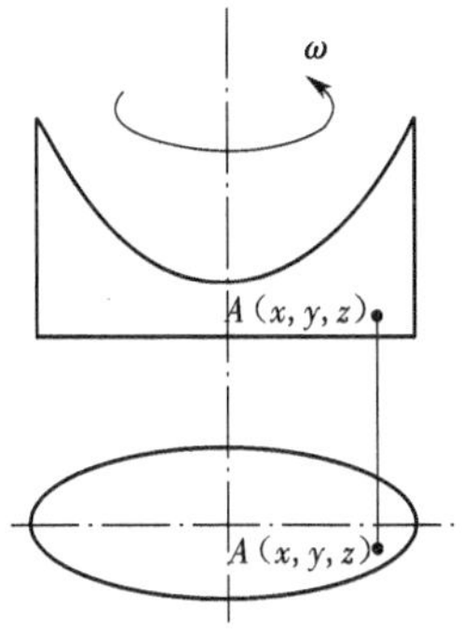

计算题 14 附图

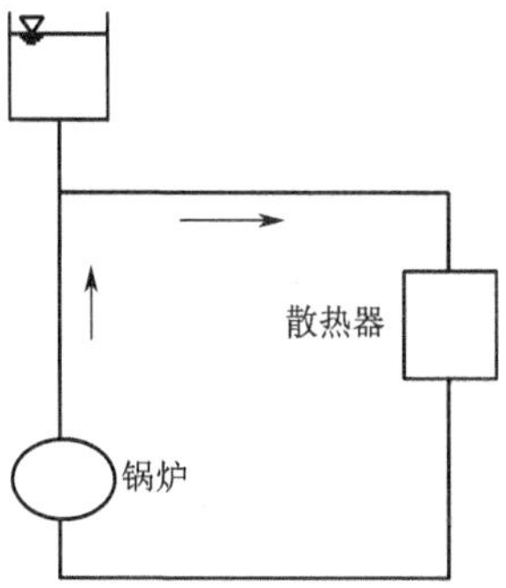

计算题 15 附图

16. 汽车上路时轮胎内空气的温度为 20 ℃，绝对压强为 395 kPa，行驶后轮胎内空气的温度上升到 50 ℃，求这时的绝对压强。

17. 图示为压力表校正器，器内充满压缩系数为 $\beta_p = 4.75 \times 10^{-10}$ L/Pa 的油，器内压力为 10^5 Pa 时油的体积为 200 mL。现用手轮丝杆和活塞加压，活塞直径为 1 cm，丝杆螺距为

2 mm,若要使压力升高至 20 MPa,需将手轮摇多少转?

18. 黏度测量仪由内、外两个同心圆筒组成,两筒的间隙充满了油。外筒与转轴连接,其半径为 r_2,旋转角速度为 ω。内筒由一根金属丝悬挂着,金属丝所受的力矩 M 可以通过扭转角的值确定。外筒与内筒底面间隙为 a,内筒高 H。试推出油的黏度 μ 的计算式。

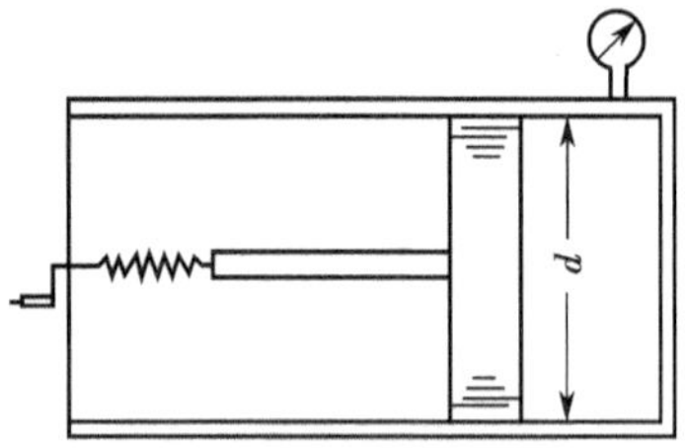

计算题 17 附图

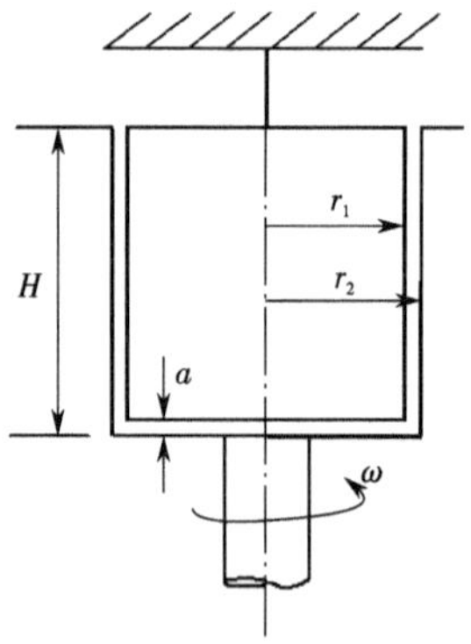

计算题 18 附图

19. 一个重量为 500 N 的飞轮回转半径 R 为 30 cm,由于轴套间流体黏性的影响,当飞轮以 600 r/min 的角速度 ω 旋转时,加速度 ε 为 $-0.02\ m/s^2$。已知轴套长度 $L=5$ cm,轴的直径 $d=2$ cm,其间隙 $t=0.05$ mm,求流体的黏度。

第 2 章　流体静力学

流体静力学研究流体在静止状态下的力学规律及其在实际工程中的应用。

流体质点之间没有相对运动时，流体的黏滞性不起作用，故静止流体质点间无切应力；由于流体几乎不能承受拉应力，所以静止流体质点间以及质点与固体壁面间的相互作用是通过压应力（称为流体静压强）的形式呈现出来的。

静止流体质点之间的相互作用以及它们与固体壁面之间的作用是通过压强的形式表现的，因此流体静力学的主要任务是根据力的平衡条件导出静止流体中的压强分布规律，并根据该分布规律确定各种情况下的静水总压力。因为静止流体内不呈现黏性，所以流体静力学所讨论的力学规律对理想流体及实际流体均适用。

在实际工程中会遇到很多流体静力学问题。例如，设计水闸、挡水建筑物时，必须计算静水对建筑物的总压力；设计高层建筑时，要知道不同高程的大气压强分布规律等。流体静力学是解决工程中的水力荷载问题的基础，也是学习流体动力学的基础。本章讨论流体静止的微分方程、静压强分布规律、平面和曲面上的静水总压力等问题，还介绍流体相对静止的有关知识。

2.1　流体静压强及其特性

2.1.1　流体静压强的定义

当流体处于绝对静止或相对静止状态时，流体中的压强称为流体静压强。

在静止的流体中，围绕某点取一微小作用面，设其面积为 ΔA，作用在该面上的压力为 ΔP，当该面缩小到一点时，其上的平均压强 $\Delta P/\Delta A$ 趋近于某一极限值，此极限值便定义为该点的流体静压强，通常用符号 p 表示，即

$$p=\lim_{\Delta A\to 0}\frac{\Delta P}{\Delta A}=\frac{\mathrm{d}P}{\mathrm{d}A} \tag{2-1}$$

流体静压强的单位为 N/m^2（Pa，帕），量纲为 $\dim p = ML^{-1}T^{-2}$。

2.1.2　流体静压强的特性

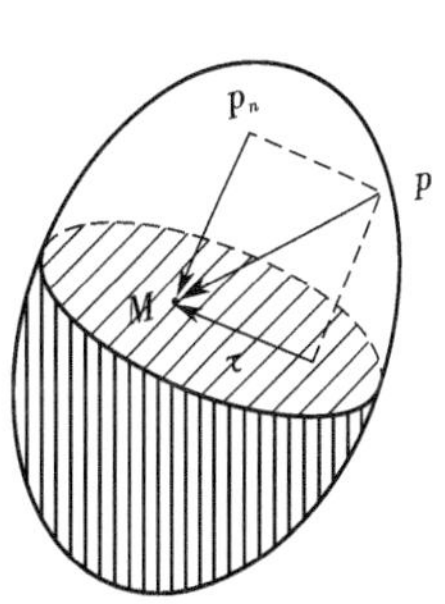

图 2-1　静止隔离体受力

流体静压强具有以下两个重要的特性。

1. 流体静压强的方向与作用面的内法线方向重合

从静止流体中取出一团流体，用任意平面将其切割成两部分，切割面上的作用力就是流体之间的相互作用力。取下半部分为隔离体，如图 2-1 所示。假如切割面上某一点 M 处的流体静压强 p

的方向不是内法线方向而是任意方向，则 p 可以分解为切应力 τ 和法向应力 p_n。

静止流体不能承受剪切力，也不可能承受拉力，否则平衡将被破坏，与静止流体的前提不符，所以流体静压强唯一可能的方向就是和作用面的内法线方向一致。

2. 流体静压强的大小与作用面的方位无关，即任何一点处各方向上的流体静压强大小相等

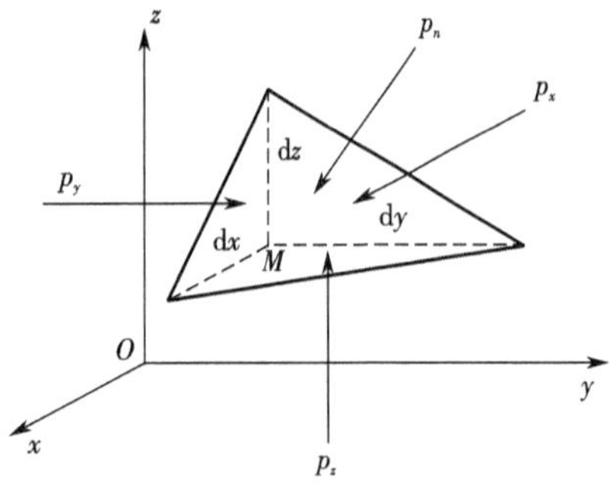

图 2－2　静止流体微分四面体受力

在静止流体中的点 $M(x,y,z)$ 附近取一个微分四面体，如图 2－2 所示。为方便起见，三个正交面与坐标平面方向一致，棱长分别为 $\mathrm{d}x$、$\mathrm{d}y$、$\mathrm{d}z$。任意方向的倾斜面积为 $\mathrm{d}A_n$，其外法线 n 的方向余弦分别为 $\cos(n,x)$、$\cos(n,y)$、$\cos(n,z)$，则

$$\mathrm{d}A_n\cos(n,x)=\frac{1}{2}\mathrm{d}y\mathrm{d}z$$

$$\mathrm{d}A_n\cos(n,y)=\frac{1}{2}\mathrm{d}z\mathrm{d}x$$

$$\mathrm{d}A_n\cos(n,z)=\frac{1}{2}\mathrm{d}x\mathrm{d}y$$

四面体所受的力包括表面力和质量力。在静止流体中表面力只有四个面上的压力 P_x、P_y、P_z 和 P_n。设各面上的平均压强分别为 p_x、p_y、p_z、p_n，则

$$P_x=\frac{1}{2}p_x\mathrm{d}y\mathrm{d}z$$

$$P_y=\frac{1}{2}p_y\mathrm{d}z\mathrm{d}x$$

$$P_z=\frac{1}{2}p_z\mathrm{d}x\mathrm{d}y$$

$$P_n=p_n\mathrm{d}A_n$$

四面体的体积是 $\frac{1}{6}\mathrm{d}x\mathrm{d}y\mathrm{d}z$，质量是 $\frac{1}{6}\rho\mathrm{d}x\mathrm{d}y\mathrm{d}z$，设单位质量力在坐标轴方向的分量分别为 X、Y、Z，则质量力 F 在坐标轴方向的分量分别为

$$F_x=\frac{1}{6}\rho\mathrm{d}x\mathrm{d}y\mathrm{d}zX$$

$$F_y=\frac{1}{6}\rho\mathrm{d}x\mathrm{d}y\mathrm{d}zY$$

$$F_z=\frac{1}{6}\rho\mathrm{d}x\mathrm{d}y\mathrm{d}zZ$$

根据力的平衡条件，四面体处于静止状态时各个方向的作用力之和应分别为零。以 x 方向为例：

$$P_x-P_n\cos(n,x)+F_x=0$$

将上面各式代入后得

$$\frac{1}{2}p_x\mathrm{d}y\mathrm{d}z-\frac{1}{2}p_n\mathrm{d}y\mathrm{d}z+\frac{1}{6}\rho\mathrm{d}x\mathrm{d}y\mathrm{d}zX=0$$

当 dx、dy、dz 趋近于零，也就是四面体缩小到 M 点时，上式中左边最后一项质量力和前面两项表面力相比为高阶微量，可以忽略不计，因而可得出 $p_x = p_n$。

同理，在 y 方向可得 $p_y = p_n$，在 z 方向可得 $p_z = p_n$，所以

$$p_x = p_y = p_z = p_n \tag{2-2}$$

因为 n 方向是任意选定的，故上式表明，静止流体中同一点在各个方向上的流体静压强均相等，与作用面的方位无关，可以把各个方向的压强均写成 p。p 只是位置的函数，在连续介质中，它是空间点坐标的连续函数：

$$p = p(x, y, z) \tag{2-3}$$

2.2　流体平衡微分方程及其积分

流体在表面力和质量力的作用下保持静止，因而这些表面力和质量力应该满足静力平衡关系。本节将推导作用在流体上的压力和质量的微分关系，即静止流体的平衡微分方程，并讨论与此相关的一些问题。

2.2.1　流体平衡微分方程

在静止流体中任取一个边长分别为 dx、dy、dz 的微小正六面体，如图 2-3 所示。作用在微元体上的力有质量力以及六个表面上的压力，这些压力是周围的静止流体通过微元体的六个表面传递过来的。

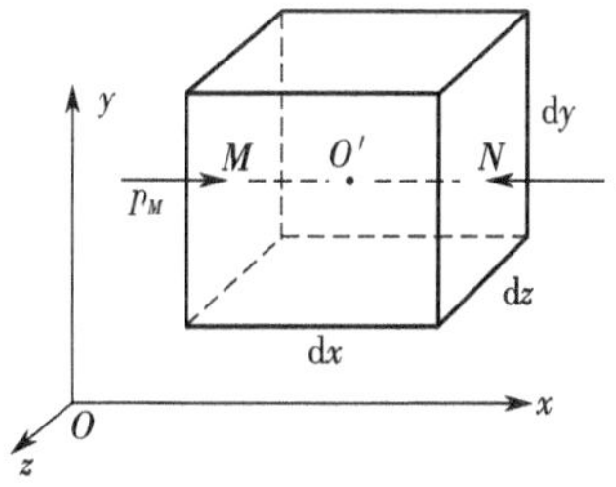

图 2-3　静止流体六面体受力

设中心点 $O'(x,y,z)$ 处的密度为 ρ，流体静压强为 p，单位质量力为 X、Y、Z。以 x 方向为例，过点 O' 作平行于 x 轴的直线，与六面体的左右两面分别交于点 $M\left(x-\frac{1}{2}dx, y, z\right)$ 和 $N\left(x+\frac{1}{2}dx, y, z\right)$。因流体静压强是空间坐标的连续函数，又因 dx 为微量，故点 M 和 N 的流体静压强可按泰勒级数展开并略去二阶以上的微量，分别为

$$p_M = p - \frac{1}{2}\frac{\partial p}{\partial x}dx$$

$$p_N = p + \frac{1}{2}\frac{\partial p}{\partial x}dx$$

由于六面体各面的面积微小，可以认为平面中点的流体静压强即为该面的平均流体静压强，于是可得作用在六面体左右两面上的表面力分别为

$$p_M = \left(p - \frac{1}{2}\frac{\partial p}{\partial x}dx\right)dydz$$

$$p_N = \left(p + \frac{1}{2}\frac{\partial p}{\partial x}dx\right)dydz$$

作用在六面体上的质量力在 x 方向的分量为 $X\rho dxdydz$。

由静力平衡方程可得在 x 方向上有

$$\left(p-\frac{1}{2}\frac{\partial p}{\partial x}\mathrm{d}x\right)\mathrm{d}y\mathrm{d}z-\left(p+\frac{1}{2}\frac{\partial p}{\partial x}\mathrm{d}x\right)\mathrm{d}y\mathrm{d}z+X\rho\mathrm{d}x\mathrm{d}y\mathrm{d}z=0$$

化简上式并整理得

$$X-\frac{1}{\rho}\frac{\partial p}{\partial x}=0 \tag{2-4a}$$

同理，在 y、z 方向上有

$$Y-\frac{1}{\rho}\frac{\partial p}{\partial y}=0 \tag{2-4b}$$

$$Z-\frac{1}{\rho}\frac{\partial p}{\partial z}=0 \tag{2-4c}$$

上式为流体平衡微分方程，它表明了处于平衡状态的流体中压强的变化率和单位质量力之间的关系。该式是由瑞士学者欧拉（Euler）于1755年首先导出的，故又称欧拉平衡方程。可以看出，在平衡流体中，对单位质量的流体来说，质量力分量（X,Y,Z）和表面力分量$\left(\frac{1}{\rho}\frac{\partial p}{\partial x},\frac{1}{\rho}\frac{\partial p}{\partial y},\frac{1}{\rho}\frac{\partial p}{\partial z}\right)$是对应相等的。因此，哪一方向有质量力的作用，哪一方向就有压强的变化；哪一方向不存在质量力的作用，哪一方向就没有压强的变化。

2.2.2 流体平衡微分方程的积分

在给定质量力的作用下，对式（2-4a）、式（2-4b）、式（2-4c）进行积分，便可得到平衡流体中压强 p 的分布规律。为便于积分，将式（2-4a）、式（2-4b）、式（2-4c）分别乘以 $\mathrm{d}x$、$\mathrm{d}y$、$\mathrm{d}z$，然后相加，得

$$\frac{\partial p}{\partial x}\mathrm{d}x+\frac{\partial p}{\partial y}\mathrm{d}y+\frac{\partial p}{\partial z}\mathrm{d}z=\rho(X\mathrm{d}x+Y\mathrm{d}y+Z\mathrm{d}z) \tag{2-5}$$

因 $p=p(x,y,z)$，故上式左端为 p 的全微分 $\mathrm{d}p$，于是上式可写为

$$\mathrm{d}p=\rho(X\mathrm{d}x+Y\mathrm{d}y+Z\mathrm{d}z) \tag{2-6}$$

这是流体平衡方程的另一种形式。该式表明，平衡流体中压强的增量等于质量力所做的功之和。上式是否有解析解？怎样才能有解析解？要回答这两个问题，首先要解决流体在什么性质的质量力作用下才能平衡的问题。

对于不可压缩均质流体，$\rho=$常数，可将式（2-6）写成

$$\mathrm{d}\left(\frac{p}{\rho}\right)=X\mathrm{d}x+Y\mathrm{d}y+Z\mathrm{d}z$$

上式左端为全微分，由数学分析理论可知它的右端也必须是某一坐标函数 $W(x,y,z)$ 的全微分，即

$$\mathrm{d}W=X\mathrm{d}x+Y\mathrm{d}y+Z\mathrm{d}z \tag{2-7}$$

$\mathrm{d}W=\frac{\partial W}{\partial x}\mathrm{d}x+\frac{\partial W}{\partial y}\mathrm{d}y+\frac{\partial W}{\partial z}\mathrm{d}z$，$\mathrm{d}x$、$\mathrm{d}y$ 和 $\mathrm{d}z$ 为任意变量，故有

$$X=\frac{\partial W}{\partial x},Y=\frac{\partial W}{\partial y},Z=\frac{\partial W}{\partial Z} \tag{2-8}$$

由理论力学可知，若某一函数对各坐标的偏导数等于力场中的力在对应坐标轴上的投

影，则称该函数为力的势函数，相应的力称为有势力。由式(2－8)可知，坐标函数 W 是力的势函数，而质量力是有势力。由此可见，流体只有在有势的质量力作用下才能保持平衡。

将式(2－7)代入式(2－6)，得

$$dp = \rho dW \tag{2-9}$$

上式积分，得

$$p = \rho W + C$$

式中 C 为积分常数，由流体的某一已知边界条件决定。若已知某边界的力的势函数 W_0 和流体静压强 p_0，则由上式可得

$$p = p_0 + \rho(W - W_0) \tag{2-10}$$

这就是不可压缩均质流体平衡微分方程积分后的普遍关系式。通常在实际问题中，力的势函数 W 的一般表达式并非直接给出，因此实际计算流体静压强分布时，采用式(2－7)较式(2－10)更方便。

2.2.3　帕斯卡定律

在式(2－10)中，$\rho(W - W_0)$是由流体的密度和质量力的势函数决定的，与 p_0 的大小无关。因此，当 p_0 增减 Δp 时，只要流体原有的平衡状态未受到破坏，p 也必然随着增减 Δp，即 $p \pm \Delta p = p_0 \pm \Delta p + \rho(W - W_0)$。

由此可得：在平衡流体中，一点压强的增减值将等值地传给流体内的所有点，这就是著名的压强传递帕斯卡定律。水压机、水力起重机、液压传动装置等都是根据这一定律设计的。

2.2.4　等压面

在流体中压强相等的点组成的面称为等压面。等压面能形象、直观地表示出压强的分布情况。在相对平衡的流体中，因在等压面上 $dp = 0$，由式(2－7)和式(2－9)得

$$Xdx + Ydy + Zdz = 0 \tag{2-11}$$

这就是等压面的微分方程式。如单位质量力在各轴向的分量 X、Y、Z 已知，则可代入式(2－11)并积分得到等压面方程。等压面是曲面或平面。

等压面有一个很重要的特性，在相对平衡的流体中，等压面与质量力正交，即作用于静止流体中任一点上的质量力必定垂直于通过该点的等压面，证明如下。

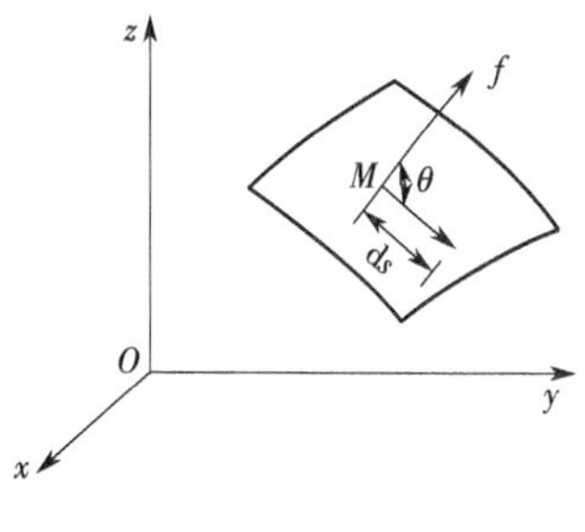

图 2－4　等压面上流体质点的受力

如图 2－4 所示，设想流体中的某一质点 M 在等压面上移动一个微分距离 ds，则作用在这一质点上的质量力所做的功应为

$$W = f dm \cos\theta ds$$

式中　f——作用于该质点上的单位质量力；

dm——该质点的质量；

θ——质量力与 ds 之间的夹角。

设 ds 在各轴向上的投影分别为 dx、dy 及 dz，因质量力的合力所做之功等于它在各轴向的分力所做之功的和，故

$$f dm\cos\theta ds = dm(X dx + Y dy + Z dz)$$

在相对平衡的流体的等压面上，

$$dp = X dx + Y dy + Z dz = 0$$

则

$$f ds\cos\theta = 0$$

$$\boldsymbol{f}\cdot d\boldsymbol{s} = 0$$

根据假设，f 及 ds 都不等于 0，故必有 $\cos\theta = 0$，即 θ 必须等于 90°。由于等压面上 ds 的方向是任意选择的，既然质量力与 ds 正交，它与等压面也必然是正交的。可见二者的方向只要知道一个，另一个便可随之确定。例如：只在重力作用下静止流体中的等压面为水平面；当流体作相对运动时，质量力除了重力外还有惯性力，这两个力的合力必定垂直于等压面，此时等压面是倾斜的平面。若两种重度不同、不相混的流体在同一个容器中处于静止状态，一般重度大的流体在下，重度小的流体在上，这两种流体之间的分界面既是水平面又是等压面。

等压面是求解静止流体中不同位置之间的压强关系时常应用的概念，使用条件必须是连通的同种流体。在静止的或相对平衡的流体中，由式(2－9)容易推知：等压面也是等势面。

常见的等压面有流体的自由表面(因作用于其上的压强一般是相等的大气压强)、平衡流体中不相混的两种流体的交界面等。

2.3 重力作用下流体静压强的分布规律

工程实际中经常遇到的流体平衡问题是在流体相对于地球没有运动的静止状态下，此时流体所受的质量力仅有重力。下面就对静止流体中点压强的分布规律进行分析讨论。

2.3.1 重力作用下流体静压强的基本公式

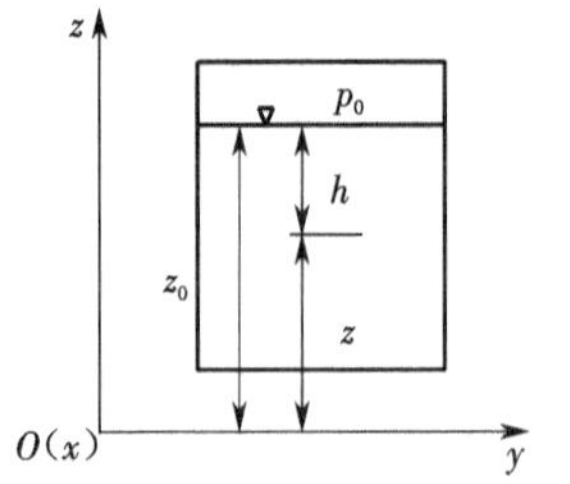

图 2－5 重力作用下静止流体的受力

在质量力只有重力的静止流体中，将直角坐标系的 z 轴取为铅直向上，如图 2－5 所示。在这种情况下，单位质量力在各坐标轴方向的分量为 $X = 0, Y = 0, Z = -g$，代入式(2－6)得

$$dp = -\rho g dz = -\gamma dz \quad 或 \quad dz + \frac{dp}{\gamma} = 0$$

对不可压缩均质流体，重度 $\gamma = \cos nt$，上式积分，得

$$z+\frac{p}{\gamma}=C \tag{2-12}$$

式中　C——积分常数；

z——某点到基准面的位置高度，称为位置水头（Elevation Head）；

$\frac{p}{\gamma}$——该点与自由液面间单位面积上的液柱重量，称为压强水头（Pressure Head）；

$z+\frac{p}{\gamma}$——测压管水头（Piezomeric Head）。

式（2－12）表明，在重力作用下，不可压缩静止流体中各点的$\left(z+\frac{p}{\gamma}\right)$值相等。

对任意两点 1 及 2，上式可写成

$$z_1+\frac{p_1}{\gamma}=z_2+\frac{p_2}{\gamma} \tag{2-13}$$

这就是重力作用下静止流体应满足的基本方程式，也是水静力学的基本方程式。

在自由表面上，$z=z_0$，$p=p_0$，则 $C=z_0+\frac{p_0}{\gamma}$。代入式（2－12）即可得出重力作用下静止流体中任意点的流体静压强计算公式：

$$p=p_0+\gamma(z_0-z)\quad 或\quad p=p_0+\gamma h \tag{2-14}$$

式中 $h=z_0-z$，表示该点在自由液面以下的淹没深度。式（2－14）为计算流体静压强的基本公式。它表明，静止流体内任意点的流体静压强由两部分组成：一部分是表面压强 p_0，它遵从帕斯卡定律，等值地传递到流体内部各点；另一部分是液重压强 γh，是从该点到流体的自由表面间单位面积上的液柱重量。

应当指出，上述静止流体的压强分布规律是在连通的同种流体处于静止状态的条件下推导出来的，如果不能同时满足静止、同种流体、连续这三个条件，就不能应用上述规律。由式（2－14）还可以看出，淹没深度相等的各点流体静压强相等，故水平面即为等压面，它与质量力（即重力）的方向垂直。如图 2－6（a）所示，连通容器中过 1、2、3、4 点的水平面即等压面。但必须注意，这一结论仅适用于质量力只有重力的同一种连续介质。对不连续的流体（如流体被阀门隔开，见图 2－6（b））或者一个水平面穿过两种及以上介质（见图 2－6（c）），位于同一水平面上的各点压强不一定相等，水平面不一定是等压面。

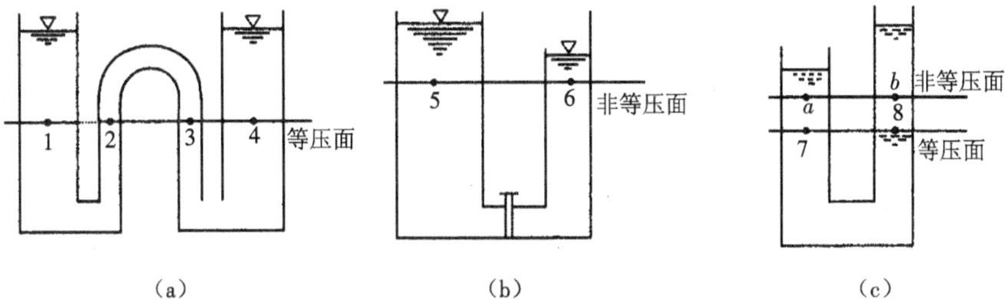

图 2－6　不同情况下的等压面

（a）连通容器　（b）连通容器被隔开　（c）盛有不同种类液体的连通容器

还应当指出，当求多种流体在同一容器或连通管的条件下的压强或者压强差时，必须将两种流体的分界面作为压强关系的联系面。

2.3.2 压强的计示方式与度量单位

式(2-14)表达了流体内部任意一点的压强和自由表面上的压强的定量关系,这一关系式表明可用自由液面上的压强作为计算压强的基准。自由液面上的压强通常是大气压强。量度压强的大小,首先要明确起算的基准,其次要了解计量的单位。

1. 量度压强的基准

压强可从不同的基准起算,因而有不同的表示方法。

(1)绝对压强(Absolute Pressure)。以设想的没有气体存在的完全真空为零点起算的压强称为绝对压强,用符号 p_{ab} 表示。

(2)相对压强(Relative Pressure)。在实际工程中,水流表面或建筑物表面的压强多为当地大气压强,很多测压仪表测得的压强都是绝对压强和当地大气压强的差值,所以当地大气压强常作为计算压强的基准。以当地大气压强为零点起算的压强称为相对压强,又称计示压强或表压强,用符号 p 表示。于是可得相对压强与绝对压强之间的关系为

$$p = p_{ab} - p_a \tag{2-15}$$

式中:p_a 为当地大气压强。

如自由液面上的压强为当地大气压强,则式(2-14)可写为

$$p = \gamma h \tag{2-16}$$

(3)真空压强(Vacuum Pressure)或真空度。绝对压强值总是正的,相对压强值则可正可负。当流体某处的绝对压强小于当地大气压强时,该处的相对压强为负值,称为负压,或者说该处存在着真空。真空压强 p_v 用绝对压强比当地大气压强小多少来表示,即

$$p_v = p_a - p_{ab} = |p| \, (p_{ab} < p_a) \tag{2-17}$$

由式(2-17)可知:在理论上,当绝对压强为零时,真空压强达到最大值,$p_v = p_a$,即"完全真空"状态。但实际流体一般无法达到"完全真空"状态,因为如果容器中流体的表面压强降低到该流体的汽化压强(饱和蒸气压强,Saturated Vapor Pressure)p_{vp},流体就会迅速蒸发、汽化,因此只要液面压强降低到流体的汽化压强,该处的压强便不会再往下降,所以流体的最大真空压强不能超过当地大气压强与该流体的汽化压强之差。水的汽化压强随着温度降低而降低,表2-1列出了水在不同温度下的汽化压强。

表2-1 水在不同温度下的汽化压强

温度/℃	0	5	10	15	20	25	30
p_{vp}/kPa	0.61	0.87	1.23	1.70	2.34	3.17	4.24
p_{vp}/γ/mH_2O	0.06	0.09	0.12	0.17	0.25	0.33	0.44
温度/℃	40	50	60	70	80	90	100
p_{vp}/kPa	7.38	12.33	19.92	31.16	47.34	70.10	101.33
p_{vp}/γ/mH_2O	0.76	1.26	2.03	3.20	4.96	7.18	10.33

图 2-7 为用几种不同的方法表示的压强的关系图，其中绝对压强与相对压强之间相差一个当地大气压强。

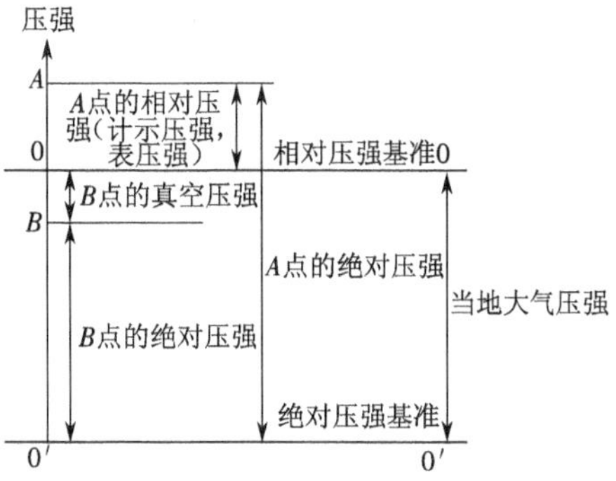

图 2-7　压强表示方法关系图

2. 压强的计量单位

在流体力学中常用的压强计量单位有下列三种。

（1）用一般的应力单位表示，即从压强的定义出发，以单位面积上的作用力表示，即力/面积。在国际单位制（SI）中以 N/m^2 或者 Pa（帕）表示，$1\ Pa = 1\ N/m^2$。由于帕的值太小，在工程上常用千帕（kPa）和兆帕（MPa）作为单位，$1\ kPa = 10^3\ Pa$，$1\ MPa = 10^6\ Pa$。工程单位为 kgf/m^2 或者 kgf/cm^2。

（2）工程上为便于计算，常用大气压强的倍数表示，即将大气压强作为衡量压强大小的尺度。国际单位制规定，一个标准大气压（p_{atm}）是在纬度为 45°的海平面上，当温度为 0 ℃时的大气压强，即 $p_{atm} = 101.325\ kPa = 760\ mmHg$。工程单位中规定大气压用符号 at 表示（相当于海拔 200 m 处的正常大气压强），$1\ at = 1\ kgf/cm^2$，称为工程大气压。一个工程大气压 $p_{at} = 98\ kPa$。

（3）用液柱高表示。由式（2-16）可得

$$h = \frac{p}{\gamma} \tag{2-18}$$

上式表明，任一点的流体静压强 p 都可转化为任何一种重度为 γ 的液柱的高度 h，因此常用液柱高度作为压强的单位。通常用水柱高度或者水银柱高度，其单位为 mH_2O、mmH_2O 或 mmHg。

一个标准大气压相应的水柱高度为

$$h = \frac{101\ 325\ N/m^2}{9\ 807\ N/m^3} = 10.33\ mH_2O$$

相应的水银柱高度为

$$h' = \frac{101\ 325\ N/m^2}{133\ 375\ N/m^3} = 0.76\ mHg = 760\ mmHg$$

一个工程大气压相应的水柱高度为

$$h = \frac{10\ 000\ kgf/m^2}{1\ 000\ kgf/m^3} = 10\ mH_2O$$

相应的水银柱高度为

$$h' = \frac{10\ 000\ kgf/m^2}{13\ 600\ kgf/m^3} = 0.74\ m = 740\ mmHg$$

压强的上述三种度量单位是经常用到的，要求能够灵活应用。在通风工程中通常气体的压强很小，用 mmH_2O 更适合。大气压和液柱高度虽不属国际单位制，但在工程中经常使用，如水头高和日常生活中血压计的水银柱高等。

国际单位制和工程单位制中各种压强的换算关系列于表 2－2 中，以供换算使用。

表 2－2　国际单位与工程单位的换算关系

压强单位	Pa (N/m^2)	kPa ($10^3\ N/m^2$)	bar ($10^5\ N/m^2$)	mmH_2O (kgf/m^2)	at ($10^4\ kgf/m^2$)	标准大气压 ($1.033\ 2\times 10^4\ kgf/m^2$)	mmHg
换算关系	9.807	9.807×10^{-3}	9.807×10^{-5}	1	10^{-4}	9.678×10^{-5}	0.073 56
	9.807×10^{4}	9.807×10	9.807×10^{-1}	10^4	1	9.678×10^{-1}	735.6
	101 325	101.325	1.013 25	10 332.3	1.033 23	1	760
	133.332	0.133 33	$1.333\ 3\times10^{-3}$	13.595	$1.359\ 5\times10^{-3}$	1.316×10^{-3}	1

2.3.3　水头和单位势能

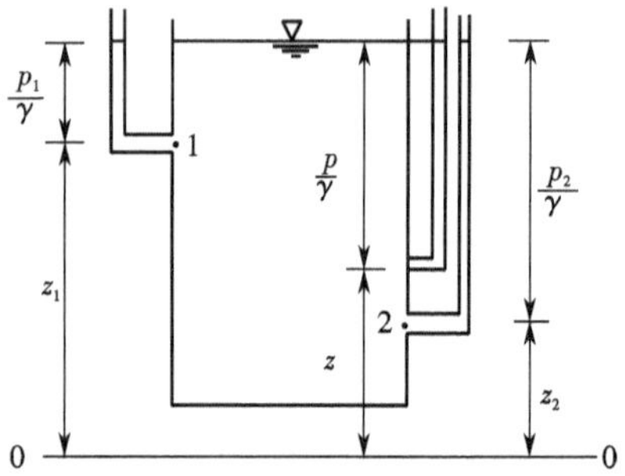

图 2－8　测压管液面压强示意

前面已经导出了水静力学的基本方程 $z+\frac{p}{\gamma}=C$（式(2－12)）。若在一个盛有流体的容器的侧壁上打一个小孔，接上开口玻璃管与大气相通，就形成一根测压管（piezometer）。如容器中的流体仅受重力的作用，液面上的压强为大气压强，则无论连在哪一点上，测压管内的液面都与容器内的液面齐平，如图 2－8 所示。测压管的液面到基准面的高度由 z 和 $\frac{p}{\gamma}$ 两部分组成，z 表示该点到基准面的位置高度，$\frac{p}{\gamma}$ 表示该点压强的液柱高度。在水力学中常用“水头”代表高度，所以 z 又称为位置水头，$\frac{p}{\gamma}$ 又称为压强水头，$\left(z+\frac{p}{\gamma}\right)$ 称为测压管水头。在重力作用下，静止流体内各点的测压管水头相等。

下面进一步说明位置水头、压强水头和测压管水头的物理意义。

位置水头 z 表示的是单位重量的流体从某一基准面起算所具有的位置势能（简称位能）。众所周知，把重量为 G 的物体从基准面移到高度 z 后，该物体所具有的位能为 Gz，单位重量的物体的位能就是 $Gz/G=z$，它具有长度的量纲。基准面不同，z 值不同。

压强水头 $\frac{p}{\gamma}$ 表示的是单位重量的流体从大气压起算所具有的压强势能（简称压能）。压能是一种潜在的势能。如果流体中某点的压强为 p，在该处安置测压管后，在压力的作用下，液面会上升 $\frac{p}{\gamma}$，也就是把压强势能转化为位置势能。重量为 G、压强为 p 的流体在测压管中上升$\frac{p}{\gamma}$后，位置势能的增量$G\frac{p}{\gamma}$就是原来流体具有的压强势能。所以对原来单位重量的流体来说，压能即$G\frac{p}{\gamma}/G=\frac{p}{\gamma}$。

静止流体中的机械能只有位能和压能，合称为势能。$\left(z+\frac{p}{\gamma}\right)$表示的就是单位重量的流体所具有的势能。因此，水静力学基本方程表明：在静止流体内各点，单位重量的流体所具有的势能相等。

2.4　压强的量测和点压强的计算

在工程实际中，往往需要量测和计算液体中的点压强或两点的压强差（压差）。量测压强的仪器很多，大致可分为液柱式测压计、金属测压计（如压力表、真空表等，均系利用金属受压变形的大小来量测压强的）及非电量电测仪表（利用传感器将压强转化为各种电学量，如电压、电流、电容、电感等，用电学仪表测出这些量，然后经过相应的换算求出压强）等。这里只介绍一些利用水静力学原理制作的液柱式测压计。

2.4.1　测压管

简单的测压管是用一个开口玻璃管直接与被测流体连通而成的，如图 2－9 所示。测压管液面到测点的高度就是该点的相对压强水头，该点的相对压强 $p=\gamma h$。

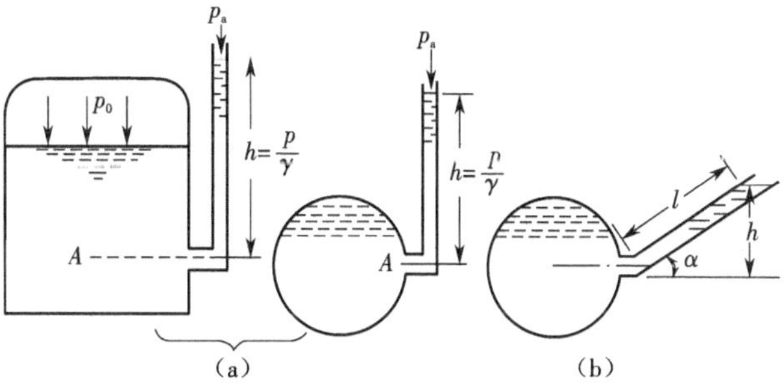

图 2－9　测压管示意

（a）测压管竖直放置　（b）测压管倾斜放置

对于较小的压强值，为提高量测精度，可以采用放大标尺读数的办法。方法之一是将玻璃测压管倾斜放置，如图 2－9（b）所示。此时标尺读数 l 比 h 放大了一些，便于测读，压强为

$$p=\gamma h=\gamma l\sin\alpha \tag{2-19}$$

通过调整倾角 α 可以调整放大的倍数。

方法之二是在测压管内放轻质而和水不相混的液体（如汽油，相对密度重为 0.74），则同样的压强 p 可以有较大的液柱高 h。还可采用上述二者相结合的方法，量测精度更高。

对于较大的压强值，如用上述测压管量测，则需要的玻璃管太长，应用不方便。可以采

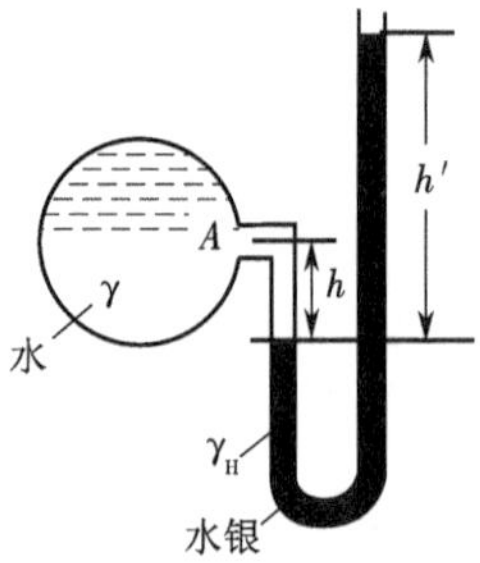

图 2-10 装有水银的 U 形测压管

用装入较重流体(如水银,相对密度为 13.6)的 U 形测压管,从而使测压管中的液柱高度较小。如图 2-10 所示,测得 h 及 h',则 A 点的压强为

$$p=\gamma_{\mathrm{H}}h'-\gamma h \tag{2-20}$$

2.4.2 压差计(比压计)

压差计用以量测流体中两点的压强差或测压管水头差。水银压差计就是其中一种,其为一个 U 形玻璃管,如图 2-11 所示。弯管内装有水银,两支管分别接测点 A、B,用水银柱差 Δh 表示这两点的测压管水头差。

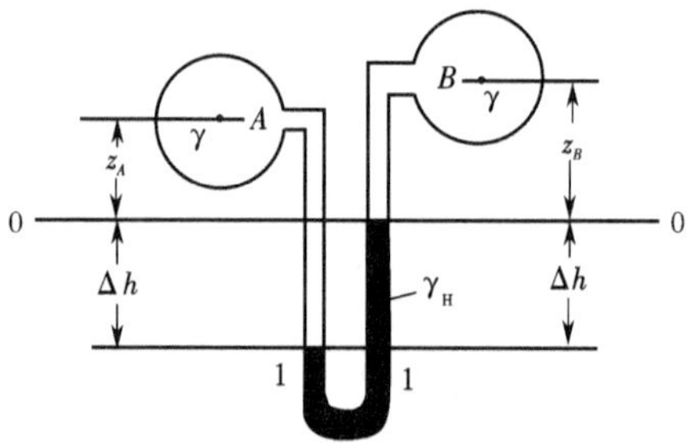

图 2-11 压差计示意

设 A、B 两处的流体重度为 γ,水银重度为 γ_{H}。取 0—0 为基准面,测得 z_A、z_B 和 Δh,由等压面 1—1 可根据点压强计算公式列出如下等式:

左侧 $p_1=p_A+\gamma z_A+\gamma\Delta h$

右侧 $p_1=p_B+\gamma z_B+\gamma_{\mathrm{H}}\Delta h$

故得

$$p_A-p_B=(\gamma_{\mathrm{H}}-\gamma)\Delta h+\gamma(z_B-z_A) \tag{2-21}$$

A、B 两点的测压管水头差为

$$\left(z_A+\frac{p_A}{\gamma}\right)-\left(z_B+\frac{p_B}{\gamma}\right)=\frac{\gamma_{\mathrm{H}}-\gamma}{\gamma}\Delta h \tag{2-22}$$

如被测的 A、B 两点之间压差甚微,水银压差计的读数 Δh 将很小,测读精度较低,则可将压差计倒装,在其顶部装入重度为 γ' 的轻质流体,如图 2-12 所示。仿上分析可得

$$p_1=p_A-(-\gamma z_A)-\gamma\Delta h=p_B-(-\gamma z_B)-\gamma'\Delta h \tag{2-23}$$

或

$$\left(z_A+\frac{p_A}{\gamma}\right)-\left(z_B+\frac{p_B}{\gamma}\right)=\frac{\gamma-\gamma'}{\gamma}\Delta h \tag{2-24}$$

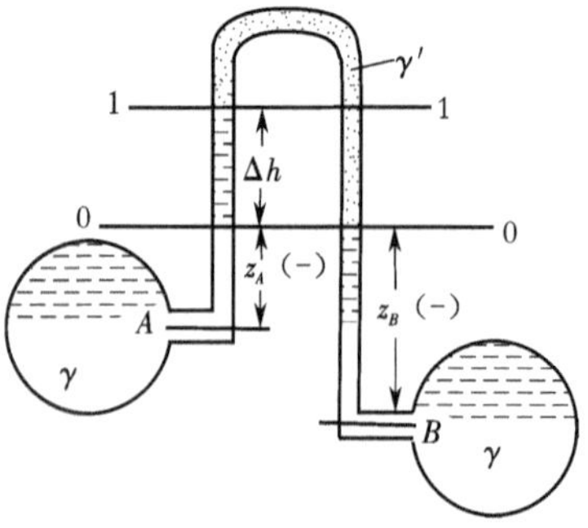

图 2-12 装有轻质流体的倒装压差计

必须注意此时的位置高度 z_A、z_B 相对于基准面 0—0 均为负值。

需要特别指出的是：式(2－22)和式(2－24)与测点所处容器的形状与相对位置无关；与基准面的选择无关；与容器中是静水还是动水无关。在实际问题中经常用到上述结论，无须重新推导，可直接应用。

【例 2－1】 一个封闭水箱如图 2－13 所示，若水面上的压强 $p_0 = -44.5\ \text{kN/m}^2$，试求 h，并求水下 0.3 m 处 M 点的压强（要求：①分别以绝对压强、相对压强及真空度表示；②用各种单位表示）及该点相对于基准面 0—0 的测压管水头。

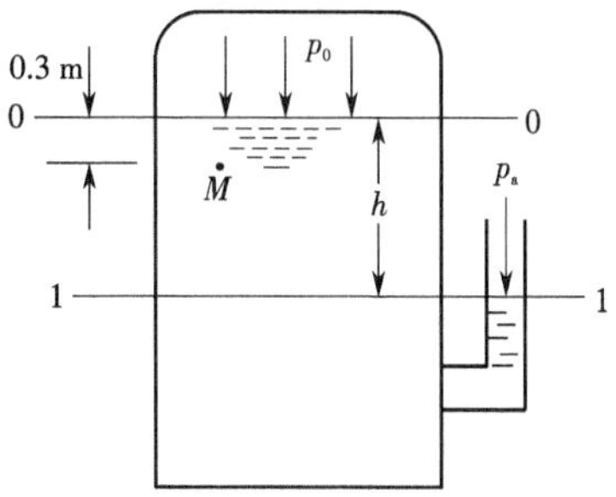

图 2－13　例 2－1 图

解：先计算 h。应找有关等压面，利用右侧测压管中的分界面为等压面这一特性，画 1—1 水平面，则该面处于连通的静止、均质流体中的部分均为等压面。显然，此等压面上的压强以绝对压强表示应为大气压，以相对压强表示则为零。题目给的 $p_0 = -44.5\ \text{kN/m}^2$ 应是相对压强，故有 $p_0 + \gamma h = 0$，代入题给数据得 $-44.5 + 9.8h = 0$，因此 $h = 4.54$ m。再求 M 点的压强和测压管水头。

(1)用相对压强表示：

$$p_M = p_0 + \gamma h_M = -44.5 + 9.8 \times 0.3 = -41.56\ \text{kN/m}^2$$

$$p_M = -\frac{41.56}{98} = -0.424 p_{\text{at}}$$

$$\frac{p_M}{\gamma} = \frac{-41.56}{9.8} = -4.24\ \text{mH}_2\text{O}$$

(2)用绝对压强表示：

$$p'_M = p_M + p_{\text{at}} = -41.56 + 98 = 56.44\ \text{kN/m}^2$$

$$p'_M = \frac{56.44}{p_{\text{at}}} = \frac{56.44}{98} = 0.576 p_{\text{at}}$$

$$\frac{p'_M}{\gamma} = \frac{56.44}{9.8} = 5.76\ \text{mH}_2\text{O}$$

(3)用真空度表示：

$$\text{真空度：} p_{M(\text{v})} = 41.56\ \text{kN/m}^2 = 0.424 p_{\text{at}} = \frac{41.56}{9.8} = 4.24\ \text{mH}_2\text{O}$$

(4)M 点的测压管水头：

$$z_M + \frac{p_M}{\gamma} = -0.3 + (-4.24) = -4.54\ \text{m}$$

2.5　流体的相对平衡

相对平衡指各流体质点之间及流体与器皿之间无相对运动的相对静止或相对平衡状态。因为质点间无相对运动，所以流体中不显现黏滞力的作用，不存在切应力。此时流体的质量力除重力外,还需加上与加速运动相对应的惯性力。

研究相对平衡的流体中的压强分布规律,最好采用理论力学中处理相对运动问题的方法,即将坐标系置于运动容器上,流体相对于该坐标系是静止的,于是运动问题便可作为静力学问题来处理。但须注意:与重力作用下的平衡流体不同,相对平衡流体的质量力除了重力外,还有牵连惯性力。

2.5.1 匀加速直线运动容器内流体的相对平衡

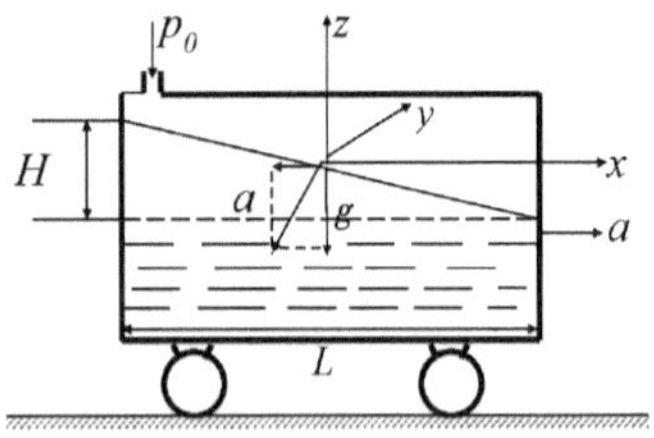

图 2-14 匀速直线运动的容器

图 2-14 所示为一个盛有流体的容器。当容器相对地球作匀速直线运动时,流体虽然相对地球是运动着的,但相对容器是静止的,流体质点间不发生相对运动。在这种情况下,流体的质量力只有重力,只要把坐标系取在容器上,则前面介绍的重力作用下静止流体的平衡规律和特性完全适用,等压面也是一簇水平面。流体内任意一点的压强可以由静力学基本公式求得。

当容器相对地球以等加速度 a 水平向右作匀加速直线运动时,容器内的液体在图示的新状态下达到平衡,液体质点间不存在相对运动。仍将坐标系选在容器上,此时液体除受重力作用之外,还要加上一个假想的达朗贝尔惯性力,惯性力的方向与加速度的方向相反,单位质量液体所受的质量力在各坐标方向上的分量为

$$X=-a, Y=0, Z=-g$$

压强分布为

$$\mathrm{d}p=\rho(X\mathrm{d}x+Y\mathrm{d}y+Z\mathrm{d}z)$$

积分得

$$p=\rho(-ax-gz)+C$$

令 $x=0, z=0, p=p_a, C=p_a$,则

$$p=p_a-\rho g\left(\frac{a}{g}x+z\right)$$

令 $p=p_a$,得到自由面方程

$$z_s=-\frac{a}{g}x$$

要使水不溢出,则 $z_s \leqslant H-h, a\leqslant -\dfrac{gz}{x_s}$。

【例 2-2】 如图 2-15 所示,一辆洒水车以等加速度 $a=0.98\ \mathrm{m/s^2}$ 向前平驶,求洒水车内的自由表面与水平面间的夹角。若某点在运动前位于水面下 1.0 m,距 z 轴 -1.5 m,求洒水车加速运动后该点的静压强。

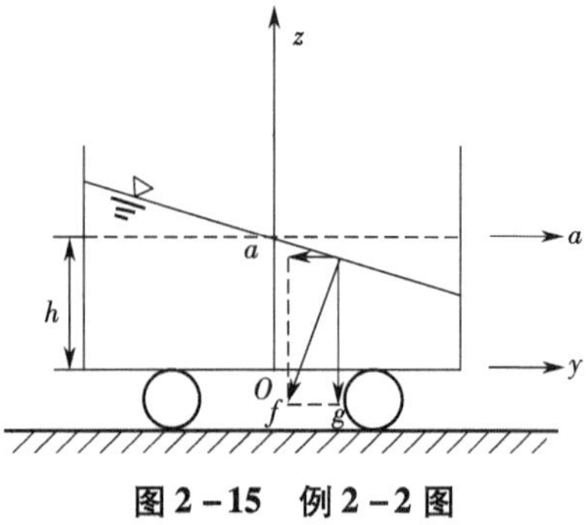

图 2-15 例 2-2 图

解:考虑惯性力与重力的单位质量力在各坐标

轴方向的分量为(取原液面的中点为坐标原点)

$$X=-a,Y=0,Z=-g$$

$$dp=\rho(-adx-gdz)$$

积分得

$$p=-\rho(ax+gz)+C$$

在自由液面上,$x=z=0$,$p=p_0$,得 $C=p_0=0$,则

$$p=-\gamma\left(\frac{a}{g}x+z\right)$$

该点的压强为

$$p=-\gamma\left(\frac{a}{g}x+z\right)=-9\,800\left[\frac{0.98}{9.8}\times(-1.5)+(-1.0)\right]=11\,270\ \text{N/m}^2=11.27\ \text{kPa}$$

自由液面方程为(在液面上 $p_0=0$)

$$ax+gz=0$$

2.5.2　等角速度旋转容器内流体的相对平衡

下面以等角速度旋转容器内流体的相对平衡为例,说明这类问题的一般分析方法。

如图 2-16 所示,一个盛有液体的容器绕其中心轴以等角速度 ω 旋转。开始转动时,由于液体具有黏性,所以液体与容器壁接触的表面上因相对运动而产生了黏性力。液体在黏性力作用下,从壁边到中心逐渐随容器绕 z 轴转动。与此同时,液体由于离心作用而向外甩,这一初始过程结束后,液体将成为一个相对稳定的整体随容器一起转动,从而形成了流体对容器的相对平衡。将坐标系置于旋转的圆筒上,z 轴向上并与中心轴重合,坐标原点位于液面上。由于坐标系转动,作用在流体质点上的质量力除重力外,还有牵连离心惯性力。

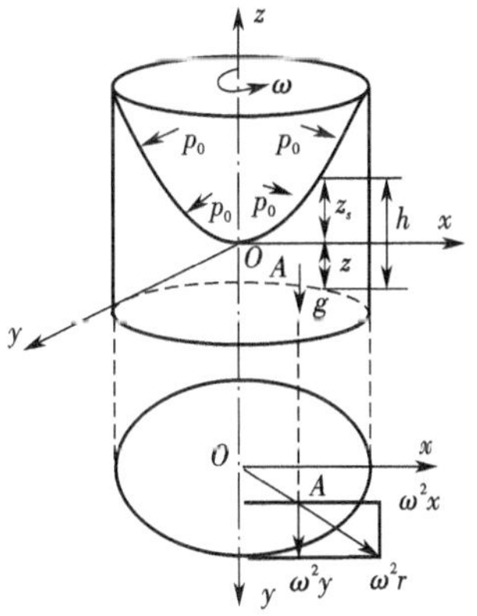

图 2-16　等角速度旋转的容器

对于流体内任一质点 $A(x,y,z)$,其所受单位质量力在各坐标轴方向的分量为

$$X=\omega^2x,Y=\omega^2y,Z=-g$$

代入欧拉平衡微分方程式(2-6),得

$$dp=\rho(\omega^2xdx+\omega^2ydy-gdz)$$

积分得

$$p=\rho\left(\frac{1}{2}\omega^2x^2+\frac{1}{2}\omega^2y^2-gz\right)+C$$

根据边界条件,在坐标原点($x=0,y=0,z=0$)处 $p=p_0$,由此得 $C=p_0$。将其代入上式,并且 $x^2+y^2=r^2$,$\rho g=\gamma$,则

$$p=p_0+\gamma\left(\frac{\omega^2r^2}{2g}-z\right) \tag{2-25}$$

在同一高度上，液体的静压强沿径向按半径的二次方增大，这就是等角速度旋转容器中流体压强的分布规律。

若 p 为任一常数，则由式(2－25)可得等压面方程为

$$\frac{\omega^2 r^2}{2g} - z = C'(\text{常数}) \tag{2-26}$$

上式表明，等角速度旋转容器中流体的等压面是一簇绕中心轴的旋转抛物面。

在自由表面上 $p = p_0$，代入式(2－25)可得自由表面方程：

$$z_s = \frac{\omega^2 r^2}{2g} \tag{2-27}$$

z_s 为液面上某点的竖直坐标，将其代入式(2－25)，得

$$p = p_0 + \gamma(z_s - z) = p_0 + \gamma h \tag{2-28}$$

$h = z_s - z$，为流体中任意一点的淹没深度。上式表明，在相对平衡的旋转流体中，各点的流体静压强随淹没深度的变化仍是线性关系。但需指出，在旋转的平衡流体中各点的测压管水头不等于常数。

【例 2－3】 有一个盛水的圆柱形容器，高 $H = 1.2$ m，直径 $D = 0.7$ m，盛水深度恰好为容器高度的一半。试问当容器绕其中心轴旋转的转速 n 为多大时水开始溢出。

解：旋转抛物体的体积等于同底同高的圆柱体体积的一半，因此当容器旋转使水上升至容器顶部时，旋转抛物体自由液面的顶点恰好在容器底部。在自由液面上，当 $r = \frac{D}{2}$ 时，$z_s = H$，将其代入式(2－27)得

$$\omega = \frac{1}{D}\sqrt{8gH} = \frac{1}{0.7}\sqrt{8 \times 9.8 \times 1.2} = 13.86 \text{ r/s}$$

故转速

$$n = \frac{30\omega}{\pi} = \frac{30 \times 13.86}{3.14} = 132.4 \text{ r/min}$$

【例 2－4】 用汽车搬运一个敞口的正六面体形玻璃鱼缸，其长×宽×高 $= l \times b \times h = 0.6 \text{ m} \times 0.3 \text{ m} \times 0.5 \text{ m}$，静止时缸内水位高 $d = 0.4$ m。设鱼缸沿汽车前进方向纵向放置。

求：(1) 为不让水溢出，应控制的汽车最大加速度 a_m；

(2) 鱼缸横向放置的最大加速度 a'_m。

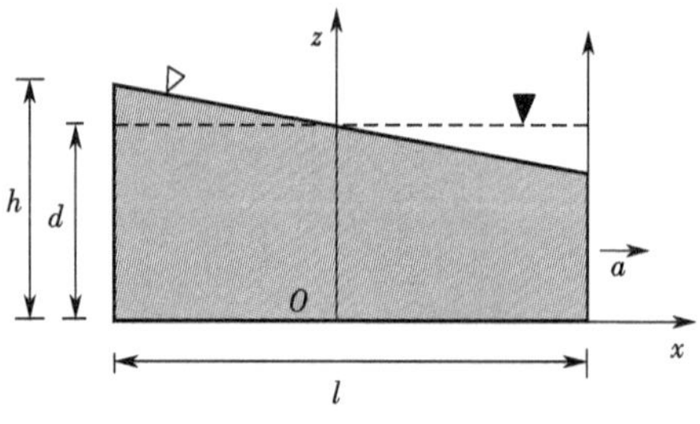

图 2－17 例 2－4 图

解：以鱼缸底部中点为原点 O 建立坐标系 Oxz，如图 2－17 所示。设鱼缸在 x 方向的加速度为 a，作用在单位质量的水上的体积力分量为 $f_x = -a$，$f_z = -g$，代入等压面微分方程并积分可得 $ax + gz = C$。

当鱼缸静止时，液面中点的坐标为 $(0, d)$，由上式可得 $C = gd$。鱼缸运动时的液面方程为

$$ax + gz = gd$$

加速度表达式为

$$a=\frac{d-z}{x}g$$

(1)当鱼缸纵向放置时,与后壁最高液位($-l/2$, h)相对应的加速度为

$$a_m=\frac{d-h}{-l/2}g=\frac{0.4-0.5}{-0.3}g=\frac{1}{3}g$$

(2)当鱼缸横向放置时,与后壁最高液位($-b/2$,h)相对应的加速度为

$$a'_m=\frac{d-h}{-b/2}g=\frac{0.4-0.5}{-0.15}g=\frac{2}{3}g$$

$a'_m=2a_m$,可见鱼缸横向放置水不易溢出。

2.6 静止流体对平面壁的作用力

工程上常常需要计算船舶、堤坝、码头、闸门、水箱、容器以及管道等的结构强度,除了要计算点压强之外,往往还需确定流体接触的不同形状、不同几何位置的固体壁面受到的流体对它的总压力。

力的作用效果是由力的大小、方向和作用点三个因素决定的,因此总压力的计算就是根据静压强的分布规律,确定合力的大小、方向和作用点。只要掌握了前述的流体静压强分布规律,就不难确定静水总压力的大小、方向和作用点。计算方法有图算法和解析法。

2.6.1 流体静压强分布图

流体静压强分布规律可用几何图形表示出来,即以线条长度表示点压强的大小,以线端箭头表示点压强的作用方向,即受压面的内法线方向。由于建筑物的四周一般都处在大气中,各个方向的大气压力将互相抵消,故压强分布图只需绘出相对压强值。图 2－18 所示为一个直立的矩形平板闸门,其一面受水压力的作用,在水下的部分为 ABB_1A_1,深度为 H,宽度为 b。图 2－18(a)是作用在该闸门上的压强分布图,为空间压强分布图;图 2－18(b)是垂直于闸门的剖面图,为平面压强分布图。流体静压强与淹没深度呈线性关系,故作用在平面上的平面压强分布图必然是按直线分布的,只要直线上两个点的压强已知,就可确定该压强分布直线。一般绘制的压强分布图都指这种平面压强分布图。

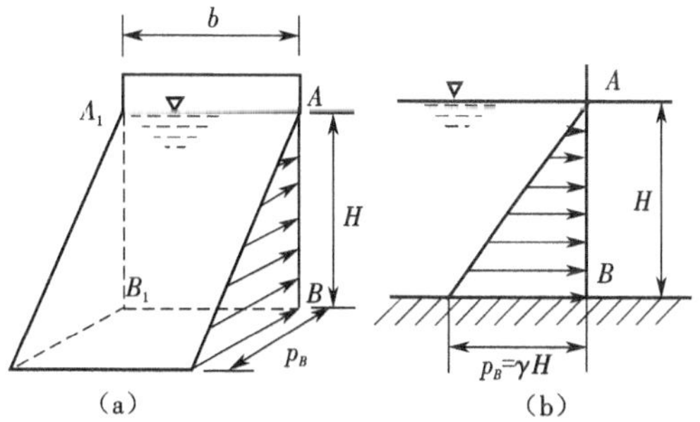

图 2－18　闸门受水压力作用

(a)空间压强分布　(b)垂直于闸门的压强分布

流体静压强分布图的绘制规则如下。

(1)按照一定的比例尺,用一定长度的线段代表流体静压强的大小,自由液面处 $p=0$。

(2)用箭头标出流体静压强的方向,并与该处的作用面垂直。

(3)在受压面为平面的情况下,压强分布图的外包线为直线;当受压面为曲线时,压强分布图的外包线亦为曲线。

图 2－19 为各种情况的压强分布图。

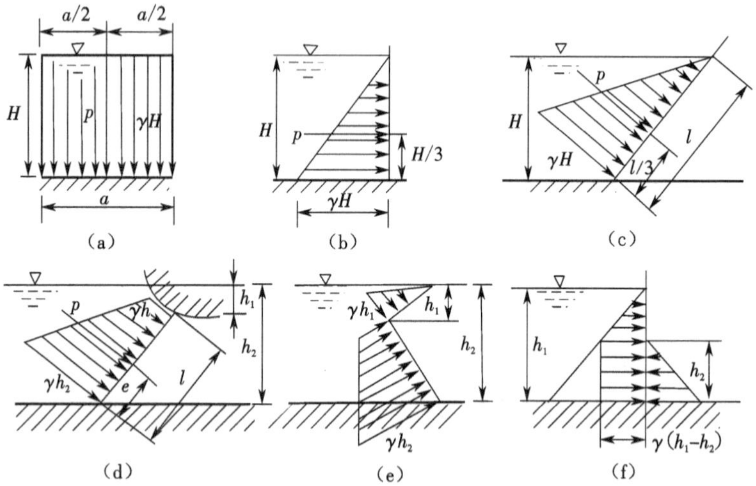

图 2－19　各种情况的压强分布图

2.6.2　利用压强分布图求矩形平面上的静水总压力

求矩形平面上的静水总压力实际上就是平行力系求合力的问题。通过绘制压强分布图求一边与水面平行的矩形平面上的静水总压力最方便。

图 2－20 表示一个任意倾斜放置但一边与水面平行的矩形平面 ABB_1A_1 的一面受水压力的作用。可先画出该平面上的压强分布图,然后根据压强分布图确定总压力的大小、方向和作用点。作出作用于矩形平面上的压强分布图 $ABEF$ 后便不难看出,作用于整个平面上的静水总压力 P 的大小等于该压强分布图的面积 Ω 与矩形平面的宽度 b 的乘积,即

$$P = \Omega b = \frac{1}{2}(\gamma h_1 + \gamma h_2) lb = \frac{1}{2}\gamma(h_1 + h_2) lb = \gamma h_C A \tag{2-29}$$

式中:l 为矩形平面的长度;$h_C = (h_1 + h_2)/2$,为矩形平面的形心在水下的深度;A 为受水压力作用的平面的面积。总压力的作用方向与受作用面的内法线方向一致,总压力的作用点为作用面的纵向对称轴 $O—O$ 上的 D 点,该点是形心沿作用面的内法线方向在作用面上的投影点,称为压力中心。如图 2－19(a)所示,压强分布图为矩形,总压力的作用点必在中点 $a/2$ 处;图 2－19(b)和图 2－19(c)的压强分布图为三角形,合力必在距底 1/3 高度处;图 2－19(d)的压强分布图为梯形,总压力的作用点在距底 $e = \frac{1}{3} \times \frac{2h_1 + h_2}{h_1 + h_2}$处。

2.6.3　用解析法求任意平面上的静水总压力

对任意形状的平面,需要用解析法确定静水总压力的大小和作用点。

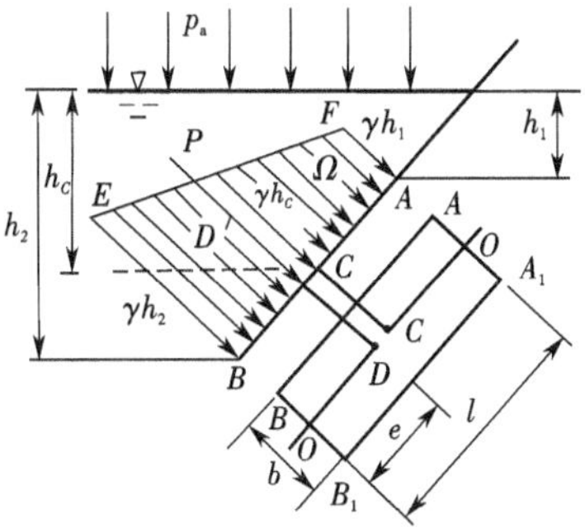

图 2-20　静水中矩形平面的受力

1. 相对总压力的大小和方向

为了便于分析，首先画出平面的止视图，即在平面的法线方向观察到的平面形状，如图 2-21 所示。有一个平面 AB 与水平面成 α 夹角放置于静水中，假设在自由液面处压强为大气压。先建立平面直角坐标系：延长 BA 交自由液面于一点，设该点为平面直角坐标系的原点 O，x 轴与纸面垂直，OB 方向为 y 轴。将平面绕 Oy 旋转 90°，平面的形状就在 xy 面上清楚地表现出来了。

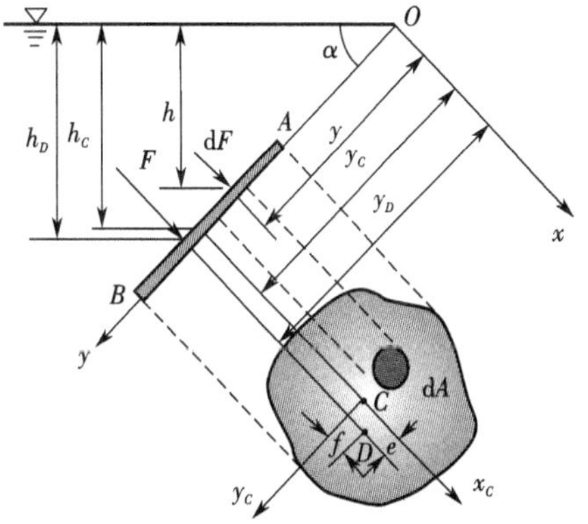

图 2-21　任意形状的平面在静水中的受力

然后计算面积 A 上所受的流体总压力，一般情况下，平板的两面均受到大气压强的作用，因此计算总压力时不必考虑大气压强的作用。压强用相对压强，总压力就是相对总压力。在受压面上任取一微分面积 dA，其纵坐标为 y，中心点在液面下的淹没深度为 h，流体作用在 dA 上的压力垂直于面元，大小为

$$dF=\rho gh dA=\gamma y\sin\alpha dA$$

合力可按平行力系求和的原理来求解，即

$$F=\int dF=\gamma\sin\alpha\int_A y dA$$

积分 $\int_A y dA$ 在几何学上称为平面 AB 对 Ox 轴的静矩（面积矩），

$$\int_A y dA=y_C A$$

其中 y_C 为面积 A 的形心 C 的纵坐标。

则

$$F=\gamma\sin\alpha y_C A=\gamma h_C A=p_C A \tag{2-30}$$

式中　F——平面 AB 上的静水总压力（单面）；

h_C——平面 AB 的形心 C 点的淹没深度；

p_C——平面 AB 的形心 C 点的压强；

γ——流体的重度；

A——平面 AB 的面积。

式(2-30)表明，作用在任意位置、任意形状的平面上的总压力等于该平面的面积与其形心所受静压强的乘积。这个合力是液体压力和大气压力联合作用的结果，不难看出，这个合力与平面垂直，并且由液体指向平面。

2. 相对总压力的作用点

设作用在平面 AB 上的相对总压力的作用点为 D（称为压强中心），由于压强在深度方向线性增长，压强中心不可能与形心重合，应在形心以下。其到 Ox 轴的距离为 y_D，根据合力矩定理有

$$Fy_D = \int \mathrm{d}Fy = \gamma\sin\alpha\int_A y^2\mathrm{d}A$$

积分 $\int_A y^2\mathrm{d}A$ 是平面 AB 对 Ox 轴的惯性矩，以 I_x 表示，将 $F=\gamma\sin\alpha y_C A$ 代入上式并简化，得

$$y_D = \frac{I_x}{y_C A}$$

由惯性矩的平行移轴定理得 $I_x = I_C + y_C^2 A$，代入上式得

$$y_D = y_C + \frac{I_C}{y_C A} = y_C + e \tag{2-31}$$

式中 y_D——相对总压力的作用点到 Ox 轴的距离；

y_C——平面 AB 的形心到 Ox 轴的距离；

I_C——平面 AB 对平行于 Ox 轴并通过形心 C 的形心轴的惯性矩；

A——平面 AB 的面积；

e——压强中心对形心的纵向偏心距。

$\frac{I_C}{y_C A}>0$，故 $y_D>y_C$，即相对总压力的作用点 D 通常在平面 AB 的形心 C 的下方。但随着平面 AB 的淹没深度增大，即 y_C 增大，$\frac{I_C}{y_C A}$减小，相对总压力的作用点会靠近平面 AB 的形心 C。

除平面水平放置外，总压力的作用点总是在作用面的形心之下。常见平面的面积 A、形心与上边界点的距离 y_C 以及惯性矩 I_C 的计算式见表 2-3。

表 2-3 常见平面的 A、y_C 及 I_C

平面	面积 A	形心与上边界点的距离 y_C	相对于 Ox 轴的惯性矩 I_C	相对于上边界的惯性矩 J_b
矩形	bh	$\frac{1}{2}h$	$\frac{1}{12}bh^3$	$\frac{1}{3}bh^3$
三角形	$\frac{1}{2}bh$	$\frac{2}{3}h$	$\frac{1}{36}bh^3$	$\frac{1}{12}bh^3$

续表

平面	面积 A	形心与上边界点的距离 y_C	相对于 Ox 轴的惯性矩 I_C	相对于上边界的惯性矩 J_b
梯形	$\frac{h(a+b)}{2}$	$\frac{h}{3}\left(\frac{a+2b}{a+b}\right)$	$\frac{h^3}{36}\left(\frac{a^2+4ab+b^2}{a+b}\right)$	
圆形	πr^2	r	$\frac{1}{4}\pi r^4$	
半圆形	$\frac{1}{2}\pi r^2$	$\frac{4}{3}\frac{r}{\pi}$	$\frac{9\pi^2-64}{72\pi}r^4$	$\frac{\pi}{8}r^4$

同理,可推导出相对总压力的作用点 D 到 Oy 轴的距离 x_D。但实际工程中常见的平面往往有纵向对称轴(与 Oy 轴平行),所以相对总压力的作用点 D 必在对称轴上,不必计算 x_D,只需算出 y_D,作用点的位置便可确定。

应当指出,以上分析作用于平面上的总压力的大小及压力中心,讨论的均是流体的表面处于大气之中的情况。若流体表面的压强不是当地大气压强,则不能照搬以上结果。

【例 2-5】 有一个铅直放置的底边水平的矩形闸门,如图 2-22 所示。已知闸门高度 $H=2$ m,宽度 $b=3$ m,闸门上缘与自由表面的距离 $h_1=1$ m。试分别用绘制压强分布图的方法和解析法求解作用于闸门的静水总压力。

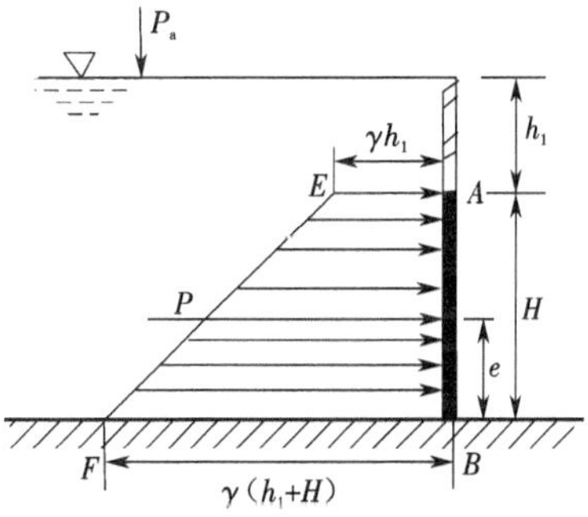

图 2-22　例 2-5 图

解:(1)利用压强分布图求解。

绘制流体静压强分布图 $ABFE$,如图 2-22 所示。根据式(2-29)可得静水总压力为

$$P=\Omega b=\frac{1}{2}[\gamma h_1+\gamma(h_1+H)]Hb$$

$$=\frac{1}{2}[9.8\times10^3\times1+9.8\times10^3\times(1+2)]\times2\times3=1.176\times10^5\ \text{N}=117.6\ \text{kN}$$

静水总压力 P 垂直于闸门平面,并指向闸门。压力中心 D 与闸门底部的距离为

$$e=\frac{H}{3}\times\frac{2h_1+(h_1+H)}{h_1+(h_1+H)}=\frac{2}{3}\times\frac{2\times1+(1+2)}{1+(1+2)}=0.83\ \text{m}$$

其与自由表面的距离为

$$y_D=h_1+H-e=1+2-0.83=2.17\ \text{m}$$

(2)用解析法求解。

由式(2-29)可得静水总压力为

$$P=\gamma h_C A=\gamma\left(h_1+\frac{H}{2}\right)(H\times b)=9.8\times10^3\times\left(1+\frac{2}{2}\right)(2\times3)$$

$$=1.176\times10^5\ \text{N}=117.6\ \text{kN}$$

静水总压力 P 垂直指向闸门平面。由式(2-31)得压力中心 D 与自由表面的距离为

$$y_D = y_C + \frac{I_C}{y_C A} = \left(h_1 + \frac{H}{2}\right) + \frac{\frac{bH^3}{12}}{\left(h_1 + \frac{H}{2}\right)(H \times b)}$$

$$= \left(1 + \frac{2}{2}\right) + \frac{\frac{3 \times 2^3}{12}}{\left(1 + \frac{2}{2}\right)(2 \times 3)} = 2.17\ \text{m}$$

【例 2-6】 矩形闸门浸没在具有大气压自由面的水中，其长 × 宽 = $l \times b$ = 4 m × 2 m，短边与自由液面平行，长边与自由液面的夹角 $\theta = 30°$。求闸门顶边分别位于水面、水面下 $H = 2$ m 处时的总压力 F 和压力中心 D 的纵向偏心距 e。

解：建立以大气压水面为基准面的坐标系 Oxy，y 轴沿闸门的纵轴向下，闸门面积 $A = 8\ \text{m}^2$。

(1) 闸门顶边位于水面时，形心的淹没深度为

$$h_{C1} = 0.5 l \sin 30° = l/4 = 1\ \text{m}$$

$$F_1 = \rho g h_{C1} A = 9\,810 \times 1 \times 8 = 78\,480\ \text{N/m}^2$$

形心的纵坐标 $y_{C1} = l/2 = 2$ m，回转半径的平方 $r_\xi^2 = l^2/12$，

$$e_1 = \frac{r_\xi^2}{y_{C1}} = \frac{l^2/12}{l/2} = l/6 = 0.67\ \text{m}$$

说明压力中心位于矩形的下三分点上（由于对称性横向偏心距为 0）。

(2) 闸门顶边位于水面下 2 m 处时，

$$h_{C2} = H + h_{C1} = l/2 + l/4 = 3l/4 = 3\ \text{m}$$

$$F_2 = \rho g h_{C2} A = 9\,810 \times 3 \times 8 = 235\,440\ \text{N/m}^2$$

形心的纵坐标 $y_{C2} = h_{C2}/\sin\theta = 3l/2 = 6$ m，r_ξ^2 不变，

$$e_2 = \frac{r_\xi^2}{y_{C2}} = \frac{l^2/12}{3l/2} = \frac{l}{18} = 0.22\ \text{m}$$

讨论：(1) 在两种情况下回转半径 r_ξ 不变，e 与闸门宽度 b 无关；

(2) 闸门沿斜壁下移 1 个短边的长度，总压力增大至 3 倍，$F_2 = 3F_1$，纵向偏心距缩短至原来的 1/3，$e_2 = e_1/3$。

2.7 静止流体对曲面壁的作用力和压力体

在实际工程中常常会遇到受流体压力作用的曲面，例如拱坝坝面、弧形闸门、U 形液槽、泵的球形阀、圆柱形油箱等，这就要求确定作用于曲面上的静水总压力。

作用于曲面上任意点的流体静压强沿着作用面的法线指向作用面，曲面上各点的法线方向各不相同，其大小与该点所在的水下深度呈线性关系。因而与平面的情况类似，也可以画出曲面上的压强分布图，如图 2-23 所示。

由于曲面上各点的法线方向各不相同，因此不能像求平面上的总压力那样通过直接积

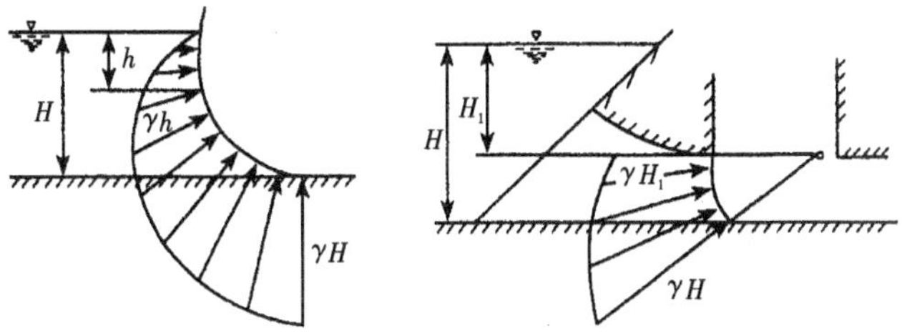

（a）　　（b）

图 2－23　曲面上的压强分布图

分求其合力。为了将求曲面上的总压力的问题变为平行力系求合力的问题，以便于积分求和，在计算液体作用在曲面上的合力时，通常将曲面上的静水总压力 P 分解成坐标方向的分量，先求出合力在坐标方向的分量，再合成 P。

曲面有二维曲面和三维曲面。二维曲面又称柱面，是由一条母线在一条曲线上连续滑行所形成的曲面。作用在二维曲面上的液体总压力有两个坐标方向的分量，它们组成平面力系。三维曲面是任意形状的曲面。作用在三维曲面上的液体总压力有三个坐标方向的分量，它们组成空间力系，一般来说，这三个力不相交于一点，因此不能合成一个力。因为在工程上多数曲面为二维曲面，即具有平行母线的柱面或球面，故先着重讨论柱面的情况，然后将结论推广到一般曲面。

当二维曲面的母线为水平线时，可取 Oz 轴铅直向下，Oy 轴与曲面的母线平行。此时二维曲面在 xOz 平面上的投影将是一条曲线，如图 2－24 中的 EF。在这种情况下，$P_y=0$，问题转化为求 P_x 和 P_z 的大小及其作用线的位置。

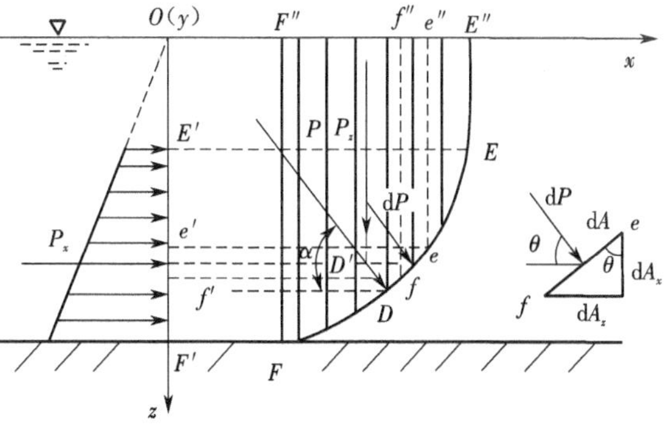

图 2－24　流体与压力体位于曲面同侧

图 2－24 所示为一个母线与水平轴 Oy 平行的二维曲面，面积为 A，曲面左侧承受静水压力作用，自由表面上的压强为当地大气压强。在深度为 h 处取一个微元柱面 ef，面积为 dA。由于该柱面极小，可将其近似为一个平面，则作用在此微元柱面上的水压力 $dP=pdA=\gamma hdA$，它垂直于该微元柱面，与水平线成 θ 角，dP 可以分解成水平分力 dP_x 和铅直分力 dP_z 两部分：

$$dP_x=dP\cos\theta=\gamma hdA\cos\theta$$

$$dP_z = dP\sin\theta = \gamma h dA\sin\theta$$

式中 θ 是该微元柱面与铅直面的夹角，所以 $dA\cos\theta$ 可以看成该微元柱面在铅直面上的投影面积 dA_x；$dA\sin\theta$ 可以看成该微元柱面在水平面上的投影面积 dA_z。于是得作用于整个曲面上的静水总压力的水平分力为 $P_x=\int_A dP_x=\int_A \gamma h dA\cos\theta=\gamma\int_{A_x} h dA_x$，$\int_{A_x} h dA_x$ 表示曲面 EF 在铅直面 yOz 上的投影面对水平轴 Oy 的静面矩。如以 h_C 表示铅直投影面的形心在液面下的深度，则由静面矩定理得 $\int_{A_x} h dA_x = h_C A_x$，于是得

$$P_x = \gamma h_C A_x \tag{2-32}$$

上式表明：作用于二维曲面 EF 上的静水总压力 P 的水平分力 P_x 等于作用于该曲面的铅直投影面 A_x 上的静水总压力。因此可按确定平面上的静水总压力（包括大小和作用点）的方法求解 P_x。作用于曲面上的静水总压力 P 的铅直分力 P_z 为

$$P_z=\int_A dP_z=\int_A \gamma h dA\sin\theta=\int_{A_z}\gamma h dA_z \tag{2-33}$$

从图 2-24 中可以看出，$\gamma h dA_z$为微小柱面 ef 上的流体重，即图中 $eff''e''$柱状体内的流体重。因此，$\int_{A_z}\gamma h dA_z$应是整个曲面 EF 上的流体重，即柱状体 $EFF''E''$内的流体重，为 $EFF''E''$ 的体积乘以 γ。将柱状体 $EFF''E''$称为压力体，其体积以 V_P 表示。

压力体应由下列界面围成：

（1）受压曲面；

（2）受压曲面在自由液面（或自由液面的延展面）上的投影面；

（3）从曲面的边界向自由液面（或自由液面的延展面）所作的铅直面。

压力体只是一个积分计算的表示，压力体内是否存在液体要视具体情况而定。有些压力体内根本没有液体，有些压力体内确实充满液体，还有一些压力体，部分有液体，另一部分则没有液体。

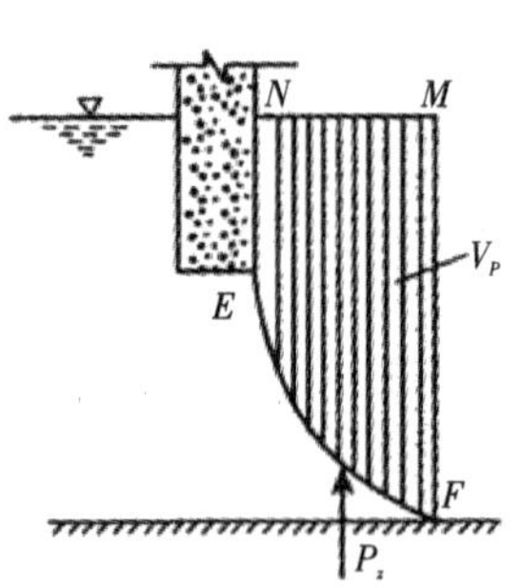

图 2-25　流体与压力体位于曲面两侧

铅直分力 P_z 的方向应根据曲面与压力体的关系而定，当流体与压力体位于曲面同侧（如图 2-24）时，P_z 向下；当流体与压力体位于曲面两侧（如图 2-25）时，P_z 向上。对于简单柱面，P_z 的方向根据实际作用在曲面上的静水压力垂直指向作用面这个性质很容易确定。

求得水平分力 P_x 和铅直分力 P_z 后，可得流体作用于曲面上的静水总压力为

$$P=\sqrt{P_x^2+P_z^2} \tag{2-34}$$

总压力 P 的作用线与水平线的夹角为

$$\alpha=\arctan\frac{P_z}{P_x} \tag{2-35}$$

P 的作用线应通过 P_x 与 P_z 的交点 D'，但这一交点不一定在曲面上，总压力 P 的作用线与曲面的交点 D 即为总压力 P 在曲面上的作用点。

以上讨论的虽是简单的二维曲面上的静水总压力，但所得结论完全可以应用于任意三维曲面。这里仅讨论单侧曲面，即与坐标轴平行的直线与该曲面最多只有一个交点。双侧曲面、多侧曲面可以简化为若干个单侧曲面。下面将二维曲面的结论推广至三维曲面。

对于三维曲面，水平分力除了在 yOz 平面上有投影外，在 xOz 平面上也有投影，因此水平分力除了有 Ox 轴方向的 P_x 外，还有 Oy 轴方向的 P_y。与确定 P_x 的方法类似，P_y 等于曲面在 xOz 平面的投影面上的总压力。作用于三维曲面的铅直分力 P_z 也等于压力体内的流体重。三维曲面上的总压力 P 由 P_x、P_y、P_z 合成，即

$$P=\sqrt{P_x^2+P_y^2+P_z^2} \tag{2-36}$$

【例2-7】 图2-26是一个坝顶为圆弧形的闸门的示意图。门宽 $b=6$ m，弧形门半径 $R=4$ m，此门可绕 O 轴旋转。试求当坝顶水头 $H=2$ m、水面与门轴等高、闸门关闭时所受的静水总压力。

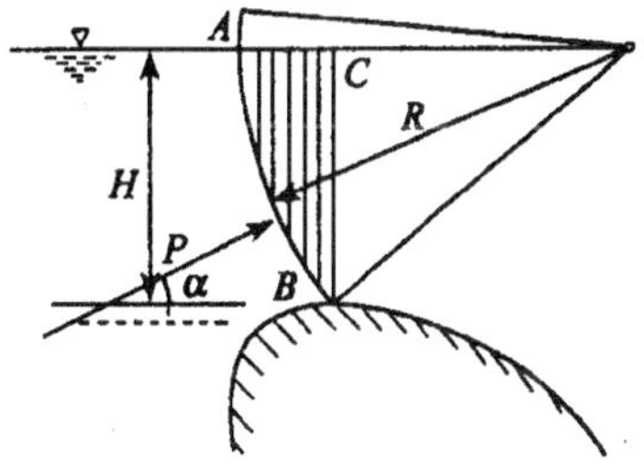

图2-26　例2-7图

解：水的重度 $\gamma=9.8\ \mathrm{kN/m^3}$，水平分力为

$$P_x=\frac{\gamma H^2 b}{2}=\frac{9.8\times2^2\times6}{2}=117.6\ \mathrm{kN}$$

铅直分力等于压力体 ABC 内的水重。压力体 ABC 的体积等于扇形 AOB 的面积减去三角形 BOC 的面积，再乘以宽度 b。已知 $BC=2$ m，$OB=4$ m，故 $\angle AOB=30°$。

$$扇形\ AOB\ 的面积=\frac{30}{360}\pi R^2=\frac{1}{12}\times3.14\times4^2=4.19\ \mathrm{m^2}$$

$$三角形\ BOC\ 的面积=\frac{1}{2}BC\cdot OC=\frac{1}{2}\times2\times4\times\cos30°=3.46\ \mathrm{m^2}$$

$$压力体\ ABC\ 的体积=(4.19-3.46)\times6=0.73\times6=4.38\ \mathrm{m^3}$$

所以铅直分力 $P_z=9.8\times4.38=42.9$ kN，方向向上。

作用在闸门上的静水总压力为

$$P=\sqrt{P_x^2+P_z^2}=\sqrt{117.6^2+42.9^2}=125.2\ \mathrm{kN}$$

P 与水平线的夹角为 α，则

$$\tan\alpha=\frac{P_z}{P_x}=\frac{42.9}{117.6}=0.365,\ \alpha=20.04°$$

因为曲面是圆柱面的一部分，各点的压力均与圆柱面垂直且通过圆心，所以总压力 P 的作用线必通过 O 点。

【例2-8】 如图2-27所示，已知封闭容器的45°斜壁上有一个正方形孔，其边长 $l=0.4$ m，孔上盖有半圆形盖。容器内盛有水，水面与方孔中心的竖直距离 $H=0.5$ m，上部是气体，压强 $p_0=0.25$ atm。求盖所受总压力的大小与方向。

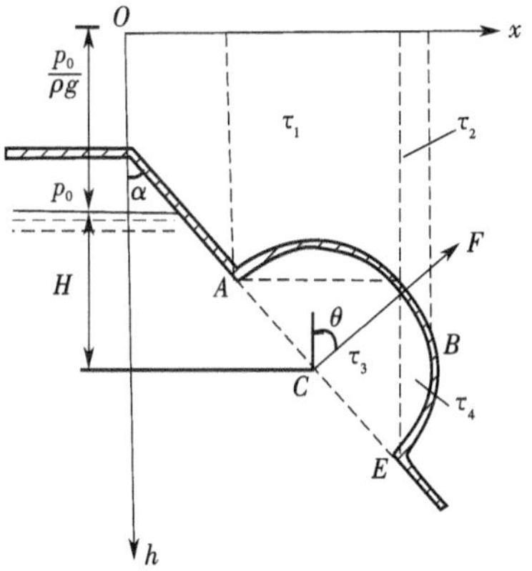

图2-27　例2-8图

解:基准面在液面上方 $p_0/\rho g$ 处,建立坐标系 $Oxyh$,h 轴竖直向下,y 轴垂直于纸面。

(1)由半圆形盖 ABE 向 yh 平面作水平投影,实际投影面积 $A_x=12\cos 45°$,形心深度与 C 相同。

水平方向的压力分量为

$$F_x=p_{Cx}A_x=(p_0+\rho gH)l^2\cos 45°$$
$$=(0.25\times 101.3\times 10^3+9\ 810\times 0.5)\times 0.4^2\times\cos 45°$$
$$=30\ 230\times 0.113=3\ 416.0\ \text{N}$$

(2)由半圆形盖 ABE 分两段向基准面 xy 平面作竖直投影,AB 段的压力体为负,BE 段的压力体为正,τ_2 为重叠的部分,相互抵消。实际压力体为 $-\tau_1$ 和 τ_4,为便于计算,分别与 τ_3 组合,可得压力体为

$$\tau=\tau_4-\tau_1=(\tau_4+\tau_3)-(\tau_1+\tau_3)=\frac{\pi}{8}l^3-\left(\frac{p_0}{\rho g}+H\right)l^2\cos 45°$$

竖直方向的合力分量为

$$F_h=\rho g\tau=\frac{\pi}{8}l^3\rho g-(p_0+\rho gH)l^2\cos 45°=\frac{\pi}{8}l^3\rho g-F_x$$
$$=\frac{\pi}{8}\times 0.4^3\times 9\ 810-3\ 416.0=246.6-3\ 416.0=-3\ 169.4\ \text{N}$$

(3)总压力为

$$F=\sqrt{F_x^2+F_h^2}=\sqrt{3\ 416.0^2+(-3\ 169.4)^2}=4\ 659.8\ \text{N}$$
$$\theta=\arctan\frac{F_h}{F_x}=\arctan\frac{3\ 169.4}{3\ 416.0}=42.9°$$

2.8 潜体及浮体的平衡与稳定性

浮于水面的物体称为浮体。桥梁工程中使用的沉井和沉箱,船舶工程中的船舶都是浮体。在设计和操作浮体时,要进行浮体的水力计算。本节介绍与浮体平衡和稳定相关的分析计算方法。

2.8.1 物体的沉浮

一切沉没于流体中、漂浮于液面上的物体都受两个力作用,即物体的重力 G 和所受的浮力 P_z。重力的作用线通过重心,竖直向下;浮力的作用线通过浮心(buoyancy center),竖直向上。物体的重力 G 与所受浮力 P_z 的相对大小决定着物体的沉浮。

当 $G>P_z$ 时,物体下沉至底,称为沉体。

当 $G=P_z$ 时,物体潜没于流体中的任意位置而保持平衡,称为潜体(submerged body)。

当 $G<P_z$ 时,物体浮出液面,直至液面下的部分所排开的液重等于物体的重量才保持平衡。

2.8.2　潜体的平衡及稳定性

上面提到的重力与浮力相等,只是潜体保持平衡的必要条件。若要求潜体在水中不发生转动,还需要重力和浮力对任何一点的力矩矢量和都为零,即重心 C 和浮心 D 在同一铅垂线上。这样物体潜没在流体中既不发生移动,又不发生转动,潜体保持平衡。

这种平衡的稳定性,即潜体遇到外界扰动倾斜后恢复原来的平衡状态的能力,取决于重心 C 和浮心 D 在铅垂线上的相对位置。当浮心 D 与重心 C 重合时(图 2－26(a)),潜体在流体中处于任意方位都是平衡的,称为随遇平衡。当浮心 D 在重心 C 之上时(图 2－26(b)),去掉使潜体倾斜的外力后,由 P_z 和 G 组成的力偶能使它恢复到原来的平衡位置,这种平衡称为稳定平衡。当浮心 D 在重心 C 之下时(图 2－26(c)),去掉外力后由 P_z 和 G 组成的力偶能使潜体继续翻转,这种平衡称为不稳定平衡。由此可见,要想使潜体(如潜艇)处于稳定状态,就必须使其重心位于浮心之下。

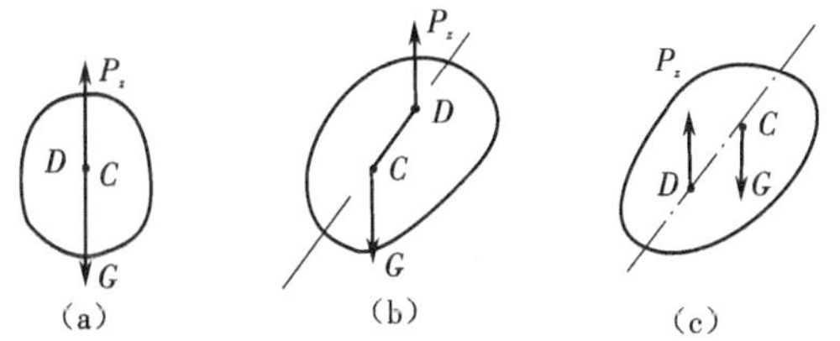

图 2－28　不同情况下浮心与重心的位置关系

(a)随遇平衡　(b)稳定平衡　(c)不稳定平衡

2.8.3　浮体的平衡及稳定性

浮体的平衡条件与潜体相同,但它们的稳定性条件是不相同的。

潜体的平衡及稳定性要求重力 G 与浮力 P_z 大小相等,作用在同一铅垂线上,且重心 C 位于浮心 D 之下。

对于浮体,P_z 与 G 相等是自动满足的,这是物体漂浮的必然结果。但是浮体的浮心 D 和其重心 C 的相对位置对浮体的稳定性并不像潜体那样,一定要求重心在浮心之下,重心在浮心之上也有可能稳定。这是因为浮体倾斜后,其浸没在流体中的那部分形状改变了,浮心的位置也随之变动,在一定条件下有可能出现扶正力矩,使得浮体仍保持其稳定性。

图 2－29 所示为一个对称浮体。通过浮心 D 和重心 C 的线称为浮轴,在正常情况下,浮轴是铅垂的。当浮体受到某种外力作用(如风吹、浪击等)而倾斜时,其浸没在流体中的部分形状发生了改变,从而使浮心 D 移至 D'。此时,通过 D' 的浮力 P_z' 的作用线与浮轴相交于 M 点,称为定倾中心;定倾中心 M 与原浮心 D 的距离称为定倾半径,以 ρ 表示;重心 C 与原浮心 D 的距离称为偏心距,以 e 表示。在浮体的倾斜角 α 不太大($\alpha < 10°$)的情况下,可近似认为 M 点在浮轴上的位置是不变的。

浮体倾斜后能否恢复到原平衡位置,取决于重心 C 与定倾中心 M 的相对位置。如图 2－29(a)所示,浮体倾斜后 M 点高于 C 点,即 $\rho > e$,重力 G 与倾斜后的浮力 P_z' 产生扶正力

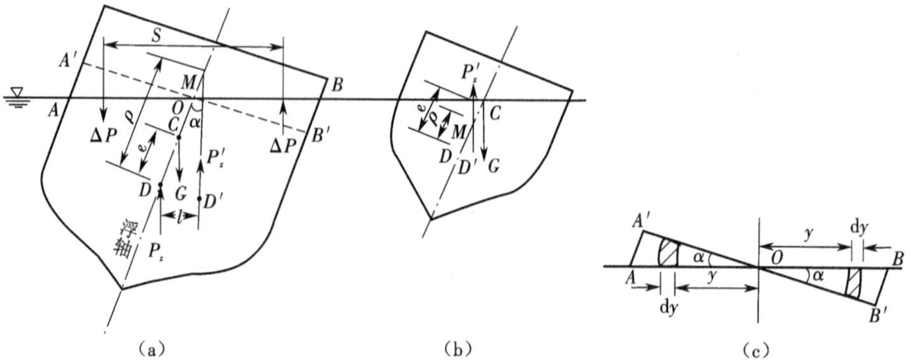

(a) (b) (c)

图 2-29 对称浮体的受力

(a)稳定平衡 (b)不稳定平衡 (c)浸水面变化

矩,使浮体恢复到原来的平衡位置,这种情况称为稳定平衡。反之,如图 2-29(b)所示,M 点低于 C 点,即 $\rho<e$,G 与 P_z' 产生倾覆力矩,使浮体趋于倾倒,这种情况称为不稳定平衡。浮体倾斜后,M 点与 C 点重合,即 $\rho=e$,G 与 P_z' 不会产生力矩,此种情况称为随遇平衡。由此可见,浮体保持稳定的条件是定倾中心 M 高于重心 C,即定倾半径 ρ 大于偏心距 e。

对于重心不变的对称浮体,当其形状和重量一定时,重心与浮心之间的偏心距就确定了,因而浮体稳定与否取决于定倾半径 ρ 的大小。下面讨论确定定倾半径 ρ 的方法。如图 2-29(a)所示,浮体倾斜一个微小的角度 α 以后,浮心 D 移动了一段水平距离 l 至 D',由图可知

$$\rho=\frac{l}{\sin\alpha} \tag{2-37}$$

l 的大小可以通过对浮体倾斜前后所受的浮力进行分析求得。浮体倾斜后所受的浮力 P_z' 可以看成原浮力 P_z 减去浮出部分 AOA' 失去的浮力再加上新浸没部分 BOB' 所增加的浮力。根据阿基米德原理知,图中的三棱体 AOA' 与 BOB' 体积相等,故浮体倾斜后失去与增加的浮力亦相等,均以 ΔP 表示,则有 $P_z'=P_z+\Delta P-\Delta P$,利用理论力学中的合力矩定理对原浮心 D 取矩,得

$$P_z'l=P_z\cdot 0+\Delta P\cdot S$$

故

$$l=\frac{\Delta P\cdot S}{P_z'}=\frac{\Delta P\cdot S}{\gamma V_P} \tag{2-38}$$

式中:S 为图中两个三棱体的形心之间的水平距离;V_P 为浮体所排开流体的体积(即浮体的压力体的体积)。

由图 2-29 知,当浮体的倾斜角 α 较小时,三棱体的微小体积 $\mathrm{d}V$(图 2-29(c)中的阴影处)所受的浮力为

$$\mathrm{d}P=\gamma\mathrm{d}V=\gamma\alpha yL\mathrm{d}y=\gamma\alpha y\mathrm{d}A$$

式中:L 为浮体的纵向长度;$\mathrm{d}A=L\mathrm{d}y$,为原浮面(即浮体与液面相交的平面)上的微小面积。根据合力矩定理,将三棱柱所受的浮力对 O 取矩,得

$$\Delta P \cdot S = \int_A y\mathrm{d}P = \gamma\alpha\int_A y^2\mathrm{d}A = \gamma\alpha J \tag{2-39}$$

式中：$J = \int_A y^2\mathrm{d}A$，为全部浮面对其中心纵轴 $O—O$（即浮体倾斜时绕其转动的轴）的惯性矩。

将式(2－38)、式(2－39)代入式(2－37)，得定倾半径

$$\rho = \frac{J}{V_P}\frac{\alpha}{\sin\alpha} \tag{2-40}$$

当浮体的倾斜角 α 比较小($\alpha < 10°$)时，$\alpha \approx \sin\alpha$，上式可写为

$$\rho = \frac{J}{V_P} \tag{2-41}$$

由此可见，浮体的定倾半径 ρ 与浮面对中心纵轴 $O—O$ 的惯性矩 J 及浮体所排开流体的体积 V_P 有关。求出定倾半径 ρ 以后，将其与偏心距 e 比较，便可判明浮体是否稳定。

以上讨论的是浮体的横向稳定性问题，浮体的纵向稳定性远较其横向稳定性高，一般不必再作验算。

【例 2－9】 一个沉箱的长度 $L = 8$ m，宽度 $b = 4$ m，重 $G = 1\ 000$ kN，重心 C 距底 1.95 m，如图 2－30 所示。试校核该沉箱漂浮时的稳定性。

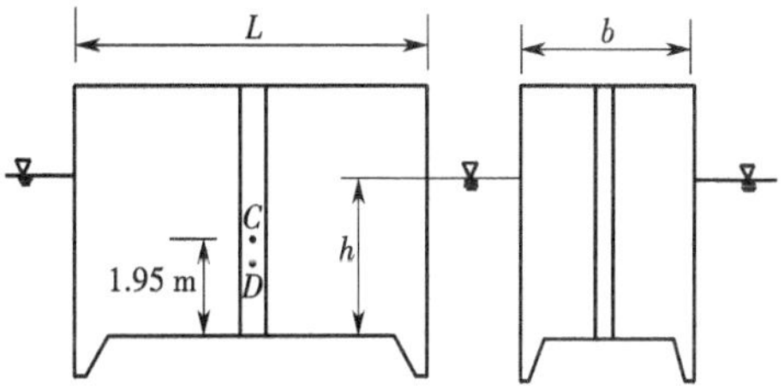

图 2－30　例 2－9 图

解：设沉箱在水面上漂浮时的吃水深度为 h，则据阿基米德原理有 $G = \gamma V_P = \gamma Lbh$，故

$$h = \frac{G}{\gamma Lb} = \frac{1\ 000}{9.8 \times 8 \times 4} = 3.19\ \text{m}$$

沉箱的浮心 D 距底 $\frac{h}{2} = \frac{3.19}{2} = 1.60$ m，则

$$e = CD = 1.95 - 1.60 = 0.35\ \text{m}$$

$$\rho = \frac{J}{V_P} = \frac{\frac{1}{12}Lb^3}{Lbh} = \frac{b^2}{12h} = \frac{4^2}{12 \times 3.19} = 0.42\ \text{m}$$

因 $\rho > e$，故沉箱漂浮时是稳定的。

习　题

一、问答题

1. 流体静压强有哪些特性？流体静压强的分布规律是什么？

2. 何为绝对压强、相对压强和真空度？它们的表示方法有哪三种？它们之间有什么关系？

3. 什么叫压力体？如何确定压力体的范围和方向？

4. 等压面是水平面的条件有哪些？

5. 为什么流体静压强的方向必垂直于作用面的内法线？

6. 为什么水平面必是等压面？

7. 什么是等压面？等压面的三个条件是什么？

8. 什么是阿基米德原理？

9. 潜体或浮体在重力 G 和浮力 P 的作用下会出现哪三种情况？

10. 什么叫自由表面？

二、计算题

1. 试确定图示装置中 A、B 两点间的压强差。已知 $h_1=500$ mm，$h_2=200$ mm，$h_3=150$ mm，$h_4=250$ mm，$h_5=400$ mm，酒精的重度 $\gamma_1=7\ 848\ \mathrm{N/m^3}$，水银的重度 $\gamma_2=133\ 400\ \mathrm{N/m^3}$，水的重度 $\gamma_3=9\ 810\ \mathrm{N/m^3}$。

2. 试对下列两种情况求 A 液体中 M 点处的压强：(1) A 液体是水，B 液体是水银，$y=60$ cm，$z=30$ cm；(2) A 液体是相对密度为 0.8 的油，B 液体是相对密度为 1.25 的氯化钙溶液，$y=80$ cm，$z=20$ cm。

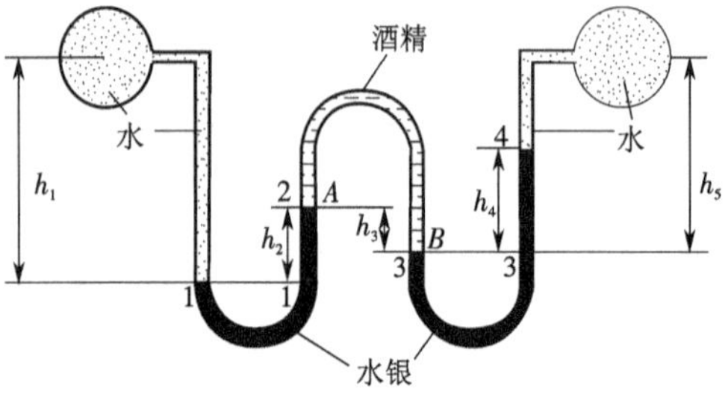

计算题 1 附图

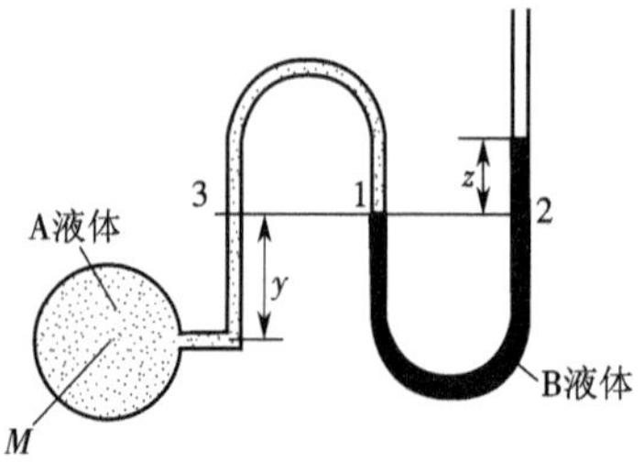

计算题 2 附图

3. 在斜管微压计中，加压后无水酒精（相对密度为 0.793）的液面较未加压时的液面变化为 $y=12$ cm。试求所加的压强 p。设容器及斜管的断面面积分别为 A 和 a，$a/A=1/100$，$\sin\alpha=1/8$。

4. 已知水银压差计的读数 $\Delta h=20.3$ cm，油柱高 $h=1.22$ m，油的重度 $\gamma_{油}=9.0\ \mathrm{kN/m^3}$。试求：(1) 真空计的读数 p_v；(2) 管中空气的相对压强 p_0。

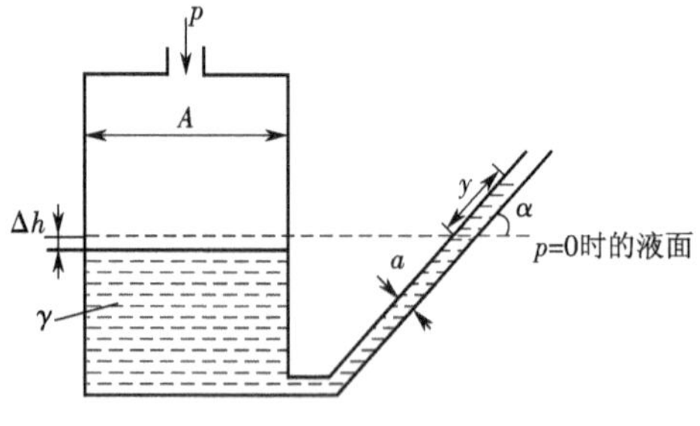

计算题 3 附图

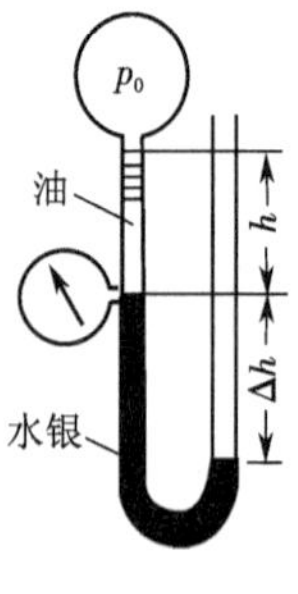

计算题 4 附图

5. 封闭水箱的测压管及箱中水面的高程分别为 $\nabla 1=100$ cm 和 $\nabla 4=80$ cm，水银压差计右端的高程为 $\nabla 2=20$ cm，问左端水银面的高程 $\nabla 3$ 为多少。

6. 一个矩形水箱长 $l=2.0$ m，箱中的静水面比箱顶低 $h=0.4$ m，问水箱运动的直线加速度为多大时水将溢出水箱。

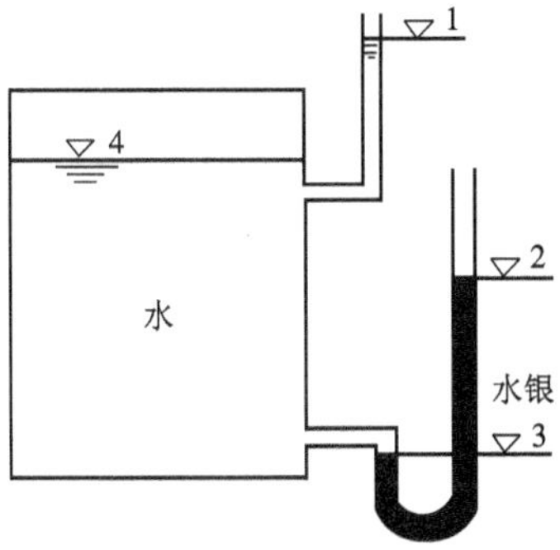

计算题 5 附图

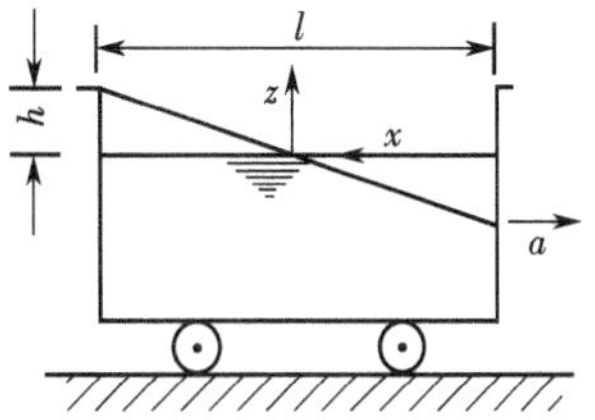

计算题 6 附图

7. 如图所示，底面尺寸为 $b \times b = 0.2\ \text{m} \times 0.2\ \text{m}$ 的方口容器自重 $G = 40\ \text{N}$，静止时装水高度 $h = 0.15\ \text{m}$，设容器在荷重 $W = 200\ \text{N}$ 的作用下沿平面滑动，容器底与平面之间的摩擦系数 $f = 0.3$，试求保证水不溢出的容器最小高度。

8. 已知 U 形管水平段长 $l = 30\ \text{cm}$，当它沿水平方向作等加速度运动时 $h = 10\ \text{cm}$，试求它的加速度 a。

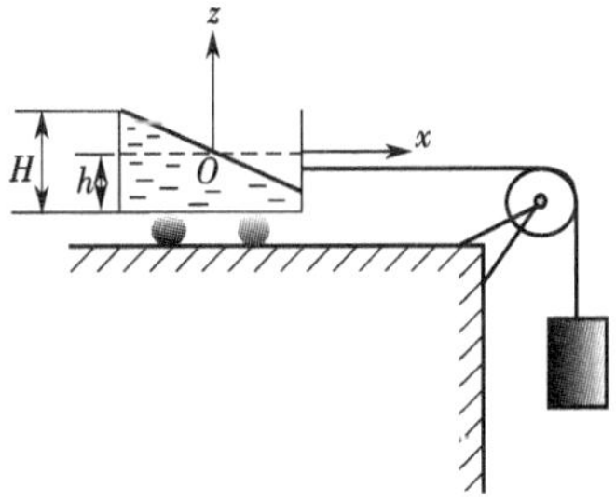

计算题 7 附图

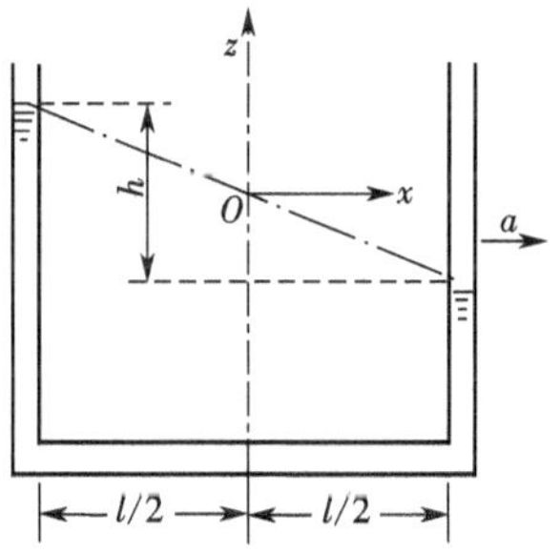

计算题 8 附图

9. 设 U 形管绕通过 AB 的竖直轴等速旋转，试求当 AB 管中的水银恰好下降到 A 点时的转速。

10. 如图所示，一个有盖的圆柱形容器底半径 $R = 2\ \text{m}$，容器内充满水，顶盖上距中心 r_0 处开一个小孔通大气，容器绕其主轴等角速度旋转。试问 r_0 为多少时顶盖所受的水的总压力为零。

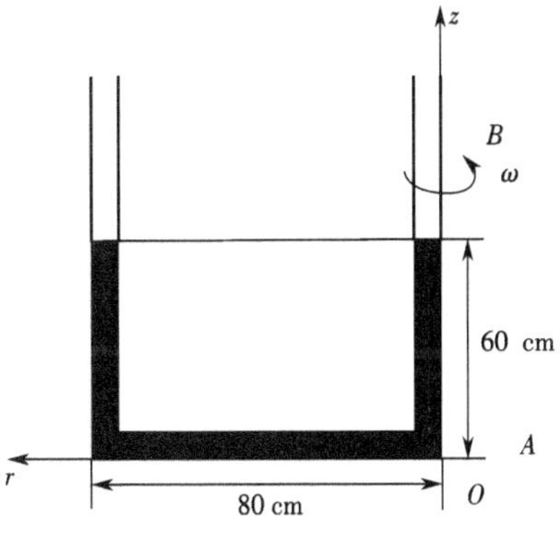

计算题 9 附图

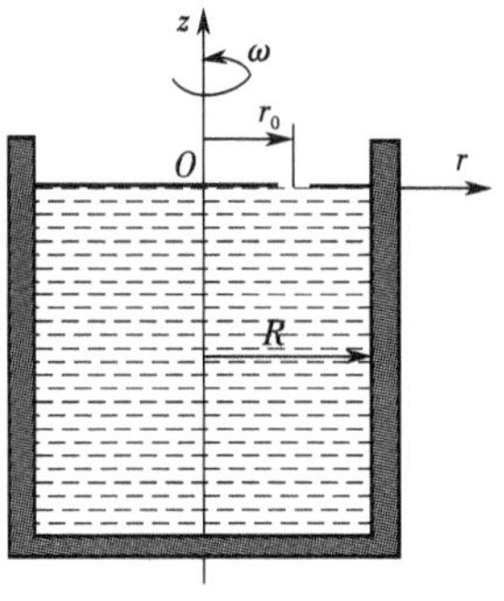

计算题 10 附图

11. 一个平板闸门高 $H=1$ m，支撑点 O 距地面的高度 $a=0.4$ m，问左侧水深 h 增至多大时闸门才会绕 O 点自动打开。

12. 如图所示，箱内充满液体，活动侧壁 OA 可以绕 O 点自由转动，若要使活动侧壁恰好贴紧箱体，U 形管的 h 应为多少。

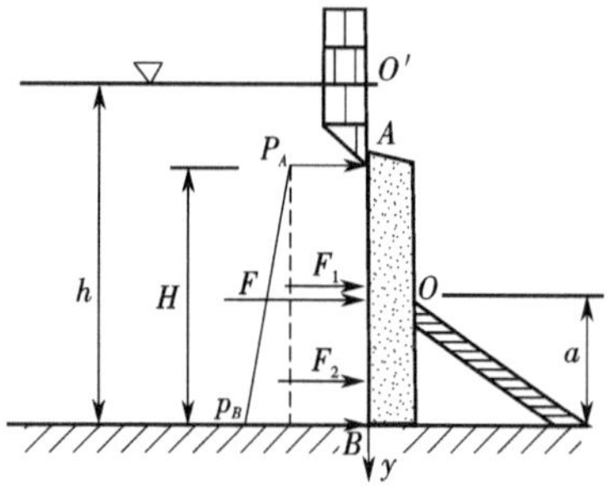

计算题 11 附图

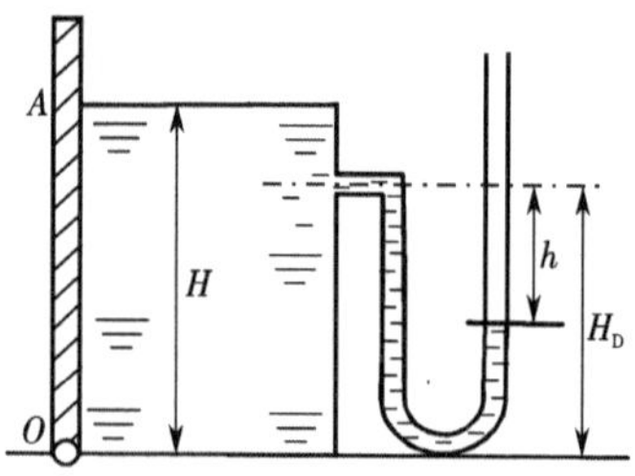

计算题 12 附图

13. 绘出图中曲面上的压力体图，并标出水压力的铅直分力的方向。

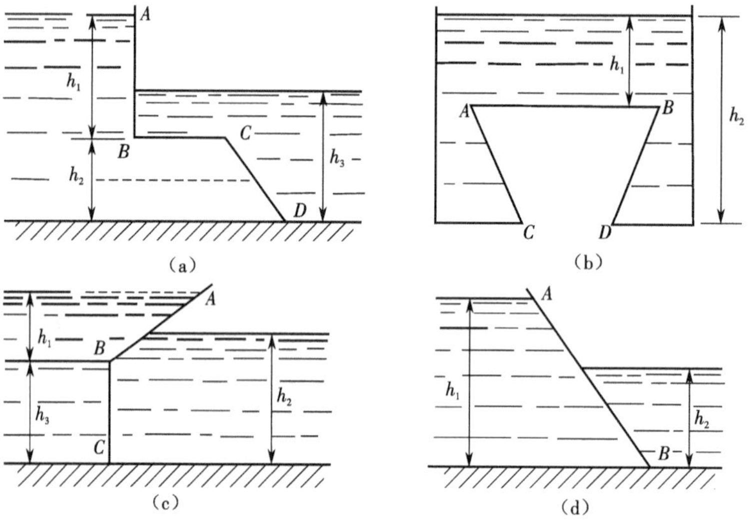

计算题 13 附图

14. 绘出图示圆柱体的水平压强分布图和压力体图，并标出水压力的铅直分力的方向。

15. 绘出图中 AB 曲面上的水平压强分布图和压力体图，并标出水压力的铅直分力的方向。

16. 有一个矩形平板闸门，水压力经过闸门的面板传到 3 条水平梁上，为了使各横梁的负荷相等，应分别将它们置于距自由表面多深的地方？已知闸门高 4 m，宽 6 m，水深 $H=3$ m。

17. 一个直径 $D=0.4$ m 的盛水容器悬于直径 $D_1=0.2$ m 的柱塞上。容器自重 $G=490$ N，$a=0.3$ m。不计容器与柱塞间的摩擦，试求：(1) 为保持容器不下落，容器内的真空度应为多大；(2) 柱塞浸没深度 h 对计算结果有无影响。

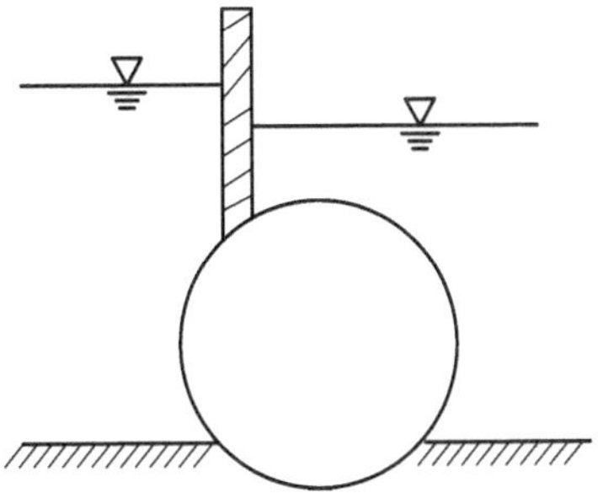

计算题 14 附图

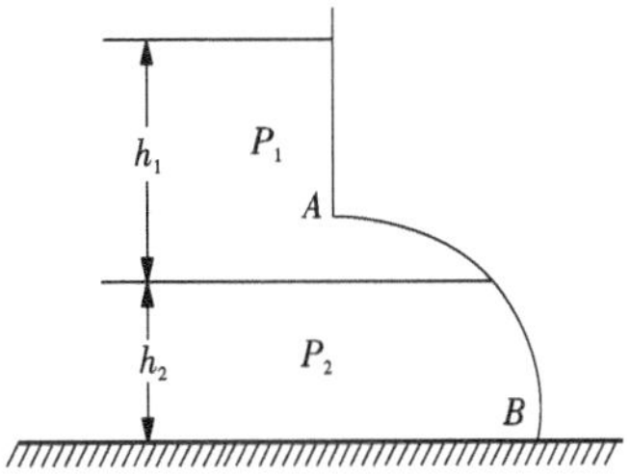

计算题 15 附图

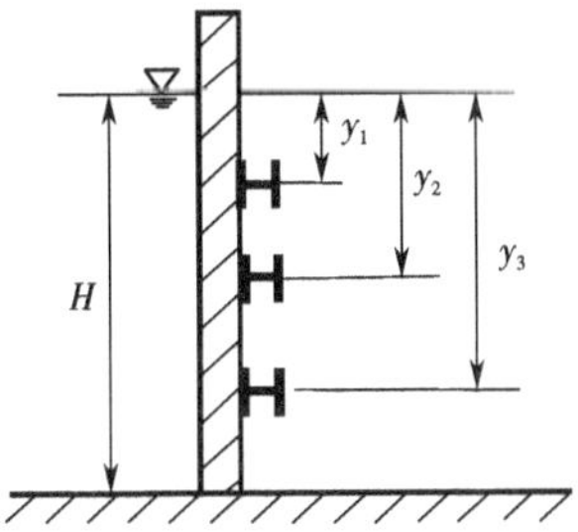

计算题 16 附图

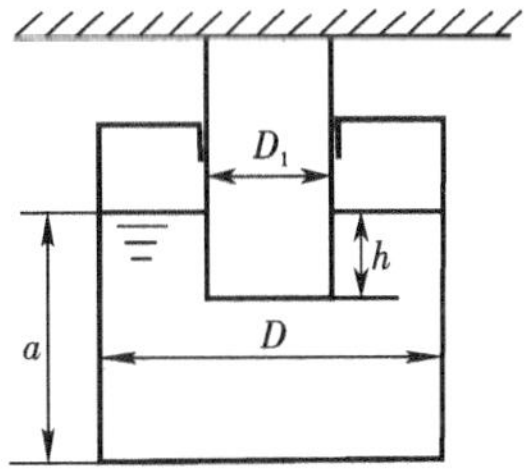

计算题 17 附图

18. 已知矩形闸门高 $h=3$ m，宽 $b=2$ m，上游水深 $h_1=6$ m，下游水深 $h_2=4.5$ m，求：(1)作用在闸门上的静水总压力；(2)压力中心的位置。

19. 在倾角 $\alpha=60°$ 的堤坡上有一个圆形泄水孔，孔口装一个直径 $d=1$ m 的平板闸门，闸门中心位于水深 $h=3$ m 处，闸门 a 端有一个铰链，b 端有一个钢索，可将闸门打开。若不计闸门及钢索的自重，求开启闸门所需的力 F。

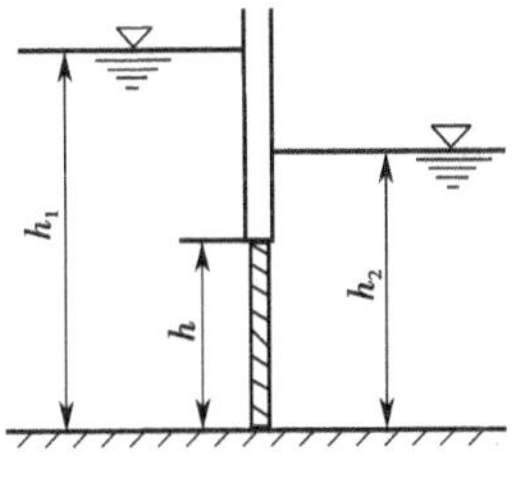

计算题 18 附图

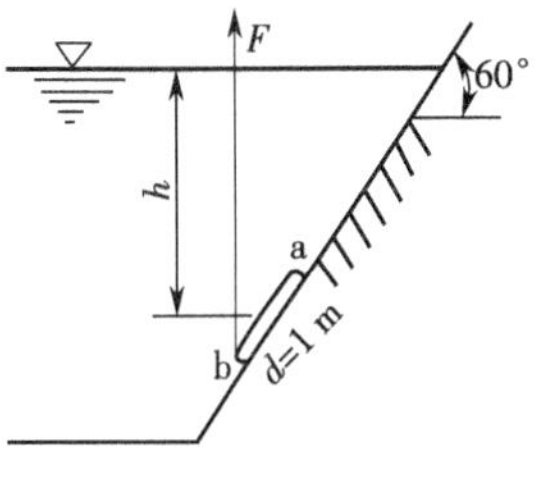

计算题 19 附图

20. 一个圆柱形闸门长 $l=10$ m，直径 $d=4$ m，上游水深 $h_1=4$ m，下游水深 $h_2=2$ m，求作用在该闸门上的静水总压力的大小与方向。

21. 一个直径 $d=2$ m 的圆柱体长度 $l=1$ m，放置于 $\alpha=60°$ 的斜面上，一侧有水，水深 $h=1$ m，求此圆柱体所受的静水总压力。

22. 油库侧壁有一个半球形盖，直径 $d=0.6$ m，半球中心在液面下的淹没深度 $H=2.0$ m，测压管中的液面高出油库中的液面的高度 $h=0.6$ m，石油的重度为 6 867 N/m^3，试求流体作用在半球形盖上的水平分力及铅垂分力。

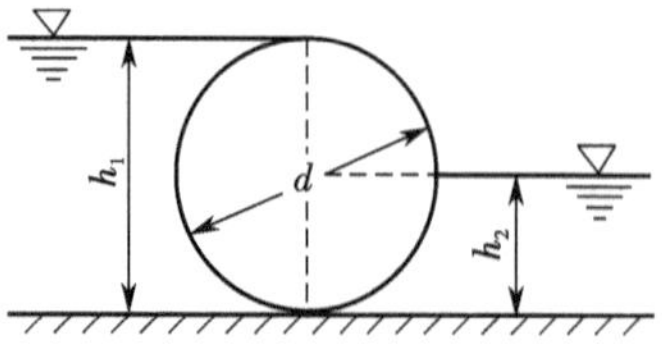

计算题 20 附图

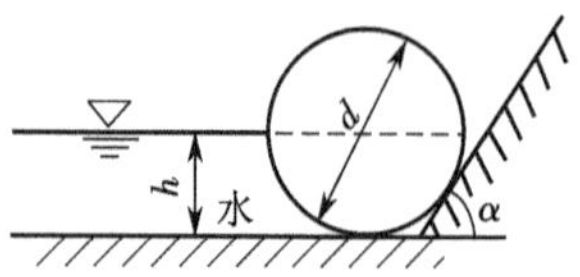

计算题 21 附图

23. 容器底部的圆孔用一个锥形塞塞住，$H=4r$，$h=r$，将重度为 γ_1 的锥形塞提起需多大的力（容器内液体的重度为 γ）。

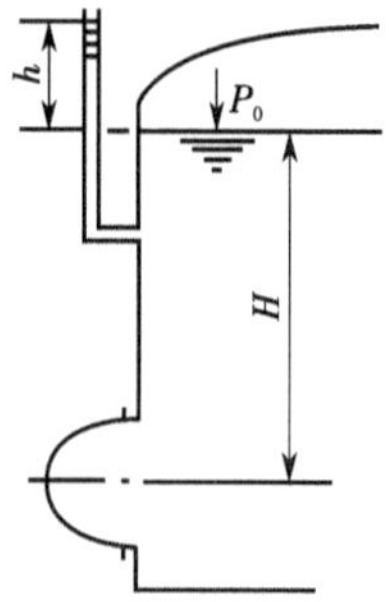

计算题 22 附图

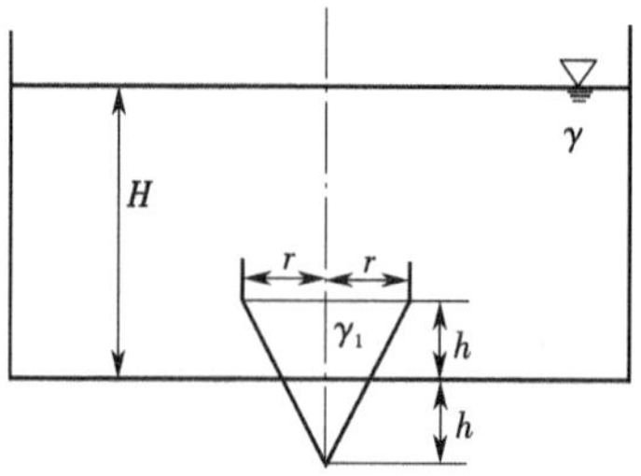

计算题 23 附图

24. 如图所示，一个漏斗倒扣在桌面上，已知 $h=120$ mm，$d=140$ mm，漏斗的自重 $G=20$ N。试求充水高度 H 为多少时水压力将把漏斗举起而引起水从漏斗口与桌面的间隙泄出。

25. 一艘长 20 m、宽 10 m、深 5 m 的平底船浮在淡水上时吃水深度为 3 m，其重心在对称轴上距船底 0.2 m 处。试求该船的初稳心高及横倾 8°时的复原力矩。

26. 密度为 ρ_1 的圆锥体轴线为铅垂方向，顶点向下，试研究它浮在密度为 ρ_2 的液体上时的稳定性（设圆锥体中心角为 2θ）。

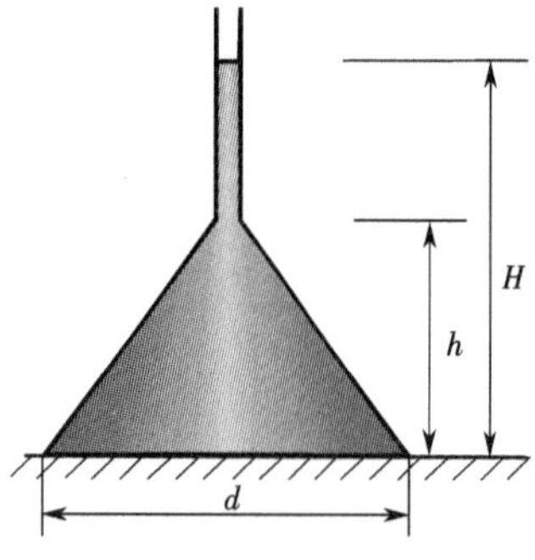

计算题 24 附图

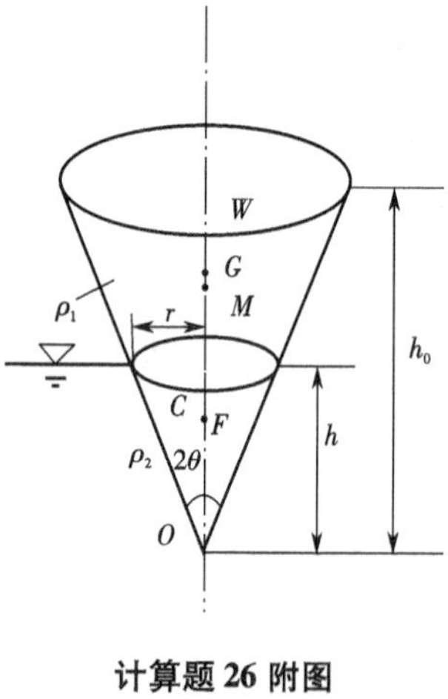

计算题 26 附图

27. 某空载船由内河出海时，吃水深度减小了 20 cm，接着在港口装了一些货物，吃水深度增大了 15 cm。船的空载排水量为 1 000 t，问该船在港口装了多少货物。设吃水线附近船的侧面为直壁，海水的密度 $\rho = 1\ 026\ \text{kg/m}^3$。

28. 一个均质圆柱体高 H，底半径为 R，圆柱体的材料密度为 $600\ \text{kg/m}^3$。

(1) 将圆柱体直立地浮于水面，当 R/H 大于多少时浮体是稳定的？

(2) 将圆柱体横浮于水面，当 R/H 小于多少时浮体是稳定的？

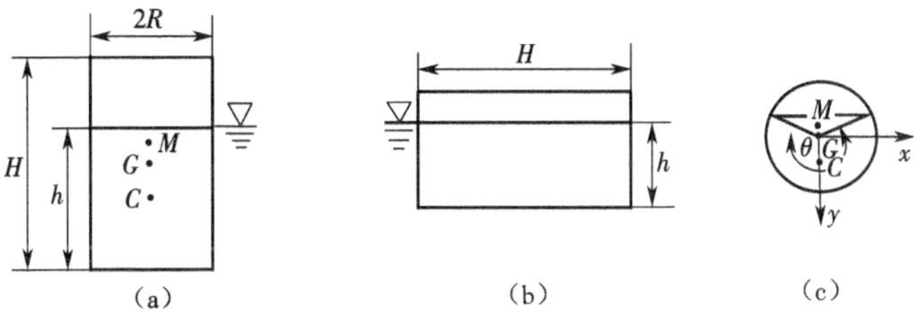

计算题 28 附图

第3章　流体运动学

流体运动学是用几何的观点来研究流体的运动规律，包括描述流体运动的方法，质点速度、加速度的变化和所遵循的规律，而不涉及流体的动力学性质，所研究的内容及结论对无黏性流体和黏性流体均适用。由于流体具有易变形性，相对于刚体而言，流体的运动形态更为复杂，描述流体运动的方法也不同。

在理论力学中，研究质点往往是用牛顿第二定律 $F = ma$ 将力和加速度联系起来，在流体力学中，研究流体质点往往是用伯努利方程将压强和速度联系起来。因此，研究流体质点的速度更为重要。

3.1　描述流体运动的两种方法

3.1.1　流体质点和空间点

流体质点是从流场中取出的一个体积极小的流体微团，其几何尺寸极小，可以看作一个点，但却具有一定的物理量，例如速度、加速度、压强和密度等。虽然流体质点的几何尺寸极小，但仍比分子的平均自由行程大得多，其中有许许多多流体分子，有时也将流体质点称为流体微团。

空间点是个几何点，它仅仅表示一个空间位置，可用建立的空间坐标，如直角坐标、圆柱坐标等来表示。

在流场中，由于流体是连续介质，因此在任何时候每一个空间点都有一个相应的流体质点占据它的位置。

3.1.2　描述流体运动的两种方法

流体运动是由无数个质点构成的连续介质的流动。怎样用数学、物理的方法来描述流体运动，是从理论上研究流体运动规律首先要解决的问题。

描述流体运动有两种方法，欧拉（L. Euler，瑞士数学家、自然科学家，1707—1783 年）法和拉格朗日（J. L. Lagrange，法国数学家、天文学家，1736—1813 年）法。

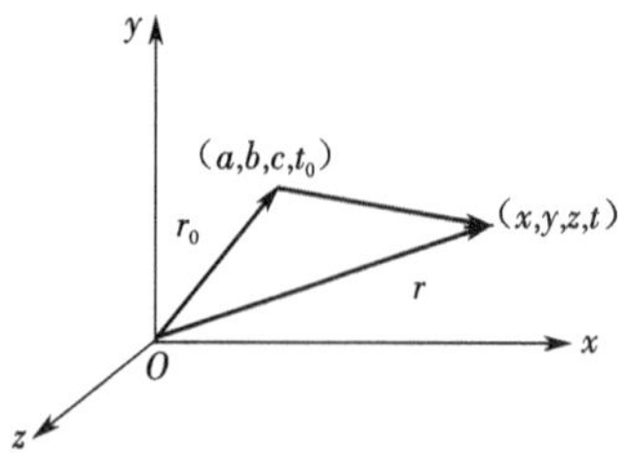

图3－1　拉格朗日法

1. 拉格朗日法

拉格朗日法把流体运动看作无数个质点运动的总和，以部分质点为观察对象加以描述，将这些质点的运动汇总起来，就得到整个流动，如图 3－1 所示。拉格朗日法也称为迹线法、随体法。它着眼于流体质点，跟随一个选定的流体质点，观察它在空间运动的过程中各个物理量的变化规律，逐次由一个质点转移到另一个质点，便可了解整个或部分流体的运动情况。

为了区别各个物理量属于哪些质点，一定要将各个流体质点编上号。编号原则是采用初始时刻的初始位置区别各个流体质点。在直角坐标系中用(x_0, y_0, z_0)，在圆柱坐标系中用(r_0, θ_0, z_0)……总之用一组数(a, b, c)作为流体质点的标记。

流体质点在运动过程中，每一个空间位置都是时间的连续函数，不同的流体质点占据不同的位置。流体质量空间位置的表达式为

$$\left.\begin{aligned} x &= x(a,b,c,t) \\ y &= y(a,b,c,t) \\ z &= z(a,b,c,t) \end{aligned}\right\} \tag{3-1}$$

式中：变量 a、b、c、t 称为拉格朗日变数。(a,b,c)称为拉格朗日坐标，不同的(a,b,c)代表不同的流体质点，它们是独立变量。

当研究某一指定的流体质点时，a、b、c 是常数，式(3－1)就是该质点的运动轨迹。当从一个流体质点转移到另一个流体质点时，a、b、c 就是变量。

速度的定义是一个选定的流体质点在单位时间内的位移，在求导过程中将 a、b、c 视为常数，便得到该质点的速度 $\boldsymbol{v} = u\boldsymbol{i} + v\boldsymbol{j} + w\boldsymbol{k}$。其中

$$\left.\begin{aligned} u &= \frac{\partial x}{\partial t} = u(a,b,c,t) \\ v &= \frac{\partial y}{\partial t} = v(a,b,c,t) \\ w &= \frac{\partial z}{\partial t} = w(a,b,c,t) \end{aligned}\right\} \tag{3-2}$$

加速度的定义是一个选定的流体质点在单位时间内速度的变化，在求导过程中同样将 a、b、c 视为常数，便得到该质点的加速度 $\boldsymbol{a} = a_x\boldsymbol{i} + a_y\boldsymbol{j} + a_z\boldsymbol{k}$。其中

$$\left.\begin{aligned} a_x &= \frac{\partial u}{\partial t} = \frac{\partial^2 x}{\partial t^2} = a_x(a,b,c,t) \\ a_y &= \frac{\partial v}{\partial t} = \frac{\partial^2 y}{\partial t^2} = a_y(a,b,c,t) \\ a_z &= \frac{\partial w}{\partial t} = \frac{\partial^2 z}{\partial t^2} = a_z(a,b,c,t) \end{aligned}\right\} \tag{3-3}$$

此外，流体质点的密度场 ρ、压强场 p 也可用拉格朗日坐标表示：

$$\boldsymbol{\rho} = \boldsymbol{\rho}(a,b,c,t)$$

$$\boldsymbol{p} = \boldsymbol{p}(a,b,c,t)$$

拉格朗日法物理概念清晰，但是由于流体质点的运动轨迹极其复杂，用拉格朗日坐标描述流体质点群运动的数学方程也十分复杂，以致无法求解。在实际应用中不需要了解质点运动的全过程，除了研究波浪运动、台风运动等，一般都用欧拉法来描述。

2. 欧拉法

欧拉法以流动的空间为观察对象，观察不同时刻各固定的空间点上流体质点的运动参

数，将各个时刻的情况汇总起来描述整个流动。欧拉法也称为流线法、当地法。它在一个选定的空间点观察先后经过这个空间点的各个流体质点物理量的变化，逐次由一个空间点转移到另一个空间点，便能了解整个流场或部分流场的运动情况。因此，欧拉法表示的是流体的物理量在不同时刻的空间分布。

选定的空间点(x,y,z)不变，时间t变化，表示在选取的固定空间点观察；(x,y,z)变化，t不变，表示在同一时刻由某一空间点转移到另一个空间点观察。观察到的流体质点的速度场可表示为$\boldsymbol{v}=\boldsymbol{v}(x,y,z,t)$，速度分布的分量式可表示为

$$\left.\begin{aligned} u&=u(x,y,z,t)\\ v&=v(x,y,z,t)\\ w&=w(x,y,z,t)\end{aligned}\right\} \tag{3-4}$$

式中：x、y、z、t称为欧拉变数。(x,y,z)称为欧拉坐标，它们是独立变量。

此外，流体质点的密度场ρ、压强场p也可用欧拉坐标表示：

$$\boldsymbol{\rho}=\boldsymbol{\rho}(x,y,z,t)$$

$$\boldsymbol{p}=\boldsymbol{p}(x,y,z,t)$$

欧拉法广泛地用于描述流体运动，研究空间某区域内流体的运动、流体与物体之间的作用力往往采用欧拉法。流体作为一种连续介质，在空间中构成了一个场，场的观点就是欧拉观点。有关的物理量在空间中的分布称为该物理量场，如速度场、压力场、密度场等，所有这些物理量场统称为流场。速度场是流体力学中最基本的场。流场的许多属性都可以由速度场直接或间接导出，例如由速度分布可分析出流体质点的运动、变形及旋转特性，根据本构方程可由速度场计算流体的应力场等。因此，常将速度场等同于流场。由于引入了场的观点，可用数学中的场论知识作为理论分析工具。

流体质点的加速度可以用欧拉变数来表示，但求质点的加速度必须用拉格朗日法，要跟踪观察流体质点沿程速度的变化，这样速度表达式中的x、y、z就是质点运动轨迹上的空间点坐标，它们不是独立变量，而是时间t的函数，即

$$\left.\begin{aligned} x&=x(t)\\ y&=y(t)\\ z&=z(t)\end{aligned}\right\} \tag{3-5}$$

流体质点的加速度按复合函数求全导数的方法来求：

$$\boldsymbol{a}=\frac{\mathrm{d}\boldsymbol{v}}{\mathrm{d}t}=\frac{\partial v}{\partial x}\frac{\mathrm{d}x}{\partial t}+\frac{\partial v}{\partial y}\frac{\mathrm{d}y}{\partial t}+\frac{\partial v}{\partial z}\frac{\mathrm{d}z}{\partial t}=\frac{\partial v}{\partial t}+u\frac{\partial v}{\partial x}+v\frac{\partial v}{\partial y}+w\frac{\partial v}{\partial z} \tag{3-6}$$

式(3-6)是用欧拉变数表示的加速度场，其分量式为

$$\left.\begin{aligned} a_x&=\frac{\partial u}{\partial t}+u\frac{\partial u}{\partial x}+v\frac{\partial u}{\partial y}+w\frac{\partial u}{\partial z}\\ a_y&=\frac{\partial v}{\partial t}+u\frac{\partial v}{\partial x}+v\frac{\partial v}{\partial y}+w\frac{\partial v}{\partial z}\\ a_z&=\frac{\partial w}{\partial t}+u\frac{\partial w}{\partial x}+v\frac{\partial w}{\partial y}+w\frac{\partial w}{\partial z}\end{aligned}\right\} \tag{3-7}$$

引进哈密顿(Hamilton)算子 $\nabla=\frac{\partial}{\partial x}\boldsymbol{i}+\frac{\partial}{\partial y}\boldsymbol{j}+\frac{\partial}{\partial z}\boldsymbol{k}$,式(3-6)可表示为

$$\boldsymbol{a}=\frac{\mathrm{d}\boldsymbol{v}}{\mathrm{d}t}=\frac{\partial v}{\partial t}+(v\cdot\nabla)v \tag{3-8}$$

由式(3-8)可见,流体质点的加速度由两部分组成,$\frac{\partial v}{\partial t}$称为当地加速度或局部加速度,它表示在空间固定点流体质点的速度随时间的变化率,它是由流场的非定常性引起的;$(v\cdot\nabla)v$ 称为变位加速度或迁移加速度,它表示流体质点的速度随坐标的变化率,它是由流场的不均匀性引起的。

图 3-2 所示是水箱内的水经收缩管流出,若水箱无来水补充,水位 H 逐渐降低,管轴线上某空间点处流体质点的速度随时间减小,因此当地加速度$\frac{\partial u}{\partial t}<0$。由于管道收缩,在同一时间质点的速度随变位而增大,因此变位加速度 $u\frac{\partial u}{\partial x}>0$。所以该质点的加速度是这两项之和,即

$$a_x=\frac{\partial u}{\partial t}+u\frac{\partial u}{\partial x}$$

如果该水箱有来水补充,水位 H 保持不变,某空间点处流体质点的速度不随时间变化,当地加速度$\frac{\partial u}{\partial t}=0$,但仍然有变位加速度,该质点的加速度 $a_x=u\frac{\partial u}{\partial x}$。

图 3-3 所示是水箱内的水经等直径直管流出,若水位 H 不变,则管内的水质点既无当地加速度,又无变位加速度,即 $a_x=u\frac{\partial u}{\partial x}$。

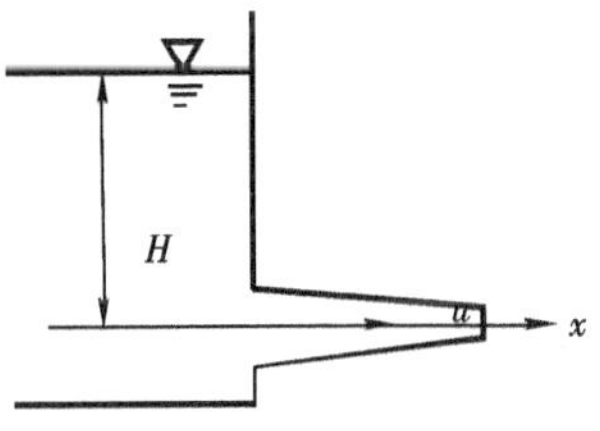

图 3-2　水经收缩管流出

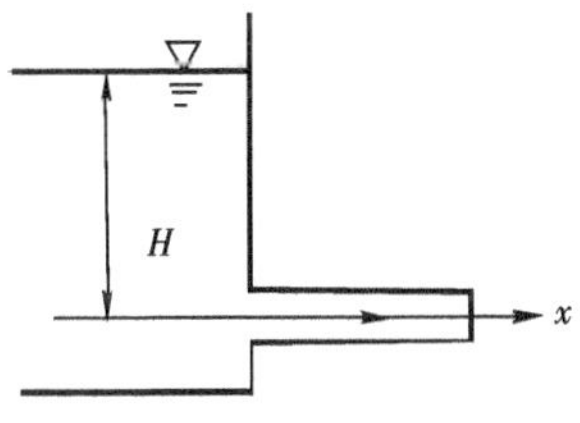

图 3-3　水经等直径直管流出

上述用欧拉法求流体质点的加速度(速度的质点导数)的方法可推广到求任意物理量的质点导数。为了强调质点导数的欧拉表示法,引入算子$\frac{D}{Dt}$。

$$\frac{D}{Dt}=\frac{\partial}{\partial t}+u\frac{\partial}{\partial x}+v\frac{\partial}{\partial y}+w\frac{\partial}{\partial z}$$

物理量 $B(a,b,c,t)$ 的质点导数(随体导数)为

$$\frac{DB}{Dt}=\frac{\partial B}{\partial t}+u\frac{\partial B}{\partial x}+v\frac{\partial B}{\partial y}+w\frac{\partial B}{\partial z} \tag{3-9}$$

上述等式右边第一项表示当地(局部)变化率,其他三项表示迁移(变位)变化率。

综合上述内容，可以看出用欧拉法描述流体流动时，加速度包括由流动的非定常性引起的当地加速度和由流动的非均匀性引起的变位加速度两部分。则式(3－9)可以理解为

加速度＝当地加速度(由非定常性引起)＋变位加速度(由非均匀性引起)

3.1.3 两种表示方法的转换

描述流体质点运动有两种方法，即拉格朗日法和欧拉法，它们的表达形式是可以互相转换的。

若给的是拉格朗日表达式

$$\left.\begin{aligned} x&=x(a,b,c,t)\\ y&=y(a,b,c,t)\\ z&=z(a,b,c,t)\end{aligned}\right\}$$

首先将上式两边微分得到

$$\left.\begin{aligned} u&=\frac{\partial x}{\partial t}=u(a,b,c,t)\\ v&=\frac{\partial y}{\partial t}=v(a,b,c,t)\\ w&=\frac{\partial z}{\partial t}=w(a,b,c,t)\end{aligned}\right\}$$

然后以欧拉坐标(x,y,z)代替式中的拉格朗日坐标(a,b,c)，也就是求拉格朗日表达式的反函数，便得到欧拉表达式。

【例 3－1】 已知流体质点运动的拉格朗日表达式为$\left.\begin{aligned} x&=ae^t+be^{-t}\\ y&=ae^t-be^{-t}\end{aligned}\right\}$。试用欧拉法表示流体质点的运动。

解：流体运动为二元(平面)流动，首先对上式两边进行微分：

$$\left.\begin{aligned} u&=\frac{\partial x}{\partial t}=ae^t-be^{-t}\\ v&=\frac{\partial y}{\partial t}=ae^t+be^{-t}\end{aligned}\right\}$$

由已知条件得$\frac{x+y}{2}=ae^t$，$\frac{x-y}{2}=be^{-t}$，代入上式，得

$$\left.\begin{aligned} u&=\frac{x+y}{2}-\frac{x-y}{2}=y\\ v&=\frac{x+y}{2}+\frac{x-y}{2}=x\end{aligned}\right\}$$

$\left.\begin{aligned} u&=y\\ v&=x\end{aligned}\right\}$即为流体质点运动的欧拉表达式。

若给的是欧拉表达式

$$\left.\begin{aligned} u&=u(x,y,z,t)\\ v&=v(x,y,z,t)\\ w&=w(x,y,z,t)\end{aligned}\right\}$$

首先对上式两边进行积分,得

$$\left.\begin{aligned} x&=x(c_1,c_2,c_3,t)\\ y&=y(c_1,c_2,c_3,t)\\ z&=z(c_1,c_2,c_3,t)\end{aligned}\right\}$$

式中:c_1,c_2,c_3 为积分常数。

由 $\left.\begin{aligned} a&=x(c_1,c_2,c_3,0)\\ b&=y(c_1,c_2,c_3,0)\\ c&=z(c_1,c_2,c_3,0)\end{aligned}\right\}$ 得到 a、b、c 和 c_1、c_2、c_3 的关系,然后以拉格朗日变数 a、b、c 代替式中的积分常数,便得到拉格朗日表达式。

【例 3-2】 已知流体质点运动的欧拉表达式为 $\left.\begin{aligned} u&=2x\\ v&=-2y\end{aligned}\right\}$。试将其转换成拉格朗日表达式。

解:由于 $u=\frac{\partial x}{\partial t}=2x$,$\frac{dx}{dt}=2x$ $\frac{dx}{x}=2dt$, 两边积分得

$$\ln x=2t+c_1$$

故

$$\left.\begin{aligned} x&=c_1e^{2t}\\ y&=c_2e^{-2t}\end{aligned}\right\}$$

当 $t=0$ 时(即初始时刻),$x=c_1=a$,$y=c_2=b$。代入上式得到

$$\left.\begin{aligned} x&=ae^{2t}\\ y&=be^{-2t}\end{aligned}\right\}$$

即为拉格朗日表达式。

3.2　流体运动的分类、迹线和流线

3.2.1　流体运动的分类

用欧拉法描述运动,各运动参数是空间坐标和时间变量的函数,如 $u=u(x,y,z,t)$。在欧拉法的范畴内,可按不同的时空标准对流动进行分类。

1. 定常流动和非定常流动

流体运动按物理量变化进行分类,可以分为定常流动(恒定流动)和非定常流动(非恒定流动)。

所谓定常流动是在任何固定的空间点观察流体质点的运动时,流体质点的流体参数

（速度、加速度、压强和密度等）皆不随时间变化；反之，即为非定常流动。

对于定常流动，流场方程为

$$\left.\begin{aligned} v &= v(x,y,z) \\ p &= p(x,y,z) \\ \rho &= \rho(x,y,z) \end{aligned}\right\} \tag{3-10}$$

与非定常流动相比，定常流动的流动参数中少了时间变量 t，流动分析往往相对简单，因此对某一流动问题的研究总是从定常流动开始，然后加入非定常因素。如上一节列举的水箱出流的例子，若水位 H 保持不变是定常流动，若水位 H 变化则是非定常流动。在工程实际中，定常流动是相当多的，有时虽为非定常流动，但如果运动的物理量随时间的变化相当缓慢，仍可近似按定常流动来处理。这主要取决于对近似精度的要求，变化幅度在精度范围之内，可按定常流动处理，超过精度范围，则按非定常流动处理。有时对绝对静坐标系来说是非定常流动，但只要应用动坐标系则可转化成定常流动。例如一条船在直的静水河道中作等速直线运动，人在岸上观察，河流的运动是非定常流动，但在船上的人观察到的却是定常流动。

经过坐标转换，有的非定常流动可变换为定常流动。例如匀速行驶的汽车尾部排气的流动，在地面上的观察者看来，它是非定常的，从排气口排出的尾气瞬间就消失了；但在汽车内的观察者看来，它却是定常的，尾气始终从固定的位置均匀地排出，温度也几乎保持不变。事实上这等于将坐标系从地面上转换到了汽车上，在匀速前进的坐标系中，原来静止的空气变成了均匀的来流，原来非定常的尾气变成了定常流。在风洞和水洞的试验段中，飞机和潜艇模型均固定在洞壁上，空气或水匀速地流过模型。按运动相对性原理，测得的绕流阻力和升力与模型在静止的流体中运动时对等，但前者是定常流场，便于测量和控制。图 3-4(a)所示为物体在静止的流场中匀速运动形成的非定常流场，图 3-4(b)所示为流体绕固定物体匀速运动形成的定常流场。

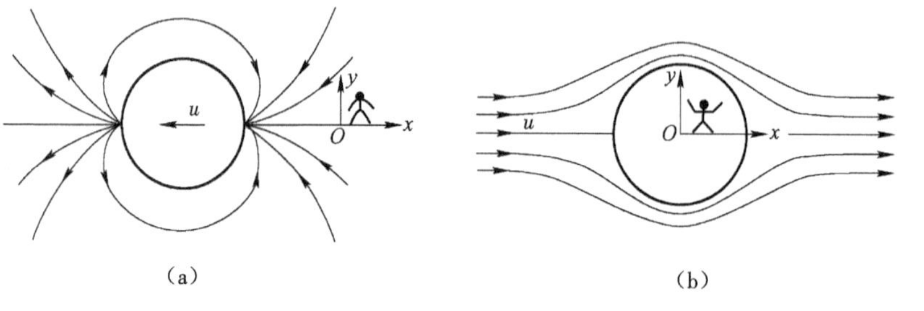

图 3-4　非定常流动可变换为定常流动

(a)非定常流场　(b)定常流场

2. 一元流动、二元流动和三元流动

根据运动参数与坐标变量的关系，可将流动分为一元、二元（平面）和三元（空间）流动。所有实际流动都是在三维空间内的流动，流场中的运动参数（以速度为主）都可以表示为三个空间坐标（及时间）的函数，流动参数是 x、y、z 三个坐标的函数 $v=v(x,y,z,t)$，在流体力学中这种流动又称为三元流动，它是流动中最一般的情况。若适当地选择坐标或对流动作某些简化，使流动参数在某些情况下仅是 x、y 两个坐标的函数，这种流动称为二元流动。若运动参数仅是一个坐标的函数,这种流动称为一元流动。显然,坐标变量越少,问题处理起来就越简单。工程问题一般为三元流动,在保证工程问题允许的精度的条件下,应尽可能将三元流动简化为二元甚至一元流动来近似求解。

图 3-5 所示为理想流体绕一个无限长的圆柱体流动,由于与该圆柱的轴线平行的诸平面上的流动均相同,设流场在轴向 z 方向的速度分量保持为零,空间各点的速度都位于 xy 平面内,整个流场只需用 x 和 y 方向的两个坐标表示,即 $v=v(x,y,t)$,属于二元流动。由于某一个平面上的流动即可代表整个流场,因此该流动称为平面流动。实际的圆柱体是有限长的,但若圆柱体的轴向(z 方向)长度远远大于圆柱体的直径,仍可将流场近似为 xy 平面上的二元流动,只是在圆柱体的端部区域要考虑三元流动造成的影响。

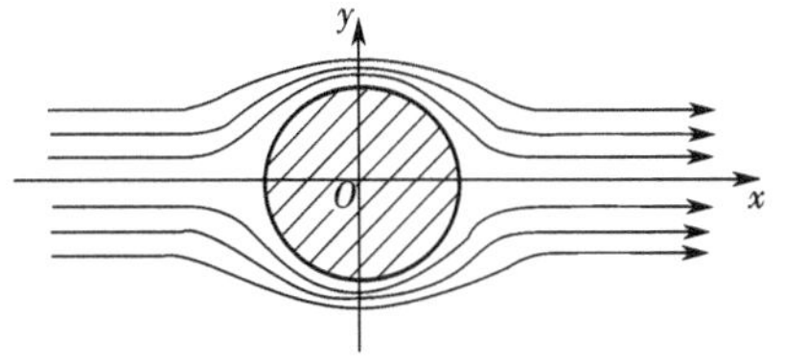

图 3-5　二维圆柱绕流

又如,实际液体在圆截面(轴对称)的管道中流动(图 3-6),运动参数只是柱坐标 r、x 的函数,而与 θ 角无关,这也是二元流动。其断面流速分布如图所示,由于液体的黏性及对管壁的附着作用,紧靠管壁的液体质点的流速等于零,而管道轴上的液体质点因受管壁的影响最小,流速最大,中间的液体质点处于过渡状态。

若流体在一根直径很小的管中流动,那么其运动参数只是一个空间坐标和时间变量的函数,这样的流动是一元流动;若考虑流道(管道或渠道)中实际液体运动参数的断面平均值(图 3-7),则运动参数只是曲线坐标 s 的函数,这种流动也属于一元流动。显然,坐标变量越少,问题越简单。

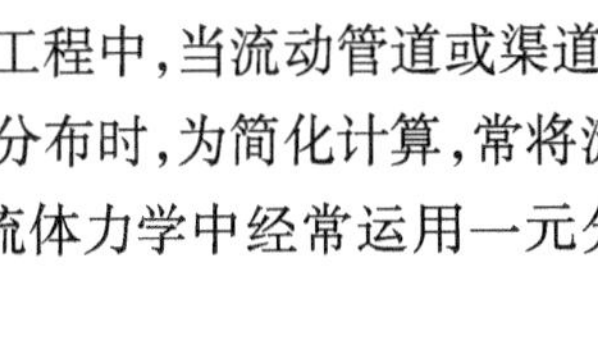

图 3-6　二元圆管流

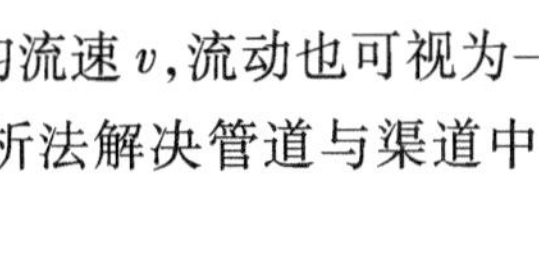

图 3-7　一元流动

在实际工程中,当流动管道或渠道中流束的纵向尺寸远大于横向尺寸,且不考虑过流截面上的速度分布时,为简化计算,常将流速取断面的平均流速 v,流动也可视为一元流动 $v=v(s,t)$。在流体力学中经常运用一元分析法或总流分析法解决管道与渠道中的许多流动问题。

如图 3-8 所示的带锥度的圆管内黏性流体的流动,流体质点的运动参数,如速度,既是半径 r 的函数,又是沿轴线距离的函数,即 $u=u(r,x)$,这显然是二元流动问题。工程上在讨论其速度分布时,常采用每个截面的平均值 u,将流动参数,如速度,简化为仅与一个坐标有关的流动问题,这种流动就叫一元流动,即 $u=u(x)$。

如图 3-9 所示的机翼绕流,如果机翼的长度(翼展)比宽度(翼弦)大得多,即展弦比很大,可近似地将机翼看作是无限长的。这样绕过机翼每个剖面的流动都是一样的,便可只研

究其中一个剖面的绕流。流动参数只是坐标 x、y 的函数,是二元流动,流速可写成

$$\boldsymbol{v}=u_x(x,y)\boldsymbol{i}+u_y(x,y)\boldsymbol{j}$$

如果机翼的展弦比不够大,则必须考虑机翼翼端流动的影响,流动参数便是坐标 x、y、z 的函数,是三元流动,如图 3-10 所示,流速可写成

$$\boldsymbol{v}=u_x(x,y,z)\boldsymbol{i}+u_y(x,y,z)\boldsymbol{j}+u_z(x,y,z)\boldsymbol{k}$$

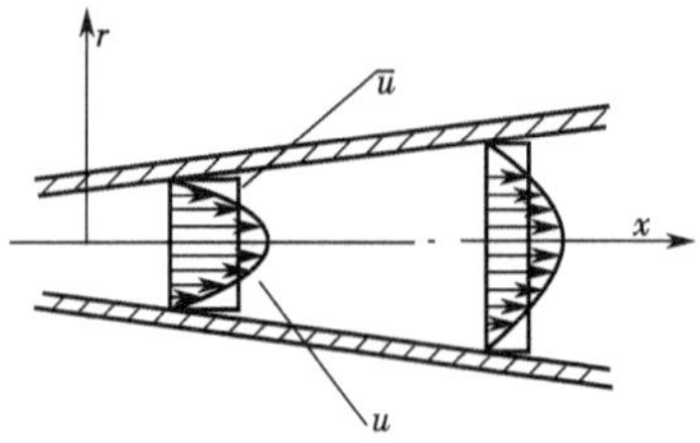

图 3-8 管内流动速度分布

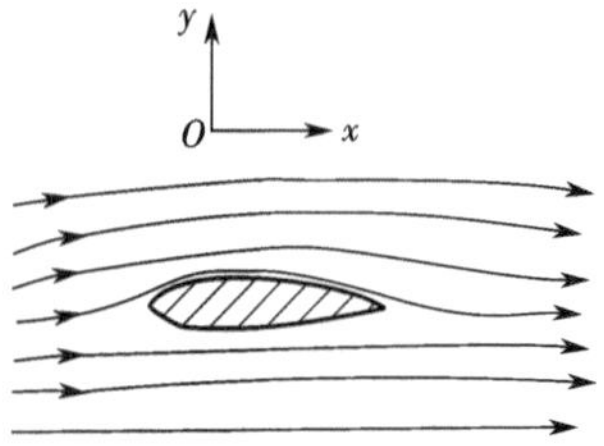

图 3-9 绕无限长机翼的流动

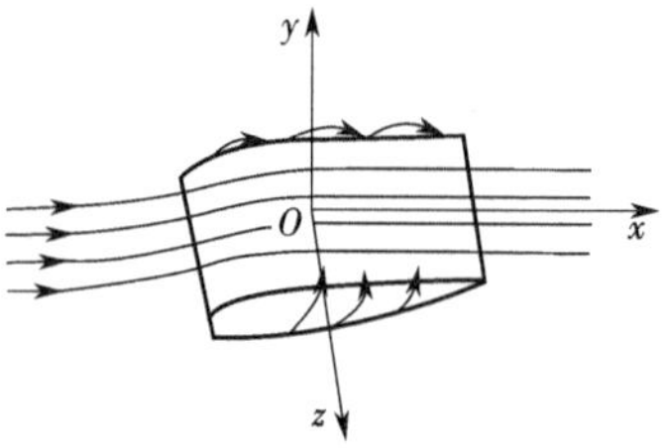

图 3-10 绕有限长机翼的流动

3. 均匀流和非均匀流

按照液流的运动参数是否沿流程改变,可以将液体运动分为均匀流与非均匀流。

1)均匀流

如果流线上各点的流速矢量都相同,这种液流称为均匀流。

若流场中各空间点的运动参数都不随空间坐标而变,即流体质点的变位加速度 $(v\cdot\nabla)v=0$,这种流动称为均匀流,否则就是非均匀流。

在均匀流中,流动参数与空间坐标无关,仅是时间 t 的函数,即

$$\left.\begin{array}{l}(u\cdot\nabla)u=0,u=u(t)\\(u\cdot\nabla)\rho=0,\rho=\rho(t)\\(u\cdot\nabla)p=0,p=p(t)\end{array}\right\}$$

根据定义,均匀流具有以下特性:

(1)均匀流的流线是互相平行的直线,过流断面为平面,其形状和尺寸沿程不变;

(2)在均匀流中,同一流线上不同点的流速相等,不同过流断面上的流速分布相同,断面的平均流速相等;

(3)均匀流过流断面上的动水压强分布规律与静水压强分布规律相同,即同一过流断面上各点的测压管水头(单位势能)为常数。

因此,作用于均匀流过流断面上的动水总压力可以按照平面壁静水总压力的公式来计算。

不计黏性摩擦的等直径水平直管道中的流动、等断面水平直渠道中的流动等均为均匀流。在前面列举的水箱出流的例子中,等直径直管内的流动(图 3-3)是均匀流;变直径管道内的流动(图 3-2)是非均匀流;水位 H 不变的等直径直管内的流动是定常均匀流。

2)非均匀流

如果流线上各点的流速矢量(大小或方向)沿流程改变,即流线不是平行直线,这种液

流称为非均匀流。实际水流受边界条件影响,大部分都属于运动参数沿流程变化的非均匀流。这类液流的流线要么是曲线(如弯管中的水流),要么是互相不平行的直线(如管径沿程均匀增大或减小的管中水流)。根据流线不平行和弯曲的程度,非均匀流又可分为渐变流和急变流两种类型。

4. 渐变流和急变流

(1)渐变流。流线近似为平行直线的液流称为渐变流(或缓变流),这种流动的流线要么是相互不平行的直线,但流线间的夹角很小,要么是平缓弯曲的曲线。边界平缓变化的液流大多是渐变流,均匀流是渐变流的极限情况,因此渐变流的过流断面可近似看作平面。由于渐变流所受的离心惯性力很小,可以忽略不计,因此渐变流过流断面上动水压强的分布规律可近似看作与静水压强的分布规律相同。

(2)急变流。流线间的夹角很大或者流线急剧弯曲的液流称为急变流。边界急剧变化的液流大多是急变流,其过流断面均为曲面。急变流受离心惯性力的影响很大,因此其过流断面上动水压强的分布规律比较复杂。

液流是渐变流还是急变流没有明确的定量标准,但是与液流的边界条件有密切的关系。当边界为近似平行的直线或变化平缓时,液流可视为渐变流;而当边界形状发生突变时,液流便是急变流,如管道转弯,断面突然扩大、收缩以及渠道的闸门前后等边界条件发生急剧变化处的水流都是急变流(见图3-11)。

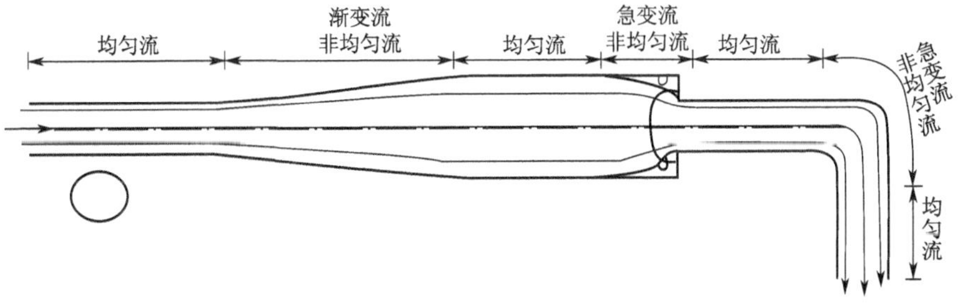

图3-11　渐变流和急变流示意

5. 有压流和无压流

(1)有压流:无自由表面、表面压强不等于零的流动,如充满液体的圆管中的流动。

(2)无压流:有自由表面,或虽然无自由表面、但表面压强等于零的流动,如海洋、明渠等中的流动。

6. 层流和湍流

黏性流体的流动按流场的结构形态可分为层流和湍流。

层流:流动是有规则的、有层次的、稳定的。

湍流:流动是无规则的、脉动的,有强烈的掺混性和涡旋性。

1883年,英国物理学家雷诺(O. Reynolds)通过圆管定常流动系列实验发现了流体的两种流动方式。雷诺实验装置如图3-12所示。其中4为装有红色墨水的瓶,墨水通过细管5源源流入玻璃管2中,通过阀门3调节玻璃管2中水的流速。

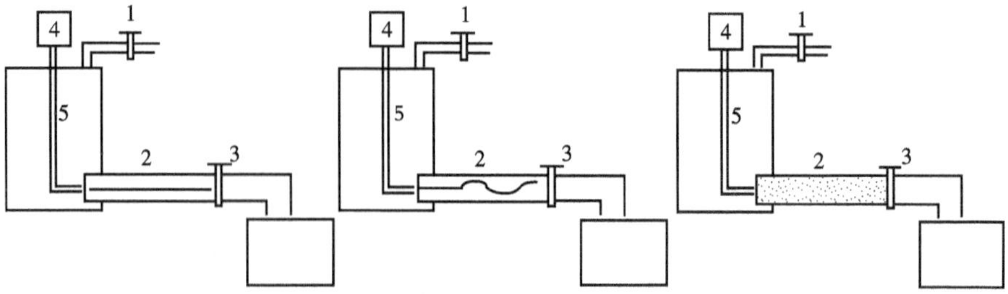

(a) (b) (c)

图 3-12 雷诺实验装置

(a)玻璃管中流速较小 (b)开大阀门 (c)继续开大阀门

(1)当玻璃管 2 中水的流速较小时,可以看到水流中有一条细小的红线,其不与周围的水流相混,如图 3-12 (a)所示,在此种情况下,流体呈层状运动,这种流动称为层流或片流。

(2)开大阀门,玻璃管 2 中水的流速增大,如图 3-12(b)所示,着色流束振荡(即抖动),流动处于不稳定状态。

(3)继续开大阀门,如图 3-12(c)所示,当玻璃管 2 中水的流速很大时,着色流束迅速与周围的流体相混,这意味着流体质点作复杂的无规则运动,发生大量流体质点的横向交换,这种流动称为紊流或湍流。

雷诺根据大量实验得出了一个判别流态的无因次准则,层流与湍流的转换取决于一个组合的无量纲数:

$$Re=\frac{\rho vd}{\mu}$$

式中:v 为平均流速,d 为直径,ρ、μ 分别为流体的密度和黏度。为纪念雷诺,后人将此无量纲数称为雷诺数(雷诺准则)。

为了分析沿程水头损失 h_f 随速度的变化规律,针对不同的流速 v,测定了玻璃管相应的水头损失。将所测得的实验数据画在对数坐标纸上,绘出 h_f 与 v 的关系曲线,如图 3-13 所示。实验曲线明显地分为如下三部分。

OA 段:当雷诺数较小时,染液线为一条平滑的直线;测速信号也是一条平滑的直线;h_f 与 v 呈线性关系。

ABC 段:雷诺数逐渐增大,染液开始波动;测速信号发生间歇性脉动,说明流动开始向不稳定状态转变;h_f 与 v 的关系不确定。

CD 段:雷诺数继续增大,染液线突然变得模糊,并弥散到整个管内;测速信号变为连续不断的随机脉动;h_f 与 v 呈 1.75 ~2 次的关系。

综合多种实验结果,临界雷诺数 $Re_c=2\ 300$,当 $Re<2\ 300$ 时流动必为层流,当 $Re>2\ 300$ 时将发生湍流。

【例 3-3】 已知速度场 $\boldsymbol{v}=(4y-6x)t\boldsymbol{i}+(6y-9x)t\boldsymbol{j}$。试问:(1)$t=1$ s 时(2,1)点的加速度是多少;(2)流动是定常流动还是非定常流动;(3)流动是均匀流还是非均匀流。

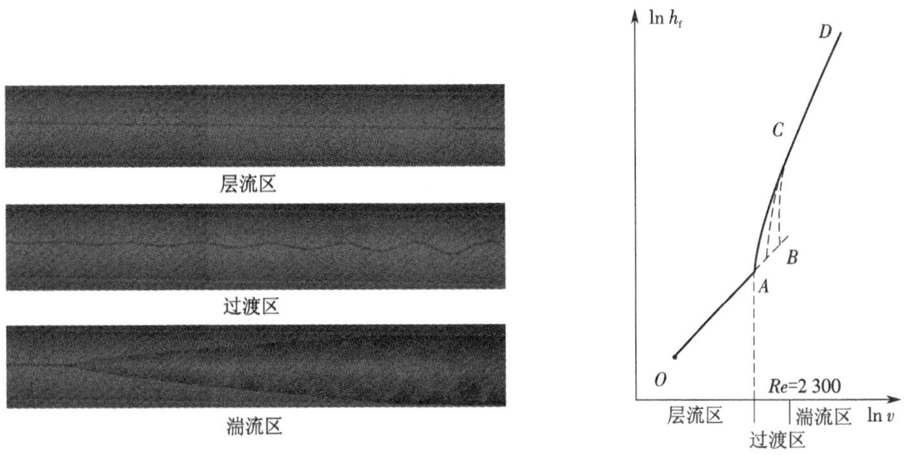

图 3－13　层流与湍流

解：(1)由式(3－7)知

$$a_x=\frac{\partial u}{\partial t}+u\frac{\partial u}{\partial x}+v\frac{\partial u}{\partial y}$$
$$=(4y-6x)+(4y-6x)(-6t)t+(6y-9x)(6t)t$$
$$=(4y-6x)(1-6t^2+6t^2)$$

把 $t=1$ s，$x=2$，$y=1$ 代入上式，得 $a_x=-8\ \mathrm{m/s^2}$。

同理，得 $a_y=-12\ \mathrm{m/s^2}$。

$$a=\sqrt{a_x^2+a_y^2}=14.42\ \mathrm{m/s^2}$$

(2)因速度场随时间变化，故此流动为非定常流动。

(3)由式 $(\boldsymbol{v}\cdot\nabla)\boldsymbol{v}=\left(u\frac{\partial u}{\partial x}+v\frac{\partial u}{\partial y}\right)\boldsymbol{i}+\left(u\frac{\partial v}{\partial x}+v\frac{\partial v}{\partial y}\right)\boldsymbol{j}=0$ 知此流动是均匀流。

3.2.2　迹线和流线

在研究流体运动时，常用某些线簇图像来表示流体的流动情况。拉格朗日法研究流体中各个质点在不同时刻运动的变化情况；欧拉法则研究在同一时刻不同质点的运动情况。前者引出了迹线的概念；后者建立了流线的概念。

1. 迹线的概念

某一个流体质点在连续的时间 t 到 $t+\mathrm{d}t$ 这段时间内在空间中描绘出来的一条曲线，称为迹线，也称为该流体质点的轨迹线。例如在流动的水面上撒一片木屑，木屑随水流漂流的途径就是某一水点的运动轨迹，也就是迹线。流场中所有的流体质点都有自己的迹线，迹线是流体运动的一种几何表示，可以用它来直观形象地分析流体的运动，清楚地看出质点的运动情况。迹线的研究属于拉格朗日法的内容，迹线表示同一个流体质点在不同时刻所形成的曲线。

2. 迹线的微分方程

根据迹线的定义，迹线上任何一点的切线方向表示流体质点位于这一位置时的速度方向。一般来说，迹线是流体质点运动的轨迹，是与拉格朗日观点相对应的概念。拉格朗日法中的位移表达式$\left.\begin{array}{l}x=x(a,b,c,t)\\y=y(a,b,c,t)\\z=z(a,b,c,t)\end{array}\right\}$即为迹线的参数方程（$t$ 是变数，a、b、c 是参数）。对指定的流体质点，求出不同的(x,y,z)值，即能作出该流体质点的迹线。

欧拉认为，迹线表示同一流体质点在不同时刻所形成的曲线，设在某一空间点上流体质点的速度矢量 $\boldsymbol{v}=u\boldsymbol{i}+v\boldsymbol{j}+w\boldsymbol{k}$，位移为 $\mathrm{d}\boldsymbol{r}=\boldsymbol{v}(x,y,z,t)\mathrm{d}t$，则迹线的微分方程为

$$\frac{\mathrm{d}x}{u(x(t),y(t),z(t),t)}=\frac{\mathrm{d}y}{v(x(t),y(t),z(t),t)}=\frac{\mathrm{d}z}{w(x(t),y(t),z(t),t)}=\mathrm{d}t \tag{3-11}$$

式中：x、y、z 是 t 的函数，表示一个流体质点在不同时刻 t 占据的空间位置。将其对时间 t 积分，可求得质点(x,y,z)的迹线方程。

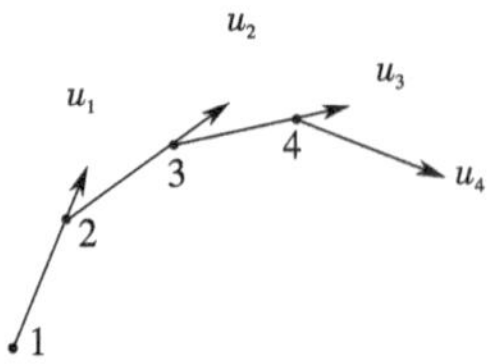

图 3－14　迹线的作法

迹线的作法如图 3－14 所示：设 $t=t_1$ 时，流体质点位于点1，速度为 u_1；过了很短的时间 Δt 后，流体质点沿 u_1 的方向移动到与点 1 邻近的点 2，速度为 u_2；如此继续下去，得到一条折线1234……若令 $t\to0$，则折线趋于该流体质点的迹线。

3. 流线的概念

为了将流场的数学描述转换成直观的流动图像，往往引入流线的概念，它是指示某一时刻流场中各点速度矢量方向的假想曲线。所谓流线是这样一条曲线，在某个瞬时，这条曲线上所有空间点上的流体质点速度方向都和该曲线相切。因此，流线是由同一时刻的不同流体质点所组成的曲线，表明了某时刻流场中各点的流速方向。

流线的作法如下：在流速场中任取一点 1（图 3－15），绘出某时刻通过该点的质点的流速矢量 $\boldsymbol{u}_1$，再在该矢量上距点 1 很近的点 2 处标出同一时刻通过该处的质点的流速矢量 $\boldsymbol{u}_2$；如此继续下去，得到一条折线 123456……若折线上相邻各点的间距无限小，其极限就是某时刻流速场中经过点 1 的流线。

在整个运动液体的空间可绘出一系列流线，称为流线簇，由流线簇构成的流线图称为流谱，如图 3－16 所示。对不可压缩的液体，流线簇的疏密程度反映了流场中各点的速度大小。流线密集的地方流速大，而流线稀疏的地方流速小。

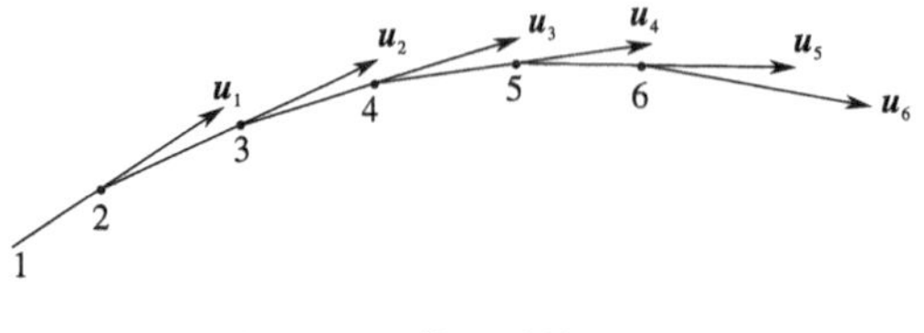

图 3－15　某瞬时的流线图

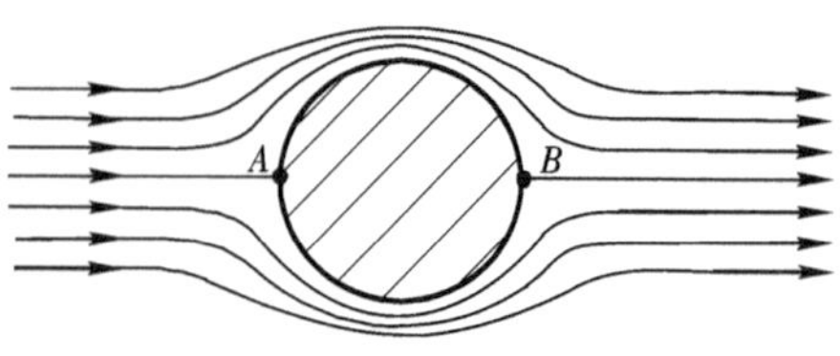

图 3－16　流谱

流线属于欧拉法的研究范畴，可形象地给出流场的流动状态。通过流线，可以清楚地看出某时刻流场中各点的速度方向，由流线的密集程度也可以判定出速度的大小。例如在流

动的水面上撒一大片木屑，可看到这些木屑连成若干条曲线，表示在同一瞬时各水点的流动方向，这就是流线。

4. 流线的微分方程

流线是与欧拉观点相对应的概念。根据流线的定义，可得到流线的微分方程。现由矢量分析法导出流线的微分方程。在 t 时刻，设在某一空间点上流体质点的速度矢量 $\boldsymbol{v}=u\boldsymbol{i}+v\boldsymbol{j}+w\boldsymbol{k}$，通过该点的流线上的微元线段 $\mathrm{d}\boldsymbol{l}=\mathrm{d}x\boldsymbol{i}+\mathrm{d}y\boldsymbol{j}+\mathrm{d}z\boldsymbol{k}$ 。由流线的定义知，空间点上流体质点的速度与流线相切，在流线上某点处取微分线段矢量与该点的速度矢量，两者方向一致。根据矢量分析，这两个矢量的积应等于零，即

$$\boldsymbol{v}\times\mathrm{d}\boldsymbol{l}=\begin{vmatrix}\boldsymbol{i} & \boldsymbol{j} & \boldsymbol{k}\\ u & v & w\\ \mathrm{d}x & \mathrm{d}y & \mathrm{d}z\end{vmatrix}=0,\text{即}\begin{cases}u\mathrm{d}y-v\mathrm{d}x=0\\ v\mathrm{d}z-w\mathrm{d}y=0\\ w\mathrm{d}x-u\mathrm{d}z=0\end{cases}$$

上式可写成

$$\frac{\mathrm{d}x}{u(x,y,z,t)}=\frac{\mathrm{d}y}{v(x,y,z,t)}=\frac{\mathrm{d}z}{w(x,y,z,t)}\tag{3-12}$$

此式即为流线的微分方程。式中，(u,v,w) 是空间坐标 (x,y,z) 和 t 的函数。由于流线是对某一瞬时而言的，所以微分方程中的 t 是参变量，在积分过程中作为常数处理。

5. 流线的性质

(1) 同一时刻的不同流线不能相交。根据流线的定义，在交点处液体质点的流速向量应同时与这两条流线相切，即一个质点不可能同时有两个速度向量。在一般情况下，两条流线是不能相交的，除非在这个相交点上流体质点的速度为零。如图 3－17 所示，两条流线在 A、B 点相交，通常将 A 和 B 分别称为前驻点和后驻点。

(2) 流线不能是折线，而是一条光滑的曲线。流体是连续介质，各运动参数是空间的连续函数。流线是一条条光滑、连续的曲线（含直线），除了驻点（图 3－17 中的 A、B 点）外，流线不能中断（A 点）和产生（B 点），除了奇点（图 3－18 中的 O 点流速为无穷）外，流线不能相交和转折（否则交点处的流体质点在同一时刻就有与两条流线相切的两个速度矢量，这是不可能的）。

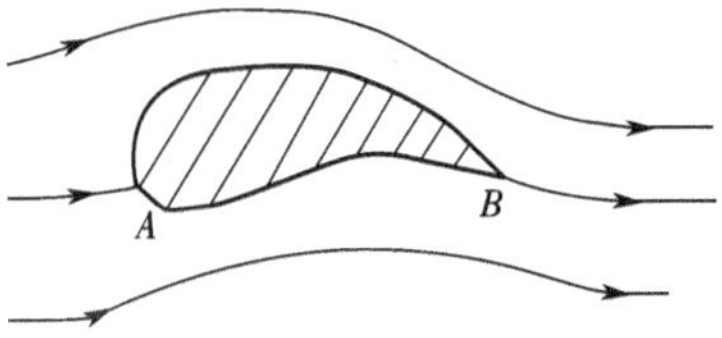

图 3－17　驻点

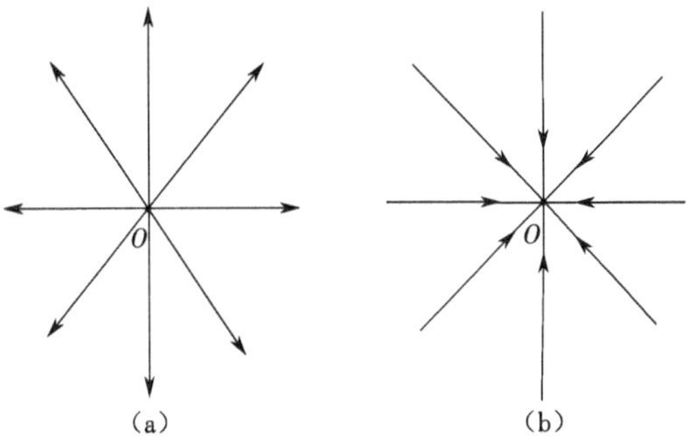

图 3－18　奇点（源和汇）

(a) 源　(b) 汇

(3)流线簇的疏密反映了速度的大小。对不可压缩流体,元流的流速与其过流断面面积成反比。流线的疏密表示流动的快慢程度,也就是流速的大小;流线之间夹角的大小表明流动变化的快慢程度,也就是流线的弯曲程度表示流动变化的快慢程度。

通过对流动的分类可知,定常流动因各空间点上速度矢量不随时间变化,所以流线的形状和位置不随时间变化;非定常流动一般说来流线随时间变化。均匀流因质点速度的方向和大小都不随位移而变化,所以其流线是相互平行的直线,同一流线上各点的流速相等。因此,从图像上看,流线为平行直线的流动是均匀流。

流线表示位于该空间曲线上的所有流体质点在某时刻的速度矢量的方向,因此它是用欧拉法来描述的。定常流动时,因各空间点上的流体质点速度方向不随时间变化,所以流线的形状和位置不随时间而变化;非定常流一般来讲流线是随时间而变化的。由于均匀流质点的变位加速度为零,速度矢量不随位移变化,因此在这种流场中,流线是相互平行的直线。

流线和迹线是两个完全不同的概念,但是在定常流动中,流线和迹线在形式上是重合的。如果是一个流体质点的迹线,那肯定是一条流线;反之,如果是一条流线,那么肯定是一个流体质点的迹线。

由于流线是瞬时线,对于非定常流动,每一瞬时的流线形状均不同,因此流线很难用实验方法直接演示,只能用数学方法建立,通过求解流线的微分方程组得到流线方程。对于定常流动,流线和迹线重合,形状不变,因此可用显示迹线的方法显示流线。

6. 色线的概念

色线是由相继通过某固定点的流体质点连成的线。在流场的固定点连续施放染色剂(水中)或烟(空气中)(图 3 - 19),用照相机拍摄下某瞬时从固定点出发的染色剂或烟的脉络线,就是色线,也称为脉线、烟线或条纹线。

图 3 - 19 烟囱形成的色线

在定常流动中色线的形状不变,与流线、迹线重合,因此常用它来代表流线。

在不定常流动中色线与流线不重合,不能将它误认为流线。由于色线容易在实验中实现和观察,而且在定常流动中又代表流线,因此色线是流动显示实验中最常用的线。图3-20所示为在空气中释放的烟线绕圆柱流动,在其后部形成的色线,称为卡门涡街。

图3-20　卡门涡街

色线与迹线密切相关,可通过迹线方程导出色线方程。

【例3-4】　已知速度场$u_x=a,u_y=bt,u_z=0$。试求:流线方程及$t=0,t=1,t=2$时的流线图。

解:将流线的微分方程$\frac{dx}{a}=\frac{dy}{bt}$(其中$t$是参变量)积分得$ay=btx+C$或$y=\frac{bt}{a}x+C$,所得流线方程是直线方程,不同时刻($t=0,t=1,t=2$)的流线图是三组斜率不同的直线(图3-21)。

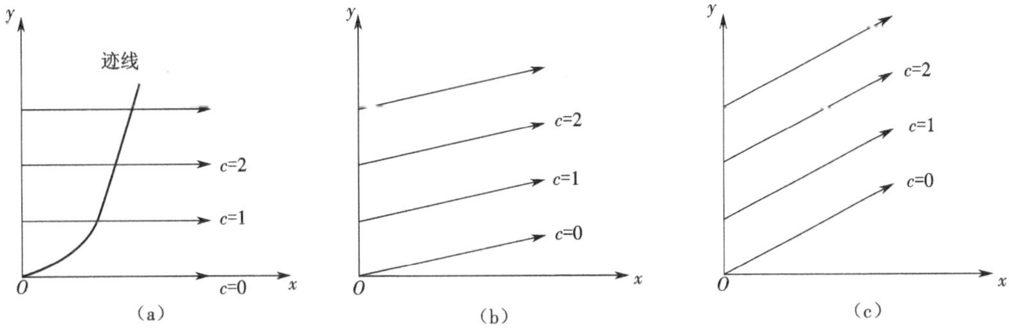

图3-21　不同时刻的流线图

(a)$t=0$　(b)$t=1$　(c)$t=2$

【例3-5】　已知流体的速度分布为$\left.\begin{array}{l}u=-\omega y=-\varepsilon_0 ty\\v=\omega x=\varepsilon_0 tx\end{array}\right\}(\omega,\varepsilon_0>0)$。试求流线方程,并画流线图。

解:由流线的微分方程式(3-12)得

$$\frac{dx}{-\varepsilon_0 ty}=\frac{dy}{\varepsilon_0 tx}$$

其中t是参变量,积分得$x^2+y^2=c$。

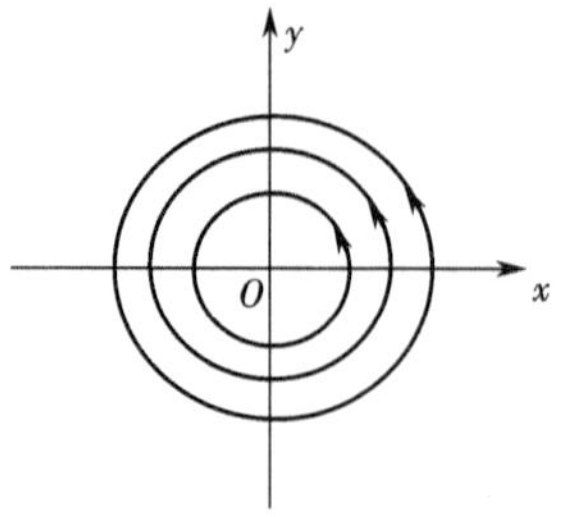

图 3-22 同心圆簇的流线图

显然，流线图是一组以原点为圆心的同心圆簇（图 3-22）。

由于流线方程中不含有参变量 t，所以流线的形状不随时间变化，但运动不是定常流动。

【例 3-6】 已知流场的速度分布为 $\left.\begin{matrix} u=1-y \\ v=t \end{matrix}\right\}$。试求：(1) $t=1$，过 (0,0) 点的流线方程；(2) $t=0$，位于 (0,0) 点的流体质点的轨迹。

解：(1) 由流线的微分方程得

$$\frac{\mathrm{d}x}{1-y}=\frac{\mathrm{d}y}{t}$$

以 t 为参变量，积分得

$$tx=y-\frac{y^2}{2}+C$$

即为不同时刻 t 时的流线方程。

当 $t=1$ 时 $x=y=0$，得到 $C=0$。则流线方程为 $x=y-\frac{y^2}{2}$。

(2) 由迹线的微分方程得

$$\frac{\mathrm{d}x}{1-y}=\frac{\mathrm{d}y}{t}=\mathrm{d}t$$

即

$$\mathrm{d}x=(1-y)\mathrm{d}t \qquad (1)$$

$$\mathrm{d}y=t\mathrm{d}t \qquad (2)$$

其中 t 是自变量，对上式积分得

$$y=\frac{t^2}{2}+C_1$$

由 $t=0$，$y=0$ 确定积分常数 $C_1=0$，则 $y=\frac{t^2}{2}$。代入式(1)，得

$$\mathrm{d}x=\left(1-\frac{t^2}{2}\right)\mathrm{d}t$$

再积分得

$$x=t-\frac{t^3}{6}+C_2$$

由 $t=0$，$x=0$ 确定积分常数 $C_2=0$，则 $x=t-\frac{t^3}{6}$。消去时间变量 t，得迹线方程

$$x^2=2y\left(1-\frac{y}{3}\right)^2$$

【例 3-7】 已知流场的速度分布为 $\left.\begin{matrix} u=Kx \\ v=-Ky \end{matrix}\right\}$($K>0$，为常数，且是在上半平面的流

动)。试求:(1)流线方程,并绘制流线图;(2)迹线方程,并绘制迹线图。

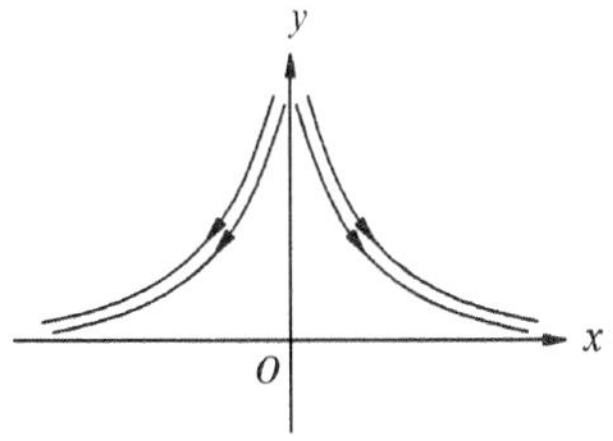

图 3-23　流线和迹线

解:(1)由流线的微分方程式(3-12) $\dfrac{dx}{Kx}=\dfrac{dy}{-Ky}$ 积分得 $\ln x=-\ln y+C'$,$xy=C$。

流线簇是一组以 x 轴和 y 轴为渐近线的等边双曲线,如图 3-23 所示。

(2)由迹线的微分方程式(3-11) $\dfrac{dx}{Kx}=\dfrac{dy}{-Ky}=dt$ 积分得 $\ln x=Kt+C_1'$,即 $x=C_1e^{Kt}$。同理,$y=C_2e^{-Kt}$。消去 t,即得 $xy=C$,为一组迹线方程。

由于流动是定常流动,所以迹线和流线在形式上是一样的。

3.2.3　流管、元流、总流、过流断面、流量与断面平均流速

1. 流管和流束

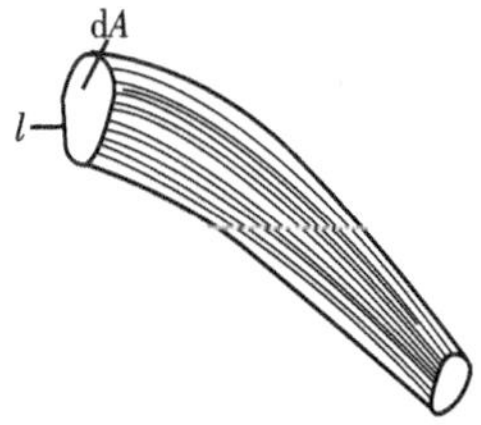

图 3-24　流管

在流场中画出任一非流线的封闭曲线 l,经该曲线上各点作流线,这些流线所构成的封闭管状面称为流管(图 3-24),里面的流体就称为流束。流束可看作流管内无数根流线的合成。如果取的封闭曲线 l 相当小,则构成的流管称为微流管。

根据流线的性质,在各个时刻,液体质点都只能在流管内部或沿流管表面流动,而不能穿过流管。

流线所有的特性流管皆有,如瞬时性,在每一瞬时流体都可看作沿流管流动。由于流线不能相交,因此流管内的流体不能穿越流管。在定常流动时,流管的形状才保持不变,流管就像一根真实的固定管道。

2. 过流断面、元流和总流

在流束上作出与流线正交的横断面,称为过流断面。过流断面不一定是平行面,流线互不平行的非均匀流过流断面是曲面;流线相互平行的均匀流过流断面才是平面。

元流是流管中过流断面无限小的流束,它可以看成一条流线。由于元流的过流断面无限小,断面上各点的运动参数如 z(位置高度)、u(流速)、p(压强)均相同。

总流是具有一定边界和规模的实际流动,过流断面有限大,它可以看成由无限多的元流构成。总流截面上的流动参数往往是不均匀分布的,如速度、加速度、压强等往往是不同的。

总流的过流断面面积 A 等于无数元流的过流断面面积 dA 之和。

3. 流量

流量是速度场的重要属性之一。流量的定义是单位时间内通过某一个空间曲面(往往是过流断面)的流体的量。

这个量用体积表示就称体积流量,用 Q_V 表示,$[Q_V]=m^3/s$;这个量用质量表示就称质量流量,用 Q_m 表示,$[Q_m]=kg/s$。它们之间的关系是

$$Q_m=\rho Q_V \tag{3-13}$$

式中 ρ——流体的密度。

为简便起见，体积流量 Q_V 简称流量，用 Q 表示。流量的计算方法如下。

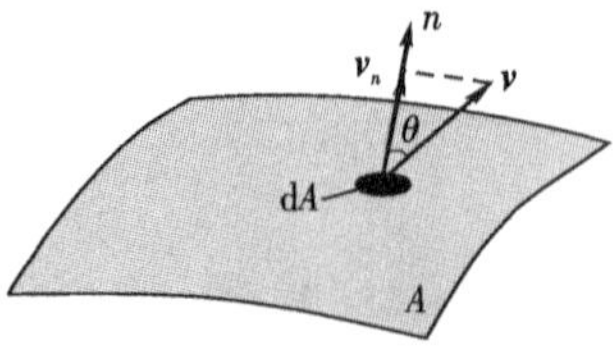

图 3-25 体积流量的计算

设 A 为流场中的一个任意控制曲面，通过曲面 A 的体积流量 Q 的计算如图 3-25 所示。由于在 A 上流体质点的速度 $\boldsymbol{v}$ 是不同的，在其上取一块微分面积 dA，它上面流体质点的速度为 $\boldsymbol{v}$，该速度矢量在 dA 的法线方向上的分量为 $\boldsymbol{v}_n$，则通过 dA 的体积流量为 $dQ=(\boldsymbol{v}\cdot\boldsymbol{n})dA$。$(\boldsymbol{v}\cdot\boldsymbol{n})$ 是场论中的表示法，称为矢量 $\boldsymbol{v}$ 和 $\boldsymbol{n}$ 的内积，表示 $\boldsymbol{v}$ 在 $\boldsymbol{n}$ 方向的投影值。

$$\boldsymbol{v}\cdot\boldsymbol{n}=v\cos\theta=v_n$$

其中 θ 是 $\boldsymbol{v}$ 和 $\boldsymbol{n}$ 两矢量的夹角。

则通过曲面 A 的体积流量

$$Q=\int_A dQ=\int_A(\boldsymbol{v}\cdot\boldsymbol{n})dA=\int_A v_n dA \tag{3-14}$$

流体力学中规定，若流体流出封闭曲面（与 $\boldsymbol{n}$ 同向），则 $Q>0$；若流体流入封闭曲面（与 $\boldsymbol{n}$ 反向），则 $Q<0$。

流量一般指体积流量，有时也用重量流量（γQ）与质量流量（ρQ），它们分别表示单位时间内通过过流断面液体的重量与质量。重量流量的单位为牛/秒（N/s）或牛/小时（N/h）等；质量流量的单位为千克/秒（kg/s）或千克/小时（kg/h）等。

4. 断面平均流速

在总流的过流断面上，一般各点的流速大小是不相同的，以管流为例，管壁附近流速较小，轴线上流速最大。在工程计算中为方便起见，引入平均流速的概念，以 V 表示。设想在过流断面上流速均匀分布，流速定义为该断面上的平均流速：

$$V=\frac{\int_A u dA}{A}=\frac{Q}{A} \tag{3-15}$$

式中 Q——该断面上的体积流量；

A——该断面的面积。

平均流速是一个假想的流速，即假定在过流断面上各点都以相同的平均流速流过，这样该过流断面上的体积流量仍与各点以真实流速流动所得到的体积流量相同。由上述分析可知，引进断面平均流速后可将实际的三元或二元问题简化为一元问题，这就是一元分析法或总流分析法。平均流速的概念在流体力学计算中经常使用。

【例 3-8】 已知半径为 R 的圆管过流断面上的流速分布为 $v=v_{max}\left(1-\frac{r^2}{R^2}\right)$，式中 v_{max} 是管轴中心处的最大流速，r 为与管轴中心的距离（图 3-26）。

试求：(1) 通过圆管的流量；

(2) 过流断面上的平均流速；

(3) 过流断面上速度恰好等于平均速度的点与管轴中心的距离。

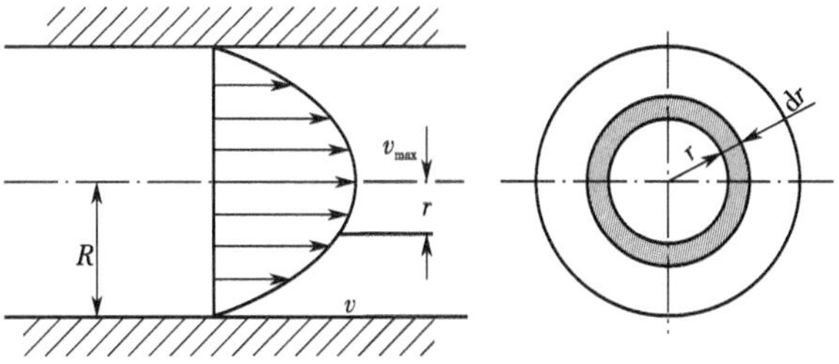

图 3-26　例 3-8 图

解:(1)在过流断面上半径为 r 处取一个环形微分面积,$dA=2\pi r dr$,该面上各点 v 相等。则通过该微分面积的体积流量为

$$dQ=v dA=v_{max}\left(1-\frac{r^2}{R^2}\right)2\pi r dr$$

通过圆管的体积流量为

$$Q=\int_A dQ=v_{max}\int_0^R\left(1-\frac{r^2}{R^2}\right)2\pi r dr=\frac{1}{2}\pi R^2 v_{max}$$

(2)过流断面上的平均流速为

$$V=\frac{Q}{A}=\frac{\frac{1}{2}\pi R^2 v_{max}}{\pi R^2}=\frac{1}{2}v_{max}$$

(3)依题意,令 $v_{max}\left(1-\frac{r^2}{R^2}\right)=\frac{1}{2}v_{max}$,则 $1-\frac{r^2}{R^2}=\frac{1}{2}$,$r=\frac{\sqrt{2}}{2}R$ 处速度恰好等于平均速度。

【例 3-9】　已知半径为 r_0 的圆管过流断面上的流速分布为 $v=v_{max}\left(\frac{y}{r_0}\right)^{1/7}$,式中 v_{max} 是轴线上的断面最大流速,y 为与管壁的距离(图 3-27)。试求通过圆管的流量和断面平均流速 v。

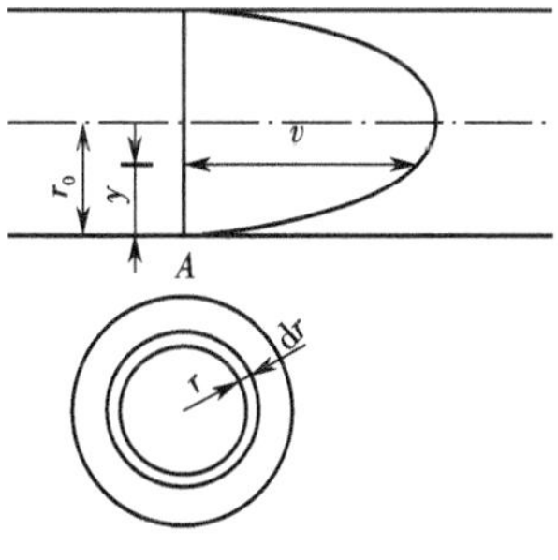

图 3-27　例 3-9 图

解:在过流断面上半径 $r=r_0-y$ 处取环形微元面积, $dA=2\pi r dr$,该面上各点流速相等。

$$Q=\int_A v dA=\int_{r_0}^0 v_{max}\left(\frac{y}{r_0}\right)^{\frac{1}{7}}2\pi(r_0-y)$$

$$=\frac{2\pi v_{max}}{r_0^{\frac{1}{7}}}\int_0^{r_0}(r_0-y)y^{\frac{1}{7}}dy=\frac{49}{60}\pi r_0^2 v_{max}$$

$$v=\frac{Q}{A}=\frac{49}{60}v_{max}$$

3.3　连续性方程

连续性方程是质量守恒定律在流体力学中的应用。我们认为流体是连续介质,它在流动时连续地充满整个流场。在这个前提下，研究流体经过流场中某一任意指定的空间封闭曲面时可以断定：若在某一定时间内，流出的流体质量和流入的流体质量不相等，则这个封闭曲面内一定会有流体密度的变化，以使流体仍然充满整个封闭曲面内的空间；如果流体是不可压缩的，则流出的流体质量必然等于流入的流体质量。上述结论可以通过数学分析表达成微分方程，称为连续性方程。连续性方程是流体力学的基本方程，是质量守恒定律在流体力学中的表达式。

3.3.1 微元流束和总流的连续性方程

在研究流体运动时，已有一个最基本的假设，就是流体是连续介质，流体在运动时是无空隙的。

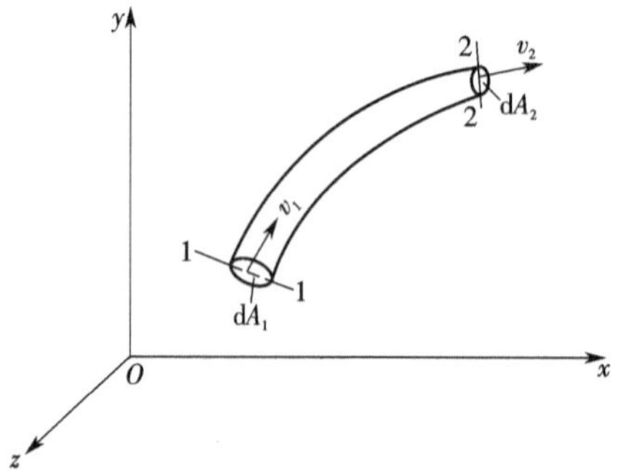

图 3-28 元流连续性方程的推导

从总流中任取一段（图 3-28），其进口过流断面 1—1 面积为 A_1，出口过流断面 2—2 面积为 A_2；再从中任取一元流，其进口过流断面面积为 dA_1，流速为 v_1，出口过流断面面积为 dA_2，流速为 v_2。由于是定常流动，流管就像真的管子一样，流体在里面流动。

（1）在定常流动条件下，元流的形状与位置不随时间改变。

（2）不可能有液体经元流侧面流进或流出。

（3）液体是连续介质，元流内部不存在空隙。

根据质量守恒原理，单位时间内流进 dA_1 的质量等于流出 dA_2 的质量，因元流过流断面很小，可认为 ρv 均布，即

$$\rho_1 v_1 dA_1 = \rho_2 v_2 dA_2 = 常数 \tag{3-16}$$

式中：ρ 为流管某一过流断面处流体的密度。

对于不可压缩的液体，密度 $\rho_1 = \rho_2 =$ 常数，则有

$$v_1 dA_1 = v_2 dA_2 = dQ \tag{3-17}$$

这就是元流的连续性方程。它表明：不可压缩流体通过流管的任一截面的流量守恒或元流流速与其过流断面面积成反比。因而流线密集的地方流速大，而流线稀疏的地方流速小，说明流场中流线分布的疏密也反映了流场中流速分布的大致情况。

在工程上和自然界中，流体流动多数是在某些周界所限定的空间内沿某一方向流动，即一元流动问题，所谓一元流动指流动参数仅在一个方向上有显著的变化，而在其他两个方向上的变化非常微小，可忽略不计。例如在管道中流动的流体就符合这个条件。对于由无限多微元流束组成的总流，可对式（3-16）进行积分。将元流的连续性方程在总流的过流断面上积分可得总流的连续性方程：

$$\iint_{A_1} \rho_1 v_1 dA_1 = \iint_{A_2} \rho_2 v_2 dA_2 = \iint_{A} \rho v dA = 常数 \tag{3-18}$$

此式为一元流动积分形式的总流的连续性方程。

设$\overline{v_1}$和$\overline{v_2}$是总流的两个过流断面上的平均流速，引入断面平均流速有

$$\rho_1 \overline{v_1} A_1 = \rho_2 \overline{v_2} A_2 \tag{3-19}$$

表示当流动为可压缩流体定常流动时，沿流动方向的质量流量为一个常数。

对不可压缩均质流体，上式成为

$$\overline{v_1} A_1 = \overline{v_2} A_2 \tag{3-20}$$

上式为不可压缩流体一元定常流动的总流连续性方程，通常情况下可将断面平均流速$\overline{v_1}$和$\overline{v_2}$简写成 v_1 和 v_2。该式在形式上与元流的连续性方程相似，说明一元总流在定常流动条件下沿流动方向的体积流量为一个常数，平均流速与过流断面面积成反比，即过流断面面积大的地方平均流速小，过流断面面积小的地方平均流速大，流场中流线分布的疏密也反映了流场中流速分布的大致情况，如图 3－29 所示。

图 3－29　流线的稀疏与密集

在研究平面时应注意的是，总流以断面平均流速代替点流速。

3.3.2　连续性微分方程

1. 直角坐标系下的连续性微分方程

在流场中取微小的直角六面体空间作为控制体，其三个边分别平行于 x、y、z 轴，尺寸分别为 $\mathrm{d}x$、$\mathrm{d}y$、$\mathrm{d}z$（图 3－30）。在 $\mathrm{d}t$ 的时间内，流体从 AB 面流入的质量为 $\rho u \mathrm{d}y\mathrm{d}z\mathrm{d}t$；从 CD 面流出的质量为 $(\rho u)'\mathrm{d}y\mathrm{d}z\mathrm{d}t$。其中

$$(\rho u)' = \rho u + \frac{\partial(\rho u)}{\partial x}\mathrm{d}x + \cdots$$

用泰勒级数展开并略去高阶微量，取前两项。

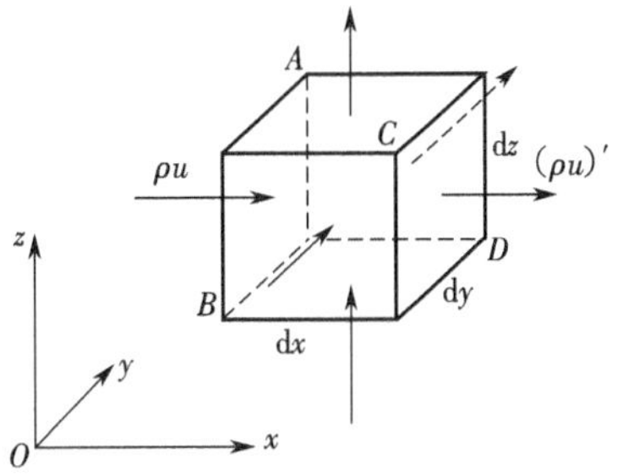

图 3－30　直角坐标系下的连续性方程

故在 $\mathrm{d}t$ 的时间内，在 x 方向，通过 AB 和 CD 两个面，微六面体中的流体质量变化为

$$\left[\rho u + \frac{\partial(\rho u)}{\partial x}\mathrm{d}x\right]\mathrm{d}y\mathrm{d}z\mathrm{d}t - \rho u \mathrm{d}y\mathrm{d}z\mathrm{d}t = \frac{\partial(\rho u)}{\partial x}\mathrm{d}x\mathrm{d}y\mathrm{d}z\mathrm{d}t$$

同理，y、z 方向的流体质量变化分别为$\frac{\partial(\rho v)}{\partial y}\mathrm{d}x\mathrm{d}y\mathrm{d}z\mathrm{d}t$ 和$\frac{\partial(\rho w)}{\partial z}\mathrm{d}x\mathrm{d}y\mathrm{d}z\mathrm{d}t$。

在 $\mathrm{d}t$ 的时间内通过该控制体的流体质量变化为上述三项之和：

$$\left[\frac{\partial(\rho u)}{\partial x}+\frac{\partial(\rho v)}{\partial y}+\frac{\partial(\rho w)}{\partial z}\right]\mathrm{d}x\mathrm{d}y\mathrm{d}z\mathrm{d}t$$

设此微六面体内，t 时刻流体的密度为 ρ，$t+\mathrm{d}t$ 时刻流体的密度等于 $\rho+\frac{\partial\rho}{\partial t}\mathrm{d}t$，因此在 $\mathrm{d}t$ 的时间内，由于流体密度的变化，微六面体内流体的质量变化了$\frac{\partial\rho}{\partial t}\mathrm{d}x\mathrm{d}y\mathrm{d}z\mathrm{d}t$。

在流体连续地充满该空间时，根据质量守恒定律，这两项之和必须等于零，化简得

$$\frac{\partial\rho}{\partial t}+\frac{\partial(\rho u)}{\partial x}+\frac{\partial(\rho v)}{\partial y}+\frac{\partial(\rho w)}{\partial z}=0 \tag{3-21}$$

在场论中$\nabla\cdot\boldsymbol{v}=\frac{\partial u}{\partial x}+\frac{\partial v}{\partial y}+\frac{\partial w}{\partial z}$，称为速度的散度，记作 div $\boldsymbol{v}$。

因此，式(3-21)可表示为$\frac{\partial\rho}{\partial t}+\nabla\cdot(\rho\boldsymbol{v})=0$

对于均质不可压缩流体，密度 ρ 为常数，式(3-21)可化简为

$$\frac{\partial u}{\partial x}+\frac{\partial v}{\partial y}+\frac{\partial w}{\partial z}=0 \tag{3-22}$$

或表示为 $\nabla\cdot\boldsymbol{v}=0$，记作 div $\boldsymbol{v}=0$。

上式是不可压缩流体在直角坐标系下的连续性微分方程。其物理意义是：在同一时间内通过流场中任一封闭表面的体积流量等于零，也就是在同一时间内流入的体积流量与流出的体积流量相等。

在定常流动中，可压缩流体的连续性方程为 $\nabla\cdot(\rho\boldsymbol{v})=0$。

2. 圆柱坐标系下的连续性微分方程

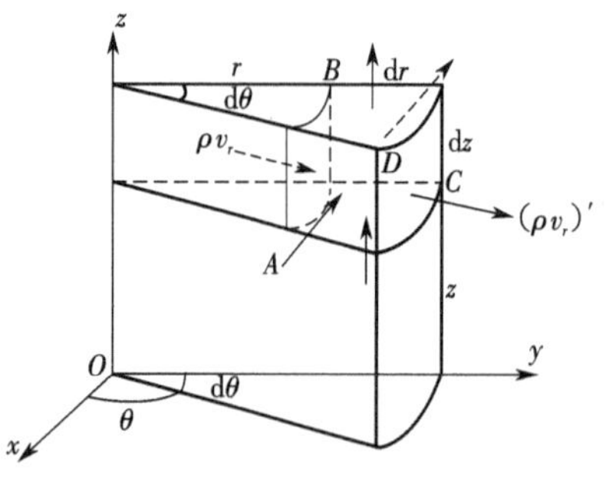

图 3-31 圆柱坐标系下的连续性方程

在圆柱坐标系(r,θ,z)中取一个微分控制体，如图 3-31 所示。同上可得，在 $\mathrm{d}t$ 的时间内通过控制面 AB、AD 及 AC 流入控制体的流体质量分别为 $\rho v_r r\mathrm{d}\theta\mathrm{d}z\mathrm{d}t$、$\rho v_\theta\mathrm{d}r\mathrm{d}z\mathrm{d}t$、$\rho v_z r\mathrm{d}\theta\mathrm{d}r\mathrm{d}t$，通过控制面 CD、BC 及 BD 流出的流体质量分别为

$$\left[\rho v_r+\frac{\partial(\rho v_r)}{\partial r}\mathrm{d}r\right](r+\mathrm{d}r)\mathrm{d}\theta\mathrm{d}z\mathrm{d}t$$

$$\left[\rho v_\theta+\frac{\partial(\rho v_\theta)}{\partial\theta}\mathrm{d}\theta\right]\mathrm{d}r\mathrm{d}z\mathrm{d}t$$

$$\left[\rho v_z+\frac{\partial(\rho v_z)}{\partial z}\mathrm{d}z\right]r\mathrm{d}\theta\mathrm{d}r\mathrm{d}t$$

故在 $\mathrm{d}t$ 的时间内，由于通过该控制体的流体流量及密度的变化，根据质量守恒定律，并化简得

$$\frac{\partial\rho}{\partial t}+\frac{\rho v_r}{r}+\frac{\partial(\rho v_r)}{\partial r}+\frac{1}{r}\frac{\partial(\rho v_\theta)}{\partial\theta}+\frac{\partial(\rho v_z)}{\partial z}=0 \tag{3-23}$$

式(3-23)是可压缩流体在圆柱坐标系下的连续性微分方程。

对于不可压缩流体,ρ 为常数,式(3-23)可化简得

$$\frac{v_r}{r}+\frac{\partial v_r}{\partial r}+\frac{1}{r}\frac{\partial v_\theta}{\partial\theta}+\frac{\partial v_z}{\partial_z}=0$$

【例3-10】 已知不可压缩流体的速度场 $u=ax^2+by^2+cz^2$,$v=-dxy-eyz-fzx$,其中 a、b、c、d、e、f 为常数。试求速度分量 w。

解:对于不可压缩流体,由连续性微分方程式(3-23)得

$$2ax-dx-ez+\frac{\partial w}{\partial z}=0$$

积分上式,得

$$w=dxz-2axz+\frac{e}{2}z^2+f(x,y,t)$$

【例3-11】 已知速度场 $u_x=\frac{1}{\rho}(y^2-x^2)$,$u_y=\frac{1}{\rho}(2xy)$,$u_z=\frac{1}{\rho}(-2tz)$,$\rho=t^2$。试问流动是否满足连续性条件。

解:此流动为可压缩流体非定常流动,由连续性微分方程一般式计算。

$$\frac{\partial\rho}{\partial t}=2t,\frac{\partial(\rho u_x)}{\partial x}=\frac{\partial}{\partial x}(y^2-x^2)=-2x$$

$$\frac{\partial(\rho u_y)}{\partial y}=\frac{\partial}{\partial y}(2xy)=2x,\frac{\partial(\rho u_z)}{\partial z}=\frac{\partial}{\partial z}(-2tz)=-2t$$

$$\frac{\partial\rho}{\partial t}+\frac{\partial(\rho u_x)}{\partial x}+\frac{\partial(\rho u_y)}{\partial y}+\frac{\partial(\rho u_z)}{\partial z}=0$$

故此流动满足连续性条件。

3.3.3 连续性微分方程对总流的积分

设定常总流以由过流断面1—1、2—2及侧表面围成的固定空间为控制体,体积为 V(图3-32)。将不可压缩液体的连续性微分方程对控制体空间进行积分,根据高斯(Gauss)定理有

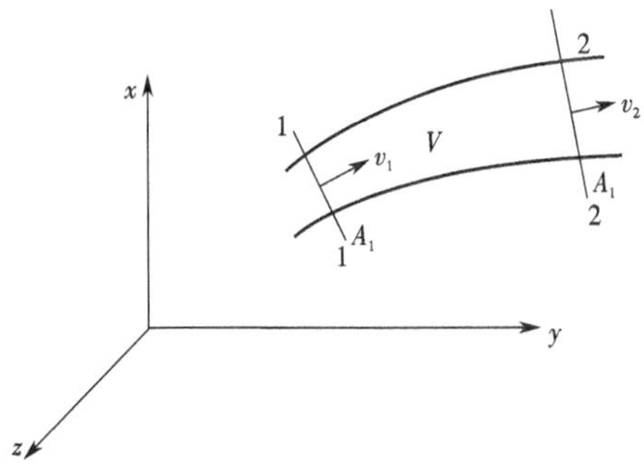

图3-32　总流的连续性方程

$$\oiint_V\left(\frac{\partial u_x}{\partial x}+\frac{\partial u_y}{\partial y}+\frac{\partial u_z}{\partial z}\right)\mathrm{d}V=\iint_A u_n\mathrm{d}A=0$$

式中:A 为体积 V 的封闭表面;u_n 为 $\boldsymbol{u}$ 在微元面积 $\mathrm{d}A$ 外法线方向的投影。因在侧表面上 $u_n=0$,于是化简为

$$-\int_{A_1}u_1\mathrm{d}A+\int_{A_2}u_2\mathrm{d}A=0$$

u_1 的方向与 dA_1 的外法线方向相反，故上式左边第一项取负号。由此得到

$$\int_{A_1} u_1 dA = \int_{A_2} u_2 dA$$

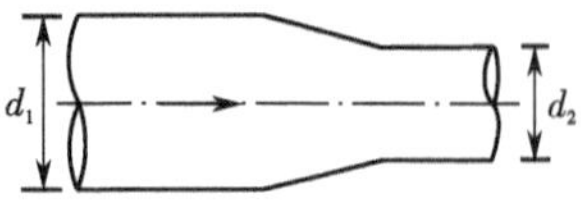

图 3-33 例 3-12 图

即 $Q_1 = Q_2$ 或 $v_1A_1 = v_2A_2$。其中 v_1、v_2 分别为总流的断面 1—1 和 2—2 上的平均流速。

上式称为液体总流的连续性方程，是控制液体总流运动的基本方程。

【例 3-12】 有一个变直径水管如图 3-33 所示，已知粗管直径 $d_1 = 200$ mm，断面平均流速度 $v_1 = 0.8$ m/s，细管直径 $d_2 = 100$ mm。试求细管的断面平均流速。

解：由液体总流的连续性方程有

$$v_1A_1 = v_2A_2$$

$$v_2 = v_1\frac{A_1}{A_2} = v_1\left(\frac{d_1}{d_2}\right)^2 = 3.2 \text{ m/s}$$

【例 3-13】 输水管道经三通管分流，如图 3-33 所示，已知管径 $d_1 = d_2 = 200$ mm，$d_3 = 100$ mm，断面平均流速 $v_1 = 3$ m/s，$v_2 = 2$ m/s。试求断面平均流速 v_3。

解：流入和流出三通管的流量应相等，即

$$Q_1 = Q_2 + Q_3$$

$$v_1A_1 = v_2A_2 + v_3A_3$$

$$v_3 = (v_1 - v_2)\left(\frac{d_1}{d_3}\right)^2 = 4 \text{ m/s}$$

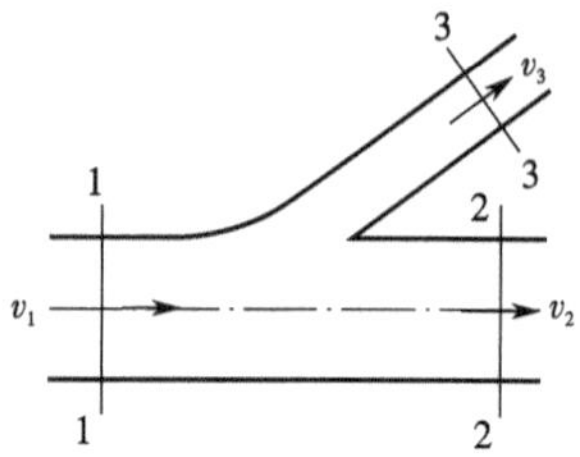

图 3-34 例 3-13 图

3.4 流体微团运动的分析

就像一滴水与大海的关系一样，任何流场都是由无限多个流体微团组成的，分析单个流体微团的运动形式是研究、认识整个流场的特性的基础。微团是流体运动的单元，认识流场的特点需从分析微元体的运动入手。

由理论力学知，刚体运动一般可以分解为平移和旋转这两种基本形式。流体是有流动性且极易变形的连续介质，因其具有流动性，任一液体微团在运动过程中不但与刚体一样有平移和转动，而且会发生变形（线变形和角变形）。这些不同的运动形式都与微团的运动速度和作用力有关。对液体微团的运动进行分析，可以进一步认识流场的特点，也是推导流体运动微分方程的基础。

1858 年德国力学家亥姆霍兹（Helmholtz）提出了速度分解定理，从理论上解决了流体变形问题。下面通过对流场中一点邻域内相对运动的分析，来说明流场运动的特点。

3.4.1 亥姆霍兹速度分解定理

为简单起见，以平面流动为例。设在某时刻 t，在运动的流场中取流体微团，取点 $M_0(x,y)$

作运动的基点，其速度为 $\boldsymbol{v}=\boldsymbol{v}(x,y)$。在其邻域内任取另一个点 $M(x+\mathrm{d}x,y+\mathrm{d}y)$，$M$ 点的速度若以 M_0 点的速度来表示，应用泰勒级数展开，并取前两项表达为

$$v(M)=v(M_0)+\frac{\partial v}{\partial x}\mathrm{d}x+\frac{\partial v}{\partial y}\mathrm{d}y$$

分量式为

$$u(M)=u(M_0)+\frac{\partial u}{\partial x}\mathrm{d}x+\frac{\partial u}{\partial y}\mathrm{d}y \tag{3-24a}$$

$$v(M)=v(M_0)+\frac{\partial v}{\partial x}\mathrm{d}x+\frac{\partial v}{\partial y}\mathrm{d}y \tag{3-24b}$$

在式(3-24a)右边 $\pm\frac{1}{2}\frac{\partial v}{\partial x}\mathrm{d}y$，并将$\frac{\partial u}{\partial y}\mathrm{d}y$ 拆成两半；在式(3-24b)右边 $\pm\frac{1}{2}\frac{\partial u}{\partial y}\mathrm{d}x$，并将$\frac{\partial v}{\partial x}\mathrm{d}x$ 拆成两半，经整理可得

$$u(M)=u(M_0)+\frac{1}{2}\left(\frac{\partial u}{\partial y}-\frac{\partial v}{\partial x}\right)\mathrm{d}y+\frac{\partial u}{\partial x}\mathrm{d}x+\frac{1}{2}\left(\frac{\partial u}{\partial y}+\frac{\partial v}{\partial x}\right)\mathrm{d}y$$

$$v(M)=v(M_0)+\frac{1}{2}\left(\frac{\partial v}{\partial x}-\frac{\partial u}{\partial y}\right)\mathrm{d}x+\frac{\partial v}{\partial y}\mathrm{d}y+\frac{1}{2}\left(\frac{\partial v}{\partial x}+\frac{\partial u}{\partial y}\right)\mathrm{d}x$$

$\varepsilon_{xx}=\frac{\partial u}{\partial x}$，$\varepsilon_{yy}=\frac{\partial v}{\partial y}$称为 x、y 方向的线应变率；

$\dot{\gamma}_{xy}=\frac{1}{2}\left(\frac{\partial v}{\partial x}+\frac{\partial u}{\partial y}\right)$称为 xOy 平面的角变形率；

$\omega_z=\frac{1}{2}\left(\frac{\partial v}{\partial x}-\frac{\partial u}{\partial y}\right)$称为 M 点绕 M_0点旋转的角速度 $\boldsymbol{\omega}$ 在 z 轴上的投影。

亥姆霍兹速度分解定律表明流体质点 M_0 点邻域内的一点 M 点的速度 = M_0 点的速度 +（由流体旋转、线应变率、角变形率引起的）相对速度。

在某时刻 t，在流场中取微团（图 3-35），以点 $O'(x,y,z)$ 为基点，其速度 $\boldsymbol{u}=\boldsymbol{u}(x,y,z)$。在 O'点的邻域内任取一点 $M(x+\mathrm{d}x,y+\mathrm{d}y,z+\mathrm{d}z)$，$M$ 点的速度以 O'点的速度用泰勒级数的前两项表示：

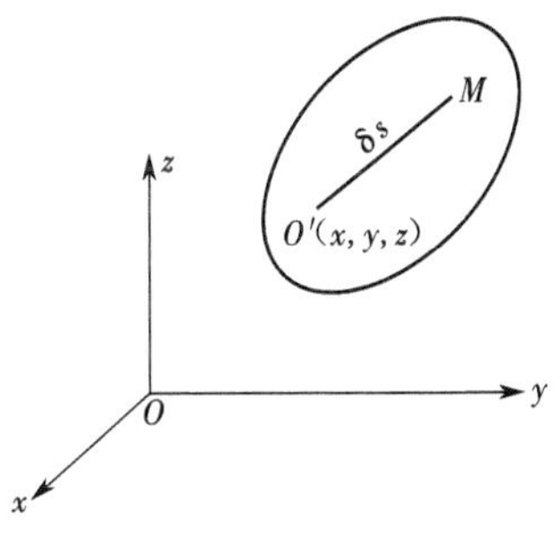

图 3-35　流体微团

$$u_{Mx}=u+\frac{\partial u}{\partial x}\mathrm{d}x+\frac{\partial u}{\partial y}\mathrm{d}y+\frac{\partial u}{\partial z}\mathrm{d}z \tag{3-25a}$$

$$u_{My}=v+\frac{\partial v}{\partial x}\mathrm{d}x+\frac{\partial v}{\partial y}\mathrm{d}y+\frac{\partial v}{\partial z}\mathrm{d}z \tag{3-25b}$$

$$u_{Mz}=w+\frac{\partial w}{\partial x}\mathrm{d}x+\frac{\partial w}{\partial y}\mathrm{d}y+\frac{\partial w}{\partial z}\mathrm{d}z \tag{3-25c}$$

为显示出平移、旋转和变形运动，以上各式加减相同的项，作恒等变换。

式(3-25a) $\pm\frac{1}{2}\frac{\partial v}{\partial x}\mathrm{d}y\pm\frac{1}{2}\frac{\partial w}{\partial x}\mathrm{d}z$，式(3-25b) $\pm\frac{1}{2}\frac{\partial w}{\partial y}\mathrm{d}z\pm\frac{1}{2}\frac{\partial u}{\partial y}\mathrm{d}x$，式(3-25c) $\pm\frac{1}{2}\frac{\partial u}{\partial z}\mathrm{d}x\pm\frac{1}{2}\frac{\partial v}{\partial z}\mathrm{d}y$。令

$$\left.\begin{array}{lll}\varepsilon_{xx}=\dfrac{\partial u}{\partial x} & \varepsilon_{yz}=\varepsilon_{zy}=\dfrac{1}{2}\left(\dfrac{\partial w}{\partial y}+\dfrac{\partial v}{\partial z}\right) & \omega_x=\dfrac{1}{2}\left(\dfrac{\partial w}{\partial y}-\dfrac{\partial v}{\partial z}\right)\\ \varepsilon_{zz}=\dfrac{\partial w}{\partial z} & \varepsilon_{xy}=\varepsilon_{yx}=\dfrac{1}{2}\left(\dfrac{\partial v}{\partial x}+\dfrac{\partial u}{\partial y}\right) & \omega_y=\dfrac{1}{2}\left(\dfrac{\partial u}{\partial z}-\dfrac{\partial w}{\partial x}\right)\\ \varepsilon_{yy}=\dfrac{\partial v}{\partial y} & \varepsilon_{zx}=\varepsilon_{xz}=\dfrac{1}{2}\left(\dfrac{\partial u}{\partial z}+\dfrac{\partial w}{\partial x}\right) & \omega_z=\dfrac{1}{2}\left(\dfrac{\partial v}{\partial x}-\dfrac{\partial u}{\partial y}\right)\end{array}\right\}$$

则式(3－25)变为

$$\left.\begin{array}{l}u_{Mx}=u+(\varepsilon_{xx}\mathrm{d}x+\varepsilon_{xy}\mathrm{d}y+\varepsilon_{xz}\mathrm{d}z)+(w_y\mathrm{d}z-w_z\mathrm{d}y)\\ u_{My}=v+(\varepsilon_{yy}\mathrm{d}y+\varepsilon_{yz}\mathrm{d}z+\varepsilon_{yx}\mathrm{d}x)+(w_z\mathrm{d}x-w_x\mathrm{d}z)\\ u_{Mz}=w+(\varepsilon_{zz}\mathrm{d}z+\varepsilon_{zx}\mathrm{d}x+\varepsilon_{zy}\mathrm{d}y)+(w_x\mathrm{d}y-w_y\mathrm{d}x)\end{array}\right\} \quad (3-26)$$

式(3－26)即为微团运动速度的分解式，对式中各项的分析显示，液体微团运动速度是平动、变形(包括线变形和角变形)和旋转这几种运动速度的组合，这就是流体的速度分解定理。

由于矩形各顶点的速度在 x、y 方向均存在差异，导致整个微团可能发生平移、变形、旋转等运动，下面逐一说明。

3.4.2 流体的变形和旋转

1. $\varepsilon_{xx}=\dfrac{\partial u}{\partial x}$，$\varepsilon_{yy}=\dfrac{\partial v}{\partial y}$，$\varepsilon_{zz}=\dfrac{\partial w}{\partial z}$的意义

设流体微团为一个长方体，其边长分别为 δx、δy、δz。其一个侧面 $ABCD$ 如图 3－36 所示。设 A 点的速度为 u、v，则 B、C、D 各点的速度如图 3－36(a)所示。

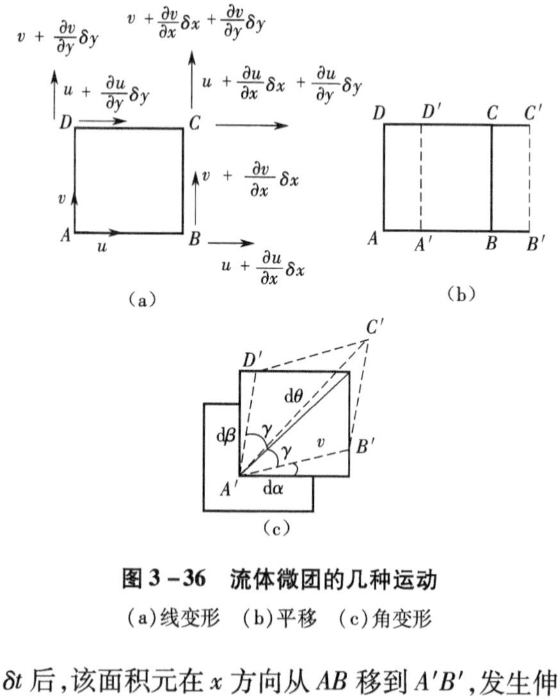

图 3－36 流体微团的几种运动

(a)线变形 (b)平移 (c)角变形

经过微小的时间 δt 后，该面积元在 x 方向从 AB 移到 $A'B'$，发生伸长(图 3－36(b))，相对伸长速率为

$$\varepsilon_{xx}=\frac{\left(u+\frac{\partial u}{\partial x}\delta x\right)\delta t-u\delta t}{\delta x\delta t}=\frac{\partial u}{\partial x} \tag{3-27a}$$

它表示流体面元(在三元流动中是体元)在 x 方向的局部相对伸长速率,称为线应变速率,简称线应变率。

同理,可导出在 y 和 z 方向的线应变率为

$$\varepsilon_{yy}=\frac{\partial v}{\partial y} \tag{3-27b}$$

$$\varepsilon_{zz}=\frac{\partial w}{\partial z} \tag{3-27c}$$

由于该长方体的三条边 δx、δy、δz 均有伸长,经过 δt 的时间后,它的体积将膨胀,其体积的相对膨胀率为

$$\frac{\left(\delta x+\frac{\partial u}{\partial x}\delta x\delta t\right)\left(\delta y+\frac{\partial v}{\partial y}\delta y\delta t\right)\left(\delta z+\frac{\partial w}{\partial z}\delta z\delta t\right)-\delta x\delta y\delta z}{\delta x\delta y\delta z\delta t}$$

略去高阶微量,上式为 $\frac{\partial u}{\partial x}+\frac{\partial v}{\partial y}+\frac{\partial w}{\partial z}=\nabla\cdot\boldsymbol{v}$

因此,速度散度是流体微团的相对体积膨胀速率,或者是 x、y、z 三个方向的微线元的相对伸长速率之和。对于不可压缩流体,$\rho=C$,流体体积不膨胀也不收缩,即 $\nabla\cdot\boldsymbol{v}=0$,这就是不可压缩流体在直角坐标系下的连续性方程。

2. $\varepsilon_{yz}=\varepsilon_{zy}=\frac{1}{2}\left(\frac{\partial w}{\partial y}+\frac{\partial v}{\partial z}\right)$,$\varepsilon_{zx}=\varepsilon_{xz}=\frac{1}{2}\left(\frac{\partial u}{\partial z}+\frac{\partial w}{\partial x}\right)$,$\varepsilon_{xy}=\varepsilon_{yx}=\frac{1}{2}\left(\frac{\partial v}{\partial x}+\frac{\partial u}{\partial y}\right)$的意义

如图3-36(c)所示,经过 δt 的时间后,在 xy 平面内的 $ABCD$ 面元将运动至 $A'B'C'D'$,产生角变形,$\angle BAD$ 由直角减小 $d\alpha+d\beta$,其平均角变形速率是

$$\varepsilon_{xy}=\varepsilon_{yx}=\frac{1}{2}\frac{(d\alpha+d\beta)}{\delta t}=\frac{1}{2}\left(\frac{\frac{\partial v}{\partial x}\delta x\delta t}{\delta x\delta t}+\frac{\frac{\partial u}{\partial y}\delta y\delta t}{\delta y\delta t}\right)=\frac{1}{2}\left(\frac{\partial v}{\partial x}+\frac{\partial u}{\partial y}\right) \tag{3-28a}$$

同理,在 yz 和 xz 平面内平均角变形速率分别是

$$\varepsilon_{yz}=\varepsilon_{zy}=\frac{1}{2}\left(\frac{\partial w}{\partial y}+\frac{\partial v}{\partial z}\right) \tag{3-28b}$$

$$\varepsilon_{zx}=\varepsilon_{xz}=\frac{1}{2}\left(\frac{\partial u}{\partial z}+\frac{\partial w}{\partial x}\right) \tag{3-28c}$$

以上角变形速率又称为剪切变形速率,简称角变形率或切变率。

3. $\omega_x=\frac{1}{2}\left(\frac{\partial w}{\partial y}-\frac{\partial v}{\partial z}\right)$,$\omega_y=\frac{1}{2}\left(\frac{\partial u}{\partial z}-\frac{\partial w}{\partial x}\right)$,$\omega_z=\frac{1}{2}\left(\frac{\partial v}{\partial x}-\frac{\partial u}{\partial y}\right)$的意义

如图3-36(c)所示,当 $ABCD$ 运动至 $A'B'C'D'$时,其对角线 AC 转动的角度为

$$d\theta=\gamma+d\alpha-45°$$

由于 $2\gamma+d\alpha+d\beta=90°$,因此 $d\theta=\frac{1}{2}(d\alpha-d\beta)$,则在 xy 平面内面元绕 z 轴旋转的角速度为

$$\omega_z=\frac{\mathrm{d}\theta}{\mathrm{d}t}=\frac{1}{2}\left(\frac{\partial v}{\partial x}-\frac{\partial u}{\partial y}\right) \tag{3-29a}$$

同理,该流体微元绕 x 轴和 y 轴旋转的角速度分别为

$$\omega_x=\frac{1}{2}\left(\frac{\partial w}{\partial y}-\frac{\partial v}{\partial z}\right) \tag{3-29b}$$

$$\omega_y=\frac{1}{2}\left(\frac{\partial u}{\partial z}-\frac{\partial w}{\partial x}\right) \tag{3-29c}$$

它们三者一起构成了角速度矢量 $\boldsymbol{\omega}$:

$$\boldsymbol{\omega}=\omega_x\boldsymbol{i}+\omega_y\boldsymbol{j}+\omega_z\boldsymbol{k}=\frac{1}{2}\nabla\times\boldsymbol{v}$$

其中 $\nabla\times\boldsymbol{v}$ 是场论中的符号,称为速度旋度,可记作 rot $\boldsymbol{v}$,它的计算式可写成行列式形式:

$$\nabla\times\boldsymbol{v}=\begin{vmatrix}\boldsymbol{i} & \boldsymbol{j} & \boldsymbol{k}\\ \dfrac{\partial}{\partial x} & \dfrac{\partial}{\partial y} & \dfrac{\partial}{\partial z}\\ u & v & w\end{vmatrix} \tag{3-30}$$

当流体微团在运动时有旋转角速度 $\boldsymbol{\omega}=(\omega_x,\omega_y,\omega_z)$ 时,称流体质点作旋涡运动(或有旋运动)。

4. 流体微团运动的组成

(1)相对中心以速度 $\boldsymbol{v}$ 平移,所谓空间流动速度场就是指质点的平移速度。流体质点的运动轨迹可以是直线,也可以是任意曲线。

(2)绕通过此中心的某轴以旋转角速度 $\boldsymbol{\omega}$ 有旋运动。

(3)流体微团在运动过程中还会变形,既有直线变形,又有角变形。

在上述基本运动形式中,线变形和角变形是液体相对于刚体所特有的运动形式。旋转运动更特殊:一方面,虽然液体和刚体都有旋转运动,但两者有显著的不同,刚体的旋转运动是整体完全一致的,而液体的旋转运动在同一流场中则存在不同的强度和尺度;另一方面,液体的旋转运动还是能量传递及流场运动状态改变的重要原因。图 3-37 表示流体微团运动由上述三部分组成。

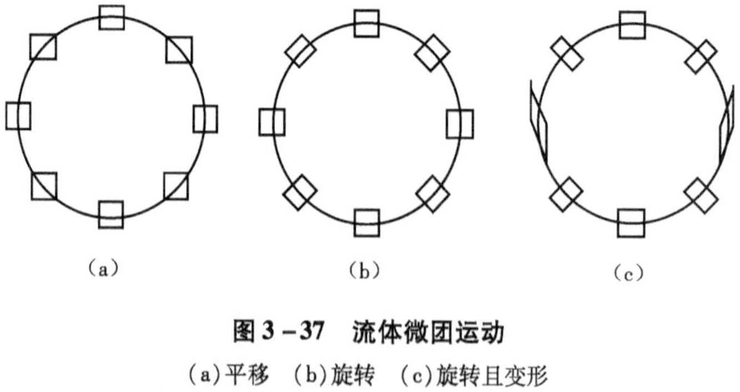

图 3-37 流体微团运动

(a)平移 (b)旋转 (c)旋转且变形

液体的运动形式都与流速有关:平移是由流速产生的,而变形和旋转是由流速变化产生的。如果把流速分量在其分量方向的变化率称为同向流速梯度,在与其分量垂直方向的变

化率称为异向流速梯度,可以看到只有同向流速梯度才引起液体的线变形,只有异向流速梯度才造成液体的角变形与旋转,这正是液体运动机理的数学、物理本质。

以上分析说明了速度分解定理式(3-26)的物理意义,该定理对流体力学的发展有深远的影响。在速度分解的基础上,根据微团是否绕自身旋转,把流体运动分为有旋运动和无旋运动两种类型,两者的规律性和计算方法不同,从而发展了对流动的分析和计算理论。此外,分解出微团的变形运动,为建立应力和变形速度的关系,并为最终建立黏性流体运动的基本方程奠定了基础。

3.5　势流及流速势函数

在河流中行驶的船只尾部浪花翻滚,洗衣机里的衣物在旋转的水流中去除污物,这些都是可用肉眼观察到的宏观液体旋转现象。液体旋转运动具有很宽的尺度范围,从宏观的旋涡到微观的涡体,以不同的方式存在。液体旋转运动虽然复杂,但其发生与否以及强弱程度完全可以由其旋转角速度判别。由液体微团的运动分析可知,若液体微团旋转角速度的所有分量均为零,则称这种流动为无旋流动(或称有势流动);反之,则称为有旋流动(或称有涡流动)。自然界中大多数流动为有旋流动,如河流桥墩两侧随流依次脱落的旋涡,泄洪洞上游泄水时产生漏斗状的涡陷,大气中横扫一切的龙卷风等。对液体流动作这样的区分非常重要。首先,这一概念可以使具有不同运动规律的液流选择有针对性的处理方法(类似层流和湍流的划分);其次,有势流动下的运动方程求解可以大为简化;最后,在旋转运动可以忽略的情况下,还可以利用势流理论解决实际流动问题。

3.5.1　有旋运动和无旋运动

在速度分解定理的基础上,将流体运动分为以下两种类型。如在运动中流体微团不存在旋转运动,即旋转角速度为零,称之为无旋运动,此时 $\boldsymbol{\omega}=\mathbf{0}$,即满足

$$\left.\begin{aligned}\omega_x&=\frac{1}{2}\left(\frac{\partial w}{\partial y}-\frac{\partial v}{\partial z}\right)=0\\\omega_y&=\frac{1}{2}\left(\frac{\partial u}{\partial z}-\frac{\partial w}{\partial x}\right)=0\\\omega_z&=\frac{1}{2}\left(\frac{\partial v}{\partial x}-\frac{\partial u}{\partial y}\right)=0\end{aligned}\right\}\tag{3-31}$$

如在运动中流体微团存在旋转运动,即 ω_x、ω_y、ω_z 三者中至少有一个不为零,则称之为有旋运动。

上述分类的依据仅仅是微团是否绕自身的轴旋转,不涉及是定常流动还是非定常流动,是均匀流还是非均匀流,也不涉及微团(质点)运动的轨迹形状。对液体运动是无旋或有旋的判断不能只凭对宏观现象的直觉判断,而应该应用上述定义对流场进行严格的数学判断。即便微团运动的轨迹是圆,但微团本身无旋转,流动仍是无旋运动(图3-38),只有微团本身有旋转才是有旋运动(图3-39)。

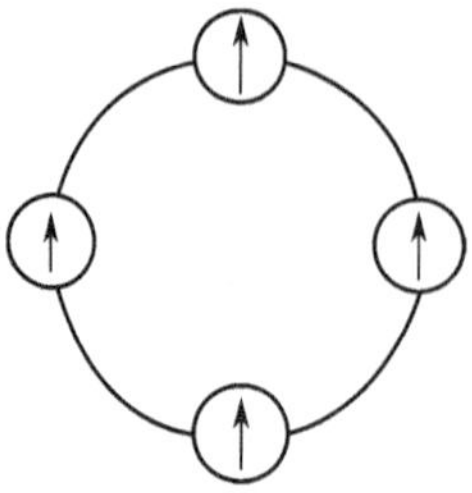

图 3-38 无旋运动

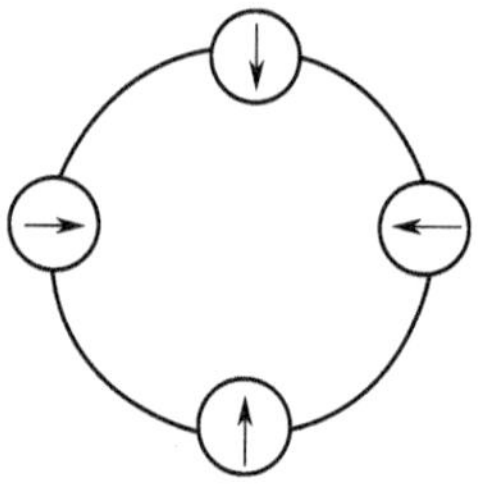

图 3-39 有旋运动

自然界中的绝大多数流动都是有旋运动，有些有旋运动以明显可见的旋涡形式表现出来，如桥墩后的旋涡区、轮船船尾的旋涡、大气中的龙卷风等。但在更多的情况下，有旋运动没有明显可见的旋涡，不是一眼就能看出来的，需要根据速度场加以分析判别。

3.5.2 势流

流体作无旋运动时称为势流。此时 $\boldsymbol{\omega}=\mathbf{0}$，按场论的定义，速度场的旋度为

$$\boldsymbol{\Omega}=2\mathrm{rot}\ \boldsymbol{v}=\left(\frac{\partial w}{\partial y}-\frac{\partial v}{\partial z}\right)\boldsymbol{i}+\left(\frac{\partial u}{\partial z}-\frac{\partial w}{\partial x}\right)\boldsymbol{j}+\left(\frac{\partial v}{\partial x}-\frac{\partial u}{\partial y}\right)\boldsymbol{k}$$

这里的 $\boldsymbol{\Omega}$ 称为流动的涡量场。

流动是势流的条件，可表达成 $\boldsymbol{\omega}=\frac{1}{2}\mathrm{rot}\ \boldsymbol{v}=\mathbf{0}$，或者满足以下三阶行列式等于零：

$$\mathrm{rot}\ \boldsymbol{v}=\begin{vmatrix}\boldsymbol{i} & \boldsymbol{j} & \boldsymbol{k}\\ \frac{\partial}{\partial x} & \frac{\partial}{\partial y} & \frac{\partial}{\partial z}\\ u & v & w\end{vmatrix}=\mathbf{0} \tag{3-32}$$

式(3-32)即为无旋流(势流)的判别准则，实际上相当于满足该液体流场的旋度为零的条件。

【例 3-14】 已知平面流动的速度场为 $u=\frac{-y}{x^2+y^2}$，$v=\frac{x}{x^2+y^2}$。

试求：(1)流线方程；(2)流动是否为势流。

解：(1)流线的微分方程为

$$\frac{\mathrm{d}x}{\frac{-y}{x^2+y^2}}=\frac{\mathrm{d}y}{\frac{x}{x^2+y^2}}$$

$$x\mathrm{d}x+y\mathrm{d}y=0$$

$$x^2+y^2=C$$

显然，流动为一组以原点为圆心的同心圆簇。由于流动是定常流动，所以流线和迹线在形式上是重合的，流体质点的运动轨迹是圆。

(2) $\boldsymbol{\omega}=\frac{1}{2}\mathrm{rot}\ \boldsymbol{v}=\frac{1}{2}\left(\frac{\partial v}{\partial x}-\frac{\partial u}{\partial y}\right)\boldsymbol{k}=\frac{1}{2}\left[\frac{y^2-x^2}{(x^2+y^2)^2}-\frac{y^2-x^2}{(x^2+y^2)^2}\right]\boldsymbol{k}=\mathbf{0}$

故该平面流动为势流。

3.5.3　流速势函数

当速度场满足 rot $\boldsymbol{v}=\boldsymbol{0}$ 时，在流场中必定存在一个标量函数 $\varphi(x,y,z,t)$，使得该函数对 x,y,z 的偏导数分别为

$$\left.\begin{aligned} u&=\frac{\partial\varphi}{\partial x}\\ v&=\frac{\partial\varphi}{\partial y}\\ w&=\frac{\partial\varphi}{\partial z}\end{aligned}\right\} \tag{3-33}$$

上式可表示为 $\boldsymbol{\nabla v}$，称为函数 φ 的梯度，记作 grad $\varphi=\boldsymbol{u}$。

场论中函数的梯度的计算式为

$$\text{grad }\varphi=\frac{\partial\varphi}{\partial x}\boldsymbol{i}+\frac{\partial\varphi}{\partial y}\boldsymbol{j}+\frac{\partial\varphi}{\partial z}\boldsymbol{k} \tag{3-34}$$

称函数 $\varphi(x,y,z,t)$ 为流速势函数，$\varphi=$ 常数，为流场的等势线。

满足式(3－33)的液体流动即为有势流动。无旋流动是有流速势函数的流动，简称势流；反之，势流必是无旋流动。从这一意义上可知，有势流动与无旋（无涡）流动是等价的。

相反，如果流体微团在运动中存在旋转，则 ω_x、ω_y、ω_z 三者中至少有一个不为零。

在流体力学中，若流动是势流，寻找流速势函数 φ 就十分重要，因为 φ 的梯度 grad $\varphi=\boldsymbol{u}$。用一个标量函数即可表示无旋流场中任一点的三个速度分量。

将式(3－33)代入不可压缩流体的连续性微分方程式(3－22)，得

$$\frac{\partial}{\partial x}\left(\frac{\partial\varphi}{\partial x}\right)+\frac{\partial}{\partial y}\left(\frac{\partial\varphi}{\partial y}\right)+\frac{\partial}{\partial z}\left(\frac{\partial\varphi}{\partial z}\right)=\frac{\partial^2\varphi}{\partial x^2}+\frac{\partial^2\varphi}{\partial y^2}+\frac{\partial^2\varphi}{\partial z^2}=0 \tag{3-35}$$

即

$$\boldsymbol{\nabla}^2\varphi=0$$

式中

$$\boldsymbol{\nabla}^2=\frac{\partial^2}{\partial x^2}+\frac{\partial^2}{\partial y^2}+\frac{\partial^2}{\partial z^2}$$

式(3－35)就是著名的拉普拉斯(Laplace)方程，满足拉普拉斯方程的函数是调和函数，所以流速势函数是调和函数。

不可压缩无旋运动的问题可归结为在给定的边界条件和初始条件下求解拉普拉斯方程，它是二阶线性偏微分方程，可用很多方法求得解析解。在求得流速势函数 φ 后，就可由式(3－33)求得速度 $\boldsymbol{v}(u,v,w)$。

【例3－15】　已知不可压缩流体的平面速度场 $u=x^2-y^2$，$v=-2xy$。

试求：(1)判别流动是否为势流；(2)若是势流，求流速势函数 φ；(3)验证 φ 是调和函数。

解：(1)本题为 xOy 平面上的平面流动，只需判别 ω_z 是否为零。

$$\omega_z=\frac{1}{2}\left(\frac{\partial v}{\partial x}-\frac{\partial u}{\partial y}\right)=\frac{1}{2}\left[\frac{\partial}{\partial x}(-2xy)-\frac{\partial}{\partial y}(x^2-y^2)\right]=0$$

流动是势流，具有流速势函数 φ。

(2) $\mathrm{d}\varphi=\frac{\partial\varphi}{\partial x}\mathrm{d}x+\frac{\partial\varphi}{\partial y}\mathrm{d}y=u\mathrm{d}x+v\mathrm{d}y$

$$\frac{\partial\varphi}{\partial x}=u=x^2-y^2$$

$$\varphi=\frac{x^3}{3}-xy^2+f(y)$$

$$\frac{\partial\varphi}{\partial y}=-2xy+\frac{\mathrm{d}f}{\mathrm{d}y}=-2xy$$

$$\frac{\mathrm{d}f}{\mathrm{d}y}=0,f(y)=C$$

由于 $\boldsymbol{u}=\mathrm{grad}\ \varphi$，取 $f(y)=C=0$，不影响 φ 的普遍意义。故

$$\varphi=\frac{1}{3}x^3-xy^2$$

(3) $\frac{\partial^2\varphi}{\partial x^2}+\frac{\partial^2\varphi}{\partial y^2}=\frac{\partial}{\partial x}\left(\frac{\partial\varphi}{\partial x}\right)+\frac{\partial}{\partial y}\left(\frac{\partial\varphi}{\partial y}\right)=\frac{\partial}{\partial x}(x^2-y^2)+\frac{\partial}{\partial y}(-2xy)=2x-2x=0$

所以，φ 是调和函数。

3.6 平面流动和流函数

平面流动是流体的运动在平行平面上完全相同，这样空间流动可简化为平面流动（二元流动），流动参数仅与两个坐标及时间有关，在计算流量时，只需考虑单位厚度即可。虽然在自然界中平面流动并不存在，但由于用它解决问题远比空间流动容易，而且在许多实际问题中也可得到满意的结果，故在流体力学中广泛地应用这个方法来解决实际问题。

3.6.1 平面流动

如图 3－40 所示，研究流体绕过一个无限长的圆柱体的流动时，若作一些垂直于圆柱体轴线的平面，所有这些平面上的流动情况是完全一致的，这样绕圆柱体的空间流动就可以用平面流动来代替。

在平面直角坐标系中，速度场可表达为

$$\left.\begin{aligned}u&=u(x,y,t)\\v&=v(x,y,t)\end{aligned}\right\}$$

流速势函数可表达为

$$\varphi=\varphi(x,y,t)$$

3.6.2 流函数

对于平面流动，有连续性微分方程 $\frac{\partial u}{\partial x}+\frac{\partial v}{\partial y}=0$，移项得 $\frac{\partial u}{\partial x}=-\frac{\partial v}{\partial y}$。

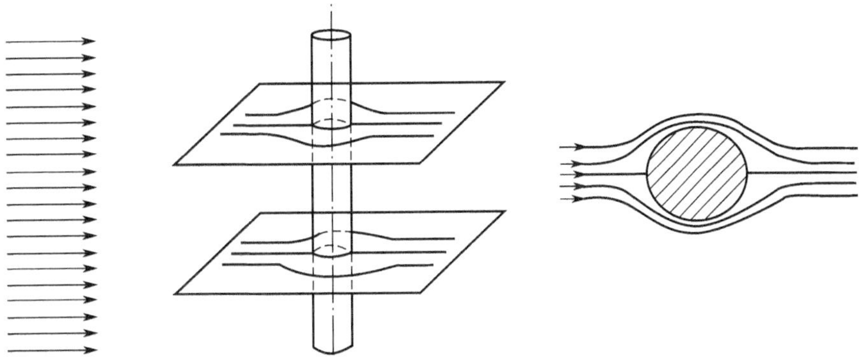

图 3－40　绕圆柱体的流动

设平面矢量函数 $\boldsymbol{U}=-v\boldsymbol{i}+u\boldsymbol{j}$，则

$$\operatorname{rot}\boldsymbol{U}=\left(\frac{\partial u}{\partial x}+\frac{\partial v}{\partial y}\right)\boldsymbol{k}=\boldsymbol{0}$$

在平面流动中，只要满足 $\operatorname{div}\boldsymbol{v}=\boldsymbol{0}$，则 $\operatorname{rot}\boldsymbol{U}=\boldsymbol{0}$，必定存在一个流速势函数 $\varphi(x,y,t)$ 使得 $\operatorname{grad}\varphi=\boldsymbol{U}$，称 $\varphi(x,y,t)$ 是 $\boldsymbol{U}$ 的流速势函数，是 $\boldsymbol{v}$ 的流函数。

$$\left.\begin{aligned}\frac{\partial\varphi}{\partial x}&=-v\\ \frac{\partial\varphi}{\partial y}&=u\end{aligned}\right\}\tag{3-36}$$

由于在平面流动中，只要满足连续性微分方程，不论是无旋流动还是有旋流动，都存在流函数，只有无旋流动才有流速势函数，可见流函数 ψ 比流速势函数 φ 更具有普遍性。

流函数具有以下主要性质。

(1) 流函数的等值线是流线方程。

证明：流函数值相等，$\varphi=C$，$\mathrm{d}\psi=0$，由式(3－35)得流函数的等值线方程 $u\mathrm{d}y-v\mathrm{d}x=0$，则

$$\frac{\mathrm{d}x}{u}=\frac{\mathrm{d}y}{v}$$

上式即平面流动的流线微分方程，给流函数以不同的值，便可得到流线簇。

(2) 两条流线的流函数的差值等于通过这两条流线间的流量(单位宽度)。

证明：在流线 $\psi=\psi_A$ 和 $\psi=\psi_B$ 间任作曲线 AB(图 3－41)，在 A、B 两点的任意连线 AB 上取微分线段 $\mathrm{d}l$，按不可压缩流体连续性原理，流过 $\mathrm{d}l$(单位厚度)的流量 $\mathrm{d}Q$ 等于流过两投影线段 $\mathrm{d}x$、$\mathrm{d}y$ 的流量之和：

$$\mathrm{d}Q=u\mathrm{d}y-v\mathrm{d}x=\frac{\partial\psi}{\partial y}\mathrm{d}y+\frac{\partial\psi}{\partial x}\mathrm{d}x=\mathrm{d}\psi$$

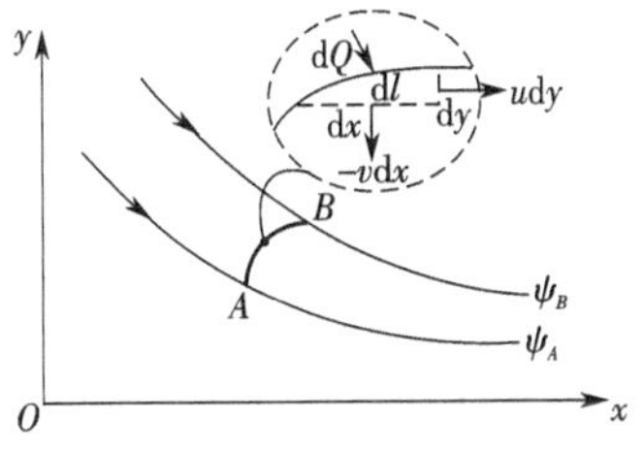

图 3－41　两流线间流量

沿 AB 线积分：

$$Q=\int_A^B \mathrm{d}Q=\int_A^B \mathrm{d}\psi=\psi_B-\psi_A$$

这一性质也可表述为:在平面流动中,通过任一曲线的流量(单位宽度)等于该曲线两端流函数的差值。

(3)在平面势流中,流线和等势线正交。

证明:对于平面势流,同时存在流函数 ψ 和流速势函数 φ,而且

$$\left.\begin{aligned} u&=\frac{\partial\varphi}{\partial x}=\frac{\partial\psi}{\partial y}\\ v&=\frac{\partial\varphi}{\partial y}=-\frac{\partial\psi}{\partial x}\end{aligned}\right\}\tag{3-37}$$

即

$$\frac{\partial\varphi}{\partial x}\frac{\partial\psi}{\partial x}+\frac{\partial\varphi}{\partial y}\frac{\partial\psi}{\partial y}=0$$

对于等势线 $\varphi=C_1$,在点(x,y)处切线斜率为

$$y'_\varphi=-\frac{\dfrac{\partial\varphi}{\partial x}}{\dfrac{\partial\varphi}{\partial y}}$$

对于流线 $\psi=C_2$,在点(x,y)处切线斜率为

$$y'_\psi=-\frac{\dfrac{\partial\psi}{\partial x}}{\dfrac{\partial\psi}{\partial y}}$$

$$y'_\varphi y'_\psi=\frac{\dfrac{\partial\varphi}{\partial x}\dfrac{\partial\psi}{\partial x}}{\dfrac{\partial\varphi}{\partial y}\dfrac{\partial\psi}{\partial y}}=-1$$

则流线和等势线正交,所以在平面流动中等势线也就是过流断面线。等势线和流线构成流网。

(4)对于平面势流,流函数 $\psi(x,y,t)$ 是调和函数。

证明:因为流动是平面势流,故

$$\omega_z=\frac{\partial v}{\partial x}-\frac{\partial u}{\partial y}=0$$

将 $u=\dfrac{\partial\psi}{\partial y}$,$v=-\dfrac{\partial\psi}{\partial x}$代入上式,得

$$\frac{\partial^2\psi}{\partial x^2}+\frac{\partial^2\psi}{\partial y^2}=0$$

即 $\nabla^2\psi=0$。

在平面势流中,流函数满足拉普拉斯方程,是调和函数。

3.6.3 平面极坐标系下的形式

在平面极坐标系(r,θ)下,

$$\left.\begin{aligned} v_r &= \frac{\partial\varphi}{\partial r} = \frac{\partial\psi}{r\partial\theta} \\ v_\theta &= \frac{\partial\varphi}{r\partial\theta} = -\frac{\partial\psi}{\partial r} \end{aligned}\right\} \tag{3-38}$$

不可压缩流体的连续性方程：

$$\text{div}\ \boldsymbol{v} = \frac{v_r}{r} + \frac{\partial v_r}{\partial r} - \frac{\partial v_\theta}{r\partial\theta} = 0 \tag{3-39}$$

平面势流中速度场的旋度：

$$\text{rot}\ \boldsymbol{v} = \left(\frac{v_\theta}{r} + \frac{\partial v_\theta}{\partial r} - \frac{\partial v_r}{r\partial\theta}\right)\boldsymbol{e}_k = \boldsymbol{0} \tag{3-40}$$

拉普拉斯方程：

$$\frac{\partial\varphi}{r\partial r} + \frac{\partial^2\varphi}{\partial r^2} + \frac{1}{r^2}\frac{\partial^2\varphi}{\partial\theta^2} = 0 \tag{3-41}$$

【例 3－16】　已知平面不可压缩流体的速度场 $u = ay, v = ax\ (a > 0)$，且 $y > 0$。试求：(1)流函数，并绘制流线；(2)流速势函数，并绘制等势线。

解：(1)流函数 $\text{div}\ \boldsymbol{v} = \frac{\partial u}{\partial x} + \frac{\partial v}{\partial y} = 0 + 0 = 0$，存在流函数。

$$\text{d}\psi = \frac{\partial\psi}{\partial x}\text{d}x + \frac{\partial\psi}{\partial y}\text{d}y = -v\text{d}x + u\text{d}y = -ax\text{d}x + ay\text{d}y$$

$$\psi = \int \text{d}\psi = \int \text{d}\left(-\frac{a}{2}x^2 + \frac{a}{2}y^2\right) = -\frac{a}{2}(x^2 - y^2)$$

流线方程为

$$\psi = -\frac{a}{2}(x^2 - y^2) = C'$$

即

$$x^2 - y^2 = C$$

(2)对于平面流动，

$$\omega_z = \frac{1}{2}\left(\frac{\partial v}{\partial x} - \frac{\partial u}{\partial y}\right) = \frac{1}{2}(a - a) = 0$$

存在流速势函数。

$$\varphi = \int \text{d}\varphi = \int u\text{d}x + v\text{d}y = \int ay\text{d}x + ax\text{d}y = \int \text{d}(axy) = axy$$

等势线方程为

$$\varphi = axy = C'$$

即

$$xy = C$$

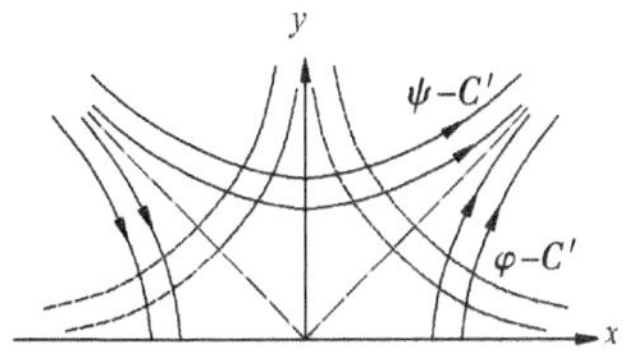

图 3－42　例 3－16 图

流线、等势线如图 3－42 所示。

【例 3－17】　不可压缩定常流动的平面势流 x 方向的速度分量为 $u = 3ax^2 - 3ay^2$，且在

(0,0)点处 $u=v=0$。试求通过(0,0)和(1,1)两点连线的流体流量 Q。

解:满足 $\text{div}\,\boldsymbol{v}=0$, $\frac{\partial u}{\partial x}+\frac{\partial v}{\partial y}=0$,即

$$6ax+\frac{\partial v}{\partial y}=0$$

则

$$\frac{\partial v}{\partial y}=-6ax, v=-6axy+f(x)$$

满足 $\text{rot}\,\boldsymbol{v}=0$, $\frac{\partial v}{\partial x}-\frac{\partial u}{\partial y}=0$,即

$$-6ay+\frac{\mathrm{d}f}{\mathrm{d}x}+6ay=0, f(x)=C$$

在(0,0)点 $v=0$,即 $C=0, v=-6axy$。

$$\psi=\mathrm{d}\psi=\int\frac{\partial\psi}{\partial x}\mathrm{d}x+\frac{\partial\psi}{\partial y}\mathrm{d}y=\int -v\mathrm{d}x+u\mathrm{d}y$$

$$=\int 6axy\mathrm{d}x+(3ax^2-3ay^2)\mathrm{d}y=\int \mathrm{d}(3ax^2y-ay^3)$$

即

$$\psi=3ax^2y-ay^3$$

通过(0,0)和(1,1)两点连线的流体流量

$$Q=\psi\Big|_{\psi(0,0)}^{\psi(1,1)}=2a$$

习　题

一、问答题

1. 定常流动与非定常流动、均匀流与非均匀流、渐变流与急变流等是如何定义的？它们之间有什么联系？渐变流具有什么重要的性质？

2. 图(a)表示一个水闸正在提升闸门放水,图(b)表示一个水管正在打开阀门放水。若它们的上游水位均保持不变,此时的水流是否符合连续方程 $A_1v_1=A_2v_2$？为什么？

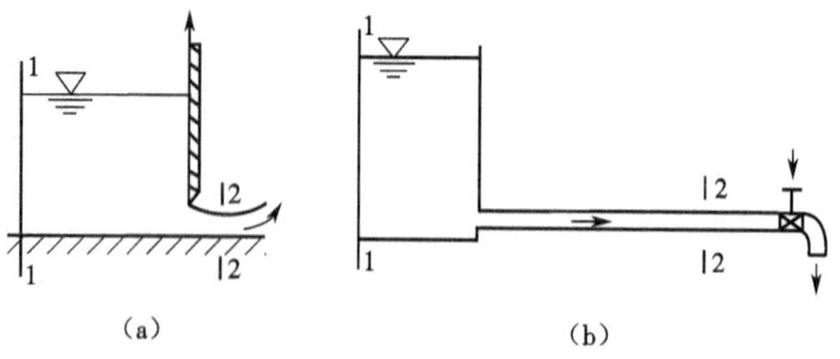

问答题 2 附图

3. 一个物体在静止流体中作等速直线运动,此时流线和迹线是否重合？前提是什么？

4. 什么是流线？什么是迹线？流线与迹线的区别是什么？

5. 流线为什么不能相交？

6. 什么是流场？

7. 什么是定常流动？什么是非定常流动？

8. 描述液体运动有哪两种方法？它们的区别是什么？

9. 试说明欧拉法的基本思路，并举例说明它的实际应用。

10. 试用欧拉法写出流体质点的加速度表达式，并说明其力学意义。任意一个物理量 N 的质点导数可以写成什么形式？

11. 什么叫流管、流束、过流断面和元流？

12. 试写出积分形式的连续性方程，并说明此方程的适用范围。对于一元定常流动，此方程可以简化为什么形式？

二、计算题

1. 设流体质点的轨迹方程为 $\left.\begin{aligned} x &= C_1 e^t - t - 1 \\ y &= C_2 e^t + t - 1 \\ z &= C_3 \end{aligned}\right\}$，其中 C_1、C_2、C_3 为常数。

试：(1) 求 $t=0$ 时位于 $x=a, y=b, z=c$ 处的流体质点的轨迹方程；

(2) 求任意流体质点的速度；

(3) 用欧拉法表示上面流动的速度场；

(4) 用欧拉法直接求加速度场，用拉格朗日法求得质点的加速度后再换算成欧拉法的加速度场，比较两者的结果是否相同。

2. 已知速度场为 $\boldsymbol{u} = 2(x+y)\boldsymbol{i} + (x-y)\boldsymbol{j} + (x-z)\boldsymbol{k}$ (m/s)，求(2,3,1)点的速度和加速度。

3. 已知速度场为 $\boldsymbol{u} = (3x+\tau)\boldsymbol{i} + 2(\tau - y^2)\boldsymbol{j} + (4y-3)z\boldsymbol{k}$ (m/s)，求 $t=2$ s 时(2,2,1)点的速度和加速度。

4. 已知流场中的速度分布为 $\left.\begin{aligned} u &= yz + t \\ v &= xz - t \\ w &= xy \end{aligned}\right\}$。

(1) 试问此流动是否为定常流动；(2) 求流体质点通过场中的(1,1,1)点时的加速度。

5. 已知二元流场的速度分布为 $\boldsymbol{u} = (4y-6x)\tau\boldsymbol{i} + (6y-9x)\tau\boldsymbol{j}$ (m/s)。问：

(1) 该流动是稳定流还是非稳定流？是均匀流还是非均匀流？

(2) $t=1$ s 时，(2,4)点的加速度为多少？

(3) 求 $t=1$ s 时的流线方程。

6. 已知速度场为 $u_x = 2y\tau + \tau^3$，$u_y = 2x\tau$，$u_z = 0$。求 $t=1$ s 时过(0,2)点的流线方程。

7. 已知不可压缩理想流体的压力场为 $p = 4x^3 - 2y^2 - yz^2 + 5z$ (N/m²)，若流体的密度 $\rho = 1\,000$ kg/m³，$g = 9.8$ m/s²。求流体质点在 $\boldsymbol{r} = 3\boldsymbol{i} + \boldsymbol{j} - 5\boldsymbol{k}$ (m) 处的加速度。

8. 已知不可压缩理想流体稳定流动的速度场为 $\boldsymbol{u} = (3x^2 - 2xy)\boldsymbol{i} + (y^2 - 6xy + 3yz^2)\boldsymbol{j} - (z^3 + xy^2)\boldsymbol{k}$ (m/s)，求流体质点在(2,3,1)点处的压力梯度。$\rho = 1\,000$ kg/m³，$g = 9.8$ m/s²。

9. 已知流动的速度场为 $\boldsymbol{v}=(x+1)t^2\boldsymbol{i}+(y-2)t^2\boldsymbol{j}$，试确定 $t=1$ s 时通过(2,1)点的轨迹线方程和流线方程。

10. 已知流动的速度分布为 $\left.\begin{aligned}u&=ay(y^2-x^2)\\v&=ax(y^2-x^2)\end{aligned}\right\}$，其中 a 为常数。

(1)试求流线方程，并绘制流线图；

(2)判断流动是否有旋，若无旋，求流速势函数 φ 并绘制等势线。

11. 已知二元流动的速度分布为 $\left.\begin{aligned}u&=Ax+By\\v&=Cx+Dy\end{aligned}\right\}$，其中 A、B、C、D 为常数。

(1)A、B、C、D 间呈何种关系时流动才无旋？

(2)求此时流动的流速势函数。

12. 下列各组方程中哪些可用来描述不可压缩流体的二元流动？

(1)$u_x=2x^2+y^2, u_y=x^3-x(y^2-2y)$；

(2)$u_x=2xy-x^2+y, u_y=2xy-y^2+x^2$；

(3)$u_x=x\tau+2y, u_y=x\tau^2-y\tau$；

(4)$u_x=(x+2y)x\tau, u_y=(2x-y)y\tau$。

13. 下列两组方程中哪个可以用来描述不可压缩流体的空间流动？

(1)$u_x=xyz\tau, u_y=-xyz\tau^2, u_z=\frac{1}{2}(x\tau^2-y\tau)z^2$；

(2)$u_x=y^2+2xz, u_y=x^2yz-2yz, u_z=\frac{1}{2}x^2z^2+x^3y^4$。

14. 设有黏性流体经过一个平板的表面，已知平板近旁的速度分布为 $v=v_0\sin\frac{\pi y}{2a}$（$v_0$、$a$ 为常数，y 为至平板的距离），试求平板上的变形速度及应力。

15. 设不可压缩流体运动的 3 个速度分量为 $\left.\begin{aligned}u&=ax\\v&=ay\\w&=-2az\end{aligned}\right\}$，其中 a 为常数。试证明这一流动的流线为 $y^2z=\text{const}$，$\frac{x}{y}=\text{const}$ 为两曲面的交线。

16. 已知平面流动的速度场为 $\boldsymbol{v}=(4y-6x)t\boldsymbol{i}+(6y-9x)t\boldsymbol{j}$。求 $t=1$ s 时的流线方程，并画出 $1\leqslant x\leqslant 4$ 区间穿过 x 轴的 4 条流线。

17. 已知不可压缩流体平面流动在 y 方向的速度分量为 $v=y^2-2x+2y$，试求速度在 x 方向的分量 u。

18. 已知不可压缩流体在 r、θ 方向的速度分量分别为 $u_r=\frac{4}{r^2}$，$u_\theta=4r$，求速度在 z 方向的分量 u_z。

19. 蒸气管道的干管直径 $d_1=50$ mm，截面平均流速 $u_1=25$ m/s，密度 $\rho_1=2.62$ kg/m^3，蒸气分别由两支管流出，支管直径 $d_2=45$ mm，$d_3=40$ mm，出口处蒸气密度分别为 $\rho_2=2.24$ kg/m^3，$\rho_3=2.30$ kg/m^3，求保证两支管质量流量相等的出口流速 u_2 和 u_3。

20. 水射器如图所示，高速水流由喷嘴射出，带动管道内的水体。已知截面 1 管道内的水流速度和射流速度分别为 $u_1 = 3$ m/s 和 $u_j = 25$ m/s，管道和喷嘴的直径分别为 0.3 m 和 85 mm，求截面 2 处的平均流速 u_2。

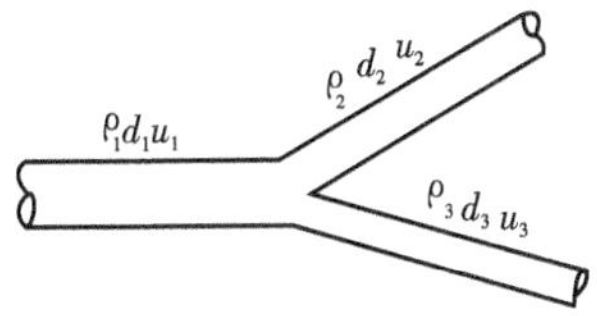

计算题 19 附图

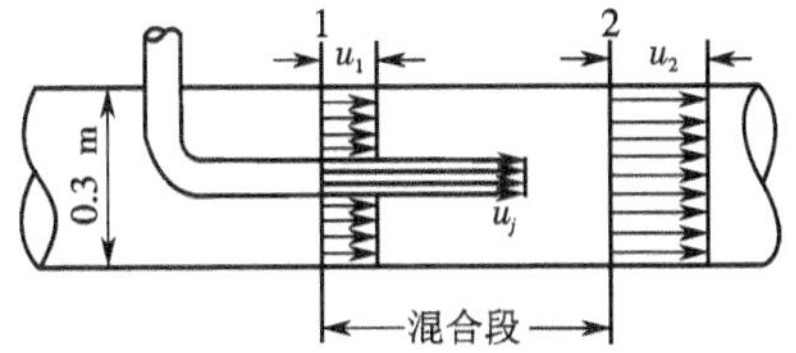

计算题 20 附图

21. 求两平行板间流体的单宽流量。已知速度分布为 $u = u_{max}\left[1-\left(\dfrac{y}{b}\right)^2\right]$，$y=0$ 为中心线，$y = \pm b$ 为平板所在位置，u_{max} 为常数。

22. 下列两个流动，哪个有旋？哪个无旋？哪个有角变形？哪个无角变形？

(1) $u = -ay, v = ax, w = 0$；

(2) $u = -\dfrac{cy}{x^2+y^2}, v = \dfrac{cx}{x^2+y^2}, w = 0$。

式中：a、c 是常数。

23. 已知平面流动的速度分布为 $u = x^2 + 2x - 4y, v = -2xy - 2y$。试确定流动：

(1) 是否满足连续性方程；

(2) 是否有旋；

(3) 如存在流速势函数和流函数，求出 φ 和 ψ。

24. 已知流速势函数为：(1) $\varphi = \dfrac{Q}{2\pi}\ln r$；(2) $\varphi = \dfrac{\Gamma}{2\pi}\arctan\dfrac{y}{x}$，求其流函数。

25. 有一个平面流场，设流体不可压缩，x 方向的速度分量为 $u = e^{-x}\cosh y + 1$。

已知边界条件为 $y = 0, v = 0$，求：(1) $v(x,y)$；(2) 这个平面流动的流函数。

26. 已知平面势流的流速势函数 $\varphi = y(y^2 - 3x^2)$，求流函数以及通过 (0,0) 及 (1,2) 两点连线的体积流量和速度环量。

27. 不可压缩二元流动的流速分量为 $u_x = x - 4y, u_y = -y - 4x$。

(1) 判别该流动是定常流动还是非定常流动；

(2) 判别该流动是否连续；

(3) 写出流线方程式；

(4) 判别有无线变形和角变形；

(5) 判别是有涡流还是无涡流；

(6) 判别是否为势流，若流动有势，写出流速势函数表达式。

28. 已知一个流动的速度场为 $v_x = 2xy + x, v_y = x^2 - y^2 - y$，试证明该流动为有势流动，且存在流函数，并求流速势函数及流函数。

29. 流速场的流函数是 $\varphi = 3x^2y - y^3$，它是无旋流动吗？如果不是，计算它的旋转角速度。证明任一点的流速只取决于它与原点的距离。绘流线 $\varphi = 2$。

30. 试求直角内流动 $\varphi = a(x^2 + y^2)$ 的切应力分布。

第 4 章　流体动力学

本章的主要依据是物理学和理论力学中的质量守恒定律、牛顿运动定律及动量定理等，旨在建立流体动力学的基本方程，研究流体运动的基本规律及其在工程中的初步应用，为以后各章的学习奠定理论基础。首先采用流体力学微元体平衡分析方法推导出黏性流体运动的基本方程，即 Navier-Stokes 方程，进而限定理想流体，研究理想流体的欧拉运动微分方程、伯努利方程和动量定理，以便研究流体和物体之间的作用力问题。

4.1　实际流体的应力与变形速度

实际液体与理想液体的本质区别是前者存在黏滞性。这一差异导致在实际液体流动过程中，作用在微元六面体上的表面力除法向应力外还存在切向黏滞应力。在宏观上，这一机理表现为：对于理想液体，无论流层之间是否存在相对运动，都不存在由于切应力导致的流层间的摩擦，液体内部只存在动水压强；而对实际液体而言，当其流层间存在相对运动时，必然产生切向黏滞力，而且这一作用力将不断消耗液体内部的动能，从而改变液体的运动状态。

4.1.1　实际流体的应力及运动方程

与理想液体一样，实际液体在运动过程中，其流场中的任何一点同样存在法向应力。不同的是理想液体流场中任一点各个方向上的法向应力均大小相等并等于该点上的动水压强。而实际液体由于同时存在切应力，法向应力的大小与其作用面有关，在一般情况下不相等。

对于黏性流体，除法向应力外，还有切向应力（摩擦力），则每一个作用面上的表面力的合力不再垂直于作用面，而与作用面成一个夹角。下面研究图 4 - 1 所示的流场中 A 点的应力状况。在流场中任取一点 M，过该点作一个垂直于 z 轴的水平面。过 M 点作用于水平面的表面应力 p_n 在 x、y、z 轴上的分量为一个垂直于水平面的压应力 p_{zz} 和两个与水平面相切的切应力 τ_{zx}、τ_{zy}。压应力和切应力的下标中第一个字母表示作用面的法线方向，第二个字母表示应力的作用方向。显然，通过 M 点的三个相互垂直的作用面上的表面应力共有九个分量，其中三个是压应力 p_{xx}、p_{yy}、p_{zz}，六个是切应力 τ_{xy}、τ_{xz}、τ_{yx}、τ_{yz}、τ_{zx}、τ_{zy}，将应力分量写成矩阵形式为

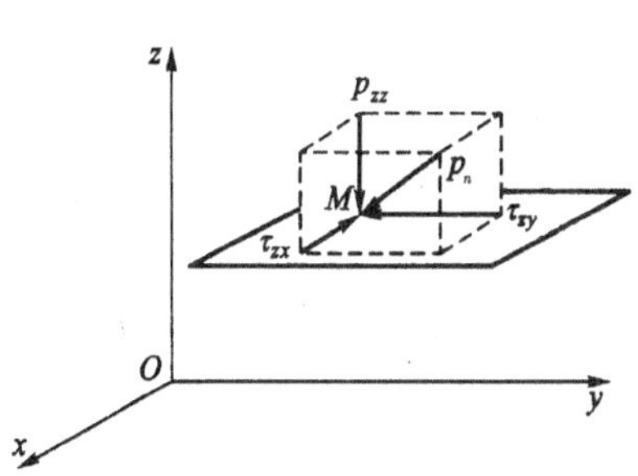

图 4 - 1　流体应力的分量

$$\begin{pmatrix} p_{xx} & \tau_{xy} & \tau_{xz} \\ \tau_{yx} & p_{yy} & \tau_{yz} \\ \tau_{zx} & \tau_{zy} & p_{zz} \end{pmatrix} \tag{4-1}$$

在九个应力分量中,$\tau_{xy}=\tau_{yx}$,$\tau_{yz}=\tau_{zy}$,$\tau_{zx}=\tau_{xz}$,故黏性流体中任意一点的应力只有六个独立分量,即 τ_{xy}、τ_{yz}、τ_{zx}、p_{xx}、p_{yy}、p_{zz}。

4.1.2 切向应力和变形速度之间的关系

流体的应力和变形速度之间的关系可以从对流体质点的应力分析中得到,现在推导切向应力和变形速度之间的关系,如图 4-2 所示。

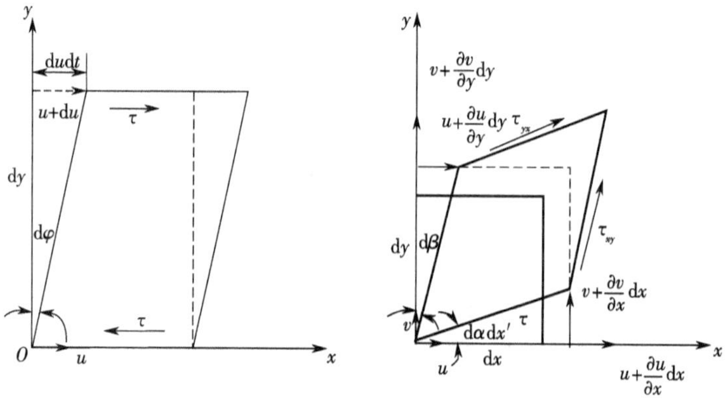

图 4-2 应力和变形速度间的关系

二维运动情况:$u=f(x,y)$;若 $u=f(y)$,则为一维运动。

一维运动仅有 x 方向的速度 u,$v=0$,其角变形速度为

$$\mathrm{d}\varphi=\tan\,\mathrm{d}\varphi=\frac{\mathrm{d}u\mathrm{d}t}{\mathrm{d}y}$$

则

$$\frac{\mathrm{d}\varphi}{\mathrm{d}t}=\frac{\mathrm{d}u}{\mathrm{d}y}$$

$$\tau=\mu\frac{\mathrm{d}u}{\mathrm{d}y}=\mu\frac{\mathrm{d}\varphi}{\mathrm{d}t}$$

在二维运动情况下,先考虑 xy 平面,若不考虑伸缩变形(即线变形),即认为$\frac{\partial u}{\partial x}=\frac{\partial v}{\partial y}=0$(实际并不等于 0,否则与后面矛盾),有

$$\frac{\mathrm{d}\varphi}{\mathrm{d}t}=\frac{\mathrm{d}\alpha}{\mathrm{d}t}+\frac{\mathrm{d}\beta}{\mathrm{d}t}=\frac{\partial v}{\partial x}+\frac{\partial u}{\partial y}$$

因为 $\tan\,\mathrm{d}\alpha=\dfrac{\frac{\partial v}{\partial x}\mathrm{d}x\mathrm{d}t}{\mathrm{d}x}=\frac{\partial v}{\partial x}\mathrm{d}t\doteq\mathrm{d}\alpha$,所以$\frac{\mathrm{d}\alpha}{\mathrm{d}t}=\frac{\partial v}{\partial x}$。同理,$\frac{\mathrm{d}\beta}{\mathrm{d}t}=\frac{\partial u}{\partial y}$。

假定 μ 在各个方向均为同一数值(各向同性),根据牛顿内摩擦定律 $\tau=\mu\frac{\mathrm{d}\varphi}{\mathrm{d}t}$,有

$$\left.\begin{aligned}\tau_{xy}&=\tau_{yx}=\mu\left(\frac{\partial v}{\partial x}+\frac{\partial u}{\partial y}\right)=2\mu\varepsilon_{xy}\\\tau_{yz}&=\tau_{zy}=\mu\left(\frac{\partial w}{\partial y}+\frac{\partial v}{\partial z}\right)=2\mu\varepsilon_{yz}\\\tau_{xz}&=\tau_{zx}=\mu\left(\frac{\partial u}{\partial z}+\frac{\partial w}{\partial x}\right)=2\mu\varepsilon_{xz}\end{aligned}\right\}\tag{4-2}$$

这就是广义牛顿内摩擦定律：切向应力等于动力黏度与角变形速度的乘积。

4.1.3 法向应力和线变形速度之间的关系

黏性流体运动时存在切应力，所以压应力的大小与其作用面的方位有关，三个相互垂直方向的压应力一般是不相等的。

通过力学分析可以证明，微分六面体任意三个正交面上的法向应力之和是不变的，即 $p_{xx}+p_{yy}+p_{zz}=C$，x、y、z 为三个任意正交的坐标轴方向。在实际问题中，同一点压应力的各向差异并不很大，为便于应用，将某点的任意三个相互垂直面上法向应力的算术平均值 p 定义为该点的动水压强，即

$$p=\frac{1}{3}(p_{xx}+p_{yy}+p_{zz})\tag{4-3}$$

经过这样的处理，动水压强 p 只是时间及空间坐标的函数，而与作用面无关。但需要指出的是，这种处理方式是为了方便实际应用，并未改变法向应力与作用面相关的微观机制。

这样，黏性流体各个方向的压应力就等于这个平均值加上附加压应力 τ_{xx}、τ_{yy}、τ_{zz}，即黏性流体的法向应力 = 理想流体的压力 + 由黏性引起的应力

$$p_{xx}=p+\tau_{xx},p_{yy}=p+\tau_{yy},p_{zz}=p+\tau_{zz}$$

附加压应力可认为是由黏性引起的。由于黏性的作用，流体微团除了发生角变形外，也发生线变形，即在流体微团的法线方向上有相对的线变形速度 $\frac{\partial u}{\partial x}$、$\frac{\partial v}{\partial y}$、$\frac{\partial w}{\partial z}$，从而使压应力的大小有所改变，产生附加压应力。在理论上可以证明，对于不可压缩均质流体，附加压应力与线变形速度之间的关系类似于式(4-2)。将切应力的广义牛顿内摩擦定律推广应用，可得附加压应力等于流体的动力黏度与2倍的线变形速度的乘积：

$$\left.\begin{aligned}\tau_{xx}&=-\mu\times2\varepsilon_{xx}=-2\mu\frac{\partial u}{\partial x}\\\tau_{yy}&=-\mu\times2\varepsilon_{yy}=-2\mu\frac{\partial v}{\partial y}\\\tau_{zz}&=-\mu\times2\varepsilon_{zz}=-2\mu\frac{\partial w}{\partial z}\end{aligned}\right\}$$

上式中的负号是因为当 $\frac{\partial u}{\partial x}$ 为正值时，流体微团发生伸长变形，周围流体对它作用的是拉力，τ_{xx} 应为负值；反之，当 $\frac{\partial u}{\partial x}$ 为负值时，流体微团发生压缩变形，周围流体对它作用的是压力，τ_{xx} 应为正值。因此，压应力与线变形速度的关系式为

$$\left.\begin{aligned} p_{xx} &= p - 2\mu\frac{\partial u}{\partial x} \\ p_{yy} &= p - 2\mu\frac{\partial v}{\partial y} \\ p_{zz} &= p - 2\mu\frac{\partial w}{\partial z} \end{aligned}\right\} \tag{4-4}$$

不可压缩均质黏性流体的连续性方程为

$$\frac{\partial u}{\partial x}+\frac{\partial v}{\partial y}+\frac{\partial w}{\partial z}=0$$

将式(4－4)中的三个式子相加后平均,得

$$\frac{1}{3}(p_{xx}+p_{yy}+p_{zz})=\frac{1}{3}\left[3p-2\mu\left(\frac{\partial u}{\partial x}+\frac{\partial v}{\partial y}+\frac{\partial w}{\partial z}\right)\right]=p$$

上式正好验证了式 (4－3)的关系,即三个法向应力的算术平均值恰好等于理想流体的压力。

4.2 实际流体的运动微分方程

在黏性流体的流场中,取一个以点 M 为中心的微元直角六面体,其边长分别为 dx、dy、dz。设 M 点的坐标为(x,y,z),流体在 M 点处的速度分量为 u_x、u_y、u_z,密度为 ρ。根据泰勒级数展开,并略去级数中二阶以上的各项,六面体各表面上中心点的应力如图 4－3 所示。由于六面体很小,各表面上的应力可看作是均匀分布的,各表面力通过相应面的中心。先讨论六面体内流体在 x 轴方向的受力和运动情况。

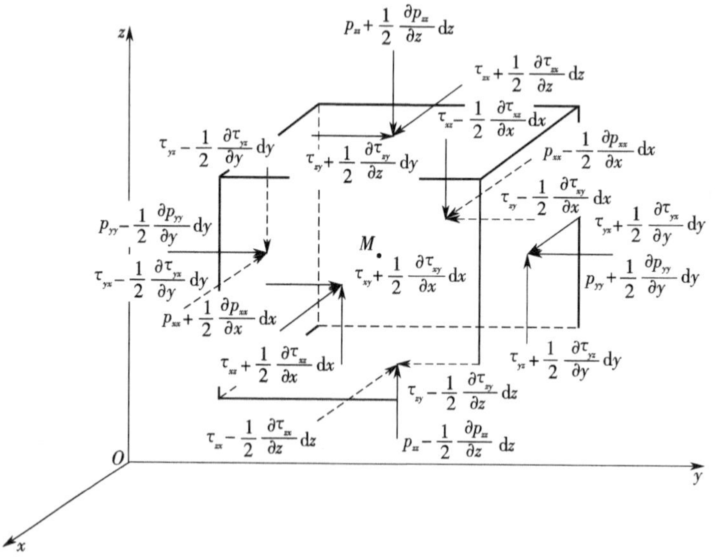

图 4－3 作用于六面体的表面应力

作用于六面体的力有质量力和表面力两种,x 方向上的表面力有

$$\left(p_{xx}-\frac{1}{2}\frac{\partial p_{xx}}{\partial x}\mathrm{d}x\right)\mathrm{d}y\mathrm{d}z-\left(p_{xx}+\frac{1}{2}\frac{\partial p_{xx}}{\partial x}\mathrm{d}x\right)\mathrm{d}y\mathrm{d}z$$

$$\left(\tau_{yx}+\frac{1}{2}\frac{\partial \tau_{yx}}{\partial y}\mathrm{d}y\right)\mathrm{d}x\mathrm{d}z-\left(\tau_{yx}-\frac{1}{2}\frac{\partial \tau_{yx}}{\partial y}\mathrm{d}y\right)\mathrm{d}x\mathrm{d}z$$

$$\left(\tau_{zx}+\frac{1}{2}\frac{\partial \tau_{zx}}{\partial z}\mathrm{d}z\right)\mathrm{d}x\mathrm{d}y-\left(\tau_{zx}-\frac{1}{2}\frac{\partial \tau_{zx}}{\partial z}\mathrm{d}z\right)\mathrm{d}x\mathrm{d}y$$

将上面三式相加，得

$$-\left(\frac{\partial p_{xx}}{\partial x}-\frac{\partial \tau_{yx}}{\partial y}-\frac{\partial \tau_{zx}}{\partial z}\right)\mathrm{d}x\mathrm{d}y\mathrm{d}z$$

这里要考虑作用于流体微团上的力有质量力、压力、黏性切应力。设作用于六面体的单位质量力在 x 轴上的分量为 f_x，则在 x 方向上作用于六面体的质量力为 $\rho f_x\mathrm{d}x\mathrm{d}y\mathrm{d}z$。根据牛顿第二定律 $F=ma$，在 x 方向有

$$\sum F_x=m\frac{\mathrm{d}u}{\mathrm{d}t}$$

$$\left(\rho f_x-\frac{\partial p_{xx}}{\partial x}+\frac{\partial \tau_{yx}}{\partial y}+\frac{\partial \tau_{zx}}{\partial z}\right)\mathrm{d}x\mathrm{d}y\mathrm{d}z=\rho\mathrm{d}x\mathrm{d}y\mathrm{d}z\frac{\mathrm{d}u}{\mathrm{d}t}$$

化简上式并同理推至 y、z 方向，得

$$\left.\begin{aligned}f_x+\frac{1}{\rho}\left(-\frac{\partial p_{xx}}{\partial x}+\frac{\partial \tau_{yx}}{\partial y}+\frac{\partial \tau_{zx}}{\partial z}\right)=\frac{\mathrm{d}u}{\mathrm{d}t}\\f_z+\frac{1}{\rho}\left(-\frac{\partial p_{zz}}{\partial z}+\frac{\partial \tau_{xz}}{\partial x}+\frac{\partial \tau_{yz}}{\partial y}\right)=\frac{\mathrm{d}v}{\mathrm{d}t}\\f_y+\frac{1}{\rho}\left(-\frac{\partial p_{yy}}{\partial y}+\frac{\partial \tau_{xy}}{\partial x}+\frac{\partial \tau_{zy}}{\partial z}\right)=\frac{\mathrm{d}w}{\mathrm{d}t}\end{aligned}\right\}\tag{4-5}$$

式(4-5)就是以应力表示的黏性流体的运动微分方程。式中单位质量力的分量 f_x、f_y、f_z 通常是已知的，对不可压缩均质流体而言，密度 ρ 是常数，所以上式中包含 6 个应力分量和 3 个速度分量，共 9 个未知量。而式(4-5)中只有 3 个方程式，加上连续性微分方程也只有 4 个方程式，无法求解，因此必须找出其他的补充关系式。这就要用到上述的关系式式(4-2)和式(4-4)。

将式(4-2)和式(4-4)代入以应力表示的黏性流体的运动微分方程式(4-5)，写出 x 方向的方程式为

$$\begin{aligned}\frac{\mathrm{d}u}{\mathrm{d}t}&=f_x+\frac{1}{\rho}\left\{\frac{\partial}{\partial x}\left(-p+2\mu\frac{\partial u}{\partial x}\right)+\frac{\partial}{\partial y}\left[\mu\left(\frac{\partial v}{\partial x}+\frac{\partial u}{\partial y}\right)\right]+\frac{\partial}{\partial z}\left[\mu\left(\frac{\partial u}{\partial z}+\frac{\partial w}{\partial x}\right)\right]\right\}\\&=f_x+\frac{1}{\rho}\left[-\frac{\partial p}{\partial x}+2\mu\frac{\partial^2 u}{\partial x^2}+\mu\frac{\partial^2 v}{\partial x\partial y}+\mu\frac{\partial^2 u}{\partial y^2}+\mu\frac{\partial^2 u}{\partial z^2}+\mu\frac{\partial^2 w}{\partial x\partial z}\right]\\&=f_x-\frac{1}{\rho}\frac{\partial p}{\partial x}+\frac{\mu}{\rho}\left(\frac{\partial^2 u}{\partial x^2}+\frac{\partial^2 u}{\partial y^2}+\frac{\partial^2 u}{\partial z^2}\right)+\frac{\mu}{\rho}\frac{\partial}{\partial x}\left(\frac{\partial u}{\partial x}+\frac{\partial v}{\partial y}+\frac{\partial w}{\partial z}\right)\\&=f_x-\frac{1}{\rho}\frac{\partial p}{\partial x}+v\left(\frac{\partial^2 u}{\partial x^2}+\frac{\partial^2 u}{\partial y^2}+\frac{\partial^2 u}{\partial z^2}\right)\\&=f_x-\frac{1}{\rho}\frac{\partial p}{\partial x}+v\nabla^2 u\end{aligned}$$

故有

$$\left.\begin{aligned}\frac{\mathrm{d}u}{\mathrm{d}t}&=f_x-\frac{1}{\rho}\frac{\partial p}{\partial x}+v\,\nabla^2 u\\\frac{\mathrm{d}v}{\mathrm{d}t}&=f_y-\frac{1}{\rho}\frac{\partial p}{\partial y}+v\,\nabla^2 v\\\frac{\mathrm{d}w}{\mathrm{d}t}&=f_z-\frac{1}{\rho}\frac{\partial p}{\partial z}+v\,\nabla^2 w\end{aligned}\right\}\tag{4-6}$$

式(4-6)即为不可压缩均质黏性流体的运动微分方程，即纳维-斯托克斯方程，简称N-S方程。如果流体是理想流体，上式则成为理想流体的运动微分方程；如果流体为静止流体，上式则成为欧拉平衡微分方程。所以，N-S方程是不可压缩均质流体的普遍方程。

其写成矢量形式为

$$\frac{\mathrm{d}\boldsymbol{v}}{\mathrm{d}t}=\boldsymbol{f}-\frac{1}{\rho}\nabla\boldsymbol{p}+v\nabla^2\boldsymbol{v}\tag{4-7}$$

将N-S方程与连续性方程$\frac{\partial u}{\partial x}+\frac{\partial v}{\partial y}+\frac{\partial w}{\partial z}=0$联立，形成一个封闭方程组。从理论上讲，任何不可压缩均质流体的N-S方程，在一定的初始和边界条件下，都是可以求解的。但是实际上流动现象很复杂，N-S方程是二阶非线性偏微分方程组，要进行求解是很困难的，只有在某些简单的或特殊的情况下才能求得精确解，据有关书籍介绍，到目前为止，精确解(分析解)仅有一二十个。

其应用条件为不可压缩流体，且$\mu=\text{const}$。

对理想流体，$\mu=0$，则N-S方程变成欧拉方程，所以N-S方程是不可压缩流体的普遍运动微分方程。

尽管在推导N-S方程时使用了牛顿内摩擦定律，但一般认为N-S方程不仅适用于层流，也适用于紊流。

在N-S方程中，压力$p=-\frac{1}{3}(p_{xx}+p_{yy}+p_{zz})$，为任意三个互相垂直的法向应力的算术平均值。

N-S方程的物理意义：单位流量流体的惯性力等于单位数量流体的质量力、压力、黏性力之和，指向作用面的内法线方向。

N-S方程的精确解虽然为数不多，但能揭示黏性流体的一些本质特征，其中有些还有重要的实用意义。它不仅可以作为检验和校核其他近似方法的依据，而且可以作为探讨复杂问题和新的理论问题的参照点和出发点。下面介绍求解精确解的例题。

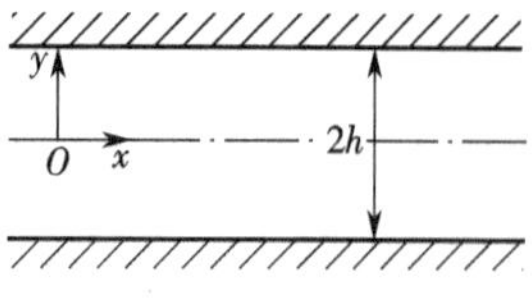

图4-4　例4-1图

【例4-1】 设黏性流体在两个无限长的水平平板间作恒定层流流动，上板移动速度为U_1，下板移动速度为U_2，如图4-4所示。已知两板间距为$2h$，质量力可忽略不计，试求两平板间的速度分布。

解：由题意知，两平板间的流动特点如下：在任一点处速度u只有x轴方向的分量，$u_y=u_z=0$；由于平板很大，速度与坐标x、z无关，即$u_x=u_x(y)$；由于

在 y、z 轴方向无流动，压强 p 与 y、z 无关，$p=p(x)$。

流体的方程简化为 $-\frac{1}{\rho}\frac{\mathrm{d}p}{\mathrm{d}x}+\nu\frac{\mathrm{d}^2u_x}{\mathrm{d}y^2}=0$ 或 $\frac{\mathrm{d}^2u_x}{\mathrm{d}y^2}-\frac{1}{\mu}\frac{\mathrm{d}p}{\mathrm{d}x}=0$。

因为 $\frac{\mathrm{d}p}{\mathrm{d}x}$ 是 x 的函数，与 y 无关，上式积分两次得

$$u_x(y)=\frac{1}{\mu}\frac{\mathrm{d}p}{\mathrm{d}x}\left(\frac{y^2}{2}+C_1y+C_2\right)$$

边界条件为 $y=h$ 时，$u_x=U_1$；为 $y=-h$ 时，$u_x=U_2$。得到积分常数

$$C_1=\frac{U_1-U_2}{2},\ C_2=\frac{U_1+U_2}{2}-\frac{1}{2\mu}\frac{\mathrm{d}p}{\mathrm{d}x}h^2$$

速度分布式为

$$u_x=-\frac{h^2}{2\mu}\frac{\mathrm{d}p}{\mathrm{d}x}\left[1-\left(\frac{y}{h}\right)^2\right]+\frac{U_1-U_2}{2}\left(\frac{y}{h}\right)+\frac{U_1+U_2}{2}$$

如果两个平板固定不动，$u_x=-\frac{h^2}{2\mu}\frac{\mathrm{d}p}{\mathrm{d}x}\left[1-\left(\frac{y}{h}\right)^2\right]$，这种流动称为二维泊肃叶流动。

4.3　理想流体的运动微分方程

前面论述的连续性方程是从运动学的观点来研究流体的运动，本节将从动力学的观点来研究流体的运动，建立作用在流体上的力及流体流动参数之间的关系，即根据牛顿第二定律建立理想流体的动力学方程。根据牛顿第二定律，作用在微元六面体上的外力的合力在某坐标轴方向投影的代数和等于此流体微团的质量乘以其在同轴方向的加速度的分量。

如图 4－5 所示，由于是理想流体，没有黏性，运动时不产生内摩擦力，所以作用在流体微团上的外力只有质量力和压强。该压强与静压强一样，垂直向内作用在流体微团的表面上。在流动的流体中，取出一个边长为 dx、dy、dz 的平行六面流体微团（系统），其平均密度为 ρ。由于是理想流体，故作用在流体微团上的外力只有压力（只写出了 x 方向）和质量力。

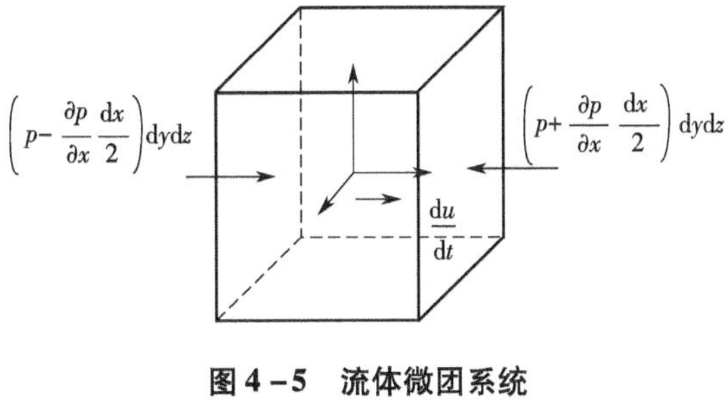

图 4－5　流体微团系统

由牛顿第二定律 $F=ma$，在 x 方向有

$$\left(p-\frac{\partial p}{\partial x}\frac{\mathrm{d}x}{2}\right)\mathrm{d}y\mathrm{d}z-\left(p+\frac{\partial p}{\partial x}\frac{\mathrm{d}x}{2}\right)\mathrm{d}y\mathrm{d}z+f_x\rho\mathrm{d}x\mathrm{d}y\mathrm{d}z=\rho\mathrm{d}x\mathrm{d}y\mathrm{d}z\frac{\mathrm{d}u}{\mathrm{d}t}$$

$$-\frac{\partial p}{\partial x}\mathrm{d}x\mathrm{d}y\mathrm{d}z+f_x\rho\mathrm{d}x\mathrm{d}y\mathrm{d}z=\rho\mathrm{d}x\mathrm{d}y\mathrm{d}z\frac{\mathrm{d}u}{\mathrm{d}t}$$

由此可推得

$$\left.\begin{aligned}\frac{\mathrm{d}u}{\mathrm{d}t}&=f_x-\frac{1}{\rho}\frac{\partial p}{\partial x}\\ \frac{\mathrm{d}v}{\mathrm{d}t}&=f_y-\frac{1}{\rho}\frac{\partial p}{\partial y}\\ \frac{\mathrm{d}w}{\mathrm{d}t}&=f_z-\frac{1}{\rho}\frac{\partial p}{\partial z}\end{aligned}\right\}\tag{4-8}$$

式(4－8)即为理想流体的欧拉运动微分方程，写成矢量形式为

$$\frac{\mathrm{d}V}{\mathrm{d}t}=f-\frac{1}{\rho}\mathrm{grad}\ p=(f_x\boldsymbol{i}+f_y\boldsymbol{j}+f_z\boldsymbol{k})-\frac{1}{\rho}\left(\frac{\partial p}{\partial x}\boldsymbol{i}+\frac{\partial p}{\partial y}\boldsymbol{j}+\frac{\partial p}{\partial z}\boldsymbol{k}\right)$$

其中 f 为单位质量流体的质量力。早在 1755 年欧拉就已推导出来，对于静止的流体，上式左边＝0，则可以直接得出流体平衡微分方程，即欧拉平衡微分方程。因此，欧拉平衡微分方程是欧拉运动微分方程的一个特例。

$$u=u[x(t),y(t),z(t),t],v=v[x(t),y(t),z(t),t],w=w[x(t),y(t),z(t),t]$$

其中 x、y、z 是流体微团的坐标，显然是 t 的函数，把全导数展开有

$$\frac{\mathrm{d}u}{\mathrm{d}t}=\frac{\partial u}{\partial t}+\frac{\partial u}{\partial x}\frac{\mathrm{d}x}{\mathrm{d}t}+\frac{\partial u}{\partial y}\frac{\mathrm{d}y}{\mathrm{d}t}+\frac{\partial u}{\partial z}\frac{\mathrm{d}z}{\mathrm{d}t}$$

$$\frac{\mathrm{d}v}{\mathrm{d}t}=\frac{\partial v}{\partial t}+\frac{\partial v}{\partial x}\frac{\mathrm{d}x}{\mathrm{d}t}+\frac{\partial v}{\partial y}\frac{\mathrm{d}y}{\mathrm{d}t}+\frac{\partial v}{\partial z}\frac{\mathrm{d}z}{\mathrm{d}t}$$

$$\frac{\mathrm{d}w}{\mathrm{d}t}=\frac{\partial w}{\partial t}+\frac{\partial w}{\partial x}\frac{\mathrm{d}x}{\mathrm{d}t}+\frac{\partial w}{\partial y}\frac{\mathrm{d}y}{\mathrm{d}t}+\frac{\partial w}{\partial z}\frac{\mathrm{d}z}{\mathrm{d}t}$$

因为 $\frac{\mathrm{d}x}{\mathrm{d}t}=u,\frac{\mathrm{d}y}{\mathrm{d}t}=v,\frac{\mathrm{d}z}{\mathrm{d}t}=w$，所以有

$$\frac{\partial u}{\partial t}+u\frac{\partial u}{\partial x}+v\frac{\partial u}{\partial y}+w\frac{\partial u}{\partial z}=f_x-\frac{1}{\rho}\frac{\partial p}{\partial x}\tag{4-9a}$$

$$\frac{\partial v}{\partial t}+u\frac{\partial v}{\partial x}+v\frac{\partial v}{\partial y}+w\frac{\partial v}{\partial z}=f_y-\frac{1}{\rho}\frac{\partial p}{\partial y}\tag{4-9b}$$

$$\frac{\partial w}{\partial t}+u\frac{\partial w}{\partial x}+v\frac{\partial w}{\partial y}+w\frac{\partial w}{\partial z}=f_z-\frac{1}{\rho}\frac{\partial p}{\partial z}\tag{4-9c}$$

上面三式的每一项都表示单位质量的力，等号的左边表示惯性力：由非恒定性引起的局部惯性力和由非均匀性引起的变位惯性力；等号的右边表示重力和压强的合力。

讨论：(1)对于静止流体，$\frac{\mathrm{d}\boldsymbol{v}}{\mathrm{d}t}=0,f-\frac{1}{\rho}\nabla p=0$ 即为静力学基本方程——欧拉平衡微分方程；

(2)对于恒定流动，$\frac{\partial \boldsymbol{v}}{\partial t}=0$；

(3)在一般情况下，作用在流体上的质量力 f_x、f_y 和 f_z 是已知的，理想不可压缩流体的密度 ρ 为常数，则式(4－9)中有四个未知数 u、v、w 和 p，而式(4－9)中有三个方程，再加上不

可压缩流体的连续性方程，就从理论上提供了求解这四个未知数的可能性。

欧拉运动微分方程的另一种形式是兰姆运动微分方程，将式(4－9a)左边 $\pm v\dfrac{\partial v}{\partial x}$ $\pm w\dfrac{\partial w}{\partial x}$，则有

$$\begin{aligned}\frac{\mathrm{d}u}{\mathrm{d}t}&=\frac{\partial u}{\partial t}+\left(u\frac{\partial u}{\partial x}+v\frac{\partial v}{\partial x}+w\frac{\partial w}{\partial x}\right)+v\left(\frac{\partial u}{\partial y}-\frac{\partial v}{\partial x}\right)+w\left(\frac{\partial u}{\partial z}-\frac{\partial w}{\partial x}\right)\\&=\frac{\partial u}{\partial t}+\frac{\partial}{\partial x}\left(\frac{u^2+v^2+w^2}{2}\right)-2v\omega_z+2w\omega_y\\&=\frac{\partial u}{\partial t}+\frac{\partial}{\partial x}\left(\frac{v^2}{2}\right)+2(w\omega_y-v\omega_z)\end{aligned}$$

同理，将式(4－9b)左边 $\pm w\dfrac{\partial w}{\partial y}\pm u\dfrac{\partial u}{\partial y}$，式(4－9c)左边 $\pm u\dfrac{\partial u}{\partial z}\pm v\dfrac{\partial v}{\partial z}$，则有

$$\frac{\mathrm{d}v}{\mathrm{d}t}=\frac{\partial v}{\partial t}+\frac{\partial}{\partial y}\left(\frac{v^2}{2}\right)+2(u\omega_z-w\omega_x)$$

$$\frac{\mathrm{d}w}{\mathrm{d}t}=\frac{\partial w}{\partial t}+\frac{\partial}{\partial z}\left(\frac{v^2}{2}\right)+2(v\omega_x-u\omega_y)$$

代入欧拉方程，得

$$\frac{\partial u}{\partial t}+2(w\omega_y-v\omega_z)=f_x-\frac{\partial}{\partial x}\left(\frac{v^2}{2}\right)-\frac{1}{\rho}\frac{\partial p}{\partial x}$$

$$\frac{\partial v}{\partial t}+2(u\omega_z-w\omega_x)=f_y-\frac{\partial}{\partial y}\left(\frac{v^2}{2}\right)-\frac{1}{\rho}\frac{\partial p}{\partial y}$$

$$\frac{\partial w}{\partial t}+2(v\omega_x-u\omega_y)=f_z-\frac{\partial}{\partial z}\left(\frac{v^2}{2}\right)-\frac{1}{\rho}\frac{\partial p}{\partial z}$$

此方程称为兰姆运动微分方程。与欧拉方程相比，兰姆运动微分方程由于含有 ω_x、ω_y、ω_z，更容易看出流动特性。若 $\omega_x=\omega_y=\omega_z=0$，则流动无旋；若其中有一项不等于零，则流动有旋。

4.4　理想流体的伯努利方程

4.4.1　理想流体的两种积分形式

由于欧拉方程是非线性方程，所以对它的积分目前在数学上还存在着困难。现在仅几种特殊的流动情况可以进行积分，最常见的为如下两种：①无旋流动的拉格朗日积分(若是定常流动则为欧拉积分)；②定常流动的伯努利积分。

两个积分的共同前提条件为：

(1)定常流，即 $\dfrac{\partial u}{\partial t}=\dfrac{\partial v}{\partial t}=\dfrac{\partial w}{\partial t}=0$ 和 $\dfrac{\partial \rho}{\partial t}=0$；

(2)质量力有势，即满足 $f_x=-\dfrac{\partial U}{\partial x}$，$f_y=-\dfrac{\partial U}{\partial y}$，$f_z=-\dfrac{\partial U}{\partial z}$；

(3)正压性流体,即流体的密度只与压力有关(或不可压缩流体),$\rho = f(p) = \rho(p)$。

这时存在一个压力函数 $p_F(x,y,z,t)$,其定义为

$$p_F = \int \mathrm{d}p_F = \int \frac{\mathrm{d}p}{\rho(p)}$$

对不可压缩流体,$\rho = \mathrm{const}$,则有

$$p_F = \int \frac{\mathrm{d}p}{\rho(p)} = \frac{p}{\rho}$$

将$\frac{\partial u}{\partial t} = \frac{\partial v}{\partial t} = \frac{\partial w}{\partial t} = 0, f_x = -\frac{\partial U}{\partial x}, f_y = -\frac{\partial U}{\partial y}, f_z = -\frac{\partial U}{\partial z}, \frac{\partial p_F}{\partial x} = \frac{1}{\rho}\frac{\partial p}{\partial x}, \frac{\partial p_F}{\partial y} = \frac{1}{\rho}\frac{\partial p}{\partial y}, \frac{\partial p_F}{\partial z} = \frac{1}{\rho}\frac{\partial p}{\partial z}$代入兰姆运动微分方程,则有

$$\frac{\partial}{\partial x}\left(U + p_F + \frac{v^2}{2}\right) = -2(w\omega_y - v\omega_z)$$

$$\frac{\partial}{\partial y}\left(U + \frac{p}{\rho} + \frac{v^2}{2}\right) = -2(u\omega_z - w\omega_x)$$

$$\frac{\partial}{\partial z}\left(U + p_F + \frac{v^2}{2}\right) = -2(v\omega_x - u\omega_y)$$

由于 $p_F = \frac{p}{\rho}$,则

$$\frac{\partial}{\partial x}\left(U + \frac{p}{\rho} + \frac{v^2}{2}\right) = -2(w\omega_y - v\omega_z)$$

$$\frac{\partial}{\partial y}\left(U + p_F + \frac{v^2}{2}\right) = -2(u\omega_z - w\omega_x)$$

$$\frac{\partial}{\partial z}\left(U + \frac{p}{\rho} + \frac{v^2}{2}\right) = -2(v\omega_x - u\omega_y)$$

下面分别研究方程组在有旋、无旋流动中的积分。

1. 欧拉积分(定常无旋流动)

对无旋流,即 $\omega = 0$,有

$$\frac{\partial}{\partial x}\left(U + \frac{p}{\rho} + \frac{v^2}{2}\right) = 0$$

$$\frac{\partial}{\partial y}\left(U + \frac{p}{\rho} + \frac{v^2}{2}\right) = 0$$

$$\frac{\partial}{\partial z}\left(U + \frac{p}{\rho} + \frac{v^2}{2}\right) = 0$$

将上面三式分别乘以流场中任意微元线段 $\mathrm{d}s$ 的三个分量 $\mathrm{d}x$、$\mathrm{d}y$、$\mathrm{d}z$,然后相加、积分,则得欧拉积分式:

$$U + \frac{p}{\rho} + \frac{v^2}{2} = C$$

等号右边的常数 C 称为通用常数,在整个流场中均相等。

欧拉积分式的物理意义:对可压缩或不可压缩的理想流体,满足正压性,在有势的力作

用下作定常无旋流动时，在流场中任一点单位质量流体的位势能 U、压力势能$\frac{p}{\rho}$和动能$\frac{v^2}{2}$之和为常数。

倘若流动是非恒定流动，但有势，则可得到拉格朗日积分式：

$$U+\frac{p}{\rho}+\frac{v^2}{2}=-\frac{\partial\varphi}{\partial t}-f(t)=-\frac{\partial\Phi}{\partial t}$$

式中 φ 是流场的流速势函数。等号右边为时间 t 的函数。

当 t 是常数时，$f(t)$ 对整个流场是个常数。

2. 伯努利积分（定常有旋流动）

条件：沿流线积分。

将上面三式两边分别乘以流线上任一微分方程 $\mathrm{d}s$ 的三个分量 $\mathrm{d}x$、$\mathrm{d}y$、$\mathrm{d}z$，得

$$\frac{\partial}{\partial x}\left(U+\frac{p}{\rho}+\frac{v^2}{2}\right)\mathrm{d}x=-2(w\omega_y-v\omega_z)\mathrm{d}x$$

$$\frac{\partial}{\partial y}\left(U+\frac{p}{\rho}+\frac{v^2}{2}\right)\mathrm{d}y=-2(u\omega_z-w\omega_x)\mathrm{d}y$$

$$\frac{\partial}{\partial z}\left(U+\frac{p}{\rho}+\frac{v^2}{2}\right)\mathrm{d}z=-2(v\omega_x-u\omega_y)\mathrm{d}z$$

对定常流动，流线与迹线重合，对迹线而言，$\mathrm{d}x=u\mathrm{d}t$，$\mathrm{d}y=v\mathrm{d}t$，$\mathrm{d}z=w\mathrm{d}t$，则

$$\frac{\partial}{\partial x}\left(U+\frac{p}{\rho}+\frac{v^2}{2}\right)\mathrm{d}x+\frac{\partial}{\partial y}\left(U+\frac{p}{\rho}+\frac{v^2}{2}\right)\mathrm{d}y+\frac{\partial}{\partial z}\left(U+\frac{p}{\rho}+\frac{v^2}{2}\right)\mathrm{d}z=0$$

则

$$\mathrm{d}\left(U+\frac{p}{\rho}+\frac{v^2}{2}\right)=0$$

积分得

$$U+\frac{p}{\rho}+\frac{v^2}{2}=\mathrm{const}$$

上式即伯努利积分式，其物理意义为：对可压缩或不可压缩的理想流体，满足正压性，在有势的质量力作用下作定常有旋流动时，同一流线上各点单位质量流体的位势能 U、压力势能$\frac{p}{\rho}$和动能$\frac{v^2}{2}$之和为常数，三种机械能可以互相转化。但对不同的流线，该常数值一般是不同的。

3. 伯努利方程

伯努利方程由瑞士科学家伯努利在 1738 年首先提出。伯努利方程首先以动能和势能相互转化的方式确立了流体运动中速度和压强的关系。

如果质量力仅仅是重力 $f=mg$，则单位质量流体的质量力 $f_x=f_y=0$，$f_z=-g=-\frac{\partial U}{\partial z}$。$g$ 前面加负号是由于重力方向竖直向下，而 z 轴正向向上，故 $U=gz$。对不可压缩流体，$\rho=\mathrm{const}$，则 $p_F=\frac{p}{\rho}$，有

$$z+\frac{p}{\rho g}+\frac{v^2}{2g}=\text{const} \tag{4-10}$$

由上述推导过程可知，伯努利方程的限制条件包括：①理想流体；②恒定流动；③不可压缩流体；④质量力仅为重力；⑤沿流线。

在同一条流线上取 1、2 两点，则式(4-10)可表达成

$$z_1+\frac{p_1}{\gamma}+\frac{v_1^2}{2g}=z_2+\frac{p_2}{\gamma}+\frac{v_2^2}{2g} \tag{4-11}$$

倘若在上述条件下再加上流动是无旋运动（势流）的条件，则伯努利积分不必沿着流线，可直接得到

$$z+\frac{p}{\gamma}+\frac{v^2}{2g}=C \tag{4-12}$$

4.4.2　伯努利方程中各项的几何意义（图 4-6）和物理意义

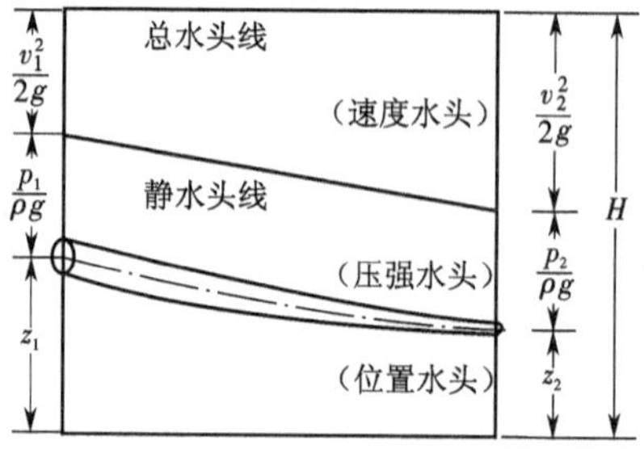

图 4-6　伯努利方程中各项的几何意义

为了进一步理解理想流体微元流束的伯努利方程，下面叙述该方程的几何意义和物理意义。

1. 几何意义

式(4-10)中的每一项都表示某个高度：

z 是位置高度，表示流体质点的几何位置，又称位置水头；

$\frac{p}{\rho g}$是测压管高度，表示流体质点的压强高度，又称压强水头，p 为相对压强时，也即测压管高度，压强水头的量纲为$\left[\frac{p}{\rho g}\right]=\left[\frac{MLT^{-2}/L^2}{MLT^{-2}/L^3}\right]=[L]$；

$\frac{v^2}{2g}$是流速高度，又称流速水头，即液体以速度 v 竖直向上喷射到空中所达到的高度（不计阻力），流速水头的量纲为$\left[\frac{v^2}{2g}\right]=\frac{[L/T]^2}{[L/T^2]}=[L]$。

$z+\frac{p}{\rho g}=H_p$，是测压管水头；$z+\frac{p}{\rho g}+\frac{v^2}{2g}=H$，称为总水头。

伯努利方程表示理想流体恒定流动，沿同一条流线，各点的总水头相等，式中各项都具有长度的量纲。在水力学中将流道各截面上相应的水头高度连成水头线，例如将位置水头

和压强水头之和的连线称为测压管水头线（或称水力坡度线），在渠道流中它就是水面线；将总水头的连线称为总水头线（或称能量坡度线），若不考虑黏性损失，在理论上它是一条水平线，但在实际流动中由于存在黏性损失，造成能量损失，总水头线沿流程是不断降低的。总水头线与测压管水头线之差代表速度水头，它反映流速的变化。由此可见，水头线图可形象地反映流动中流速、压强和总能量的变化。

2. 物理意义

式(4-10)中的每一项都表示单位重量的流体具有的某种能量：

z 是单位重量的流体具有的位置势能（位能）；

$\frac{p}{\rho g}$是单位重量的流体具有的压强势能（压能）；

$\frac{v^2}{2g}$是单位重量的流体具有的动能。

$z+\frac{p}{\rho g}$是单位重量的流体具有的总势能；$z+\frac{p}{\rho g}+\frac{v^2}{2g}$是单位重量的流体具有的总机械能。

伯努利方程的物理意义：不可压缩理想流体在重力作用下作定常流动时，对有旋流动，沿同一条流线，各点单位重量的流体的机械能守恒，即沿同一条流线，单位重量的流体的位势能、压力势能以及动能之和为常数；对无旋流动，整个流场中各点的总机械能为一个常数。

伯努利方程体现了流体质点在运动过程中三种机械能沿流线的相互转化关系，因此伯努利方程是能量守恒和转化定律在流体运动中的表现形式之一，具有重要的理论意义。

需要指出的是，前述的拉格朗日解和伯努利解具有相同的积分形式，但这两种积分的条件与应用范围是不同的。拉格朗日积分的前提条件苛刻（必须是无旋流），但积分解的应用范围广（可以在全部流场）；伯努利积分的前提条件松（可以是有旋流），积分解的应用范围窄（只能在同一流线）。因此，对不同的流线，有旋流的伯努利积分常数一般是不同的。

4.5 实际元流的伯努利方程

我们已经知道，理想不可压缩流体在重力场下沿流线作定常流动时，流体的总机械能沿流线不变，即

$$z+\frac{p}{\rho g}+\frac{v^2}{2g}=\text{const} \text{ 或 } z_1+\frac{p_1}{\rho g}+\frac{v_1^2}{2g}=z_2+\frac{p_2}{\rho g}+\frac{v_2^2}{2g}$$

即总水头线始终是一条水平线。由于实际液体具有黏性，在流动过程中须克服内摩擦阻力做功，消耗一部分机械能，使之不可逆地转变为热能等耗散掉，因而液流的机械能沿程减小，即

$$z_1+\frac{p_1}{\rho g}+\frac{v_1^2}{2g}>z_2+\frac{p_2}{\rho g}+\frac{v_2^2}{2g}$$

根据能量守恒原理，实际元流的伯努利方程应为

$$z_1+\frac{p_1}{\rho g}+\frac{v_1^2}{2g}=z_2+\frac{p_2}{\rho g}+\frac{v_2^2}{2g}+h'_w \tag{4-13}$$

式中：h'_w 为元流单位重量的液体从过流断面 1—1 流至过流断面 2—2 的机械能损失，称为元流的水头损失，显然，水头损失 h'_w 也具有长度的量纲：$[h'_w]=[L]$（单位：米流体柱高）。

实际元流的伯努利方程中各项及总水头、测压管水头的沿程变化可用几何曲线来表示。

设想在元流的各过流断面放置测压管与测速管，各测压管液面的连线称为测压管水头线，各测速管液面的连线称为总水头线（total head line）（图 4－7）。这两条线清晰地显示了液流的三种能量及其组合的沿程变化过程。

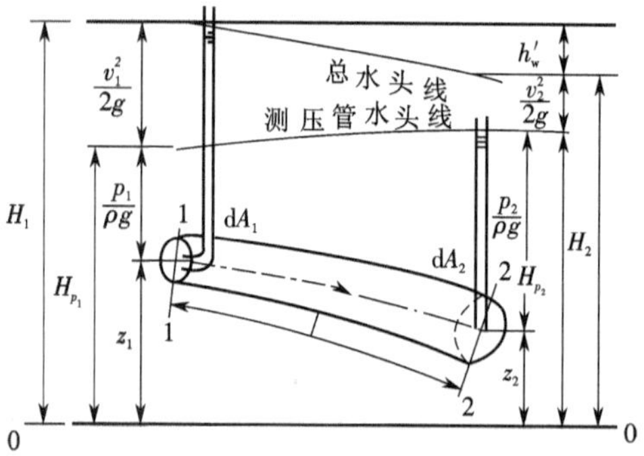

图 4－7 实际元流的伯努利方程

由于实际液体在流动中总机械能沿程减小，所以实际液体的总水头线总是沿程下降的；而测压管水头线可能下降、水平或上升，这取决于水头损失及动能与势能相互转化的情况。

实际元流的总水头线沿程下降的快慢可用总水头线的坡度 J 表示，称为水力坡度，它表示单位重量的液体沿元流单位长度的能量损失，即

$$J=-\frac{\mathrm{d}H}{\mathrm{d}L}=\frac{\mathrm{d}h'_w}{\mathrm{d}L} \tag{4-14}$$

式中：$\mathrm{d}L$ 为元流的微元长度；$\mathrm{d}H$ 为单位重量的液体在 $\mathrm{d}L$ 长度上的总机械能（总水头）增量；$\mathrm{d}h'_w$ 为相应长度的单位重量的液体的能量损失（水头损失）。

上式引入负号是因为总水头线总是沿程下降的，引入负号后 J 永为正值。测压管水头线沿程的变化可用测压管的坡度 J_p 表示，它是单位重量的液体沿元流单位长度的势能减小量，即

$$J_p=-\frac{\mathrm{d}H_p}{\mathrm{d}L}=-\frac{\mathrm{d}\left(z+\frac{p}{\rho g}\right)}{\mathrm{d}L} \tag{4-15}$$

式中：$\mathrm{d}H_p=\mathrm{d}\left(z+\frac{p}{\rho g}\right)$，为元流微元长度单位重量的液体的势能增量。

按上述定义，测压管水头线下降时 J_p 为正，上升时 J_p 为负。因总水头增量 $\mathrm{d}H_p$ 始终为负值，为使 J_p 为正值，才有了上式中的负号。

可以看出，总水头线和测压管水头线之间的铅垂距离即为该断面的流速水头。若液流流速沿程不变，则两线间的距离保持不变，此时测压管水头线和总水头线平行（如均匀流）。

用图示法表示能量方程，可以清晰地反映液流中单位重量的液体的机械能沿程变化的情况，在长距离有压输水管道的水力计算中，常画出测压管水头线和总水头线帮助分析管道的受

压情况。对于河渠中的渐变流,由于水面压强均为大气压,显然水面线就是测压管水头线。

4.6　实际总流的伯努利方程

4.6.1　渐变流和急变流

在实际流动中,过流断面一般都是有限大的,或者说总流是由无限多的流线组成的。流体可分为均匀流和非均匀流,其中非均匀流按流速随流向变化的缓急可分为渐变流与急变流两种。由于渐变流的流线近似于平行直线,其极限情况就是均匀流,过流断面上动水压强的分布规律可近似地看作与静水压强的分布规律相同,这为解决实际问题提供了极大的方便。渐变流和急变流之间没有准确的界定标准,要看具体问题所要求的精度。如果实际水流流线的不平行程度和弯曲程度太大,在过流断面上沿垂直于流线的方向就存在着离心惯性力,这时把过流断面上动水压强的分布规律按静水压强的分布规律看待引起的偏差就会很大。

应当指出,前面关于均匀流或渐变流的过流断面上的动水压强分布遵循静水压强分布规律的结论对有固体边界约束的水流才适用。如由孔口或管道末端射入空气的射流,虽然在出口断面处或距出口断面不远处,水流的流线也近似于平行的直线,可视为渐变流,但因该断面的周界均与气体接触,断面上各点的压强均为气体压强,从而过流断面上的动水压强分布不服从静水压强的分布规律。

图4-8体现了急变流动水压强与静水压强的变化。液流为急变流时,由于流线急剧弯曲,沿垂直于流线方向的离心惯性力不能忽略,故其过流断面上动水压强分布规律与静水压强分布规律不同。图中间所示为流线上凸的急变流,为简单起见,设流线为一簇互相平行的同心圆弧曲线。在过流断面上取一个微分柱体来研究它的受力情况。与渐变流相比,平衡方程式中多了一个离心惯性力,其方向与重力沿垂直轴方向的分力相反,因此过流断面上的动水压强小于静水压强。若急变流为下凹的曲线流动,如图右侧所示,由于离心惯性力的方向与重力的方向相同,过流断面上的动水压强比按静水压强计算所得的数值要大。

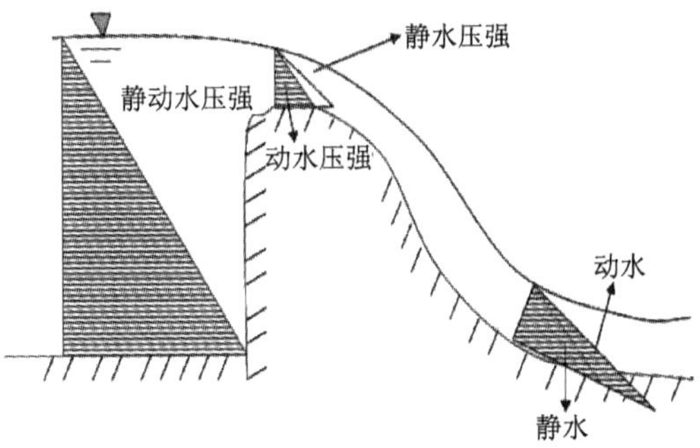

图4-8　渐变流与急变流的静动水压强

4.6.2 渐变流过流断面上的动水压强分布规律

渐变流的过流断面具有下面两个性质：

(1)渐变流的过流断面近似为平面，面上各点的速度方向接近平行；

(2)在恒定渐变流的过流断面上，动水压强分布规律与静水压强分布规律相同，即 $z+\frac{p}{\gamma}=C$ (z 轴铅垂向上)，它表明在恒定渐变流的过流断面上，沿流线法线方向的压强变化规律与静止液体中一样。

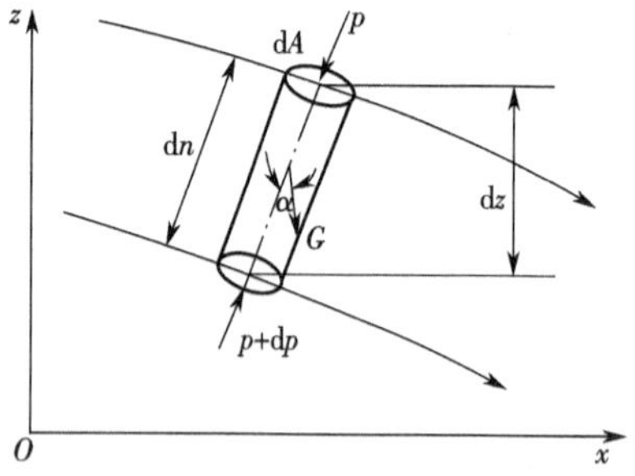

图 4-9 柱体的受力情况

现就均匀流情况证明如下：在均匀流的过流断面上、任意两条相邻的流线间取微小柱体，其长为 dn，底面积为 dA(图 4-9)。分析该柱体所受的轴线方向的作用力：上、下底面的压强分别为 p 与 $p+\mathrm{d}p$；柱体自重沿轴线方向的投影为 $\gamma \mathrm{d}A\mathrm{d}n\cos\alpha$，其中 α 为重力与轴线的夹角；侧面上的动水压强在轴向的投影为 0；侧面上的摩擦力 $\tau_n=\mu\frac{\mathrm{d}u_n}{\mathrm{d}x}=0$；两底面上的摩擦力在轴线方向的投影为零。

在均匀流条件下惯性力可略去不计。根据达朗伯原理，沿轴线方向的各作用力与惯性力之代数和等于零：

$$p\mathrm{d}A-(p+\mathrm{d}p)\mathrm{d}A+\gamma \mathrm{d}A\mathrm{d}n\cos\alpha=0$$

$$\mathrm{d}n\cos\alpha=-\mathrm{d}z$$

则

$$\mathrm{d}p+\gamma \mathrm{d}z=0$$

积分得

$$z+\frac{p}{\gamma}=C \tag{4-16}$$

上式说明了均匀流同一过流断面上的动水压强按静压的规律分布，但是对于不同的过流断面，上式中的常数一般是不同的。应该指出，因为渐变流是一种近似的均匀流，所以渐变流过流断面上的动水压强也符合静压分布规律。

4.6.3 总流的伯努利方程

前面已经得到了实际元流的伯努利方程式(4-13)，但要解决实际工程问题，还需在过流断面上积分把它推广到总流。

由于在总流的任一有效截面上，流体质点的位能 z、速度 v、压强 p 均有差别，因此要把沿流线的伯努利方程扩展到总流，必然要进行修正。下面推导应用于总流的两个渐变流截面间的伯努利方程。

将式(4-13)的各项乘以 $\gamma \mathrm{d}Q$，得到单位时间内通过元流的两个过流断面的全部液体的能量关系式：

$$\left(z_1+\frac{p_1}{\gamma}+\frac{v_1^2}{2g}\right)\gamma\mathrm{d}Q=\left(z_2+\frac{p_2}{\gamma}+\frac{v_2^2}{2g}\right)\gamma\mathrm{d}Q+h'_{\mathrm{w}}\gamma\mathrm{d}Q$$

$\mathrm{d}Q=v_1\mathrm{d}A_1=v_2\mathrm{d}A_2$，在总流的过流断面上积分，得到总流的两个过流断面的能量关系：

$$\int_{A_1}\left(z_1+\frac{p_1}{\gamma}+\frac{v_1^2}{2g}\right)\gamma v_1\mathrm{d}A_1=\int_{A_2}\left(z_2+\frac{p_2}{\gamma}+\frac{v_2^2}{2g}\right)\gamma v_2\mathrm{d}A_2+\int_Q h'_{\mathrm{w}}\gamma\mathrm{d}Q$$

其可分写成

$$\gamma\int_{A_1}\left(z_1+\frac{p_1}{\gamma}\right)v_1\mathrm{d}A_1+\gamma\int_{A_1}\frac{v_1^3}{2g}\mathrm{d}A_1=\gamma\int_{A_2}\left(z_1+\frac{p_2}{\gamma}\right)v_2\mathrm{d}A_2+\gamma\int_{A_2}\frac{v_2^3}{2g}\mathrm{d}A_2+\int_{1-1}^{2-2}h'_{\mathrm{w}}\gamma\mathrm{d}Q \tag{4-17}$$

上式中共有三种类型的积分，分别确定如下。

(1) $\gamma\int_A\left(z+\frac{p}{\gamma}\right)v\mathrm{d}A$，它是单位时间内通过总流过流断面的液体势能。若将过流断面取在渐变流上，则

$$\gamma\int_A\left(z+\frac{p}{\gamma}\right)v\mathrm{d}A=\gamma\left(z+\frac{p}{\gamma}\right)\int_A v\mathrm{d}A=\gamma\left(z+\frac{p}{\gamma}\right)VA=\left(z+\frac{p}{\gamma}\right)\gamma Q \tag{4-18}$$

(2) $\gamma\int_A\frac{v^2}{2g}\mathrm{d}A$，它是单位时间内通过总流过流断面的液体动能。由于流速 v 在总流过流断面上的分布一般难以确定，故可根据积分中值定理，用断面平均流速 V 来表示实际动能，令 $v^3=\alpha V^3$，则

$$\gamma\int_A\frac{v^3}{2g}\mathrm{d}A=\frac{\gamma}{2g}\alpha V^3A=\frac{\alpha V^2}{2g}\gamma Q \tag{4-19}$$

因为按断面平均流速计算的动能与实际动能存在差异，所以需要引入动能修正系数 α——实际动能与按断面平均流速计算的动能之比值。α 的值取决于总流过流断面上的流速分布，一般大于 1。流速分布较均匀时，$\alpha=1.05\sim1.10$，流速分布不均匀时，α 的值较大，可达到 2 或更大。在工程计算中常取 $\alpha=1$。

(3) $\int_{1-1}^{2-2}h'_{\mathrm{w}}\gamma\mathrm{d}Q$，它是单位时间内总流过流断面 1—1 与 2—2 之间的机械能损失，可用单位重量的液体在这两个断面间的平均能量损失（称为总流的水头损失）h_{w} 来表示：

$$\int_{1-1}^{2-2}h'_{\mathrm{w}}\gamma\mathrm{d}Q=h_{\mathrm{w}}\gamma Q \tag{4-20}$$

将式(4-18)、式(4-19)与式(4-20)一起代入式(4-17)，$Q_1=Q_2=Q$，再两边同时除以 γQ，得

$$z_1+\frac{p_1}{\gamma}+\frac{\alpha_1V_1^2}{2g}=z_2+\frac{p_2}{\gamma}+\frac{\alpha_2V_2^2}{2g}+h_{\mathrm{w}} \tag{4-21}$$

这就是实际总流的伯努利方程（能量方程）。它在形式上类似于实际元流的伯努利方程，只是以断面平均流速 V 代替点流速 v（相应地考虑动能修正系数 α），以平均水头损失 h_{w} 代替元流的水头损失 h'_{w}。总流的伯努利方程的物理意义和几何意义与元流的伯努利方程类似。

综上所述，实际流体恒定总流能量方程是水力学中最重要的基本方程之一，了解方程的建立条件和适用范围对方程的应用十分重要。从方程的推导过程可以看出，应用总流的伯努利方程须满足如下条件：

(1)不可压缩流体；

(2)恒定流；

(3)质量力仅限重力；

(4)所选取的两个过流断面必须是渐变流断面，但两个过流断面间的流动可以是急变流；

(5)两个过流断面间除了水头损失以外，总流无能量的输入或输出；

(6)总流的流量沿程不变，无分流和汇流。

在实际问题中，往往要将沿流线的伯努利方程推广到由无数流线组成的流束，也就是总流，除了应用沿流线的伯努利方程的限定条件外，总流的伯努利方程和流线的伯努利方程形式是类似的，但方程中的各项均有“平均”的意义，可从以下几方面来理解。

(1)选取渐变流过流断面是运用伯努利方程解题的关键。在总流中取过流断面1—1、2—2，应尽可能取在渐变流断面上，但它们之间允许有急变流存在；应将渐变流过流断面取在已知参数较多的断面上，并使伯努利方程含有所要求的未知数。

(2)过流断面上的计算点原则上可任取，因为断面上各点的势能 $z+\frac{p}{\gamma}=\text{const}$，而且断面上各点的平均动能$\frac{\alpha v^2}{2g}$相同。为方便起见，一般总流过流断面上的计算点取该断面的形状中心，通常管流取在管轴线上，明渠流取在自由液面上。

(3)方程中的动水压强 p_1 与 p_2 可取绝对压强，也可取相对压强，但对同一问题必须采用相同的标准。在一般的水力计算中，宜取相对压强。

(4)位置水头的基准面可任选，但两个过流断面必须选取同一基准面，通常使 $z\geqslant 0$。

(5)$\frac{v^2}{2g}$中的 v 一般应取过流断面上的平均流速 V 作为计算值，即以总流的伯努利方程中单位重量流体的动能项$\frac{\alpha v^2}{2g}$来进行计算。当过流断面上的流速分布比较均匀时，不需加动能修正因子 α。

α 的定义是 $\alpha=\frac{\int_A v^3\mathrm{d}A}{V^3 A}$，一般取 $\alpha=1.0$。

(6)对于黏性流体总流的伯努利方程，水头损失项 h_L 表示由1—1至2—2断面的平均机械能损失，称为总流的水头损失。

总流的伯努利方程为

$$z_1+\frac{p_1}{\gamma}+\frac{\alpha_1 V_1^2}{2g}=z_2+\frac{p_2}{\gamma}+\frac{\alpha_2 V_2^2}{2g}+h_L \tag{4-22}$$

在圆管流动中，当流动为层流时 $\alpha=2$，当流动为紊流时 $\alpha=1.0$。由于工程中绝大多数实际管流为紊流，因此通常取 $\alpha_1=\alpha_2=1.0$。

【例4-1】 用水银比压计测量管中水流过流断面上的点流速，如图4-10所示。测得 A 点的比压计读数 $\Delta h=60$ mmHg（不计损失）。

求：(1)该管中的流速 v；

(2)若管中流体是密度为0.8 g/cm^3 的油，Δh 不变，点流速又为多少。

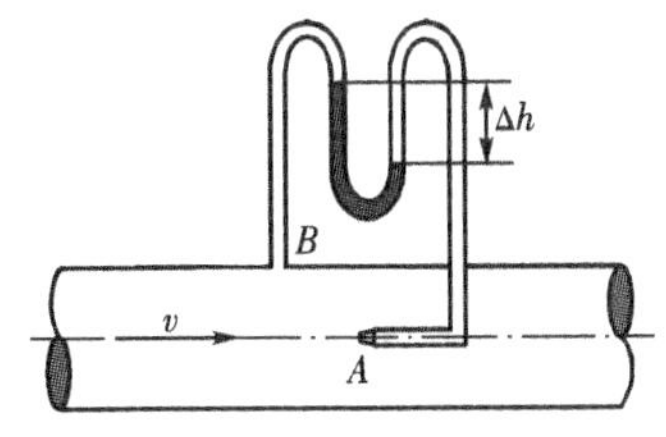

图4-10　例4-1图

解：(1)管中流动若不计损失，则为均匀流。用水银比压计测量过流断面上 A 点的流速的原理是：由于来流在 A 点受比压计的阻滞，该处的速度为零（或者 A 点为两条流线相交的前驻点），该处的动能全部转化成势能，而水银比压计的另一端 B 点在管壁上，该处的流速是管中均匀流每一点的速度，也可看成 A 点前方某一点的速度。

应用理想流体的伯努利方程

$$\frac{p_B}{\gamma}+\frac{v^2}{2g}=\frac{p_A}{\gamma}$$

$$\frac{v^2}{2g}=\frac{p_A-p_B}{\gamma}$$

其中 γ 是管中流体的重度。

$$v=\sqrt{2g\frac{p_A-p_B}{\gamma}}=\sqrt{2g\Delta h\left(\frac{\gamma_{Hg}}{\gamma}-1\right)}=\sqrt{2\times9.81\times0.06\times(13.6-1)}=3.85\ \text{m/s}$$

(2)若水流改为油，

$$v=\sqrt{2g\Delta h\left(\frac{\gamma_{Hg}}{\gamma_{油}}-1\right)}=\sqrt{2\times9.81\times0.06\times\left(\frac{133\ 375}{800\times9.81}-1\right)}=4.34\ \text{m/s}$$

由于管流是等截面不计损失的均匀流，流动是无旋流动，可应用拉格朗日方程，即流场中任意两点满足式(4-12)。

4.7　伯努利方程应用实例

伯努利方程是流体动力学中应用最广的基本方程，在工程中广泛应用于各种流体的流速、流量的测量和计算。应用时要重视方程应用的条件，切忌不顾应用条件随意套用公式，要对实际问题作具体分析，灵活运用。下面结合几个典型实例加以讨论。

4.7.1　伯努利方程的应用步骤

在应用伯努利方程时，为使计算简便、准确，通常应注意以下几点。

(1)以简化计算为原则，做好“三选”。

①断面的选择：所选计算断面必须符合渐变流条件，通常选择未知量所在的断面和已知量最多的断面；

②代表点的选择：原则上可以选取过流断面上的任意点，但为计算方便，无压流一般选在自由液面上，有压流一般选在管道中心；

③位置基准面的选择：位置基准面的选择对结果无影响，可以任意选择，习惯选择在过各代表点的最低水平面，以避免位置水头出现负值。

(2)压强基准的选择：可以用相对压强，也可以用绝对压强，但必须采用相同的标准，通常采用相对压强。

(3)水头损失：列理想流体能量方程时，可忽略两个断面间的水头损失；而列实际液体能量方程时，必须考虑两个断面间的水头损失。

(4)动能修正系数的选取：不同过流断面的动能修正系数严格来讲是不相等的，但对渐变流的多数情况，一般取 $\alpha=1.0$，对流速分布特别不均匀的液流，α 的值需根据具体情况确定。

(5)列伯努利方程：初学者应该分项列出，零也应该写出，但一般只用符号代替，而不代入具体数值，以推导出未知量的计算公式。

(6)解伯努利方程：求解出题目中所要求的未知量。

4.7.2 毕托管测速仪

在实际工程中经常要测量流场中某点的流体速度，测量管流中流体的流量常用毕托测速仪。

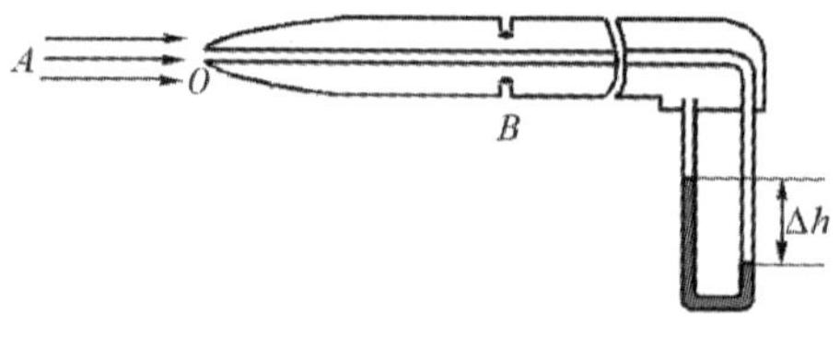

图 4－11 毕托管的原理

毕托测速管，又称为毕托管(Pitot tube)，为纪念法国人毕托而命名。毕托管由粗细两根同轴的圆管组成(图 4－11)，细管(直径约为 1.5 mm)前端开孔(O 点)，粗管(直径约为 6 mm)在距前端适当距离的侧壁上开数个小孔(B 点)，在孔后足够长的距离处两管弯 90°呈柄状。测速时管轴线应沿来流方向放置。毕托管粗细两管中的压强借助 U 形测压计测定，知道 U 形管中水银的液位差 Δh，就可求出水流的流速 v。

毕托管正前方 A 点→O 点→B 点为一条流线，常称为零流线，该流线的伯努利方程为

$$z_A+\frac{p_A}{\gamma}+\frac{v_A^2}{2g}=z_O+\frac{p_O}{\gamma}+\frac{v_O^2}{2g}=z_B+\frac{p_B}{\gamma}+\frac{v_B^2}{2g} \tag{4-23}$$

$v_O=0$，称为驻点，p_O 称为驻点压强，$z_A=z_O$，v_A 即为水流的速度 v，则得

$$\frac{p_O}{\gamma}=\frac{p_A}{\gamma}+\frac{v^2}{2g} \tag{4-24}$$

由于毕托管很细，放置于流场中不会影响水流速度，即 $v_A=v_B$，且可以认为 $z_A=z_B$，则由式(4－23)可得

$$\frac{p_A}{\gamma}=\frac{p_B}{\gamma}$$

因此

$$\frac{p_O}{\gamma}=\frac{p_B}{\gamma}+\frac{v^2}{2g} \tag{4-25}$$

由 U 形管中水银的液位差得

$$\frac{p_O-p_B}{\gamma}=\left(\frac{\gamma_{Hg}}{\gamma}-1\right)\Delta h \tag{4-26}$$

由式(4-25)、式(4-26)得

$$v=\sqrt{\frac{\gamma_{Hg}}{\gamma}-1}\sqrt{2g\Delta h} \tag{4-27}$$

由于实际流体具有黏性，因此测得的流速需乘上一个修正因数 k(称为毕托管因数)，一般在作标定测量后确定。

流场中某点的流速

$$v'=\sqrt{k\left(\frac{\gamma_{Hg}}{\gamma}-1\right)}\sqrt{2g\Delta h} \tag{4-28}$$

毕托管就是通过测量 A、B 两点的压强差，通过式(4-28)换算出来流速度的一种测量某点流速的仪器。

流速水头或流速可用下面的装置实测。如图 4-12 所示，在运动的液体(如管流)中放置一根测速管，它是弯成直角的两端开口的细管，一端正对来流，置于测点 B 处，另一端垂直向上。B 点的运动质点由于测速管的阻滞而流速等于零，动能全部转化为压能，使测速管中的液面升高为$\frac{p'}{\gamma}$，B 点称为滞止点或驻点。在 B 点上游同一水平流线上相距很近的 A 点未受测速管的影响，流速为 u，其测压管高度$\frac{p}{\gamma}$可通过同一过流断面壁上的测压管测定。

对 A、B 两点应用恒定流理想液体沿流线的伯努利方程，有

$$\frac{p}{\gamma}+\frac{u^2}{2g}=\frac{p'}{\gamma}$$

$$\frac{u^2}{2g}=\frac{p'}{\gamma}-\frac{p}{\gamma}=h_u \tag{4-29}$$

说明流速水头等于测速管与测压管的液面差 h_u，这是流速水头几何意义的另一种解释。由式(4-29)得

$$u=\sqrt{2g\frac{p'-p}{\gamma}}=\sqrt{2gh_u} \tag{4-30}$$

根据这个原理，可将测压管与测速管组合制成一种测定点流速的仪器，称为毕托管。其构造如图 4-13 所示，其中与前端迎流孔相通的是测速管，与侧面顺流孔(一般有 4~8 个)相通的是测压管。考虑到实际液体从前端小孔流至侧面小孔的黏性效应，毕托管放入后对流场的干扰，前端小孔实测的测速管高度$\frac{p'}{\gamma}$不是一点的值，而是小孔截面的平均值，所以使用时应引入修正系数 ζ，即

$$u=\zeta\sqrt{2g\frac{p'-p}{\gamma}}=\zeta\sqrt{2gh_u} \tag{4-31}$$

ζ 的值由实验测定,通常很接近 1。

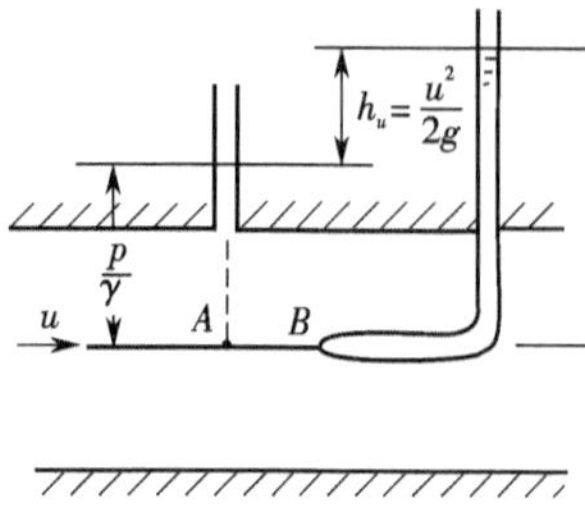

图 4-12 流速水头测量原理示意

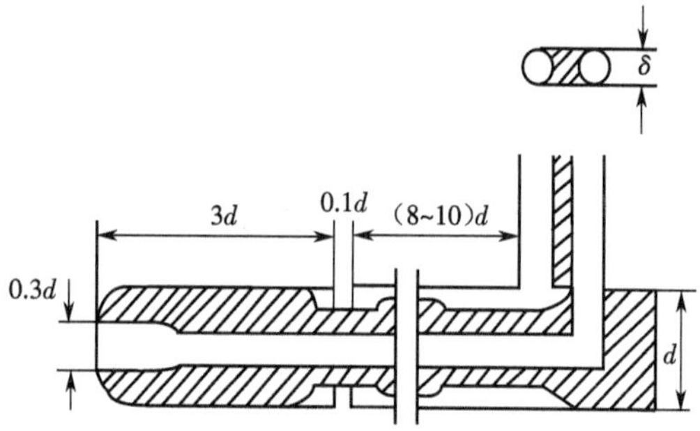

图 4-13 毕托管的构造

4.7.3 文丘里流量计

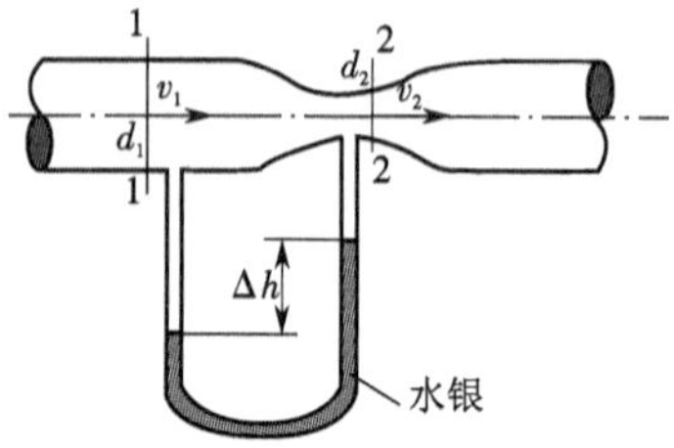

图 4-14 文丘里流量计

文丘里管是常用的测量管道流量的仪器,也称文丘里流量计,如图 4-14 所示。它是一段先收缩后扩张的变截面直管道,将它连接在主管中,当水流通过流量计时,由于喉管断面缩小,流速增大,压强降低,在收缩段进口前的断面 1—1 和喉管的断面 2—2 处装水银测压计,测量两个断面的压强差,由伯努利方程便可算出管道的流量。

取 1—1、2—2 两个渐变流断面,列伯努利方程:

$$\frac{p_1}{\gamma}+\frac{v_1^2}{2g}=\frac{p_2}{\gamma}+\frac{v_2^2}{2g}$$

$$\frac{p_1-p_2}{\gamma}=\frac{v_2^2-v_1^2}{2g}=\Delta h\left(\frac{\gamma_{\mathrm{Hg}}}{\gamma}-1\right) \tag{4-32}$$

列连续性方程:

$$v_1\frac{\pi}{4}d_1^2=v_2\frac{\pi}{4}d_2^2$$

$$\frac{v_2^2}{v_1^2}=\left(\frac{d_1}{d_2}\right)^4 \tag{4-33}$$

联立式(4-32)、式(4-33),解得速度

$$v_1=\sqrt{\frac{2g\Delta h\left(\frac{\gamma_{\mathrm{Hg}}}{\gamma}-1\right)}{\left(\frac{d_1}{d_2}\right)^4-1}}$$

流量

$$Q = v_1 \frac{\pi}{4}d_1^2 = \frac{\pi}{4}d_1^2 \sqrt{\frac{2g\Delta h\left(\frac{\gamma_{Hg}}{\gamma} - 1\right)}{\left(\frac{d_1}{d_2}\right)^4 - 1}}$$

$k = \sqrt{\frac{\frac{\gamma_{Hg}}{\gamma} - 1}{\left(\frac{d_1}{d_2}\right)^4 - 1}}$称为流速因数,其中 γ 是主管中流体的重度。

文丘里管的流量公式为

$$Q = k\frac{\pi}{4}d_1^2\sqrt{2g\Delta h}$$

由于实际流体在两个断面间有能量的消耗,因此实际测量的流量值要比理论值小,为此考虑修正系数 μ($\mu = 0.95 \sim 0.98$),μ 称为流量修正因数。则

$$Q' = \mu k\frac{\pi}{4}d_1^2\sqrt{2g\Delta h} \tag{4-34}$$

文丘里管的原理是沿总流的伯努利方程,由于文丘里管的收缩段和扩张段内的流动不符合缓变流的条件,因此伯努利方程的计算截面 1—1 和 2—2 不能选择在这两段内,但这两个截面之间存在急变流并不影响伯努利方程的应用。

文丘里管的测量结果与管子的倾斜度无关。

【例 4-2】 用文丘里流量计测定管道的流量,设进口直径 $d_1 = 100$ mm,喉管直径 $d_2 = 50$ mm,水银压差计实测到水银面高度差 $\Delta h = 4.76$ cm,流量计的流量修正因数 $\mu = 0.95$。试求管道输水流量。

解:流速因数

$$k = \sqrt{\frac{\frac{\gamma_{Hg}}{\gamma} - 1}{\left(\frac{d_1}{d_2}\right)^4 - 1}} = \sqrt{\frac{13.6 - 1}{\left(\frac{100}{50}\right)^4 - 1}} = 0.9165$$

流量

$$Q' = \mu k\frac{\pi}{4}d_1^2\sqrt{2g\Delta h} = 0.95 \times 0.9165 \times \frac{\pi}{4} \times 0.1^2 \times \sqrt{2 \times 9.81 \times 0.0476}$$

$$= 6.6 \times 10^{-3}\ \text{m}^3/\text{s}$$

4.7.4　孔板流量计

孔板流量计是电厂常用的测量给水和蒸汽流量的节流装置,其基本原理是流体在管道中流动时,流通截面突然缩小,在孔板后某距离处流速达到最大,流体静压下降,同时伴随有能量损失,通过测量孔板前后的压降可算出流体的流量,如图 4-15 所示。

根据连续性方程和伯努利方程有

$$v_1 A_1 = v_c A_c$$

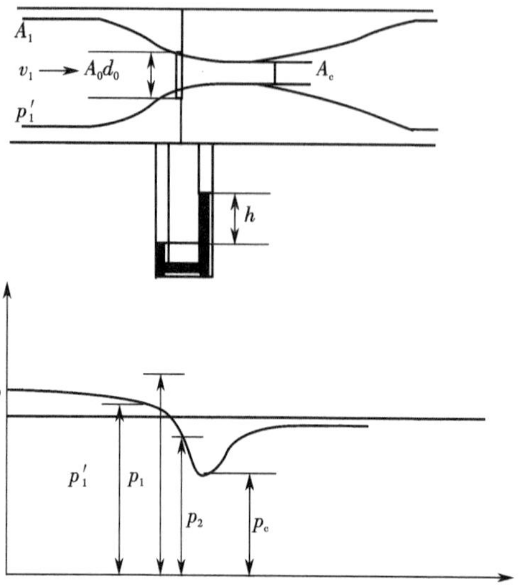

图 4-15 孔板流量计的原理

$$\frac{p_1'}{\rho g}+\frac{v_1^2}{2g}=\frac{p_c}{\rho g}+\frac{v_c^2}{2g}$$

流束最小截面面积 A_c 与孔板圆孔面积 A_0 的关系可以表示为 $A_c=C_cA_0$，其中 C_c 为流体的收缩系数。

令 $m=\dfrac{A_0}{A_1}$，则

$$v_c=\frac{\zeta}{\sqrt{1-C_c^2m^2}}\sqrt{\frac{2(p_1'-p_c)}{\rho}}$$

由于有能量损失，且孔板上的取压位置并非在截面 A_1 与 A_c 处，另外考虑到管壁粗糙和孔板边缘不尖锐等因素，用实测的 p_1 和 p_2 代替 p_1' 和 p_c，并加上修正系数 ζ，则

$$v_c=\frac{\zeta}{\sqrt{1-C_c^2m^2}}\sqrt{\frac{2(p_1-p_2)}{\rho}}$$

$$Q=v_cA_c=\frac{C_c\zeta}{\sqrt{1-C_c^2m^2}}A_0\sqrt{\frac{2(p_1-p_2)}{\rho}}$$

令 $\alpha=\dfrac{C_c\zeta}{\sqrt{1-C_c^2m^2}}$，则

$$Q=\alpha A_0\sqrt{\frac{2(p_1-p_2)}{\rho}}$$

其中 α 为孔板的流量系数，可由实验得到，标准孔板的流量系数可查表得到。在特殊情况下，如果管流的实际雷诺数小于孔板的极限雷诺数，查得的流量系数应乘以黏度校正系数 K_μ，K_μ 通过查表得到。

下面举例说明总流的伯努利方程的应用。

【例 4-3】 用自流管从水库中取水，如图 4-16 所示，已知 $H=12\ \text{m}$，管径 $d=100\ \text{mm}$，水头损失 $h_w=\dfrac{4v^2}{g}$，求自流管的流量 Q。

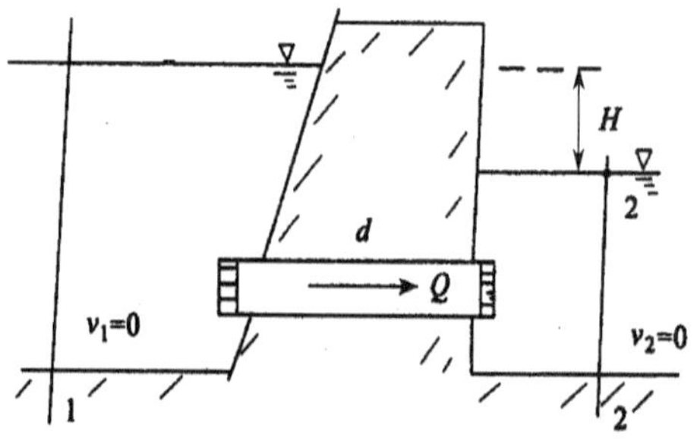

图 4-16 例 4-3 图

解:基准面:下游水面;渐变流端断面;代表点:水面。

建立能量方程:

$$z_1+\frac{p_1}{\gamma}+\frac{\alpha_1 v_1^2}{2g}=z_2+\frac{p_2}{\gamma}+\frac{\alpha_2 v_2^2}{2g}+h_w$$

$$H+0+0=0+0+0+h_w$$

$$H=h_w=\frac{4v^2}{g}$$

$$v=5.42\ \text{m/s}$$

$$Q=vA=42.6\ \text{L/s}$$

【例 4-4】 图 4-17 所示为断面突然缩小的管道,已知 $d_1=200$ mm,$d_2=150$ mm,$Q=50$ L/s,水银比压计的读数 $h=500$ mmHg,求 h_w。

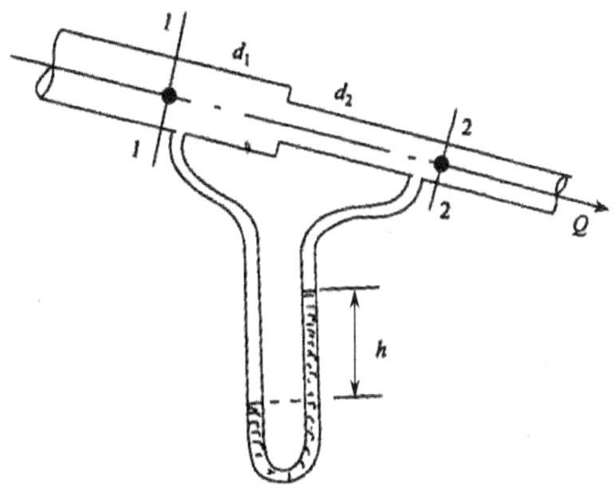

图 4-17　例 4-4 图

解:基准面:任取;渐变流端断面;代表点:管轴线。

建立能量方程:

$$z_1+\frac{p_1}{\gamma}+\frac{\alpha_1 v_1^2}{2g}=z_2+\frac{p_2}{\gamma}+\frac{\alpha_2 v_2^2}{2g}+h_w$$

由连续性方程:

$$v_1=\frac{Q}{A_1}=1.59\ \text{m/s},\frac{v_1^2}{2g}=0.129\ \text{m}$$

$$v_2=\frac{Q}{A_2}=2.83\ \text{m/s},\frac{v_2^2}{2g}=0.408\ \text{m}$$

由水银比压计公式:

$$\left(z_1+\frac{p_1}{\gamma}\right)-\left(z_2+\frac{p_2}{\gamma}\right)=\frac{\gamma'-\gamma}{\gamma}h=12.6h=0.63\ \text{m}$$

代入能量方程得

$$h_w=\left(z_1+\frac{p_1}{\gamma}+\frac{\alpha_1 v_1^2}{2g}\right)-\left(z_2+\frac{p_2}{\gamma}+\frac{\alpha_2 v_2^2}{2g}\right)$$

取 $\alpha_1\approx\alpha_2\approx\alpha\approx1.0$,则 $h_w=0.35$ m。

【例 4-5】 水由喷嘴流出，如图 4-18 所示，设 $d_1=125$ mm，$d_2=100$ mm，$d_3=75$ mm，水银测压计的读数 $\Delta h=175$ mm，不计损失。求：(1) H 值；(2) 压力表的读数（该处管径同 d_2）。

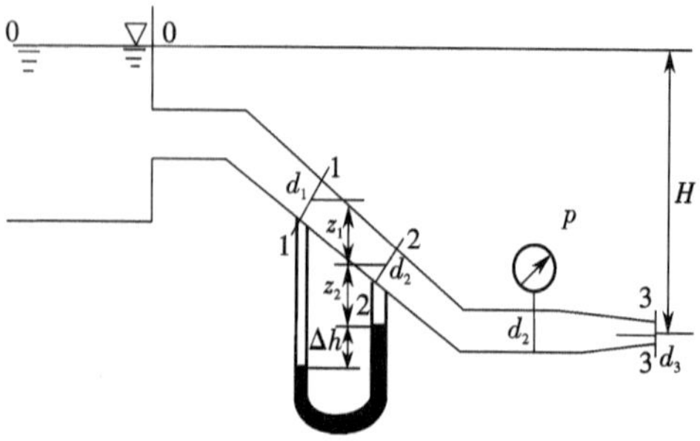

图 4-18 例 4-5 图

解：(1) 根据静压强分布规律，过流断面 1—1 和 2—2 处的压强分别为 p_1 和 p_2，

$$p_1+\gamma_{水}(z_1+z_2)+\gamma_{水}\Delta h=p_2+\gamma_{水}z_2+\gamma_{Hg}\Delta h$$

$$p_1-p_2=(\gamma_{Hg}-\gamma_{水})\Delta h-\gamma_{水}z_1 \tag{a}$$

列出由 1—1 到 2—2 断面的总流伯努利方程（取动能修正因数 $\alpha_1=\alpha_2=1$）：

$$z_1+\frac{p_1}{\gamma_{水}}+\frac{v_1^2}{2g}=z_2+\frac{p_2}{\gamma_{水}}+\frac{v_2^2}{2g}$$

$$z_1+\frac{p_1-p_2}{\gamma_{水}}=\frac{v_2^2-v_1^2}{2g}$$

将式(a)代入上式，得

$$\left(\frac{\gamma_{Hg}}{\gamma_{水}}-1\right)\Delta h=\frac{v_2^2-v_1^2}{2g}$$

$$(13.6-1)\times 0.175=\frac{v_2^2-v_1^2}{2g}=2.2 \tag{b}$$

连续性方程：

$$\frac{\pi}{4}\times 0.125^2v_1=\frac{\pi}{4}\times 0.1^2v_2$$

则

$$v_2=1.56v_1 \tag{c}$$

联立式(b)、式(c)，得 $v_1=5.54$ m/s，$v_2=8.64$ m/s。

由连续性方程 $\frac{\pi}{4}\times d_1^2v_1=\frac{\pi}{4}d_3^2v_3$ 得 $v_3=15.39$ m/s。

列出由 0—0 到 3—3 断面的伯努利方程：

$$z_0+\frac{p_0}{\gamma_{水}}+\frac{v_0^2}{2g}=z_3+\frac{p_3}{\gamma_{水}}+\frac{v_3^2}{2g}$$

$$H+0+0=0+0+\frac{v_3^2}{2g}$$

$$H=\frac{v_3^2}{2g}=\frac{15.39^2}{2\times9.81}=12.07\ \text{m}$$

(2)压力表处管径同 d_2,则该处的流速同 v_2。

列出由0—0至压力表断面的伯努利方程:

$$H=\frac{8.64^2}{2\times9.81}+\frac{p}{\gamma_{水}}=12.07\ \text{m}$$

则压力表的读数为 $p=79.55$ kPa。

4.7.5　小孔口恒定出流

容器壁上开孔,水经孔口流出的水力现象称为孔口出流。孔口出流是连续性方程、能量方程以及流动阻力和水头损失规律的具体应用。

在容器壁上开一个孔口,若孔壁的厚度对水流现象没有影响,孔壁与水流仅在一条周线上接触,这种孔口称为薄壁孔口,如图4-19所示。

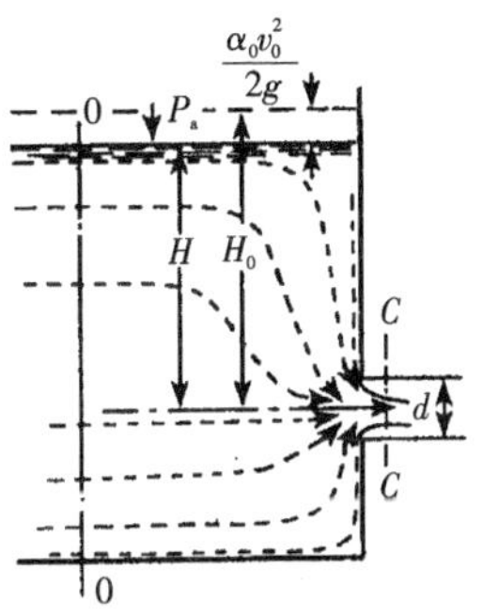

图4-19　薄壁孔口

一般来说,孔口上下缘在水面下的深度不同,孔口上部和下部的出流情况也不相同。但是当孔口直径 d(或开度 e)与孔口形心以上的水头高 H 相比很小时,就认为孔口断面上各点的水头相等。根据 d/H 的大小将孔口分为大孔口与小孔口两类:若 $d\leqslant H/10$,这种孔口称为小孔口,可认为孔口断面上各点的水头都相等;若 $d\geqslant H/10$,这种孔口称为大孔口。

当孔口出流时,水箱中的水如能得到源源不断的补充,从而使孔口的水头 H 不变,这种情况称为恒定出流。本节将着重讨论薄壁小孔口恒定出流。

1. 小孔口自由出流

从孔口流出的水流进入大气,称为自由出流。如图4-19所示,箱中水流的流线从各个方向趋近孔口,由于水流运动的惯性,流线不能成折角地改变方向,只能光滑、连续地弯曲,因此在孔口断面上各流线不平行,使水流在出孔后继续收缩,至距孔口约 $d/2$ 处收缩完毕,形成断面最小的收缩断面,流线在此趋于平行,然后扩散,图4-19中的 $C—C$ 断面称为孔口出流的收缩断面。

为推导孔口出流的关系式,选通过孔口形心的水平面作为基准面,取水箱内符合渐变流条件的断面0—0和收缩断面 $C—C$,列伯努利方程:

$$H+\frac{\alpha_0 v_0^2}{2g}=0+\frac{p_C}{\gamma}+\frac{\alpha_C v_C^2}{2g}+h_w \tag{4-35}$$

水箱中的微小沿程水头损失可以忽略,于是 h_w 只是水流经孔口的局部水头损失,即

$$h_w=h_j=\zeta_0\frac{v_C^2}{2g} \tag{4-36}$$

对于薄壁小孔口,$p_C=p_a=0$,于是上面的伯努利方程可改写为

$$H+\frac{\alpha_0 v_0^2}{2g}=(\alpha_C+\zeta_0)\frac{v_C^2}{2g} \tag{4-37}$$

令 $H_0=H+\frac{\alpha_0 v_0^2}{2g}$，代入上式整理得

$$v_C=\frac{1}{\sqrt{\alpha_C+\zeta_0}}\sqrt{2gH_0}=\varphi\sqrt{2gH_0} \tag{4-38}$$

式中　H_0——水头；

ζ_0——孔口的局部阻力系数；

φ——系数，$\varphi=\frac{1}{\sqrt{\alpha_C+\zeta_0}}\approx\frac{1}{\sqrt{1+\zeta_0}}$。

可以看出，如不计损失，则 $\zeta_0=0$，$\varphi=1$，可见 φ 是收缩断面的实际液体流速 v_C 与理想液体流速 $\sqrt{2gH_0}$ 的比值。实验测得孔口流速系数 $\varphi=0.97\sim0.98$，可得水流经孔口的局部阻力系数 $\zeta_0=\frac{1}{\varphi^2}-1=\frac{1}{0.97^2}-1=0.06$。

设孔口断面的面积为 A，收缩断面的面积为 A_C，$\frac{A_C}{A}=\varepsilon$ 称为收缩系数，则孔口出流的流量为

$$Q=v_CA_C=\varepsilon A\varphi\sqrt{2gH_0}=\mu A\sqrt{2gH_0} \tag{4-39}$$

式中　μ——孔口的流量系数，$\mu=\varepsilon\varphi$，对薄壁小孔口，$\mu=0.60\sim0.62$。

式(4-39)是孔口自由出流的基本公式。

2. 小孔口淹没出流

如图4-20所示，出孔水流淹没在下游水面之下，这种情况称为淹没出流。同自由出流一样，水流经孔口时由于惯性的作用，在孔后形成收缩断面，然后扩散。

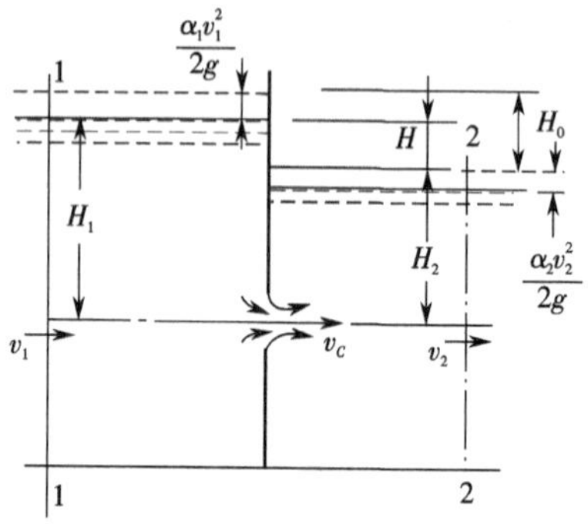

图4-20　淹没出流

选通过孔口形心的水平面作为基准面，取符合渐变流条件的断面1—1、2—2列伯努利方程：

$$H_1+\frac{p_1}{\gamma}+\frac{\alpha_1 v_1^2}{2g}=H_2+\frac{p_2}{\gamma}+\frac{\alpha_2 v_2^2}{2g}+\zeta_0\frac{v_C^2}{2g}+\zeta_{se}\frac{v_C^2}{2g} \tag{4-40}$$

$$H_1-H_2+\frac{\alpha_1 v_1^2}{2g}-\frac{\alpha_2 v_2^2}{2g}=(\zeta_0+\zeta_{se})\frac{v_C^2}{2g} \tag{4-41}$$

令

$$H_0 = H + \frac{\alpha_1 v_1^2}{2g} - \frac{\alpha_2 v_2^2}{2g} \tag{4-42}$$

其中 $H = H_1 - H_2$，即孔口上、下游水面的高差。当孔口两侧的容器较大、$v_1 \approx v_2 \approx 0$ 时，将 $H_0 = H$ 代入式(4-41)，得

$$H_0 = (\zeta_0 + \zeta_{se})\frac{v_C^2}{2g} \tag{4-43}$$

式中　ζ_0——孔口的局部阻力系数；

ζ_{se}——收缩断面突然扩大的局部阻力系数，当液体从管道流入断面很大的水域时，$\zeta_{se} = 1$。

$$v_C = \frac{1}{\sqrt{1+\zeta_0}}\sqrt{2gH_0} = \varphi\sqrt{2gH_0} \tag{4-44}$$

$$Q = \varphi\varepsilon A\sqrt{2gH_0} = \mu A\sqrt{2gH_0} \tag{4-45}$$

比较式(4-39)与式(4-45)，可见两式的形式完全相同，流量系数亦相同。但应注意，在自由出流情况下，孔口的水头 H 系水面至孔口形心的深度；而在淹没出流情况下，孔口的水头 H_0 系孔口上、下游水面的高差。因此，孔口淹没出流的流速和流量均与孔口的淹没深度无关，也无大、小孔口的区别。

4.7.6　空泡和空蚀现象

在不同的场合下，流动中由于流速的增大而产生的负压强效应有的是正面的，但绝大部分是负面的。例如数百吨重的飞机主要由于机翼叶背上的流动负压强产生的升力而被“吸”在空中，这是正面的；轿车顶部的负压强太大，造成轮胎和地面之间的附着力减小，导致操纵失灵，引起道路交通事故率升高，这是负面的。空泡和空蚀现象是长期困扰船舶和水利工程师的水流负压强效应。

在水力机械和造船工程等实际问题中，管路断面狭窄和螺旋桨叶背部分的材料极易损坏，人们原以为是由于氧气的腐蚀作用，后来才逐步发现是由于空泡和空蚀现象加速了物理-化学-金相的相互作用。

在一个大气压下，水在 100 ℃时沸腾，水分子从液态转化为气态，水体内部不断涌现大量气泡逸出水面。如果在常温(20 ℃)下使压强降低到水的饱和蒸气压强 2.4 kPa(绝对压强)以下，水也会沸腾。通常将这种现象称为空化，以和真正的沸腾相区别。此时水中的气泡称为空泡。

空化总是在流动中压强最低的地方最先发生，例如管道的收缩段和弯曲段、水坝的泄水面、翼的最大厚度部位以及螺旋桨的叶梢部位等。如图 4-21 所示，水流在过流断面 1—1 处流速急剧增大，使得该处流体质点的压强显著降低，倘若压强下降至该水温下的汽化压强，水迅速汽化，一部

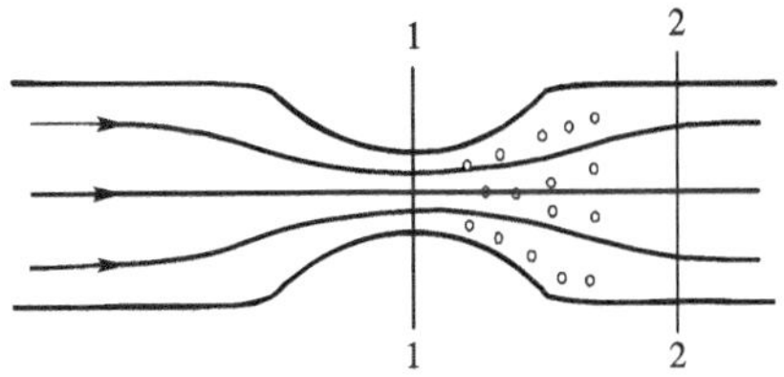

图 4-21　空泡现象

分水转化为蒸汽，则在 1—1 断面以后的区域出现许多蒸汽气泡，这就是空泡现象。两相流流至 2—2 断面，由于管径突然增大，流速急剧减小，使得 2—2 断面处流体质点的压强迅速增大，随之水流中先前生成的气泡进入压强较高的区域而突然溃灭，用高速摄影方法证实了空泡溃灭的时间是毫秒量级的，空泡在溃灭时形成一股微射流，当空泡离壁面较近时，这种微射流像锤子一般连续打击壁面，造成直接损伤。同时空泡溃灭形成冲击波冲击壁面，无数空泡溃灭造成的连续冲击将引起壁面材料的疲劳破坏。这两种作用对壁面造成的破坏称为空蚀。有人估算过，这种冲击压强可达到 800 MPa（相当于 8 000 个大气压），冲击频率达到近千赫兹。该区域产生的高温会加速水中氧气的化学作用，导致材料表面逐渐脱落而破坏。在水力机械中，桨叶是受空蚀破坏严重的部件。我国的水轮机通常使用 1 ~ 2 年就要停机检修，水泵使用 1 000 小时后出现严重空蚀，快速船用螺旋桨的使用寿命不到 2 年。为减小空蚀破坏，延长水力机械的使用寿命，可以采取如下措施：设计抗蚀性能好的叶型；改善水力机械的运行条件，如增大水头、降低转速及减少流量；用抗空蚀性能好的金属材料制造桨叶，增大桨叶的盘面比，并提高加工精度等。

在水工建筑中，水坝是受空蚀破坏严重的建筑物。当水流速度超过 15 m/s 时，将发生泄水面的空蚀破坏，破坏强度与水流速度的 5 ~ 7 次方成比例。当坝高从 50 m 增加至 100 m 时，空蚀强度可增加 6 ~ 8 倍。目前我国的大型水电站水坝坝高均超过 100 m，最大泄流速度可达 40 m/s 以上，防止和减少空蚀破坏面临严重的挑战。水坝面的空蚀破坏主要表现为下游段形成大片空蚀坑，面积达数十或上千平方米，深度达 1 ~ 10 m，严重影响水坝的正常运行。

综上所述，空泡和空蚀现象普遍存在于流体工程中，对工程设备和建筑的质量和使用寿命造成严重威胁。随着工程的大型化和高速化，这种影响渐趋突出。因此，空泡和空蚀现象已成为流体力学和工程技术中具有挑战性的重大课题。

与此同时，空泡现象发生时伴有强烈的振动和巨大的噪声，主要由于气泡突然溃灭凝结成液态，局部区域成为真空，周围的流体极其迅速地冲击真空区域，发生撞击和振动。

水在不同温度下的汽化压强见表 4 - 1。

表 4 - 1　水的汽化压强

水温/℃	5	10	20	30	40	50	60	70	80	90	100
汽化压强/kPa	0.7	1.2	2.4	4.3	7.5	12.5	20.2	31.7	48.2	71.4	103.2

【例 4 - 6】 如图 4 - 22 所示，鱼雷在 10 m 深的水下以 50 节的速度运动，倘若鱼雷表面与水流的相对速度为该速度的 1.2 倍。

求：(1) 鱼雷表面的最小压强；(2) 设水温为 20 ℃，鱼雷表面出现空泡时鱼雷的速度。

解：(1) 作运动的相对变换，鱼雷静止，水流以 50 节的速度流经鱼雷。(1 节 = 0.515 m/s)

在鱼雷表面 B 点处水流速度 $v_B = 50 \times 1.2 = 60$ 节，

$$v = 50\ \text{节} = 50 \times 0.515 = 25.75\ \text{m/s}$$

$v_B = 60$ 节 $= 60 \times 0.515 = 30.9$ m/s

从 A 点至 B 点列伯努利方程：

$$\frac{p_A}{\gamma} + \frac{v_A^2}{2g} = \frac{p_B}{\gamma} + \frac{v_B^2}{2g}$$

$$\frac{p_B}{\gamma} = \frac{p_A}{\gamma} + \frac{v_A^2 - v_B^2}{2g} = 10 + \frac{25.75^2 - 30.9^2}{2 \times 9.81} = -4.87 \text{ m}$$

$$p_B = -4.87 \times 9\ 807 = -47.76 \text{ kPa}$$

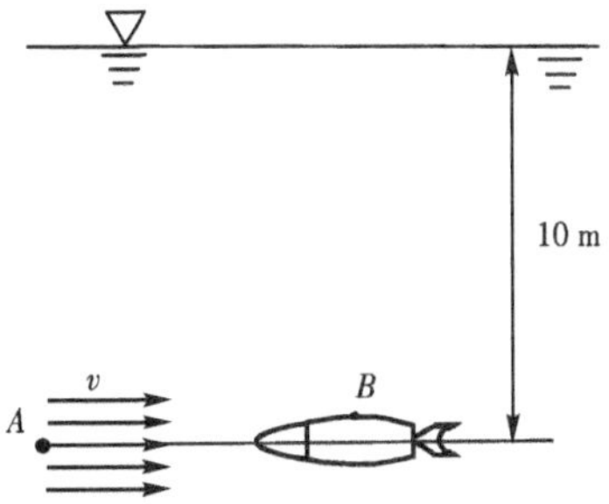

图 4－22　例 4－6 图

鱼雷表面压强最小处在 B 处，真空压强为 47.76 kPa，该处的绝对压强为

$$p_{B(ab)} = 98\ 070 - 47\ 760 = 50\ 310 \text{ kPa}$$

(2) B 点为鱼雷表面最先出现空泡处。据题意水温为 20 ℃，水的汽化压强为 2 400 Pa，则 B 点压强为 $p_B = 2\ 400 - 98\ 070 = -95\ 670$ Pa 时产生空泡。

$$\frac{v_B^2 - v_A^2}{2g} = \frac{p_A - p_B}{\gamma} = 10 + \frac{95\ 670}{9\ 807} = 19.76 \text{ m}$$

$$\frac{(1.2v_A)^2 - v_A^2}{2g} = 19.76$$

$$v_A = \sqrt{\frac{19.76 \times 2 \times 9.81}{0.44}} = 29.68 \text{ m/s} = 57.6 \text{ 节}$$

当鱼雷的速度为 57.6 节时在 B 点处出现空泡。

4.8　伯努利方程应用拓展

4.8.1　总流的能量方程(沿程有能量输入或输出)

在实际工程中，有时会遇到沿程有能量输入或输出的情况。例如当抽水管路系统中设置有水泵时，通过水泵的叶片转动向水流中输入能量，使水流的能量增加，图 4－23 所示是总流两个断面间有能量输入的典型例子。水电站有压管路系统中安装的水轮机通过叶片向水流中输出能量，使水流的能量减小，图 4－24 所示是总流两个断面间有能量输出的典型例子。

1. 水泵系统增加能量

设单位重量的液体从水泵获得的外加能量为 H_p，对断面 1—1 及断面 2—2 列能量方程，则总流的能量方程可以写成

$$z_1 + \frac{p_1}{\gamma} + \frac{\alpha_1 v_1^2}{2g} + H_p = z_2 + \frac{p_2}{\gamma} + \frac{\alpha_2 v_2^2}{2g} + h_{w1-2} \tag{4-46}$$

式中：H_p 为水泵的扬程；h_{w1-2} 为断面 1—1 至断面 2—2 之间全部水管的水头损失，但不包括水泵内部的水流的能量损失。

单位时间内动力机械给予水泵的功称为水泵的轴功率 N_p，单位时间内通过水泵的水流

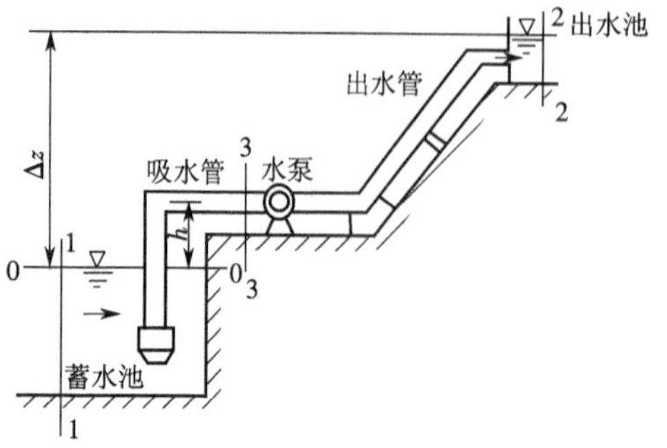

图 4－23 沿程有能量输入

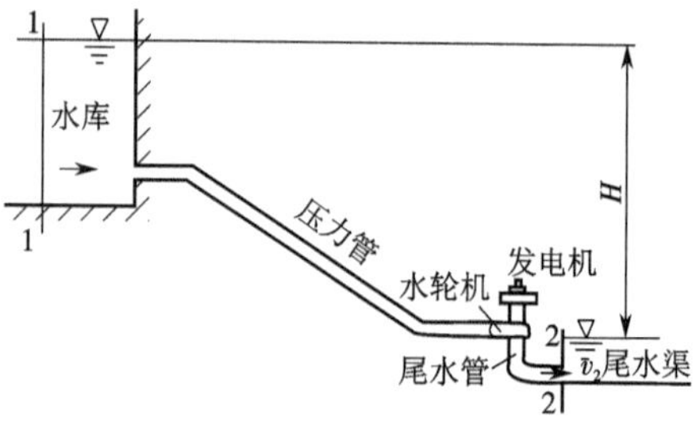

图 4－24 沿程有能量输出

总重量为 γQ，所以水流在单位时间内由水泵获得的总能量为 γQH_p，称为水泵的有效功率。由于水流通过水泵时有水头损失和渗漏损失，再加上水泵本身的机械磨损，所以水泵的有效功率小于轴功率 N_p，两者的比值称为水泵的效率 η_p，$\eta_p N_p = \gamma QH_p$，故

$$H_p = \frac{\eta_p N_p}{\gamma Q} \tag{4-47}$$

如图 4－23 所示的水泵管路系统，已知水泵管路中的流量为 Q，由蓄水池水面到出水池水面的高差为 Δz，中间的水头损失为 h_{w1-2}，水泵的效率为 η_p，吸水管的直径为 d，由蓄水池至水泵前的断面 3—3 的水头损失为 h_{w1-3}，水泵的允许真空度为 $h_V(mH_2O)$，如何确定水泵的安装高度 h、水泵的扬程 H_p 和水泵的功率 N_p 呢？

（1）求水泵的安装高度。

吸水管中的流速为

$$v_3 = \frac{Q}{A} = \frac{Q}{\pi d^2/4} = \frac{4Q}{\pi d^2}$$

以蓄水池水面为基准面，列断面 1—1 和断面 3—3 的能量方程：

$$z_1 + \frac{p_1}{\gamma} + \frac{v_1^2}{2g} = z_3 + \frac{p_3}{\gamma} + \frac{v_3^2}{2g} + h_{w1-3}$$

由图 4－23 可以看出，作用在断面 1—1 上的压强为大气压强，即 $p_1 = p_a$，由于蓄水池一般较大，行进流速 v_1 与吸水管中的流速 v_3 相比可以忽略，设水泵的安装高度为 h，$h = z_3 - z_1$，代入上式有

$$\frac{p_a - p_3}{\gamma} = h + \frac{v_3^2}{2g} + h_{w1-3}$$

根据水泵的工作原理，水泵叶轮的旋转使水泵进口断面 3—3 处形成负压或真空，而蓄水池水面所受压强为大气压，在压力差的作用下，蓄水池中的水被吸入水泵。因此，上式中的 $(p_a - p_3)/\gamma$ 即为水泵的允许真空高度 h_V，变化上式得

$$h = \frac{p_a - p_3}{\gamma} - \frac{v_3^2}{2g} - h_{w1-3} = h_V - \frac{16Q^2}{2g\pi^2 d^4} - h_{w1-3} \tag{4-48}$$

(2)求水泵的扬程。

水进入水泵以后，在旋转叶轮的离心力的作用下，水泵对水流做功，使水流的能量增加，水泵中的水被压入上水管，进入水塔。仍以蓄水池水面为基准面，列断面 1—1 和断面 2—2 的能量方程得

$$z_1+\frac{p_1}{\gamma}+\frac{\alpha_1 v_1^2}{2g}+H_p=z_2+\frac{p_2}{\gamma}+\frac{\alpha_2 v_2^2}{2g}+h_{w1-2}$$

由于出水池的液面与蓄水池的液面一样所受的是大气压强，水塔中的流速 v_2 很小，可以忽略，水泵的扬程为

$$H_p=z_2-z_1+h_{w1-2}=\Delta z+h_{w1-2} \tag{4-49}$$

(3)求水泵的功率。

水泵的功率为

$$N_p=\gamma QH_p/\eta_p=\gamma Q(\Delta z+h_{w1-2})/\eta_p \tag{4-50}$$

2. 水轮机系统消耗能量

图 4-24 所示为水流带动水轮机转动，使水流的能量减少的情况，对断面 1—1 及断面 2—2 列能量方程，可得总流的能量方程为

$$z_1+\frac{p_1}{\gamma}+\frac{\alpha_1 v_1^2}{2g}-H_t=z_2+\frac{p_2}{\gamma}+\frac{\alpha_2 v_2^2}{2g}+h_{w1-2} \tag{4-51}$$

式中：H_t 为水轮机的作用水头；h_{w1-2} 为断面 1—1 至断面 2—2 之间全部水管的水头损失，但不包括水轮机系统内的损失。

如果水轮机主轴的出力为 N_p，单位时间内通过水轮机的水流重量为 γQ，单位时间内水流作用于水轮机的总能量为 γQH_t，由于通过水轮机时水流有水头损失和渗漏损失以及水轮机本身的机械磨损，水轮机的出力小于水流给水轮机的功率，设水轮机与发电机的总效率为 η_q，则

$$N_q=\eta_q\gamma QH_t \tag{4-52}$$

式(4-47)和式(4-52)中：γ 的单位为 N/m^3；Q 的单位为 m^3/s；H_p 和 H_t 的单位为 m；N_p 及 N_q 的单位为 N·m/s 或 W；功率的单位为马力，1 马力 = 735 W = 0.735 kW。

水电站水轮机出口的尾水位与库水位的高差为 H，从进口到出口的管路的各种水头损失可表示为 $h_w=K\frac{v_2^2}{2g}$，如图 4-24 所示。假设管道的直径均为 d，通过的流量为 Q，水轮机的效率为 η_q，如何确定水轮机的有效水头 H_t、水轮机的功率和水轮机发出最大功率时的流速呢？

(1)求水轮机的有效水头。

以图 4-24 所示的水轮机出口下游的尾水位水面为基准面，列水库和水轮机出口断面的能量方程：

$$z_1+\frac{p_1}{\gamma}+\frac{\alpha_1 v_1^2}{2g}+H_t=z_2+\frac{p_2}{\gamma}+\frac{\alpha_2 v_2^2}{2g}+h_{w1-2}$$

式中 $p_1=p_2=p_a$，由于上游水库中水的流速很小，$v_1\approx 0$，$v=v_2=Q/A$，$z_1-z_2=H$，$h_{w1-2}=$

h_w，令 $\alpha_2=1.0$，代入上式得水轮机的有效水头为

$$H_t=H-\frac{v^2}{2g}-K\frac{v^2}{2g}=H-(1+K)\frac{v^2}{2g}=H-(1+K)\frac{16Q^2}{2g\pi^2d^4} \tag{4-53}$$

（2）求水轮机的功率。

水轮机的功率为

$$N_q=\eta_q\gamma QH_t=\eta_q\gamma Av\left[H-(1+K)\frac{v^2}{2g}\right] \tag{4-54}$$

（3）求水轮机发出最大功率时的流速。

要使水轮机的功率最大，令 $\frac{\mathrm{d}}{\mathrm{d}v}\left[Hv-(1+K)\frac{v^3}{2g}\right]=0$，得水轮机发出最大功率时的流速为

$$v=\sqrt{\frac{2gH}{3(1+K)}}$$

【例 4-7】 已知离心泵的提水高度 $z=20$ m，抽水流量 $Q=35$ L/s，效率 $\eta_1=0.82$。若吸水管路和压水管路的总水头损失 $h_w=1.5\ \mathrm{mH_2O}$，电动机的效率 $\eta_2=0.95$，试求电动机的功率 P。

解：以吸水池水面为基准面，列断面 1—1、2—2 的伯努利方程：

$$z_1+\frac{p_1}{\gamma}+\frac{v_1^2}{2g}+H=z_2+\frac{p_2}{\gamma}+\frac{v_2^2}{2g}+h_w$$

由于过流断面 1—1、2—2 面积很大，故 $v_1\approx0$，$v_2\approx0$，并且 $p_1=p_2=0$，则

$$0+0+0+H=z+0+0+h_w$$

$$H=20+1.5=21.5\ \mathrm{m}$$

故电动机的功率

$$P=\frac{Q\rho gH}{\eta_1\eta_2}=\frac{35\times10^{-3}\times1\ 000\times9.8\times21.5}{0.82\times0.95}=9.47\ \mathrm{kW}$$

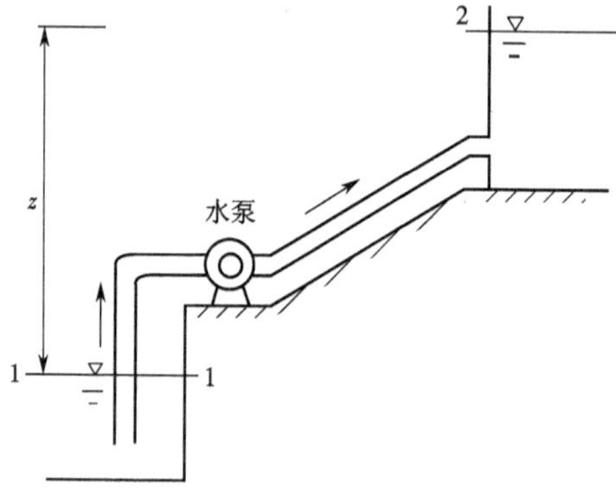

图 4-25 例 4-7 图

4.8.2 总流的能量方程（两个断面间有分流或汇流）

总流的伯努利方程是在两个过流断面间无分流和汇流的条件下导出的。而实际的供水、供气管道沿程多有分流和汇流，对于两个断面间有分流的流动（图 4-26），设想 1—1 断

面的来流分为两股，分别通过 2—2、3—3 断面。

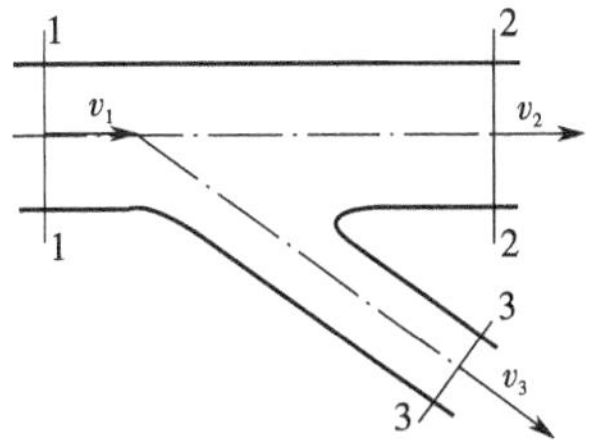

图 4－26　沿程分流

总流的伯努利方程只要计入相应断面间的水头损失，即可用于工程计算，如下式所示：

$$z_1+\frac{p_1}{\gamma}+\frac{v_1^2}{2g}=z_2+\frac{p_2}{\gamma}+\frac{v_2^2}{2g}+h_{\mathrm{L}1-2}$$

$$z_1+\frac{p_1}{\gamma}+\frac{v_1^2}{2g}=z_3+\frac{p_3}{\gamma}+\frac{v_3^2}{2g}+h_{\mathrm{L}1-3}$$

由以上分析可知，对于实际工程中沿程分流的总流，当所取过流断面为渐变流断面时，断面上流速分布较为均匀，并计入相应断面之间的水头损失。

两个过流断面间有汇流的情况类似，即设想 1—1、2—2 断面的来流合为 3—3 断面，同理可推导出伯努利方程：

$$z_1+\frac{p_1}{\gamma}+\frac{v_1^2}{2g}=z_3+\frac{p_3}{\gamma}+\frac{v_3^2}{2g}+h_{\mathrm{w}1-3}$$

$$z_2+\frac{p_2}{\gamma}+\frac{v_2^2}{2g}=z_3+\frac{p_3}{\gamma}+\frac{v_3^2}{2g}+h_{\mathrm{w}2-3}$$

4.9　恒定流的动量定理和动量矩定理

在工程实践中往往需要计算运动液体与固体边壁间的作用力，若利用伯努利方程，通过确定接触面上的压强分布与切应力分布而后积分的方法求解，则计算比较复杂，特别是当有些流动的水头损失以及压强与切应力分布难以确定时无法求解。要解决此类问题，动量定理和动量矩定理是十分有效、简便的方法。其将运动液体与固体边壁间的作用力直接与运动液体的动量变化联系起来，不必知道流动范围内部的流动过程，只需知道端面上的流动状况。

恒定流的动量方程是根据理论力学中的动量定理推导的。这一定理可表述为：物体的动量变化率$\frac{\mathrm{d}\boldsymbol{K}}{\mathrm{d}t}$等于所受外力的合力 $\boldsymbol{F}$，即

$$\frac{\mathrm{d}\boldsymbol{K}}{\mathrm{d}t}=\frac{\mathrm{d}(\sum m\boldsymbol{v})}{\mathrm{d}t}=\boldsymbol{F}$$

它是个矢量方程，同时方程中不出现内力。

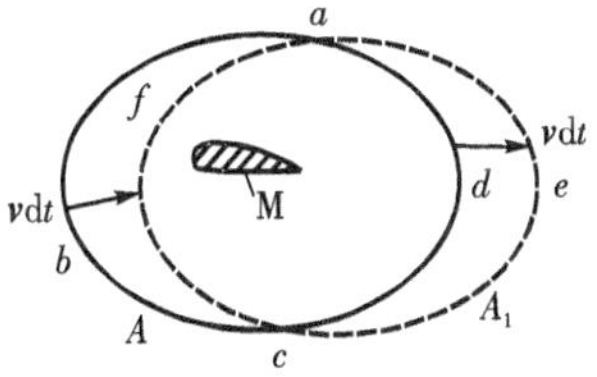

图 4－27　动量定理的推导

1. 动量定理和动量矩定理的一般推导

设不可压缩恒定流流经某物体 M，在流场中取一个包括物体 M 的固定封闭曲面 A，称这个封闭曲面为控制面，对象为控制面 A 内的流体，称为控制体。在时刻 t，设控制体内的流体质点系的动量为 $\boldsymbol{p}$，经过 $\mathrm{d}t$ 的时间，这部分流体占据 A_1 面的空间（如图 4－27 中的虚线所示），A_1 面是由过表

面 A 上的每一点的矢量 $\boldsymbol{v}\mathrm{d}t$ 的端点形成的。

此时流体的动量为 $\boldsymbol{p}_1$，在 $\mathrm{d}t$ 时间内流体的动量变化 $\mathrm{d}\boldsymbol{p}=\boldsymbol{p}_1-\boldsymbol{p}$。

恒定流动时，控制面 A 和表面 A_1 重叠部分的空间中流体的动量在 $\mathrm{d}t$ 的时间内无变化，因此 $\mathrm{d}\boldsymbol{p}$ 等于空间 $adce$ 和空间 $abcf$ 内流体质点系的动量之差，即 $\mathrm{d}\boldsymbol{p}=\boldsymbol{p}_{adce}-\boldsymbol{p}_{abcf}$。

$adce$ 空间内的流体质点是在 $\mathrm{d}t$ 的时间内从 adc 控制面流出的；$abcf$ 空间内的流体质点是在相同的时间内从 abc 控制面流入的。

在曲面 adc 上取微分面积 $\mathrm{d}A$，其上流体质点的速度为 v，在 $\mathrm{d}t$ 的时间内从曲面 adc 流出的流体的动量为

$$\boldsymbol{p}_{adce}=\mathrm{d}t\int_{adc}\rho v_n\boldsymbol{v}\mathrm{d}A$$

在 $\mathrm{d}t$ 的时间内从曲面 abc 流入的流体的动量为

$$\boldsymbol{p}_{abcf}=\mathrm{d}t\int_{abc}\rho v_n\boldsymbol{v}\mathrm{d}A$$

考虑流量的正、负规定，从控制面流出为正，从控制面流入为负，则

$$\mathrm{d}\boldsymbol{p}=\mathrm{d}t\int_{adc}\rho v_n\boldsymbol{v}\mathrm{d}A+\mathrm{d}t\int_{abc}\rho v_n\boldsymbol{v}\mathrm{d}A=\mathrm{d}t\int_{A}\rho v_n\boldsymbol{v}\mathrm{d}A$$

式中：v_n 为流体在控制面上的法向速度投影；$\boldsymbol{v}$ 为流体在控制面上的速度矢量；ρ 为流体的密度。

以 $\sum\boldsymbol{F}$ 表示作用在控制体内的流体质点上的所有外力，根据动量定理，有

$$\sum\boldsymbol{F}=\frac{\mathrm{d}\boldsymbol{p}}{\mathrm{d}t}=\int_{A}\rho v_n\boldsymbol{v}\mathrm{d}A \tag{4-55}$$

这是恒定不可压缩流体的动量方程。

$\sum\boldsymbol{F}$ 包括：

(1)控制体内的流体质点受到的质量力；

(2)物体 M 对控制体内的流体质点的表面力；

(3)控制面 A 以外的流体(或物体)对控制面 A 中的流体的表面力。

其投影式为

$$\left.\begin{aligned}\sum\boldsymbol{F}_x&=\int_{A}\rho v_n u\mathrm{d}A\\\sum\boldsymbol{F}_y&=\int_{A}\rho v_n v\mathrm{d}A\\\sum\boldsymbol{F}_z&=\int_{A}\rho v_n w\mathrm{d}A\end{aligned}\right\} \tag{4-56}$$

2. 动量定理的解题步骤

用动量定理求解流体与边界面内的物体的相互作用力是十分简便的，解题步骤如下：

(1)取一个包括该物体的封闭控制面 A，为使计算简单，这个控制面尽量取流线的一部分；

(2)建立合适的直角坐标系；

(3)应用动量定理时要注意连续性方程和伯努利方程的应用;

(4)在公式中法向速度投影 v_n 以流出控制面 A 为正,流入控制面 A 为负;

(5) $\sum F$ 包括作用于控制面 A 内的流体上的所有外力。

3. 动量矩定理

动量定理可以求解流体和物体之间的作用力问题,而动量矩定理则可以求解力的作用点问题。

类似于动量定理的推导,可以推导出动量矩定理:

$$\sum \boldsymbol{m}_O(\boldsymbol{F}) = \int_A \rho v_n(\boldsymbol{r}\times\boldsymbol{v})\,\mathrm{d}A \tag{4-57}$$

式中:O 点为所取的矩心;$\boldsymbol{r}$ 为 O 点到流体质点的矢径。

其投影式为

$$\left.\begin{aligned}\sum \boldsymbol{m}_x &= \int_A \rho v_n(yw - zv)\,\mathrm{d}A\\ \sum \boldsymbol{m}_y &= \int_A \rho v_n(zu - xw)\,\mathrm{d}A\\ \sum \boldsymbol{m}_z &= \int_A \rho v_n(xv - yu)\,\mathrm{d}A\end{aligned}\right\} \tag{4-58}$$

4.10　恒定总流的动量方程与动量矩方程

恒定总流的动量方程是继总流的连续性方程与伯努利方程之后,研究液体一元流动的又一个基本方程,这三个方程统称水力学三大方程。

如图4-28所示,从恒定总流中任取一束元流,初始时刻在1—2位置,经过 dt 的时间运动到1′—2′位置,设过流断面1—1与2—2上的流速分别为 u_1 与 u_2。

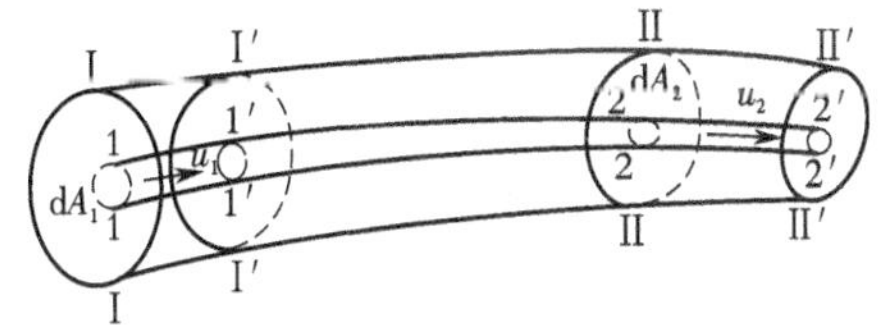

图4-28　元流运动示意

在 dt 的时间内元流的动量增量 d$\boldsymbol{K}$ 等于1′—2′段与1—2段液体各质点动量的矢量和之差,由于公共部分1′—2段的形状、位置及动量不随时间改变,因而元流的动量增量等于2—2′段与1′—1段动量之矢量差。根据质量守恒原理,2—2′段的质量与1′—1段的质量相等(设为 dm),则元流的动量增量 $\mathrm{d}\boldsymbol{K} = \mathrm{d}m\boldsymbol{u}_2 - \mathrm{d}m\boldsymbol{u}_1 = \mathrm{d}m(\boldsymbol{u}_2 - \boldsymbol{u}_1)$。对于不可压缩的液体,$\mathrm{d}Q_1 = \mathrm{d}Q_2 = \mathrm{d}Q$,故 $\mathrm{d}\boldsymbol{K} = \rho\mathrm{d}Q\mathrm{d}t(\boldsymbol{u}_2 - \boldsymbol{u}_1)$。

根据动量定理,得恒定元流的动量方程为

$$\rho\mathrm{d}Q(\boldsymbol{u}_2 - \boldsymbol{u}_1) = \boldsymbol{F} \tag{4-59}$$

式中:$\boldsymbol{F}$ 是作用在元流段1—2上的外力的合力。

再建立恒定总流的动量方程。总流的动量变化 $\sum \mathrm{d}\boldsymbol{K}$ 等于所有元流的动量变化之矢量和,若将总流断面取在渐变流上,则 dt 的时间内总流的动量变化等于元流的积分:

$$\sum \mathrm{d}\boldsymbol{K} = \int_{A_2} \rho \mathrm{d}Q \mathrm{d}t \boldsymbol{u}_2 - \int_{A_1} \rho \mathrm{d}Q \mathrm{d}t \boldsymbol{u}_1 = \rho \mathrm{d}t \left(\int_{A_2} \boldsymbol{u}_2 \boldsymbol{u}_2 \mathrm{d}A_2 - \int_{A_1} \boldsymbol{u}_1 \boldsymbol{u}_1 \mathrm{d}A_1 \right)$$

由于流速 $\boldsymbol{u}$ 在过流断面上的分布一般难以确定，故用断面平均流速 v 来计算总流的动量增量，得

$$\sum \mathrm{d}\boldsymbol{K} = \rho \mathrm{d}t(\beta_2 \boldsymbol{v}_2 \boldsymbol{v}_2 A_2 - \beta_1 \boldsymbol{v}_1 \boldsymbol{v}_1 A_1)$$

按断面平均流速计算的动量 $\rho v^2 A$ 与实际动量存在差异，因此需要修正。因断面 1—1 与断面 2—2 是渐变流过流断面，即 v 方向与各点的 u 方向几乎相同，可引入动量修正系数 β——实际动量与按断面平均流速计算的动量的比值。β 值总是大于 1，取决于总流过流断面的流速分布，一般渐变流的 $\beta = 1.02 \sim 1.05$，有时可达到 1.33 或更大，工程上常取 $\beta = 1$。

$v_1 A_1 = v_2 A_2 = Q$，则

$$\sum \mathrm{d}\boldsymbol{K} = \rho Q \mathrm{d}t(\beta_2 \boldsymbol{v}_2 - \beta_1 \boldsymbol{v}_1)$$

根据质点系的动量定理，对于总流有 $\dfrac{\sum \mathrm{d}\boldsymbol{K}}{\mathrm{d}t} = \sum \boldsymbol{F}$，得

$$\rho \int_{A_2} \boldsymbol{u}_2 \boldsymbol{u}_2 \mathrm{d}A_2 - \rho \int_{A_1} \boldsymbol{u}_1 \boldsymbol{u}_1 \mathrm{d}A_1 = \sum F \tag{4-60}$$

或

$$\rho Q(\beta_2 \boldsymbol{v}_2 - \beta_1 \boldsymbol{v}_1) = \sum F \tag{4-61}$$

式中：$\sum \boldsymbol{F}$ 是作用在总流段 1—2 上的外力的合力。

用欧拉法研究液体的流动，可认为单位时间内恒定总流的动量变化等于不随流体一起运动的封闭曲面 Ⅰ—Ⅰ—Ⅱ—Ⅱ—Ⅰ 在该时段内的动量变化（流出动量与流入动量之差），这一封闭曲面称为控制面。相应地，$\sum \boldsymbol{F}$ 等于作用于该控制面内所有液体质点的质量力（对于惯性坐标系即为重力）$\sum \boldsymbol{F}_{\mathrm{m}}$ 与作用在该控制面上的表面力 $\sum \boldsymbol{F}_{\mathrm{s}}$ 的合力，即

$$\sum \boldsymbol{F} = \sum \boldsymbol{F}_{\mathrm{m}} + \sum \boldsymbol{F}_{\mathrm{s}} \tag{4-62}$$

恒定总流的动量方程式(4－60)表明：总流作恒定流动时，单位时间控制面内总流的动量变化（流出与流入的动量之差）等于作用于该控制面内所有液体质点的质量力与作用在该控制面上的表面力的合力。

恒定流动的动量方程不仅适用于理想液体，而且适用于实际液体。实际上即使是非恒定流，只要流体在控制面内的动量不随时间改变（例如泵与风机中的流动），这一方程仍适用。

用动量方程解题的关键在于选取控制面，一般应将控制面的一部分取在运动液体与固体边壁的接触面上，另一部分取在渐变流过流断面上，并使控制面封闭。

因动量方程是矢量方程，故利用它在某坐标系上的投影式进行计算。为方便起见，应使有的坐标轴垂直于不需求解的作用力或动量（速度）。写投影式时应注意各项的正负号。

当要确定运动液体与固体边壁间相互作用的力矩时，一般运用恒定总流的动量矩方程。

利用恒定元流的动量方程式(4－59)对某固定点取矩，可得到恒定元流的动量矩方程：

$$\rho \mathrm{d}Q(\boldsymbol{r}_2 \times \boldsymbol{u}_2 - \boldsymbol{r}_1 \times \boldsymbol{u}_1) = \boldsymbol{r} \times \boldsymbol{F} \tag{4-63}$$

式中：$\boldsymbol{r}_1$、$\boldsymbol{r}_2$ 分别是从固定点到流速矢量 $\boldsymbol{u}_1$、$\boldsymbol{u}_2$ 的作用点的矢径。再在总流过流断面上求矢量积分得恒定总流的动量矩方程：

$$\rho \int_{A_2} \boldsymbol{r}_2 \times \boldsymbol{u}_2 \boldsymbol{u}_2 \mathrm{d}A_2 - \rho \int_{A_1} \boldsymbol{r}_1 \times \boldsymbol{u}_1 \boldsymbol{u}_1 \mathrm{d}A_1 = \sum (\boldsymbol{r} \times \boldsymbol{F}) \tag{4-64}$$

这就是说，单位时间控制面内恒定总流的动量矩变化（流出的动量矩与流入的动量矩之矢量差）等于作用于该控制面内所有液体质点的外力矩之和。

【例4-8】 管路中一段水平放置的等截面弯管直径 d 为200 mm，弯角为45°，如图4-29所示。管中1—1断面处的平均流速 $v_1 = 4$ m/s，其形心处的相对压强 p_1 为1个大气压。若不计管流的水头损失，求水流对弯管的作用力 R_x 与 R_y。

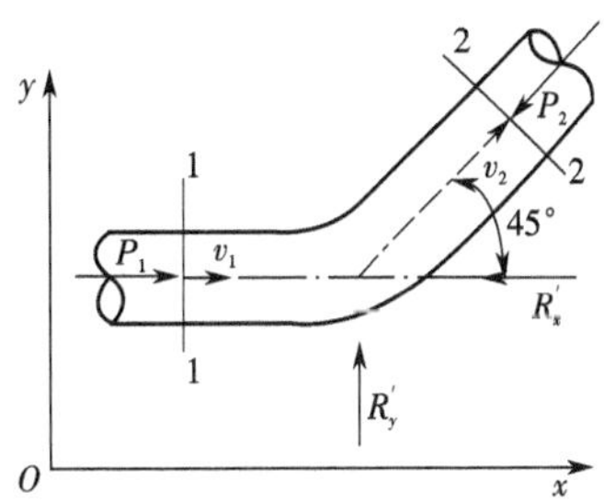

图4-29　例4-8图

解：利用总流的动量方程求解 R_x 与 R_y。取由渐变流过流断面1—1、2—2以及管内壁所围成的封闭曲面作为控制面。

作用在控制面上的表面力以及流入、流出控制面的流速如图4-29所示，R_x' 与 R_y' 是弯管对水流的反作用力，p_1 与 p_2 分别是1—1断面与2—2断面形心处的相对压强，作用在这两个断面上的总压力分别为 $P_1 = p_1A_1$，$P_2 = p_2A_2$，控制面内水流的重力因与所研究的水平面垂直，故不必考虑。

总流的动量方程在 x 轴与 y 轴上的投影为

$$\left.\begin{aligned} \rho Q(\beta_2 v_2 \cos 45° - \beta_1 v_1) &= p_1A_1 - p_2A_2 \cos 45° - R_x' \\ \rho Q(\beta_2 v_2 \sin 45° - 0) &= 0 - p_2A_2 \sin 45° - R_y' \end{aligned}\right\}$$

则

$$\left.\begin{aligned} R_x' &= p_1A_1 - p_2A_2 \cos 45° - \rho Q(\beta_2 v_2 \cos 45° - \beta_1 v_1) \\ R_y' &= p_2A_2 \sin 45° + \rho Q \beta_2 v_2 \sin 45° \end{aligned}\right\} \tag{1}$$

式中

$$Q = \frac{1}{4}\pi d^2 v_1 = \frac{1}{4} \times 3.14 \times 0.2^2 \times 4 = 0.126 \text{ m}^3/\text{s}$$

根据总流的连续性方程，$v_2 = v_1 = 4$ m/s，因弯管水平，且不计水头损失，由总流的伯努利方程得到 $p_2 = p_1 = 1 \text{ atm} = 9.8 \text{ N/cm}^2$，于是

$$p_2A_2 = p_1A_1 = p_1 \frac{1}{4}\pi d_1^2 = 9.8 \times \frac{1}{4} \times 3.14 \times 20^2 = 3\,077 \text{ N}$$

取 $\beta_1 = \beta_2 = 1$，将它们代入式(1)得

$$R_x' = 3\,077 - 3\,077 \times \frac{\sqrt{2}}{2} - 1\,000 \times 0.126 \times 4 \times \left(\frac{\sqrt{2}}{2} - 1\right) = 1\,049 \text{ N}$$

$$R_y' = 3\,077 \times \frac{\sqrt{2}}{2} + 1\,000 \times 0.126 \times 4 \times \frac{\sqrt{2}}{2} = 2\,532 \text{ N}$$

R_x 与 R'_x、R_y 与 R'_y 分别大小相等，方向相反。

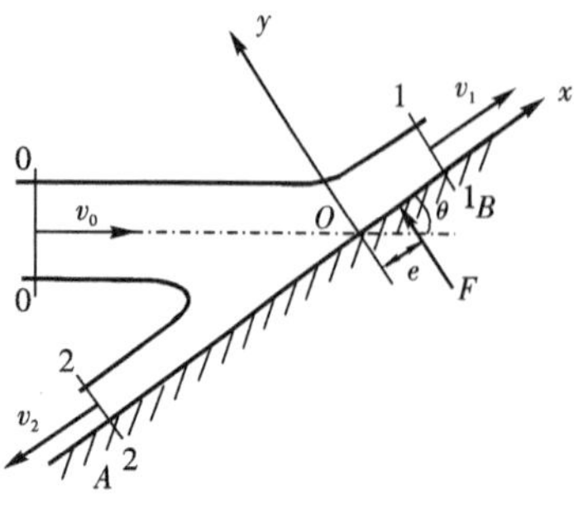

图 4－30　例 4－9 图

【例 4－9】 理想流体对二维平板的斜冲击问题。设水平方向的水射流流速为 v_0，二维流束以体积流量 Q 冲击平板 AB，射流轴心线与平板成 θ 角，如图 4－30 所示。试求：(1) 流体对平板的冲击力；(2) 沿平板的流量 Q_1、Q_2；(3) 冲击力的作用点位置。

解：取以过流断面 0—0、1—1、2—2 及射流流线、平板 AB 为控制面的控制体。

选定直角坐标系 xOy，原点 O 置于射流轴心线与平板的交点，x 轴沿平板方向，y 轴与平板垂直。

由于是射流冲击，四周均承受大气压，控制体内各流体质点的压强皆为大气压(相对压强为零)；由于是二维流动，重力一般不予考虑，平板对控制面内流体的作用力为压力，构成平行力系，合力为 F，方向垂直于平板，指向控制体，作用点与 O 点的距离为 e。

对 0—0 至 1—1 断面及 0—0 至 2—2 断面列伯努利方程，得

$$v_0 = v_1 = v_2 \tag{a}$$

列流动的连续性方程，得

$$Q = Q_1 + Q_2 \tag{b}$$

(1) 求流体对平板的冲击力。

列 y 方向的动量方程：

$$F = -\rho Q(-v_0 \sin\theta) + 0 + 0 = \rho Q v_0 \sin\theta$$

射流对平板的作用力 F' 和 F 是一对作用力与反作用力，大小相等，方向相反，即指向平板，大小为 $\rho Q v_0 \sin\theta$。

(2) 求沿平板的流量 Q_1、Q_2。

列 x 方向的动量方程：

$$\sum F_x = 0 = -\rho Q v_0 \cos\theta + \rho Q_1 v_1 + \rho Q_2(-v_2)$$

将上式与式(a)、式(b)联立，解得

$$Q_1 = \frac{1+\cos\theta}{2}Q, Q_2 = \frac{1-\cos\theta}{2}Q$$

(3) 求 F 的作用点位置。

以 O 点为矩心，列动量矩方程：

$$Fe = -\rho Q_1 v_1 \times \frac{b_1}{2} + \rho Q_2 v_2 \times \frac{b_2}{2}$$

式中：b_1、b_2 分别为断面 1—1、2—2 处流束的宽度，$b_1 I v_1 = Q_1$，$b_2 I v_2 = Q_2$，解得

$$e = -\frac{Q}{2v_0}\cot\theta$$

其中负号表示 F 的作用点在 O 点的另一端，Q/v_0 为射流 0—0 断面的宽度。

【例 4－10】 水平放置的变截面 U 形管，流量为 $Q = 0.01\ \mathrm{m^3/s}$，1—1 断面面积为 $A_1 =$

50 cm^2，出口处 2—2 断面面积为 $A_2=10\ cm^2$（外为大气压），进口管和出口管平行。求：(1) 水流对 U 形管的作用力；(2) 该作用力的作用点位置。

解：取由过流断面 1—1 和 2—2 及 U 形管侧面围成的面为封闭控制面。

选定平面直角坐标系，如图 4－31 所示，x 轴为出口管轴中心线方向。由于控制体中流体的动量仅在 x 方向有变化，y 方向的动量变化为零，因此作用在控制体中流体的所有外力在 y 轴上的投影为零。由于水平放置的 U 形管可不考虑重力，且控制体外流体的表面力仅为 x 方向的，所以 U 形管对水流的作用力也仅为 x 方向的。假设作用力为 F，作用点距 x 轴 e。

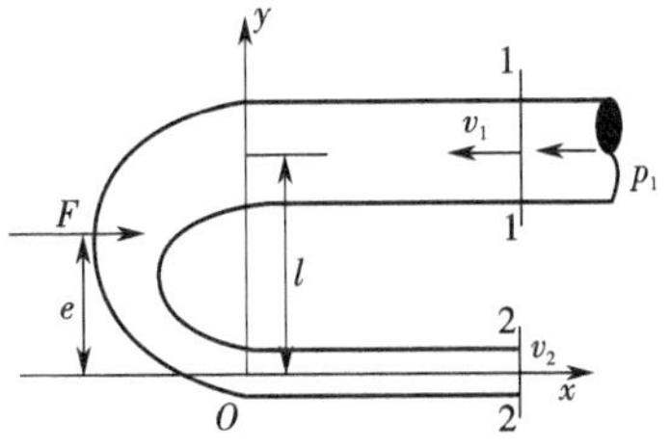

图 4－31　例 4－10 图

由连续性方程得

$$v_1=\frac{Q}{A_1}=\frac{0.01}{0.005}=2\ m/s,\ v_2=\frac{Q}{A_2}=\frac{0.01}{0.001}=10\ m/s$$

列断面 1—1 至断面 2—2 的伯努利方程：

$$\frac{p_1}{\gamma}+\frac{v_1^2}{2g}=\frac{p_2}{\gamma}+\frac{v_2^2}{2g}$$

$$p_1=p_2+\frac{\rho}{2}(v_2^2-v_1^2)=0+\frac{1\ 000}{2}\times(10^2-2^2)=48\ kPa$$

(1) 列控制体在 x 方向的动量方程投影式：

$$\sum F_x=\int_A \rho v_n v_x dA$$

$$F-p_1A_1=-\rho Q(-v_1)+\rho Qv_2$$

$$F=-1\ 000\times0.01\times(-2)+1\ 000\times0.01\times10+48\ 000\times0.005=360\ N$$

水流对 U 形管的作用力为 F 的反作用力，大小为 360 N，方向和 F 的方向相反。

(2) 以 O 为矩心，列动量矩方程：

$$-Fe+p_1A_1l=-\rho Qv_1l$$

$$e=\frac{48\ 000\times0.005l+1\ 000\times0.01\times2l}{360}=0.72l$$

【例 4－11】　水从长 $l=0.6$ m 的水平放置的喷管两端喷出，支撑点在喷管中心，水流相对于喷管的出流速度 $v_r=6$ m/s，喷口直径 $d=12.5$ mm，如图 4－32 所示。试求：(1) 喷管不动时的转动力矩；(2) 喷口以周向速度 v 旋转时装置的功率表达式；(3) $v_r=6$ m/s 时使功率最大的 v 值。

解：取过流断面 1—1、2—2 以及喷管内侧围成控制面。

取平面坐标系 xOy，O 点为喷管中心，即转轴中心。喷管对控制体的作用力在 y 方向的分力为 F_y，其作用线通过喷口的中心线。

(1) 喷管不动时，列 y 方向控制体的动量方程：

$$\sum F_y=\int_A \rho v_n v_y dA$$

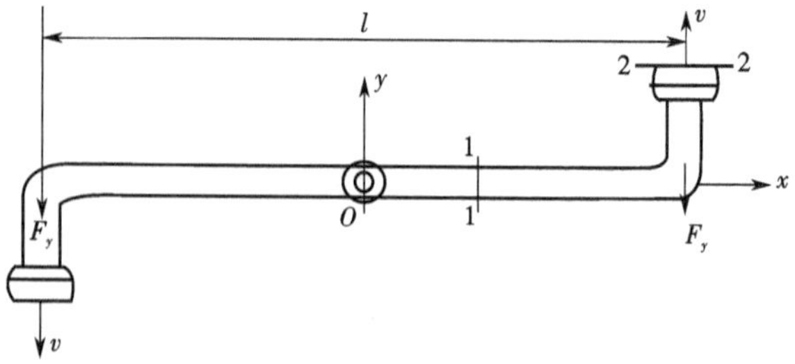

图 4-32 例 4-11 图

$$F_y=\rho v_r\frac{\pi}{4}d^2v_r=1\,000\times6\times\frac{\pi}{4}\times0.012\,5^2\times6=4.42\ \mathrm{N}$$

喷管受到的流体的作用力大小为 4.42 N,方向与 F_y 相反。

喷管不动时,由 F_y 产生的转动力矩 M 大小为 $M=F_yl=4.42\times0.6=2.65\ \mathrm{N\cdot m}$,方向为顺时针方向。

(2)当喷管旋转时,喷口的出流绝对速度为 $v_a=v_r+v_e$,即 $v_a=v_r-v$,代入 y 方向控制体的动量方程,得

$$F_y=\rho v_r\frac{\pi}{4}d^2v_a=1\,000\times6\times\frac{\pi}{4}\times0.012\,5^2\times(6-v)=4.42-0.74v$$

$$M=F_yl=(4.42-0.74v)\times0.6=2.65-0.44v$$

功率表达式为

$$P=M\omega=(2.65-0.44v)\times\frac{v}{\frac{l}{2}}=8.83v-1.47v^2$$

(3)P 取得极大值时

$$\frac{\mathrm{d}P}{\mathrm{d}v}=8.83-2\times1.47v=0$$

得 $v=3$ m/s 时功率最大。

习　题

一、问答题

1. 写出实际流体恒定元流的伯努利方程和实际流体恒定总流的伯努利方程,并指出它们的区别。

2. 简述伯努利方程的适用条件和应用伯努利方程的方法、步骤。

3. 能量方程中各项的几何意义和能量意义是什么?

4. 关于水流去向的问题,有以下一些说法:水一定从高处向低处流;水由压力大的地方向压力小的地方流;水由流速大的地方向流速小的地方流。这些说法对吗?试用基本方程论证说明。

5. 总流的动量方程为 $\sum p=\rho Q(\beta_2v_2-\beta_1v_1)$。试问:

（1）$\sum p$ 中包括哪些力？

（2）如果由动量方程求得的力为负值，说明什么问题？

6. 应用恒定总流的能量方程时，为什么把过流断面选在渐变流段或均匀流段？

7. 列总流的能量方程时，过流断面上的代表点、基准面是否可以任意选取？为什么？

二、计算题

1. 如图所示，一个虹吸管 $a=2$ m，$h=6$ m，$d=15$ cm。试求：（1）管内的流量；（2）管内最高点 S 处的压强；（3）若 h 不变，点 S 继续升高（即 a 增大，而上端管口始终浸入水内），使吸虹管内的水不能连续流动的 a 值为多大。

2. 如图所示，两个紧靠的水箱逐级放水，放水孔的截面面积分别为 A_1 与 A_2，试问 h_1 与 h_2 呈什么关系时流动处于恒定状态，这时左边的水箱需补充多大的流量。

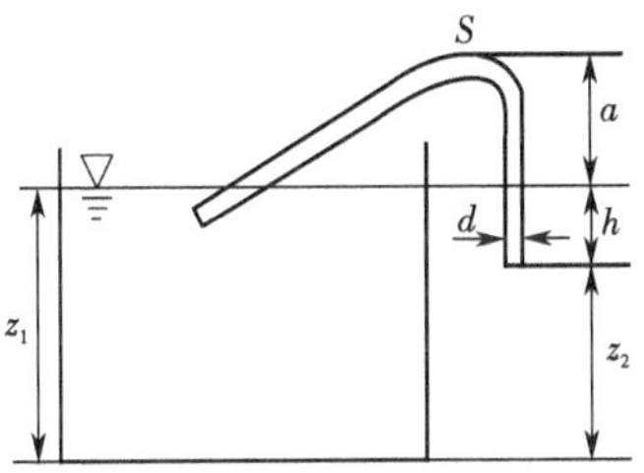

计算题 1 附图

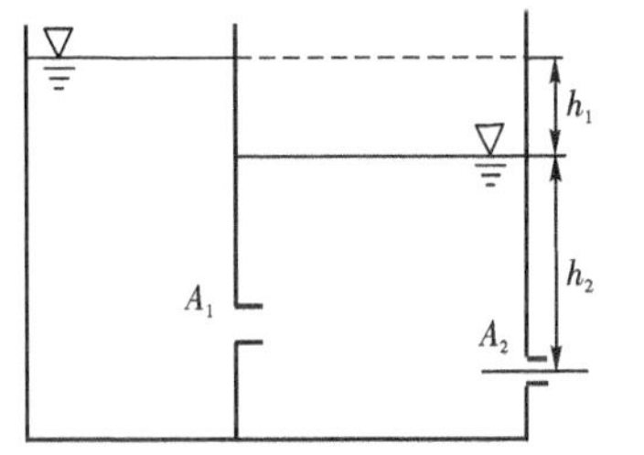

计算题 2 附图

3. 管道末端装一个喷嘴，管道和喷嘴的直径分别为 $D=100$ mm 和 $d=30$ mm，如通过的流量为 0.02 m^3/s，不计水流过喷嘴的阻力，求截面 1 处的压力。

4. 水管直径为 50 mm，末端的阀门关闭时，压力表读数为 21 kN/m^2，阀门打开后读数降至 5.5 kN/m^2，如不计管中的压头损失，求通过的流量。

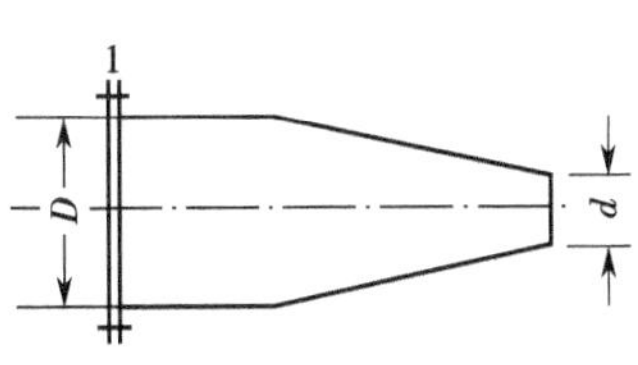

计算题 3 附图

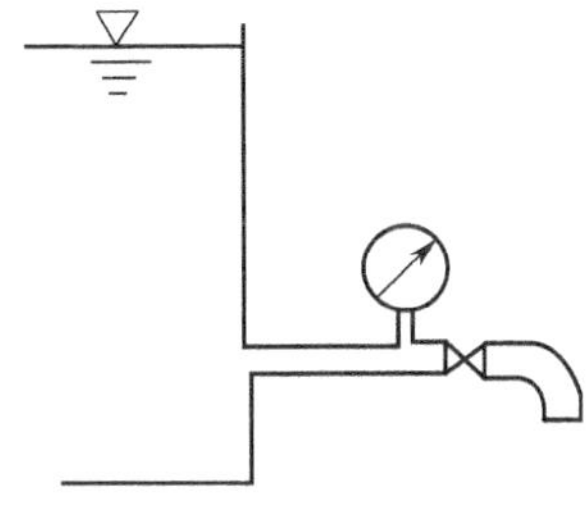

计算题 4 附图

5. 用水银压差计测量水管中的点速度 u，如读数 $\Delta h=60$ mm，求该点的流速。

6. 流量为 0.06 m^3/s 的水流过如图所示的变直径管段，截面①处管径 $d_1=250$ mm，截面②处管径 $d_2=150$ mm，①、②两截面高差为 2 m，截面①上的压力 $p_1=120$ kN/m^2，压头损失不计。

试求：（1）如水向下流动，截面②上的压力及水银压差计的读数；

（2）如水向上流动，截面②上的压力及水银压差计的读数。

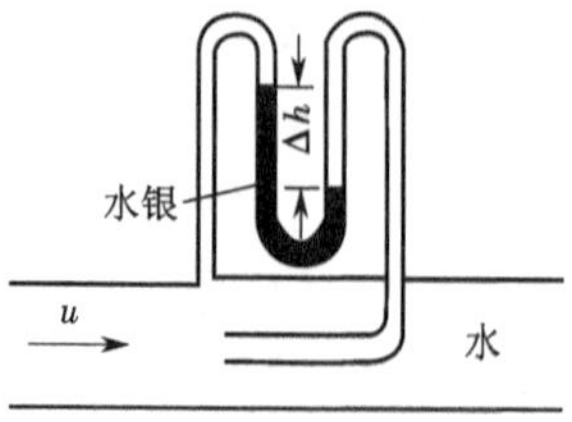

计算题 5 附图

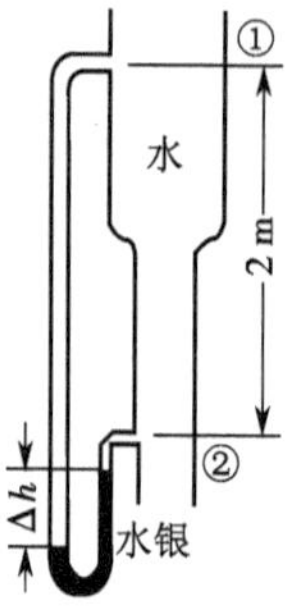

计算题 6 附图

7. 水由图中的喷口流出，喷口直径 $d=75$ mm，不计损失，计算 H 值（以 m 计）和 p 值（以 kN/m^2 计）。

8. 如图所示，水从密闭容器中恒定流出，经过一个变截面管流入大气中，已知 $H=7$ m，$p=0.3$ at，$A_1=A_3=50$ cm^2，$A_2=100$ cm^2，$A_4=25$ cm^2，若不计流动损失，试求：(1)各截面上的流速、流经管路的体积流量；(2)各截面上的总水头。

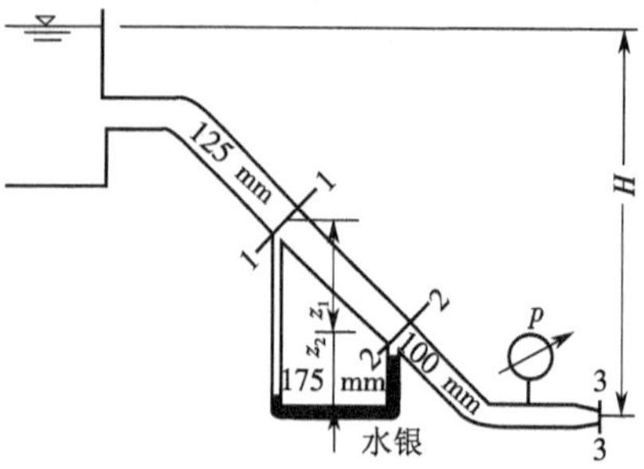

计算题 7 附图

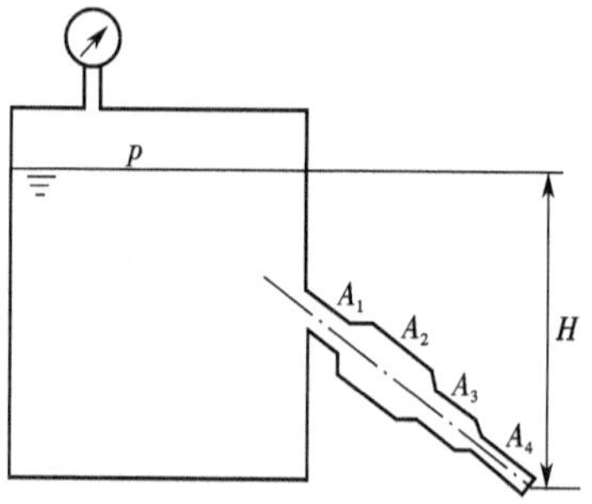

计算题 8 附图

9. 如图所示，在水箱侧壁的同一铅垂线上开了上下两个小孔，若两股射流在 O 点相交，试证明 $h_1z_1=h_2z_2$。

10. 如图所示，文丘里管 A 处的直径 $d_1=20$ cm，B 处的直径 $d_2=2$ cm。阀门 D 关闭、阀门 C 开启时测得 U 形管压力计中水银柱的高差 $h=8$ mm，求此时文丘里管内的流量。若将阀门 C 关闭，阀门 D 开启，利用管中的射流将真空容器内的压强降至 100 mmHg，管内的流量为多大？

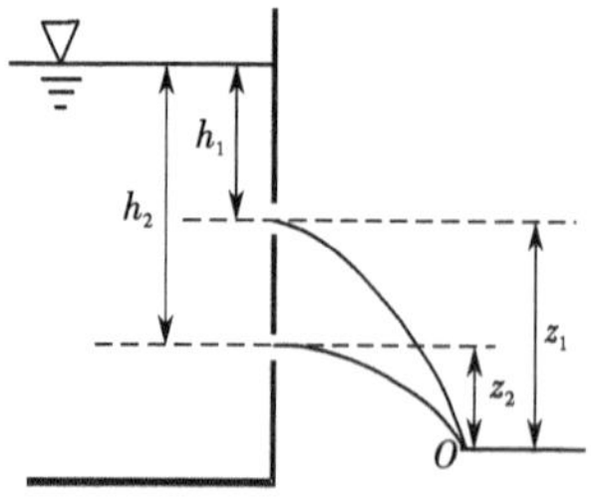

计算题 9 附图

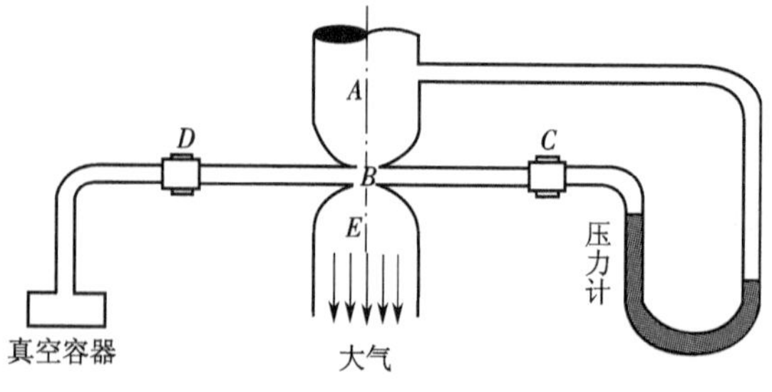

计算题 10 附图

11. 如图所示，一个上大下小的圆锥状储水池底部有一个泄流管，其直径 $d=0.6$ m，流量因数 $\mu=0.8$，容器内初始水深 $h=3$ m，水面直径 $D=60$ m，水位降落 1.2 m 后水面直径为 48 m，求此过程所需的时间。

12. 高压水管末端的喷嘴如图所示，出口直径 $d=10$ cm，管端直径 $D=40$ cm，流量 $Q=0.4\ m^3/s$，喷嘴和管道以法兰连接，共用 12 个螺栓，不计水和管嘴的重量，求每个螺栓所受的力。

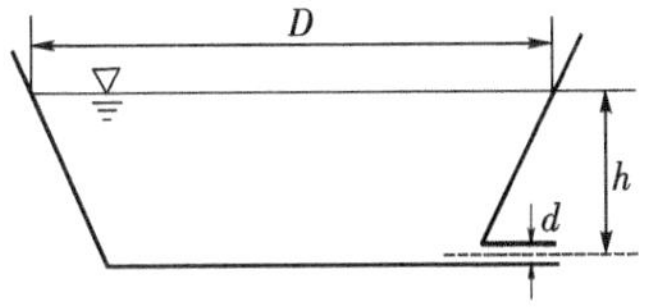

计算题 11 附图

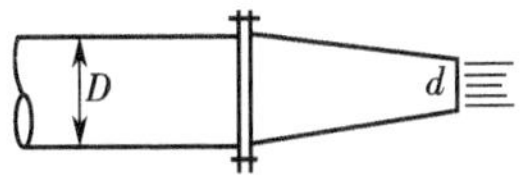

计算题 12 附图

13. 如图所示，水箱通过宽 $B=0.9$ m，高 $H=1.2$ m 的闸门往外泄流，闸门开口的顶端距水面 $h=0.6$ m。试计算：(1) 闸门开口的理论流量；(2) 将开口作为小孔处理所引起的百分误差。

14. 利用水箱 A 中水的流动吸出水槽 B 中的水，水箱及管道各部分的截面面积及速度如图所示。试求：(1) 使最小截面处的压强低于大气压的条件；(2) 从水槽 B 中把水吸出的条件。（假定 $A_e \ll A_0$，$A_s \ll A_0$，与从水箱 A 中流出的流量相比，从水箱 B 中吸出的流量为小量）

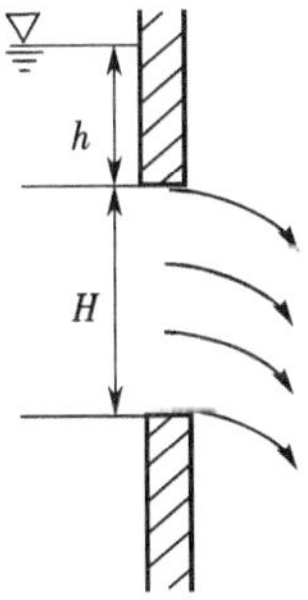

计算题 13 附图

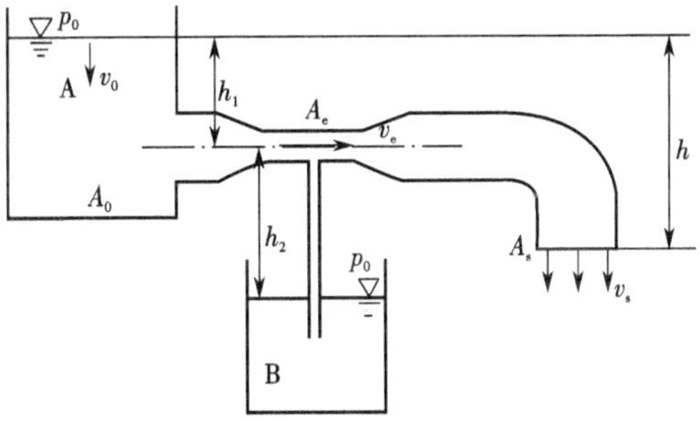

计算题 14 附图

15. 如图所示，一个消防水枪向上的倾角 $\alpha=30°$，水管直径 $D=150$ mm，压力表读数 $p=3\ mH_2O$，喷嘴直径 $d=75$ mm，求喷出流速、喷至最高点的高程及最高点的射流直径。（不计压力表到喷嘴的高度差）

16. 如图所示，水以 $v=10$ m/s 的速度从内径为 50 mm 的喷管中喷出，喷管的一端用螺栓固定在内径为 100 mm 的水管的法兰上，如不计损失，试求作用在连接螺栓上的拉力。

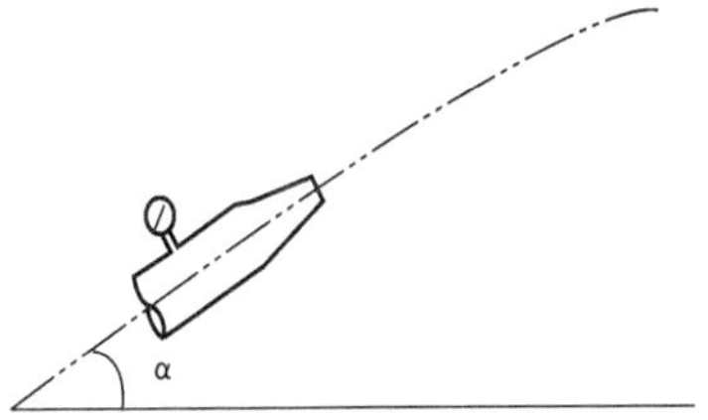

计算题 15 附图

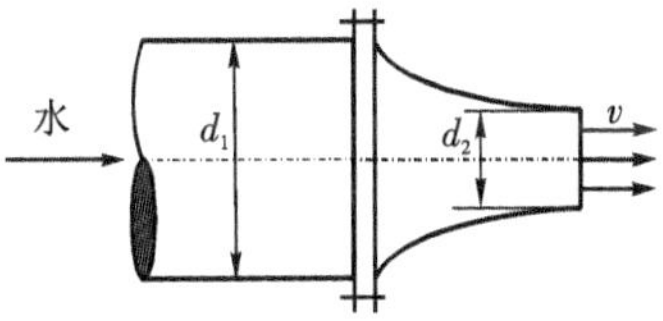

计算题 16 附图

17. 将一块平板伸到水柱内，板面垂直于水柱的轴线，水柱被截后的流动如图所示。已知水柱的流量 $Q=0.036\ m^3/s$，水柱的来流速度 $v=30\ m/s$，若被截取的流量 $Q_1=0.012\ m^3/s$，试确定水柱作用在板上的合力 F 和水流的偏转角 α。（忽略水的重量及黏性）

18. 水射流对弯曲对称叶片的冲击如图所示，试就下面两种情况求射流对叶片的作用力：(1)喷嘴和叶片都固定；(2)喷嘴固定，叶片以速度 v 后退。

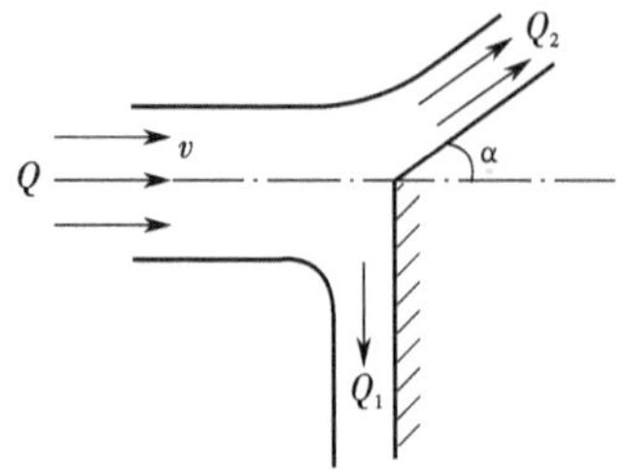

计算题 17 附图

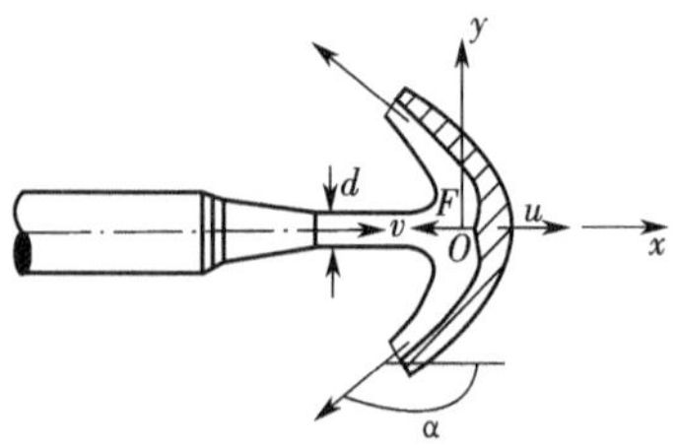

计算题 18 附图

19. 如图所示，在锅炉的煤气进口处测得烟气负压 $h_1=10.5\ mmH_2O$，出口负压 $h_2=20\ mmH_2O$。如炉外空气密度 $\rho=1.2\ kg/m^3$，烟气密度 $\rho'=0.6\ kg/m^3$，两个测压断面高度差 $H=5\ m$，试求烟气通过锅炉的压强损失。

20. 如图所示，直径为 $d_1=700\ mm$ 的管道在支承水平面上分为 $d_2=500\ mm$ 的两个支管，A—A 断面上的压强为 $70\ kN/m^2$，管道流量 $Q=0.6\ m^3/s$，两个支管流量相等。(1)不计水头损失，求支墩受的水平推力；(2)若水头损失为支管流速水头的 5 倍，求支墩受的水平推力。（不考虑螺栓连接的作用）

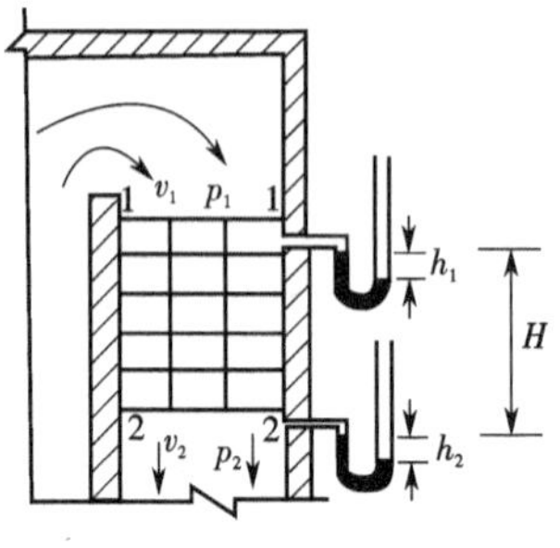

计算题 19 附图

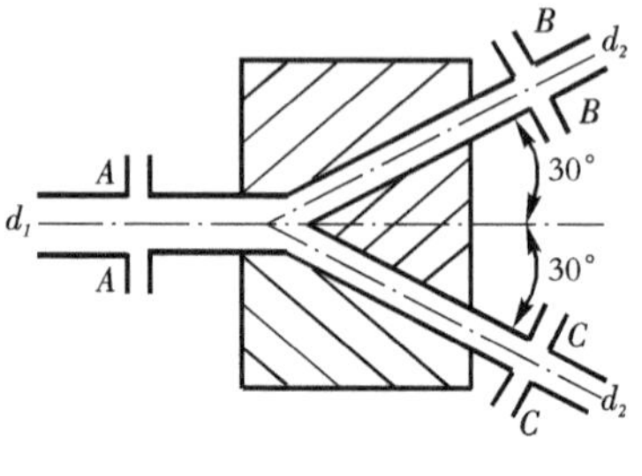

计算题 20 附图

21. 水经 180°弯管自喷嘴流出，如管径 $d=100\ mm$，喷嘴直径 $d=25\ mm$，管道前端的测压表读数 $M=196.5\ kN/m^2$，求法兰盘接头 A 处上、下螺栓的受力情况。假定螺栓上下前后共安装 4 个，上、下螺栓中心距离为 175 mm，弯管喷嘴和水重为 150 N，作用位置如图所示。

22. 水由管中铅直流出，求流量及测压计的读数。假定水流无损失。

23. 上、下两个水箱的位置如图所示，下部的水箱重 224 N，盛水重 897 N。如果此水箱放在秤台上，受如图所示的恒定水流作用，问秤的读数是多少。

24. 求水流作用于 1 m 宽的挑流坎 AB 的水平分力和铅直分力。假定 A、B 两截面间的水重为 2.69 kN，而且从截面 B 流出的流动可以认为是自由射流。

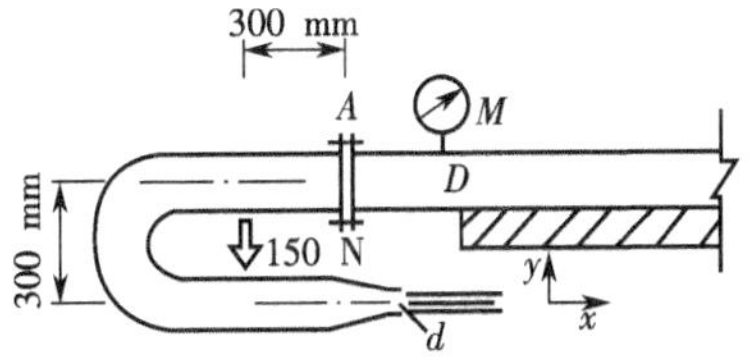

计算题 21 附图

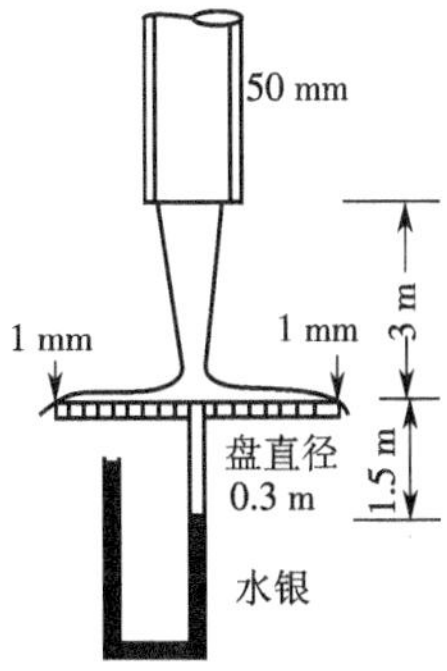

计算题 22 附图

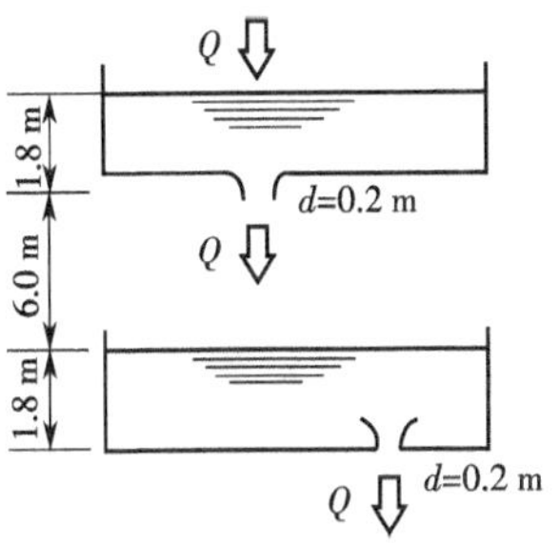

计算题 23 附图

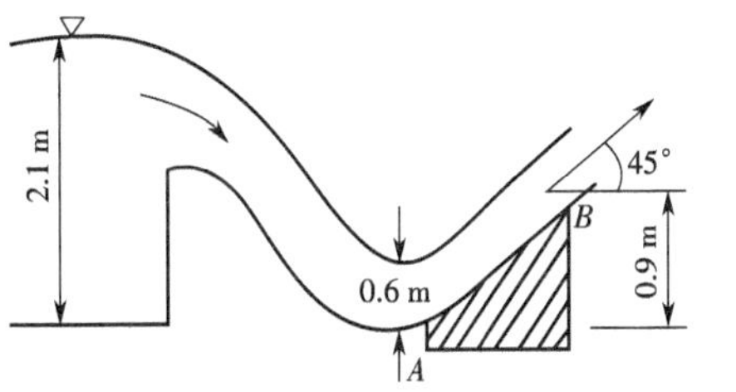

计算题 24 附图

25. 理想流体平面射流以 θ 角冲击无限宽（垂直于纸面方向）的平板，如射流的单宽流量为 q_0，速度为 u_0，遇平板后两侧的单宽流量分别为 q_1 和 q_2，求：(1) 用 θ 函数表示的 q_1/q_2；(2) 射流对单宽平板的作用力。

26. 臂长皆为 10 cm 的双臂喷水装置喷水口直径为 1 cm，直径为 3 cm 的中心供水管内水流速度为 7 m/s，求：

(1) 转臂不动时需施加的力矩；

(2) 使转臂以 150 r/min 的转速逆时针旋转需施加的力矩。

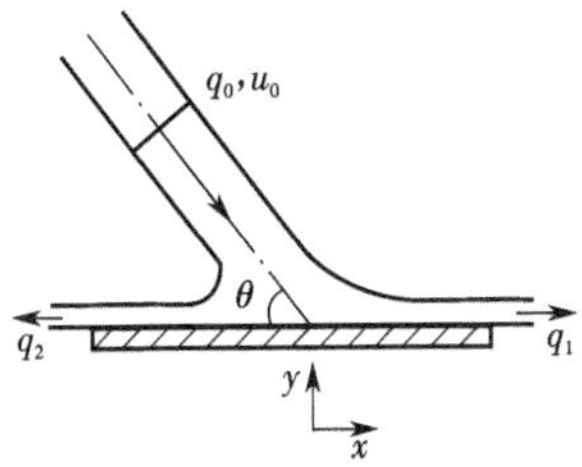

计算题 25 附图

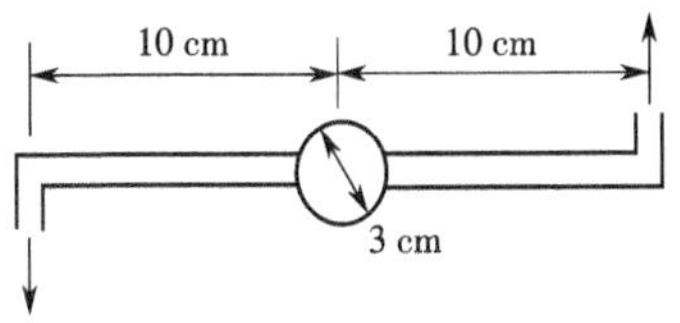

计算题 26 附图

第5章　旋涡理论

5.1　旋涡运动的基本概念

在流体运动中，凡是 w_x、w_y、w_z 不全为零的地方，就存在流体的旋涡运动。一般来说，可将整个流场分为若干区域，其中某些区域为旋涡区，其余区域则为无旋区。自然界中的龙卷风以及桥墩后面规则的双排涡列便是人们能观察到的旋涡运动的典型例子。但在大多数情况下，流动中的旋涡不是人们的肉眼所能察觉出来的。

压力差、质量力和黏性力是旋涡产生、变化和泯灭的原因。流体流过固体壁面时，除壁面附近受黏性影响严重的薄层外，其流动可视为理想流体的无旋运动。有关旋涡运动的概念与理论在实际工程中有广泛的应用，现代机翼理论和螺旋桨理论就是以其为基础的。旋涡与船体的阻力、振动以及噪声等的关系也很密切。

本书第3章给出了描述速度场的流线、流管、流量等基本概念。本章将介绍旋涡运动的基本概念和几个基本定理，并讨论旋涡诱导速度的计算。速度场和旋涡场都是体现流动特征的矢量场，因此描述速度场和漩涡场的基本概念具有一一对应的关系：

流场	旋涡场
流量	涡通量
流线	涡线
流线方程	涡线方程
流管	涡管
流束	涡束

这样就很容易理解旋涡的基本概念了。

5.1.1　涡线、涡管、旋涡强度

在速度矢量场中，可以用流线、流管等概念使流动图形化。同样，在旋涡矢量场中，可以用涡线、涡管等概念。

对有旋流动，$\boldsymbol{\omega}(\omega_x,\omega_y,\omega_z)\neq\boldsymbol{0}$，而 $\boldsymbol{\omega}=f(x,y,z,t)$，所以在有旋流动的流场中同时存在一个涡量场 $\boldsymbol{\Omega}$ 或角速度场 $\boldsymbol{\omega}=\dfrac{1}{2}\boldsymbol{\Omega}$。

$$\boldsymbol{\Omega}=\Omega_x\boldsymbol{i}+\Omega_y\boldsymbol{j}+\Omega_z\boldsymbol{k}$$

对于流体的三维流动，x、y 和 z 轴方向的涡量分量为

$$\Omega_x=2\omega_x=\frac{\partial v_z}{\partial y}-\frac{\partial v_y}{\partial z}$$

$$\Omega_y = 2\omega_y = \frac{\partial v_x}{\partial z} - \frac{\partial v_z}{\partial x}$$

$$\Omega_z = 2\omega_z = \frac{\partial v_y}{\partial x} - \frac{\partial v_x}{\partial y}$$

其矢量形式为

$$\boldsymbol{\Omega} = 2\boldsymbol{\omega} = \nabla \times \boldsymbol{V} \tag{5-1}$$

因此,在有旋流动中流体流动速度的旋度称为涡量。由此可见,在流体流动中,如果涡量的三个分量中有一个不等于零,即为有旋流动。如果一个流动区域内各处的涡量分量都等于零,即沿任何封闭曲线的速度环量都等于零,则这个区域内的流动一定是无旋流动,满足涡量连续性方程

$$\frac{\partial \Omega_x}{\partial x} + \frac{\partial \Omega_y}{\partial y} + \frac{\partial \Omega_z}{\partial z} = 0 \tag{5-2}$$

下面定义涡线、涡管、涡束、旋涡强度和涡通量。

1. 涡线

涡线是流场中的这样一条曲线:在某一瞬时该曲线上各点的切线方向与该点流体微团的平均旋转角速度 ω 方向重合,如图 5-1 所示。涡线是瞬时的概念,在不同的瞬时,其形状不同。与流线一样,在定常流场中,涡线的形状不随时间而变;在非定常流场中,涡线的形状随时间而变,但涡线不会相交。

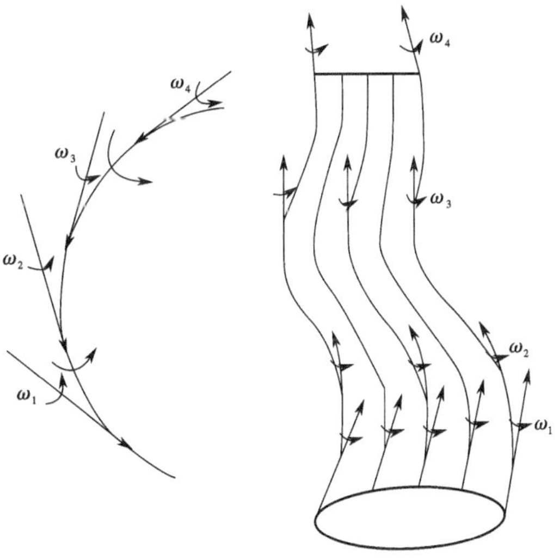

图 5-1　涡线

设 $d\boldsymbol{s}(dx, dy, dz)$ 代表涡线上的一段微弧长,$\boldsymbol{\omega}(\omega_x, \omega_y, \omega_z)$ 代表 $d\boldsymbol{s}$ 处流体微团的旋转角速度。根据涡线的定义,$d\boldsymbol{s} /\!/ \boldsymbol{w}$,因此这两个向量的分量成比例。

取 $d\boldsymbol{s} = dx\boldsymbol{i} + dy\boldsymbol{j} + dz\boldsymbol{k}$ 为涡线上的一段微元线段,则有

$$\boldsymbol{\Omega} \times \mathrm{d}\boldsymbol{s} = \begin{vmatrix} \boldsymbol{i} & \boldsymbol{j} & \boldsymbol{k} \\ \Omega_x & \Omega_y & \Omega_z \\ \mathrm{d}x & \mathrm{d}y & \mathrm{d}z \end{vmatrix} = 0$$

由上式可以得到涡线微分方程

$$\frac{\mathrm{d}x}{\Omega_x(x,y,z,t)} = \frac{\mathrm{d}y}{\Omega_y(x,y,z,t)} = \frac{\mathrm{d}z}{\Omega_z(x,y,z,t)} \tag{5-3a}$$

$$\frac{\mathrm{d}x}{\omega_x(x,y,z,t)} = \frac{\mathrm{d}y}{\omega_y(x,y,z,t)} = \frac{\mathrm{d}z}{\omega_z(x,y,z,t)} \tag{5-3b}$$

将式(5－3)积分就可以得到涡线,积分时将 t 看成参数。t 取定一个数值,就可以得到该瞬时的涡线。因为流体微团绕角速度向量旋转,涡线上的微弧的方向又与角速度的方向一致,也就是流体微团绕涡线旋转。因此可以设想,涡线就像一根丝线,流体微团就像一串珍珠被丝线穿过,并不停地绕其转动。

2. 涡管和涡束

在旋涡场中通过任意一条不是涡线的封闭曲线 C 的每一点作涡线,这些涡线所形成的管状表面称为涡管,如图 5－2 所示。

涡管中充满了做旋转运动的流体,称为涡束。截面面积无限小的涡束称为涡丝(涡索)。要注意涡线和涡丝这两个概念的区别,前者是一条几何上的曲线,而后者虽细却包含流体,具有一定的物理量。

3. 旋涡强度和涡通量

在曲面 σ 上取一个微分面积 $\mathrm{d}\sigma$,将角速度向量 $\boldsymbol{\omega}$ 投影到 σ 的法线上(如图 5－3 所示)得 ω_n,ω_n 与 $\mathrm{d}\sigma$ 的乘积定义为 $\mathrm{d}\sigma$ 的旋涡强度,用 $\mathrm{d}J$ 来表示。

$$\mathrm{d}J = \omega_n \mathrm{d}\sigma \tag{5-4}$$

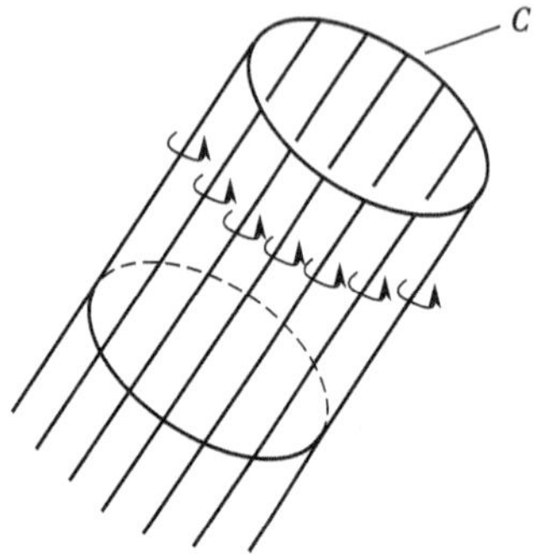

图 5－2 涡管

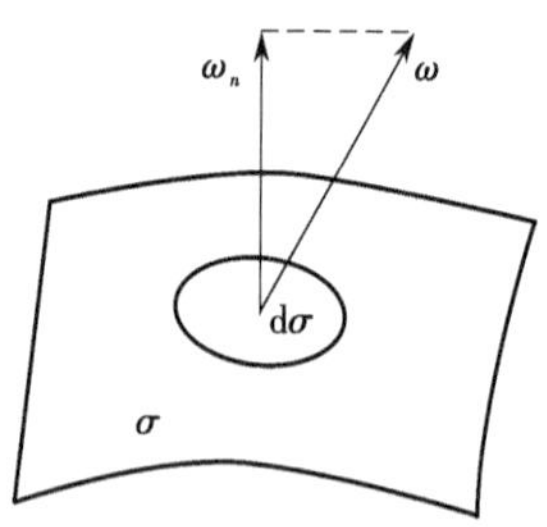

图 5－3 旋涡强度的求取

将 $\mathrm{d}J$ 沿 σ 面积分,即得到穿过 σ 面的旋涡强度 J。

$$J = \iint_\sigma \omega_n \mathrm{d}\sigma \tag{5-5}$$

如果 σ 面是涡管的截面,则 J 称为涡管强度。J 是表征流场中旋涡的强弱和分布面积的大小的物理量。涡通量的定义为

$$W=\iint_{\sigma}\boldsymbol{\Omega}\cdot\boldsymbol{n}\mathrm{d}\sigma=2\iint_{\sigma}\omega_n\mathrm{d}\sigma \tag{5-6}$$

由于

$$\frac{\partial\Omega_x}{\partial x}+\frac{\partial\Omega_y}{\partial y}+\frac{\partial\Omega_z}{\partial z}=0$$

所以

$$\oiint_{\sigma}\boldsymbol{\Omega}\cdot\boldsymbol{n}\mathrm{d}\sigma=0 \tag{5-7}$$

5.1.2　速度环量

速度环量是从另一个角度量度旋涡强弱的物理量，是速度向量的切向分量沿某一条封闭周线的线积分，定义如下。

某一瞬时在流场中取任意曲线 AB，在 AB 曲线上取一小段 $\mathrm{d}s$，$\mathrm{d}s$ 处的速度 v 在 $\mathrm{d}s$ 方向上的投影为 v_s，如图 5-4(a)所示。v_s 和 $\mathrm{d}s$ 的乘积沿 AB 曲线的线积分称为 AB 曲线的速度环量 Γ_{AB}。

$$\Gamma_{AB}=\int_{AB}v_s\mathrm{d}s \tag{5-8}$$

或

$$\Gamma_{AB}=\int_{AB}v\cos(v,\mathrm{d}s)\mathrm{d}s$$

或

$$\Gamma_{AB}=\int_{AB}(v_x\mathrm{d}x+v_y\mathrm{d}y+v_z\mathrm{d}z)$$

速度环量是一个标量，具有正负号。速度环量的正负不仅与速度方向有关，而且与积分时所取的绕行方向有关。当沿顺时针方向绕行时，应加负号。速度方向和 AB 曲线方向相同时(成锐角)为正，相反时(成钝角)为负。因此，线积分方向相反的速度环量相差一个负号，即

$$\Gamma_{AB}=-\Gamma_{BA} \tag{5-9}$$

速度环量的其他表达形式如下：

$$\Gamma_{AB}=\int_{AB}v\mathrm{d}s \tag{5-10}$$

在流体力学中，经常用到沿某一条封闭周线 C 的速度环量，如图 5-4(b)所示。

$$\Gamma_C=\oint_C v_s\mathrm{d}s \tag{5-11}$$

它表示所有在封闭周线 C 上的流体质点沿周线 C 的运动趋势。当封闭周线内有涡束时，沿封闭周线的速度环量等于该周线内所有涡束的旋涡强度之和的 2 倍。这就是斯托克斯(Stokes)定理，用公式表示为

$$\oint_C v_s\mathrm{d}s=2\iint_{\sigma}\omega_n\mathrm{d}\sigma \tag{5-12}$$

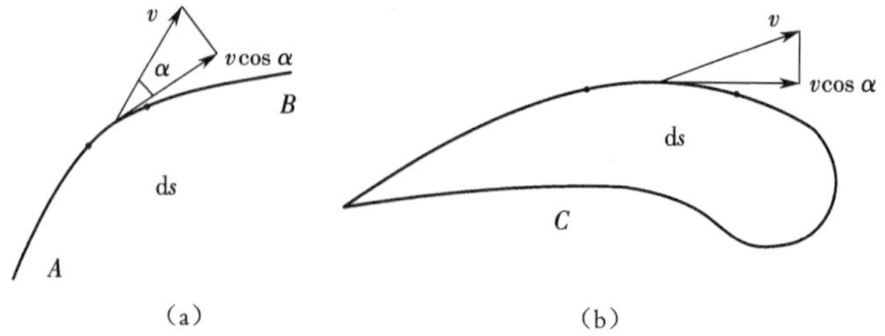

图 5－4 速度环量

(a)AB 曲线的速度环量 (b)沿封闭周线的速度环量

5.2 斯托克斯(Stokes)定理

沿封闭周线 C 的速度环量与有旋流动之间有一个重要的关系，现仅以平面流动为例找出这个关系。如图 5－5 所示，在平面 xOy 上取一个微元矩形封闭周线，其面积 $A=\mathrm{d}x\mathrm{d}y$，流体在 A 点的速度分量为 v_x 和 v_y，则 B、C 和 D 点的速度分量如下：

$$v_{Bx}=v_x+\frac{\partial v_x}{\partial x}\mathrm{d}x$$

$$v_{By}=v_y+\frac{\partial v_y}{\partial x}\mathrm{d}x$$

$$v_{Cx}=v_x+\frac{\partial v_x}{\partial x}\mathrm{d}x+\frac{\partial v_x}{\partial y}\mathrm{d}y$$

$$v_{Cy}=v_y+\frac{\partial v_y}{\partial x}\mathrm{d}x+\frac{\partial v_y}{\partial y}\mathrm{d}y$$

$$v_{Dx}=v_x+\frac{\partial v_x}{\partial y}\mathrm{d}y$$

$$v_{Dy}=v_y+\frac{\partial v_y}{\partial y}\mathrm{d}y$$

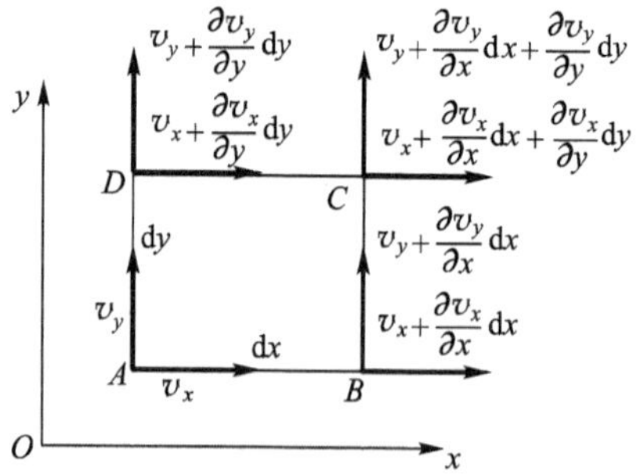

图 5－5 沿微元矩形的速度环量

因此，沿封闭周线逆时针方向 $ABCDA$ 的速度环量为

$$\mathrm{d}\Gamma=\frac{v_{Ax}+v_{Bx}}{2}\mathrm{d}x+\frac{v_{By}+v_{Cy}}{2}\mathrm{d}y-\frac{v_{Cx}+v_{Dx}}{2}\mathrm{d}x-\frac{v_{Dy}+v_{Ay}}{2}\mathrm{d}y \tag{5-13}$$

将各点的速度值代入上式，略去高于一阶的无穷小项，根据$\left(\frac{\partial v_y}{\partial x}-\frac{\partial v_x}{\partial y}\right)=2\omega_z$，得

$$d\Gamma=\left(\frac{\partial v_y}{\partial x}-\frac{\partial v_x}{\partial y}\right)dxdy=2\omega_z dA=2\omega_n dA=2dJ \tag{5-14}$$

将式(5－14)对面积积分，得

$$\Gamma=\iint 2\omega_z dA=2J \tag{5-15}$$

式(5－15)表明，沿无限小的矩形曲线 *ABCDA* 的速度环量等于穿过这一曲线所包围的面积的旋涡强度的 2 倍，即斯托克斯定理。这个定理的意义在于它把旋涡强度和速度环量用等式联系起来了。旋涡强度和流体微团的角速度不能直接测得，而流体速度的测量和速度环量的计算比较简单。

下面将以上结果推广到有限大的平面面积上。在图 5－6 中，将封闭周线 C 所包围的面积划分为若干个微分矩形面积，对每一个微分矩形面积应用式(5－14)求值。由图 5－6 可知，在两个相邻矩形的公共边上，沿相反的方向各计算速度环量一次，由式(5－9)可知它们的和为零。沿内部线段的速度环量两两抵消，只剩下沿外部边界的速度环量。当矩形的数目趋向于无限多，它们的微分面积趋向于零时，外边界趋向于封闭周线 C。因此在平面上，对包围有限大面积的任意形状的曲线 C，可以得到

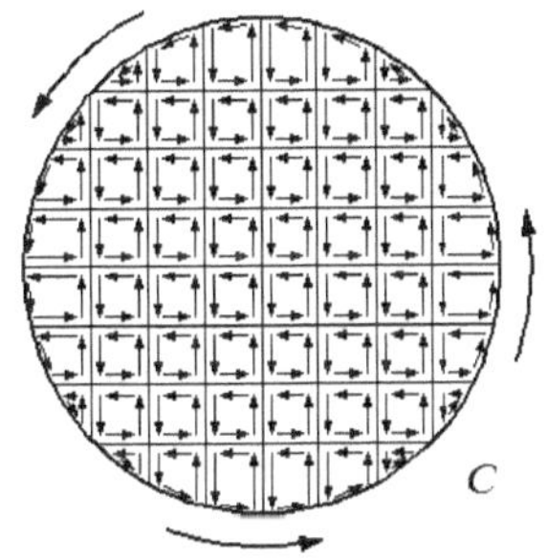

图 5－6　面积划分

$$\Gamma_C=2\iint_\sigma \omega_n d\sigma=2J \tag{5-16}$$

这一结论很容易进一步推广到任意空间曲面上。将空间曲面划分为许多微分面积 $d\sigma$，每一个微分面积都可以近似当作微分平面面积 *ABCDA* 而应用式(5－15)求值。相邻两个微分面积的公共边上的速度环量互相抵消，这样空间曲面内部的微分面积的所有公共边界上的速度环量的和为零，便可以得到式(5－16)的结论。

但斯托克斯定理只适用于单连通区域。所谓单连通区域，指曲线 C 所包围的区域 σ 内全部都是流体，没有空洞或其他物体(如机翼)。如果曲线 C 内部有空洞或者包含其他物体，该区域称为复连通区域(或多连通区域)。在复连通区域内，斯托克斯定理要进行修正。

在图 5－7 中，设曲线 C 把流体区域 σ 及一个机翼截面包含在内，这时区域是双连通的。可以用一条割线 AB 把 σ 切开，把机翼截面的曲线 L 视为区域的内边界。当沿着曲线 $ABDB'A'EA$ 前进时，流体在左边，而且左边只有流体，没有其他物体，区域就变成单连通的了。这时斯托克斯定理可用，即

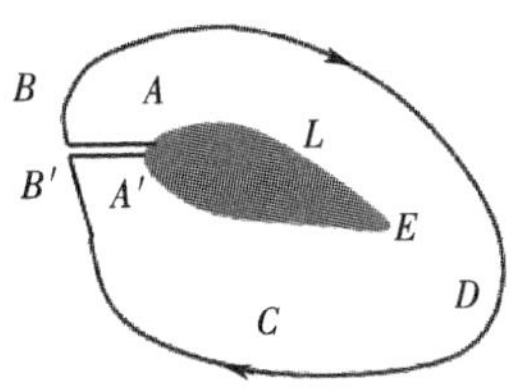

图 5－7　复连通区域的处理方法

$$\Gamma_{ABDB'A'EA}=2\iint_\sigma \omega_n d\sigma$$

左边的线积分可写成四项之和：$\Gamma_{ABDB'A'EA}=\Gamma_{AB}+\Gamma_C+\Gamma_{B'A'}+\Gamma_L$。

其中 Γ_C 是沿外边界逆时针的环量，Γ_L 是沿内边界顺时针的环量。沿 AB 及 $B'A'$ 的速度积分路线相反，故抵消掉了。最后有

$$\Gamma_C+\Gamma_L=2\iint_{\sigma}\omega_n\mathrm{d}\sigma \tag{5-17}$$

这就是双连通区域的斯托克斯定理。

由式(5－17)可以看出，只要求环量时把区域的内边界 L 也考虑进去，并且注意取绕行方向时把 σ 留在左边，双连通区域的斯托克斯定理就和单连通区域的斯托克斯定理没有什么区别。

推论一

对于单连通区域内的无旋运动，流体中 ω 处处为零，则沿任意封闭周线的速度环量为零，即

$$\Gamma_C=2\iint_{\sigma}\omega_n\mathrm{d}\sigma=0$$

反之，如果沿任意封闭周线的速度环量等于零，可得 ω 处处为零的结论。

但沿某封闭周线的速度环量等于零，流动并不一定是无旋的，也可能包围着强度相同、转向相反的旋涡。

推论二

对于包含一个机翼截面的双连通区域，如果流动是无旋的，则沿任何两个包含机翼截面的封闭周线的环量相等。

在式(5－17)中，令 $\omega_n=0$，有 $\Gamma_C+\Gamma_L=0$，即 $\Gamma_C=-\Gamma_L$（积分路径方向一致时）。

显然，环量等于零，旋涡强度等于零；环量不等于零，必然存在旋涡。

斯托克斯定理表明：沿封闭周线的速度环量等于该封闭周线内所有旋转角速度的面积积分的 2 倍。用速度环量来研究旋涡运动的优点如下：

（1）速度环量是线积分，被积分函数是速度本身；

（2）旋涡强度是面积分，被积分函数是速度的偏导数。

所以，无论是实验还是理论计算，用速度环量来研究旋涡都简单一些，这就是斯托克斯定理的好处。

5.3 汤姆孙(Thomson)定理

在介绍汤姆孙定理之前，先介绍一下连续流体质点线的概念。所谓流体质点线是在同一时刻由确定的一组连续排列的流体质点组成的流体线。若流体质点线处处可微，则称为连续流体质点线。连续流体质点线在运动过程中随质点运动而移动，其几何形状可能改变，但仍保持连续，即连续流体质点线具有保持性。汤姆孙定理讨论的就是封闭的连续流体质点线。

该定理有以下假设：

(1)理想流体；

(2)质量力有势；

(3)正压流体(流体密度仅为压力的函数)。

5.3.1　汤姆孙定理——旋涡的保持性定理

沿任何一条由流体质点组成的封闭周线的速度环量不随时间而变，即对时间的全微分为零：

$$\frac{\mathrm{d}\Gamma}{\mathrm{d}t}=0 \tag{5-18}$$

设流场中所指定的封闭周线为 C，在 C 上取一个微分线段 $\mathrm{d}\boldsymbol{s}$，经过 $\mathrm{d}t$ 的时间后，C 移到 C'，$\mathrm{d}\boldsymbol{s}$ 相应地变为 $\mathrm{d}\boldsymbol{s}'$，微分线段移动的速度从 $\boldsymbol{v}$ 变为 $\boldsymbol{v}'$，如图 5-8 所示。按照速度环量的定义，对它求时间的导数，则

$$\frac{\mathrm{d}\Gamma}{\mathrm{d}t}=\frac{\mathrm{d}}{\mathrm{d}t}\oint_C \boldsymbol{v}\mathrm{d}\boldsymbol{s}=\oint_C \frac{\mathrm{d}\boldsymbol{v}}{\mathrm{d}t}\mathrm{d}\boldsymbol{s}+\oint_C \boldsymbol{v}\frac{\mathrm{d}}{\mathrm{d}t}\mathrm{d}\boldsymbol{s} \tag{5-19}$$

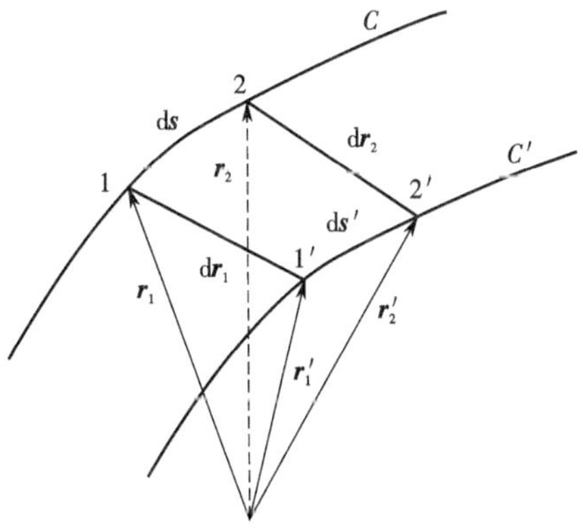

图 5-8　封闭周线移动

式(5-19)右边第二项积分可写成

$$\oint_C \boldsymbol{v}\frac{\mathrm{d}}{\mathrm{d}t}\mathrm{d}\boldsymbol{s}=\oint_C \boldsymbol{v}\left(\frac{\mathrm{d}\boldsymbol{s}'-\mathrm{d}\boldsymbol{s}}{\mathrm{d}t}\right) \tag{5-20}$$

由图 5-8 可知，$\mathrm{d}\boldsymbol{s}$ 和 $\mathrm{d}\boldsymbol{s}'$端点的速度分别用 $\boldsymbol{v}_1$、$\boldsymbol{v}_2$ 和 $\boldsymbol{v}_1'$、$\boldsymbol{v}_2'$ 表示，则经过 $\mathrm{d}t$ 的时间，质点移动的距离分别是 $\mathrm{d}\boldsymbol{r}_1=\boldsymbol{v}_1\mathrm{d}t$ 及 $\mathrm{d}\boldsymbol{r}_2=\boldsymbol{v}_2\mathrm{d}t$。

由向量的加法运算得

$$\mathrm{d}\boldsymbol{s}+\mathrm{d}\boldsymbol{r}_2=\mathrm{d}\boldsymbol{r}_1+\mathrm{d}\boldsymbol{s}'$$

或

$$\mathrm{d}\boldsymbol{s}+\boldsymbol{v}_2\mathrm{d}t=\boldsymbol{v}_1\mathrm{d}t+\mathrm{d}\boldsymbol{s}' \tag{5-21}$$

式(5-21)可改写成

$$\frac{\mathrm{d}\boldsymbol{s}'-\mathrm{d}\boldsymbol{s}}{\mathrm{d}t}=\boldsymbol{v}_2-\boldsymbol{v}_1=\mathrm{d}\boldsymbol{v}$$

于是式(5-20)可写成

$$\oint_C \boldsymbol{v}\left(\frac{\mathrm{d}\boldsymbol{s}'-\mathrm{d}\boldsymbol{s}}{\mathrm{d}t}\right)=\oint_C \boldsymbol{v}\mathrm{d}\boldsymbol{v}=\oint_C \mathrm{d}\frac{v^2}{2}=0$$

式(5-19)右边的第一项积分应用欧拉运动方程

$$\frac{\mathrm{d}\boldsymbol{v}}{\mathrm{d}t}=\boldsymbol{F}-\frac{1}{\rho}\nabla p$$

可得

$$\oint_C \frac{\mathrm{d}\boldsymbol{v}}{\mathrm{d}t}\mathrm{d}\boldsymbol{s}=\oint_C\left(\boldsymbol{F}-\frac{1}{\rho}\nabla p\right)\mathrm{d}\boldsymbol{s} \tag{5-22}$$

根据定理的假设条件(2)质量力有势,$\boldsymbol{F}=\nabla U$。

根据定理的假设条件(3)正压流体(流体密度仅为压力的函数),即 $\rho=\rho(p)$,引进函数

$$P=\int\frac{\mathrm{d}p}{\rho}$$

则有

$$\frac{1}{\rho}\nabla p=\nabla P$$

代入式(5-22),得

$$\oint_C \frac{\mathrm{d}\boldsymbol{v}}{\mathrm{d}t}\mathrm{d}\boldsymbol{s}=\oint_C(\nabla U-\nabla P)\mathrm{d}\boldsymbol{s}=\oint_C \mathrm{d}(U-P)=0$$

所以

$$\frac{\mathrm{d}\Gamma}{\mathrm{d}t}=0 \tag{5-23}$$

可见,任何一条由流体质点组成的封闭周线在运动过程中几何形状可能改变,但仍由同一组流体质点组成。

根据汤姆孙定理和斯托克斯定理,由于绕封闭周线 L 的速度环量不随时间而变,因此封闭周线内的旋涡强度也不随时间而变。如果封闭周线内原来是有旋流动,则始终保持有旋;反之,若原来无旋,则始终保持无旋。这就是拉格朗日(Lagrange)定理。

5.3.2 拉格朗日(Lagrange)定理

正压性理想流体在有势的质量力作用下流动时,若初始时刻在某一部分流体内没有旋涡,则在之前及之后的时间里,这部分流体内也不会有旋涡;反之,若初始时刻该部分流体内有旋涡,则在之前及之后的时间里,这部分流体内始终有旋涡。也就是说,在理想流体中,速度环量和旋涡都是不能自行产生也不能自行消失的。这是由于理想流体中不存在切向应力,不能传递旋转运动,既不能使不旋转的流体微团旋转,又不能使旋转的流体微团停止旋转。由此可见,流场中原来有旋涡和速度环量的,永远有旋涡并保持原有的速度环量;原来没有旋涡和速度环量的,就永远没有旋涡和速度环量。例如从静止开始的波浪运动,由于流体静止时是无旋的,因此波浪运动是无旋运动。又如绕流问题,在物体的远方,流动没有受到物体的扰动,故该处流动是无旋的;当流体流到物体近旁时,虽然流动不再是均匀流,但根据汤姆孙定理和斯托克斯定理,流动仍保持无旋运动,要说明的是极贴近物体表面的薄层除

外，其中的流动受黏性影响为有旋运动。

但在实际情况中流体具有黏性，因而在真实流体中旋涡会产生也会消失。下面通过机翼产生升力说明汤姆孙定理的应用。如图 5-9(a)所示，一个静止的机翼突然以速度 v 运动。取曲线 $ABCDA$ 包围出发位置和飞行位置，因为机翼出发的瞬时流体是静止的，由式(5-8)知速度环量 $\Gamma_{ABCDA}=0$，又根据汤姆孙定理，出发后任意瞬时 $\Gamma_{ABCDA}=0$。机翼后缘为角度大于 180°的绕流，根据势流分析机翼后缘速度无限大。可是，由于机翼处于实际的黏性流体中，因此后缘的速度是一个有限值，并且产生的旋涡停留在出发位置，此旋涡称为出发涡，具有 $+\Gamma$ 的速度环量，那么在飞行位置处机翼一定有 $-\Gamma$ 的速度环量，这就是机翼在飞行中具有速度环量和升力的原因。图 5-9(b)表示了出发涡的形成。

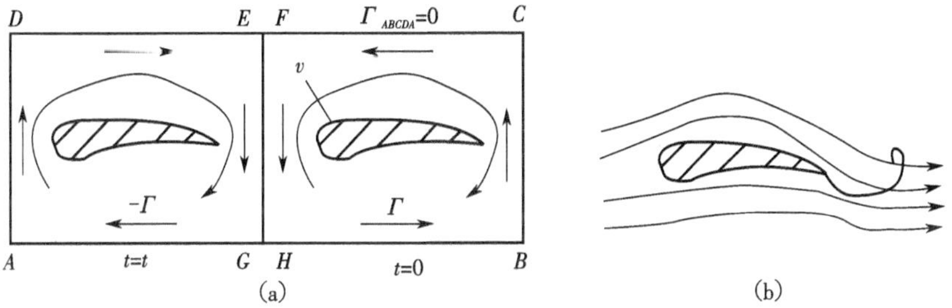

图 5-9　汤姆孙定理的应用

(a)出发时的流体环量示意　(b)出发涡的形成

5.4　亥姆霍兹(Helmholtz)定理

在理想流体的旋涡运动中，涡线或涡管具有一些有趣的特性，这可以用亥姆霍兹定理来阐明。亥姆霍兹有三个描述旋涡的定理。

5.4.1　亥姆霍兹第一定理

在同一瞬时，涡管各截面上的旋涡强度相同。

在涡管上任取两个截面Ⅰ和Ⅱ，在涡管表面上取任意两根几乎重合的平行线 aa' 和 cc' 切开表面，如图 5-10 所示。因为由 $abcc'b'a'a$ 所围成的涡管表面没有涡线穿过，应用斯托克斯定理有

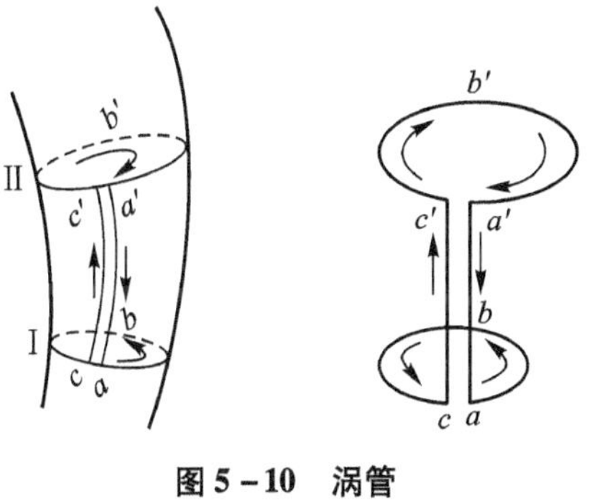

图 5-10　涡管

$$\Gamma_{abcc'b'a'a}=2\iint_{\sigma}\omega_n\mathrm{d}\sigma$$

式中：σ 是由周线 $abcc'b'a'a$ 所包围的涡面。

根据斯托克斯定理，沿这条封闭周线的速度环量等于零。由于 $\boldsymbol{\omega}$ 处处与涡管相切，因此法向分量 $\omega_n=0$，故

$$\Gamma_{abcc'b'a'a}=0$$

$\Gamma_{abcc'b'a'a}$是由沿截面Ⅰ的边界、截面Ⅱ的边界、aa'和 cc'的速度环量的线积分组成的，于是

$$\Gamma_{\mathrm{I}}+\Gamma_{aa'}+\Gamma_{\mathrm{II}}+\Gamma_{cc'}=0$$

因为 $\Gamma_{aa'}=\Gamma_{cc'}$，故得 $\Gamma_{\mathrm{I}}+\Gamma_{\mathrm{II}}=0$，即 $\Gamma_{\mathrm{I}}=\Gamma_{\mathrm{II}}$（积分路径方向一致时）。

根据斯托克斯定理，上式可写成

$$\iint_{\sigma_1}\omega_n\mathrm{d}\sigma=\iint_{\sigma_2}\omega_n\mathrm{d}\sigma \tag{5-24}$$

或

$$\iint_{\sigma}\omega_n\mathrm{d}\sigma=\mathrm{const} \tag{5-25}$$

这就是亥姆霍兹第一定理，它说明在同一瞬时，涡管各截面的旋涡强度保持不变，流动空间中的涡管既不能突然消失，又不能突然产生。

涡管也不能以尖端的形式出现，如果涡管很小，而且截面 $\mathrm{d}\sigma$ 垂直于 $\boldsymbol{\omega}$ 向量，则式(5－25)可写成

$$\omega\mathrm{d}\sigma=\mathrm{const} \tag{5-26}$$

由式(5－25)可以得出一个有趣的结论：涡管不能在流体中以尖端的形式终止或开始。否则，当 $\mathrm{d}\sigma=0$ 时，由式(5－25)可知 $\boldsymbol{\omega}\to\infty$，而这是不可能的。因此，涡管的存在形式只能是从边界到边界或自行封闭，如图 5－11 所示。该定理说明：涡管不能在流体中中止，如果涡管截面面积缩小到零，则 $\boldsymbol{\omega}\to\infty$。

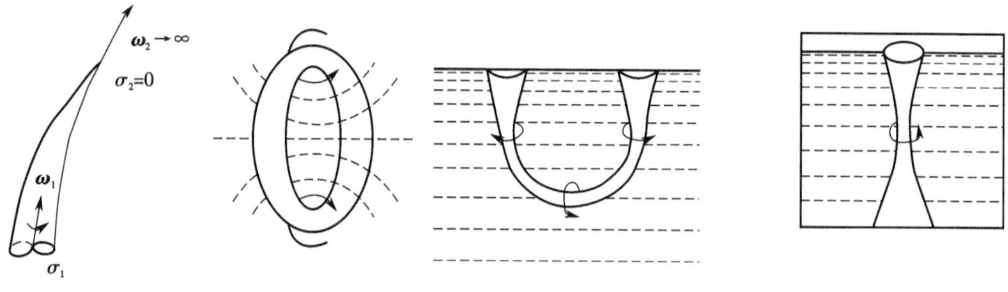

图 5－11　涡管的存在形式

因此，涡管的存在形式只能是：

（1）涡管首尾相接形成涡圈，如抽烟者吐出的烟圈就是自行封闭的涡圈；

（2）涡管两端均在流体边界或固体边界上，或者一端在流体边界上而另一端在固体边界上或延伸至无穷远，如水中的旋涡，大气中的旋风（龙卷风）上接云层、下连海面，都符合

涡管存在形式的规律。

但实际流体具有黏性，所以沿涡管长度方向的截面上的旋涡强度会发生变化，由于黏性摩擦力消耗能量，涡管将在运动中逐渐消失。

产生旋涡的一般原因如下。

(1)黏性：均匀流体经过物体的边界层时运动变为有旋。

(2)非正压流场：大气和海洋中由于密度分层形成旋涡。

(3)非有势力场：地球哥氏力使气流生成旋涡(旋风)。

(4)流场间断(非连续)：曲面激波后形成有旋流动。

5.4.2　亥姆霍兹第二定理

正压性理想流体在有势的质量力作用下，永远保持由相同的流体质点组成的涡管而不被破坏。

由涡管的定义知，涡管表面的 $\omega_n=0$；由斯托克斯定理知，涡管表面 L(由流体质点组成的封闭周线)的速度环量 Γ 保持不变；由汤姆孙定理知，$\mathrm{d}\Gamma/\mathrm{d}t=0$。所以，涡管表面在运动过程中永远为涡管表面，即涡管不被破坏。这就是说，涡管上的任何一部分永远都是涡管的一部分，即涡管永远是涡管。但随着时间变化，涡管的形状和位置可能变化。

5.4.3　亥姆霍兹第三定理——涡管的旋涡强度守恒定理

在有势的质量力作用下，正压性理想流体中任何涡管的旋涡强度都不随时间而变化，永远保持定值。

取出流体质点组成的封闭周线 L 包围涡管截面 A。根据斯托克斯定理，围绕涡管的速度环量等于涡管的旋涡强度的 2 倍，即 $\Gamma=2J$(J 为运动过程中的旋涡强度)。又根据汤姆孙定理，该速度环量不随时间变化，即 $\mathrm{d}\Gamma/\mathrm{d}t=0$，所以 $\mathrm{d}J/\mathrm{d}t=0$，即 $J=\mathrm{const}$。

亥姆霍兹第一定理说明，在同一瞬时沿涡管长度方向旋涡强度保持不变。它是斯托克斯定理的推论，说明了在同一瞬间空间中旋涡的变化情况，这是个运动学的问题，对理想和黏性流体都成立。亥姆霍兹第二、第三定理说明涡管的旋涡强度不随时间改变，可以由斯托克斯定理和汤姆孙定理加以证明。对于真实流体，黏性摩擦消耗能量会使旋涡强度逐渐减小，因此，亥姆霍兹第二、第三定理只适用于理想正压流体。

综上所述，汤姆孙、拉格朗日及亥姆霍兹定理全面地描述了理想正压流体在有势场中运动时涡量演化的规律：若流体理想、正压、质量力有势，无旋运动永远无旋，有旋运动永远有旋；涡线、涡面、涡管及旋涡强度具有保持性。若不满足某一条件，则在运动过程中会产生新的旋涡，无旋变成有旋，且不具有保持性。

【例 5-1】　如图 5-12 所示，设流场的速度分布为 $v_r=0,v_\theta=r\omega$。其中 r、θ 为极坐标，$\omega=\mathrm{const}$，求涡线方程。

解：
$$\begin{cases} v_x=-v_\theta\sin\theta=-r\omega\sin\theta=-\omega y \\ v_y=v_\theta\cos\theta=r\omega\cos\theta=\omega x \end{cases}$$

很容易得到

$$\omega_x = \omega_y = 0$$

$$\omega_z = \frac{1}{2}\left(\frac{\partial v_y}{\partial x} - \frac{\partial v_x}{\partial y}\right) = \omega$$

涡线方程为

$$\frac{dx}{\omega_x} = \frac{dy}{\omega_y} = \frac{dz}{\omega_z}$$

积分得 $x = C_1, y = C_2$。

x、y 均为常数，说明涡线为过点(x,y)垂直于 xOy 平面的直线。

【例 5-2】 如图 5-13 所示，大圆 S 内包含 A、B、C、D 四个旋涡，其强度分别为 $\Gamma_A = \Gamma_B = +\Gamma, \Gamma_C = \Gamma_D = -\Gamma$，求沿周线 S 的速度环量。

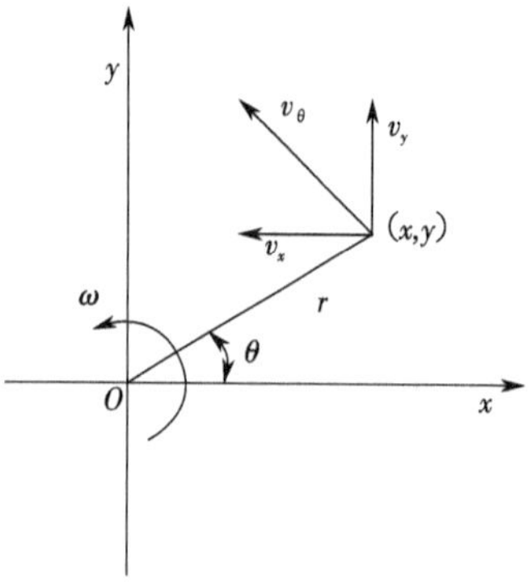

图 5-12　例 5-1 图

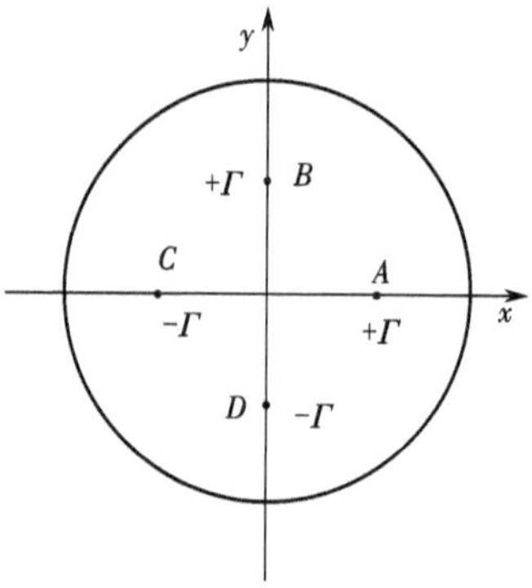

图 5-13　例 5-2 图

解：由斯托克斯定理得

$$\Gamma_S = \oint_S v_s ds = \Gamma_A + \Gamma_B + \Gamma_C + \Gamma_D = +\Gamma + \Gamma - \Gamma - \Gamma = 0$$

S 所围区域内的速度环量为零，但该区域内并非处处无旋。

【例 5-3】 已知速度场 $v_x = \frac{-y}{x^2+y^2}, v_y = \frac{x}{x^2+y^2}$，求绕圆心的速度环量。

解：极坐标 $x = r\cos\theta, y = r\sin\theta$，则

$$\begin{cases} v_x = -\frac{\sin\theta}{r} \\ v_y = \frac{\cos\theta}{r} \end{cases}$$

在 $r = R$ 上

$$\begin{cases} dx = -R\sin\theta d\theta \\ dy = R\cos\theta d\theta \end{cases}$$

所以

$$\Gamma_S = \oint_{r=R} v ds = \oint_{r=R} v_x dx + v_y dy = \int_0^{2\pi}\left(\frac{R^2\sin^2\theta}{R^2} + \frac{R^2\cos^2\theta}{R^2}\right)d\theta = \int_0^{2\pi} d\theta = 2\pi$$

5.5　毕奥 - 萨伐尔(Biot-Savart)定理

如果速度场是已知的,可以用简单的求偏导数的方法确定旋涡场。反之,如果先知道了旋涡场,能否确定速度场? 这是一个有趣的问题,问题的答案是肯定的。

在这里仅讨论一个简单的情形,即流场中一部分有涡旋,其他地方全是无旋区。例如流场中有若干孤立的涡丝,必然会影响周围无旋区的速度分布。认为周围的速度场是由涡丝引起的,称为涡丝的诱导速度场。

下面着重讨论涡丝的诱导速度场的计算。可以将涡面分成许多条涡丝,在求得涡丝的诱导速度后,只要沿曲面积分,就可以求得涡面的诱导速度。电磁学和流体力学之间有许多类似的物理现象:速度场可以看成由涡丝诱导出来的,磁场可以看成由通过电流的导线诱导出来的。因此,速度场相当于磁场,涡丝相当于导线,旋涡强度相当于电流强度。电磁学中电流诱导出磁场的毕奥 - 萨伐尔定理在流体力学中可以找到类似的形式。

如图 5 - 14 所示,在电磁学中,若导线中的电流强度为 i,则根据实验 ds 段导线对 P 点产生的磁场强度为

$$\mathrm{d}H = i\frac{\sin\theta\mathrm{d}s}{r^2} \tag{5-27}$$

式中:r 是由 ds 到要求 dH 的点的向径;θ 是 ds 与 r 的夹角。dH 的方向垂直于 ds 和 r 所在的平面,而且满足右手坐标定则或右手螺旋法则。式(5 - 27)即为电磁学中的毕奥 - 萨伐尔公式。

根据上述比拟,旋涡强度为 J(公式中用速度环量 Γ,$\Gamma=2J$)的 ds 段涡丝对 P 点产生的诱导速度是

$$\mathrm{d}v = \frac{\Gamma}{4\pi}\frac{\sin\theta\mathrm{d}s}{r^2} \tag{5-28}$$

如果研究空间中有限长涡丝在 P 点的诱导速度,可将上式沿整个涡丝积分,即

$$v = \frac{\Gamma}{4\pi}\int_S\frac{\sin\theta\mathrm{d}s}{r^2} \tag{5-29}$$

根据式(5 - 29)即可算出任意涡丝所引起的诱导速度场。

无限长直涡丝的诱导速度很重要,在机翼理论中要用到。下面先讨论速度环量为 Γ 的直涡丝的 MN 段对 P 点的诱导速度,如图 5 - 15 所示。

根据式(5 - 28),dx 段对 P 点的诱导速度是

$$\mathrm{d}v = \frac{\Gamma}{4\pi r^2}\sin\theta\mathrm{d}x$$

其中 $r=R/\sin\theta$, $\mathrm{d}x=r\mathrm{d}\theta/\sin\theta=R\mathrm{d}\theta/\sin^2\theta$,代入得

$$\mathrm{d}v = \frac{\Gamma}{4\pi R}\sin\theta\mathrm{d}\theta$$

其方向垂直于纸面向外。

直涡丝的 MN 段对 P 点的诱导速度是

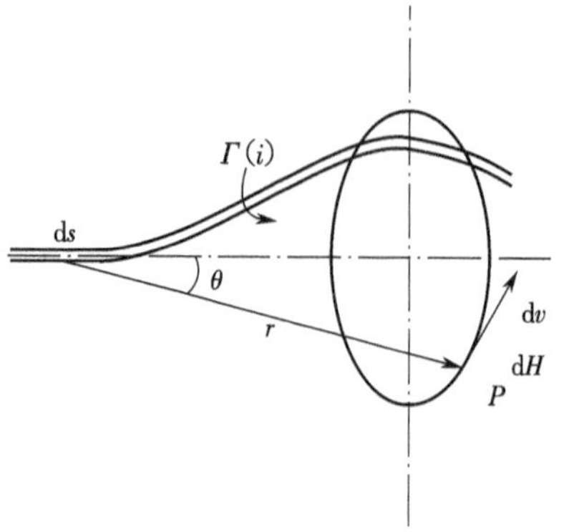

图 5-14 磁场强度

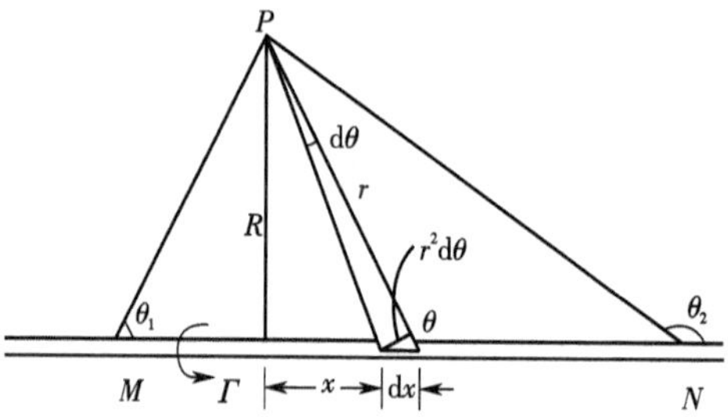

图 5-15 诱导速度

$$dv = \frac{\Gamma}{4\pi R}\int_{\theta_1}^{\theta_2}\sin\theta d\theta = \frac{\Gamma}{4\pi R}(\cos\theta_1 - \cos\theta_2) \tag{5-30}$$

对于无限长涡丝：$\theta_1 = 0°, \theta_2 = 180°$，则

$$v = \frac{\Gamma}{4\pi R}[1-(-1)] = \frac{\Gamma}{2\pi R} \tag{5-31}$$

对于半无限长涡丝：$\theta_1 = 90°, \theta_2 = 180°$，则

$$v = \frac{\Gamma}{4\pi R}[0-(-1)] = \frac{\Gamma}{4\pi R} \tag{5-32}$$

对无限长直涡丝来说，在垂直于涡丝的任何平面内流动都是相同的，故可看成二维流动。这时无限长直涡丝就相当于一个平面点涡，如速度环量为 Γ，则在平面极坐标内诱导速度为

$$v_r = 0 \tag{5-33a}$$

$$v_\theta = \frac{\Gamma}{2\pi r} \tag{5-33b}$$

式中：r 为要求速度的点至点涡（取在原点）的距离。

前面已经证明了这一诱导速度场是无旋的。

【例 5-4】 两个点涡的初始位置如图 5-16 所示，它们的强度的绝对值相等。试就（a）、（b）两种情况确定两个点涡的运动。

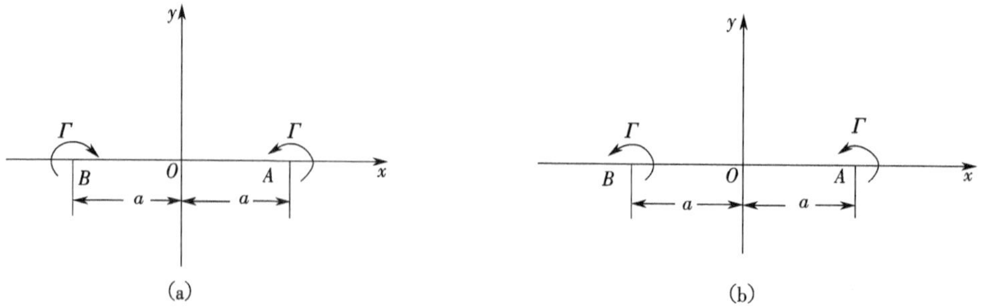

图 5-16 例 5-4 图

（a）情况一 （b）情况二

解:(1)情况一。A、B 两点的情况可由毕奥－萨伐尔定理求出。

$$A\text{ 点}: v_{xA}=\frac{\mathrm{d}x_A}{\mathrm{d}t}=0, v_{yA}=\frac{\mathrm{d}y_A}{\mathrm{d}t}=-\frac{\Gamma}{2\pi}\frac{1}{2a}=-\frac{\Gamma}{4\pi a}$$

$$B\text{ 点}: v_{xB}=\frac{\mathrm{d}x_B}{\mathrm{d}t}=0, v_{yB}=\frac{\mathrm{d}y_B}{\mathrm{d}t}=-\frac{\Gamma}{2\pi}\frac{1}{2a}=-\frac{\Gamma}{4\pi a}$$

积分得 $x_A=C_1, y_A=-\frac{\Gamma}{4\pi a}t+C_2, x_B=C_3, y_B=-\frac{\Gamma}{4\pi a}t+C_4$。

$t=0$ 时令 $x_A=a, y_A=0, x_B=-a, y_B=0$,代入方程得 $C_1=a, C_2=0, C_3=-a, C_4=0$。

故 A、B 两点的运动方程为

$$A\text{ 点}: x_A=a, y_A=-\frac{\Gamma}{4\pi a}t$$

$$B\text{ 点}: x_B=-a, y_B=\frac{\Gamma}{4\pi a}t$$

两个点涡的坐标大小相等、方向相反。两个点涡的相对位置保持不变,它们同时沿 y 方向等速向下运动。

(2)情况二。A、B 两点的诱导速度为

$$A\text{ 点}: v_{xA}=\frac{\mathrm{d}x_A}{\mathrm{d}t}=0, v_{yA}=\frac{\mathrm{d}y_A}{\mathrm{d}t}=\frac{\Gamma}{4\pi a}$$

$$B\text{ 点}: v_{xB}=\frac{\mathrm{d}x_B}{\mathrm{d}t}=0, v_{yB}=\frac{\mathrm{d}y_B}{\mathrm{d}t}=-\frac{\Gamma}{4\pi a}$$

可见,开始时 A 点向上运动、B 点向下运动,结果形成围绕坐标原点,沿半径为 a 的圆周的等速转动。其切线速度的大小由上式确定,转动的角速度为 $\omega=\frac{v}{a}=\frac{\Gamma}{4\pi a^2}$。

因此,旋涡中心 A 点和 B 点的运动方程可以用极坐标表示为

$$A\text{ 点}: \gamma_A=a, \theta_A=\frac{\Gamma}{4\pi a^2}t$$

$$B\text{ 点}: \gamma_B=a, \theta_B=\pi+\frac{\Gamma}{4\pi a^2}t$$

5.6　旋涡诱导速度场的一般提法

假定流场中每一点的旋涡角速度向量场的分布 ω_x、ω_y、ω_z 已知,求旋涡诱导的速度场的分布 v_x、v_y、v_z。速度场与旋涡场是按如下关系联系的:

$$\left.\begin{aligned}\omega_x&=\frac{1}{2}\left(\frac{\partial v_z}{\partial y}-\frac{\partial v_y}{\partial z}\right)\\ \omega_y&=\frac{1}{2}\left(\frac{\partial v_x}{\partial z}-\frac{\partial v_z}{\partial x}\right)\\ \omega_z&=\frac{1}{2}\left(\frac{\partial v_y}{\partial x}-\frac{\partial v_x}{\partial y}\right)\end{aligned}\right\}\tag{5-34}$$

由式(5－34)不难验证,ω_x、ω_y、ω_z 符合式(5－35)。

$$\frac{\partial \omega_x}{\partial x}+\frac{\partial \omega_y}{\partial y}+\frac{\partial \omega_z}{\partial z}=0 \tag{5-35}$$

下面求 v_x、v_y、v_z。引入一个辅助矢量 $\boldsymbol{a}$,$\boldsymbol{a}$ 与速度矢量 $\boldsymbol{v}$ 的关系同 $\boldsymbol{v}$ 与 $\boldsymbol{\omega}$ 的关系一样,即矢量 $\boldsymbol{a}$ 的分量符合类似式(5－34)的关系式:

$$\left.\begin{aligned} v_x&=\frac{1}{2}\left(\frac{\partial a_z}{\partial y}-\frac{\partial a_y}{\partial z}\right)\\ v_y&=\frac{1}{2}\left(\frac{\partial a_x}{\partial z}-\frac{\partial a_z}{\partial x}\right)\\ v_z&=\frac{1}{2}\left(\frac{\partial a_y}{\partial x}-\frac{\partial a_x}{\partial y}\right)\end{aligned}\right\} \tag{5-36}$$

假使能按已知的 $\boldsymbol{\omega}$ 矢量场找出对应的 $\boldsymbol{a}$ 矢量场,则利用式(5－36)就可求得 $\boldsymbol{v}$ 矢量场。要求矢量 $\boldsymbol{a}$ 和矢量 $\boldsymbol{v}$、矢量 $\boldsymbol{\omega}$ 一样,都满足散度为零的条件:

$$\frac{\partial a_x}{\partial x}+\frac{\partial a_y}{\partial y}+\frac{\partial a_z}{\partial z}=0 \tag{5-37}$$

把式(5－36)中 v_x、v_y、v_z 的值代入式(5－34),得

$$\begin{aligned}\omega_x&=\frac{1}{2}\left(\frac{\partial v_z}{\partial y}-\frac{\partial v_y}{\partial z}\right)=\frac{1}{4}\left[\frac{\partial}{\partial y}\left(\frac{\partial a_y}{\partial x}-\frac{\partial a_x}{\partial y}\right)-\frac{\partial}{\partial x}\left(\frac{\partial a_x}{\partial z}-\frac{\partial a_z}{\partial x}\right)\right]\\ &=\frac{1}{4}\left[\frac{\partial}{\partial x}\left(\frac{\partial a_x}{\partial x}+\frac{\partial a_y}{\partial y}+\frac{\partial a_z}{\partial z}\right)-\left(\frac{\partial^2 a_x}{\partial x^2}+\frac{\partial^2 a_y}{\partial y^2}+\frac{\partial^2 a_z}{\partial z^2}\right)\right]\end{aligned}$$

考虑条件式式(5－37),并对 ω_y、ω_z 进行同样的运算,可得如下三个方程:

$$\left.\begin{aligned}\frac{\partial^2 a_x}{\partial x^2}+\frac{\partial^2 a_x}{\partial y^2}+\frac{\partial^2 a_x}{\partial z^2}&=-4\omega_x\\ \frac{\partial^2 a_y}{\partial x^2}+\frac{\partial^2 a_y}{\partial y^2}+\frac{\partial^2 a_y}{\partial z^2}&=-4\omega_y\\ \frac{\partial^2 a_z}{\partial x^2}+\frac{\partial^2 a_z}{\partial y^2}+\frac{\partial^2 a_z}{\partial z^2}&=-4\omega_z\end{aligned}\right\} \tag{5-38}$$

这三个二阶偏微分方程称为泊松方程。

在 $\omega_x=\omega_y=\omega_z=0$ 的特殊情形下,泊松方程就变为拉普拉斯方程了。这就是说,在旋涡区内,a_x、a_y、a_z 满足泊松方程;而在旋涡区外,符合拉普拉斯方程。

泊松方程的解具有如下形式:

$$\left.\begin{aligned} a_x&=\frac{1}{\pi}\oiint_{\tau}\omega_x\frac{\mathrm{d}\tau}{r}\\ a_y&=\frac{1}{\pi}\oiint_{\tau}\omega_y\frac{\mathrm{d}\tau}{r}\\ a_z&=\frac{1}{\pi}\oiint_{\tau}\omega_z\frac{\mathrm{d}\tau}{r}\end{aligned}\right\} \tag{5-39}$$

因此,将 $\boldsymbol{\omega}$ 作为泊松方程的源项,解出辅助矢量 $\boldsymbol{v}$,再根据式(5－36)即可求得诱导速度

场 $\boldsymbol{v}(v_x, v_y, v_z)$。

5.7　兰金组合涡

由前面所述的内容可知，旋涡是没有端点的，可以延伸到任何地方。

现假设流场中有一个半径为 R 的无限长圆柱形流体像刚体一样绕其轴线转动，角速度为 ω。圆柱内流体的运动是有旋的，且旋涡角速度就是 ω。由于直线涡束无限长，各断面上的流动情况完全相同，因此旋涡以及它的诱导速度场可作为平面涡处理，圆旋可以视为点涡。在前面已经证明，由旋涡诱导的速度场是无旋的，故圆旋外部为势流。故在讨论整个流场的速度和压强分布时，须将旋涡内部和外部分开。

1. 速度分布

1）旋涡内部

在旋涡内部，由于流体像刚体一样绕中心转动，因此在极坐标系中速度分布为

$$v_r = 0, v_\theta = \omega r (r < R) \tag{5-40}$$

在旋涡中心，$r = 0, v_\theta = 0$。

可见，在 $0 < r < R$ 的范围内，v_θ 呈线性分布。

2）旋涡外部

根据无限长直涡丝的诱导速度公式，在旋涡外部有

$$v_r = 0, v_\theta = \frac{\Gamma}{2\pi r} = \frac{R^2\omega}{r} (r > R) \tag{5-41}$$

式中：$\Gamma = \pi R^2 \times 2\omega = 2\pi R^2 \omega = \text{const}$。

可见，外部流速与 r 成反比。整个流场的速度分布如图 5-17 所示。

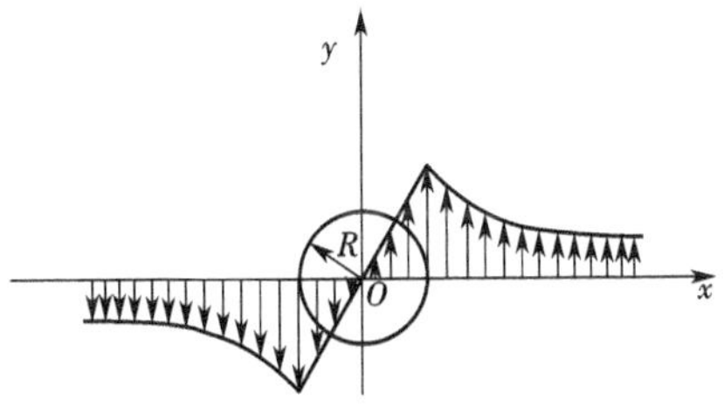

图 5-17　整个流场的速度分布

2. 压力分布

1）旋涡外部

由于外部流动定常且无旋，故可用拉格朗日积分式来确定速度和压力的关系。略去质量力，有

$$p + \frac{\rho}{2} v_\theta^2 = C \tag{5-42}$$

式中：常数 C 在整个外部区域为通用常数，其值可由边界条件确定。

在 $r \to \infty$ 处，$v_\theta = \dfrac{\Gamma}{2\pi r} \to 0$，如设该处 $p = p_0$，则有 $C = p_0$。

外部压强分布为

$$p = p_0 - \frac{1}{2}\rho v_\theta^2 (r > R) \tag{5-43}$$

式(5－43)表明,越靠近中心,v_θ 越大,p 越小。在旋涡的边界上,$r=R$,$v_\theta = v_R = \omega R$,压强为

$$p_R = p_0 - \frac{1}{2}\rho v_R^2 \tag{5-44}$$

可见边界上的压强较无穷远处的压强 p_0 下降了$\frac{1}{2}\rho v_R^2$。

2)旋涡内部

因为圆旋内部的流动虽是定常的,但却是有旋的,所以不能直接应用拉格朗日积分。旋涡区内的流线是以原点为圆心的同心圆簇,可以沿流线应用伯努利方程,但这一方程不能解出不同流线间的压强分布,可以采用欧拉运动微分方程积分求解。这里直接以极坐标形式的欧拉运动微分方程积分求压强 p 在圆旋内的分布。由于是平面轴对称,所以只用 r 方向的运动方程,又由于是恒定流,忽略质量力,$v_r=0$,得

$$p + \frac{1}{2}\rho v_\theta^2 = C_{\mathrm{L}} \tag{5-45}$$

式中的 C_{L} 沿流线为常数。

由于流线为同心圆簇,因此式(5－45)不能反映压强的径向变化,可在给定边界条件下直接求解欧拉方程(略去质量力):

$$\left.\begin{aligned} v_x\frac{\partial v_x}{\partial x} + v_y\frac{\partial v_x}{\partial y} &= -\frac{1}{\rho}\frac{\partial p}{\partial x} \\ v_x\frac{\partial v_y}{\partial x} + v_y\frac{\partial v_y}{\partial y} &= -\frac{1}{\rho}\frac{\partial p}{\partial y} \end{aligned}\right\}$$

$v_x = -\omega y$,$v_y = \omega x$,代入上式,得

$$\begin{cases} \omega^2 x = \dfrac{1}{\rho}\dfrac{\partial p}{\partial x} \\ \omega^2 y = \dfrac{1}{\rho}\dfrac{\partial p}{\partial y} \end{cases}$$

将上两式分别乘以 $\mathrm{d}x$ 和 $\mathrm{d}y$,然后相加,得

$$\rho\omega^2(x\mathrm{d}x + y\mathrm{d}y) = \frac{\partial p}{\partial x}\mathrm{d}x + \frac{\partial p}{\partial y}\mathrm{d}y = \mathrm{d}p$$

或

$$\mathrm{d}p = \rho\omega^2\mathrm{d}\left(\frac{x^2+y^2}{2}\right)$$

积分得

$$p = \frac{1}{2}\rho\omega^2(x^2+y^2) + C = \frac{1}{2}\rho v_\theta^2 + C$$

在旋涡的边界上,$r=R$,$v_\theta = v_R$,$p = p_R = p_0 - \frac{1}{2}\rho v_R^2$,代入上式得 $C = p_0 - p v_R^2$。于是得旋

涡内部的压强分布为

$$p - p_0 = \frac{1}{2}\rho v_\theta^2 - \rho v_R^2 \tag{5-46}$$

在旋涡中心，$r=0$，$v_\theta=0$，压强为

$$p - p_0 = -\rho v_R^2 \tag{5-47}$$

可见，从旋涡外部无限远处（该处压强为 p_0）到旋涡中心，压强不断降低。在旋涡中心压强降至最低值（旋风能将一些物体吸向中心），在边界上降低一半。

上面得到的结果说明，内、外的压强与速度的关系是不同的。涡核中心的压强比无穷远处静止流体的压强小，它们的差值为涡核边界上速度头的 2 倍，而旋涡区外势流区的压强降等于旋涡内的压强降，旋涡内、外的压强分布均按抛物线的规律变化，整个流场的压强分布如图 5－18 所示。由图可见，在旋涡区内靠近中心处，压强 p 急速降低，因此在旋涡中心处产生一个很大的吸力，对旋涡区外的流体具有抽吸作用。

这种兰金（Rankine）组合涡在气象学中常被用作台风中心的物理模型。

以上讨论可以推广到有自由表面的情况。

兰金涡是一个竖直方向的圆柱形涡，其顶端为自由表面。

兰金涡的压强分布只需在式（5－43）和式（5－46）中加上重力的流速势函数 $-gz$（z 轴竖直向上）即可，

$$p = \begin{cases} p_0 - \dfrac{\rho\omega^2}{2}\dfrac{R^4}{r^2} - \rho gz \quad (r \geqslant R) \\ p_0 + \dfrac{\rho\omega^2}{2}r^2 - \rho\omega^2 R^2 - \rho gz \quad (r < R) \end{cases} \tag{5-48}$$

式中：p_0 为自由表面的大气压强。

令 $p=p_0$，即可求出自由表面的形状，如图 5－19 所示。可以看出，在旋涡内部，水面的形状是一个回转抛物面；在旋涡外部，水面的凹陷与 r^2 成反比。

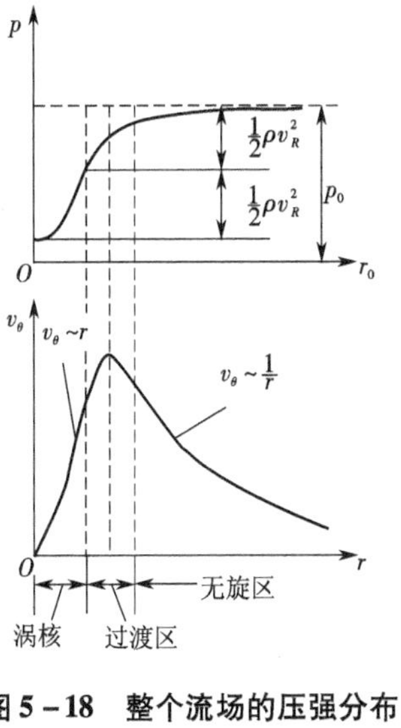

图 5－18　整个流场的压强分布

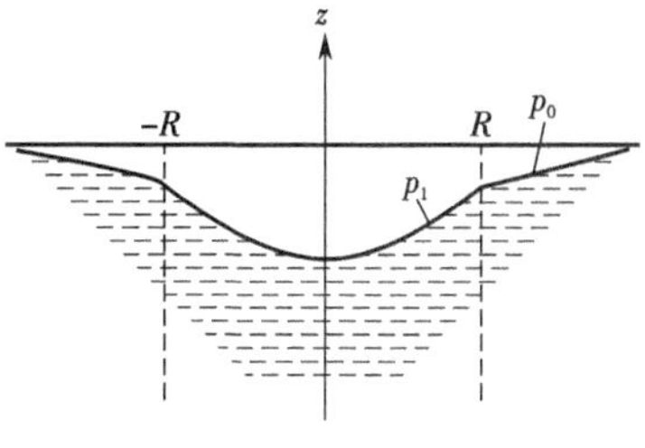

图 5－19　自由表面的形状

实际的水面旋涡的涡量在中心附近最大,向外逐渐减小。可以近似认为它由涡量均匀分布的核心部分(称为涡核)和外部的无旋流动两部分组成,这样就可以直接应用本节的结果了。

习 题

一、问答题

1. 什么是有旋流动、无旋流动?流体是有旋流动还是无旋流动是否与流体微团的运动轨迹有关?

2. 有旋流动一般存在于有黏性的实际流体中,能否说实际流体一定是有旋流动?实际流体无旋流动是否存在?

3. 研究涡流运动的意义是什么?

4. 什么叫涡量场?涡量场的性质是什么?

5. 什么叫涡线?涡线为什么不会相交?

6. 什么叫涡管、涡束?

7. 何为速度环量?写出其数学表达式。根据斯托克斯定理,说明它与涡通量的关系。

8. 何为涡量?涡量和流体运动速度有何关系?

9. 根据斯托克斯定理和汤姆孙定理,说明在什么条件下流体中的旋涡不能自生自灭。

10. 简述汤姆孙定理、拉格朗日定理和理想流体有旋流动的亥姆霍兹定理。

11. 根据沿某一封闭周线的速度环量是否为零,能否判断该封闭周线所包围的区域中是否存在旋涡?

12. 根据亥姆霍兹第一定理,说明涡管在流体中能否开始或终止。

二、计算题

1. 已知有旋流动的速度场为 $v_x = 2y + 3z, v_y = 2z + 3x, v_z = 2x + 3y$。求旋转角速度、角变形速度和涡线方程。

2. 已知速度场为 $v_x = y + 2z, v_y = z + 2x, v_z = x + 2y$,求:

(1)旋涡角速度向量及涡线方程;

(2)在 $x - y + z = 1$ 平面上 $\mathrm{d}s = 1\ \mathrm{mm}^2$ 的涡管强度;

(3)在 $z = 0$ 平面上 $\mathrm{d}s = 1\ \mathrm{mm}^2$ 的涡通量。

3. 已知流函数 $\psi = (x^2 - y^2)t$。求 $t = 1$ s 时沿原点(0,0)到点(1,2)连线的速度环量 Γ。

4. 在静止不可压缩流场中放置两条涡线,其强度分别为 Γ_1 和 Γ_2,$t = 0$ 时放置在点$(x_0, 0)$和$(-x_0, 0)$上。已知 $\Gamma_1 > \Gamma_2 > 0$,求这两个直线涡的运动轨迹。

5. 已知速度场为 $v_x = -\dfrac{1}{k}y, v_y = \dfrac{1}{k}x$,其中 k 为大于零的常数。求沿周线 $x^2 + y^2 = 9$ 的速度环量。

6. 已知速度分布 $v_y = v_z = 0, v_x = c\sqrt{y^2 + z^2}$,$c$ 为常数。求流体微团的旋转角速度 ω 和涡线。

7. 已知流线为同心圆簇,速度分布为$\begin{cases} v_x = -\dfrac{1}{5}y \\ v_y = \dfrac{1}{5}x \end{cases}$ $(r \leqslant 5)$,$\begin{cases} v_x = \dfrac{-5y}{x^2+y^2} \\ v_y = \dfrac{5x}{x^2+y^2} \end{cases}$ $(r>5)$。求沿圆周 $x^2+y^2=R^2$ 的速度环量。圆的半径分别为 $R=3$、$R=5$ 和 $R=10$。

8. 试证明强度为 Γ、半径为 a 的圆形线涡在圆心处的诱导速度为$\dfrac{\Gamma}{2a}$。

9. 设流场的速度分布为 $u_x=-ky$,$u_y=kx$,$u_z=\sqrt{\varphi(z)-2k^2(x^2+y^2)}$,式中 $\varphi(z)$是 z 的任意函数,k 为常数。试证明这是一个流线与涡线重合的螺旋流动,并计算旋转角速度与速度的绝对值的比值 ω/u。

10. 已知圆管中层流过流截面上的速度分布为 $u_x=\dfrac{\gamma J}{4\mu}(r_0^2-r^2)$,$u_y=u_z=0$,式中 γ、J、μ、r_0 皆为常数,$r^2=y^2+z^2$。求涡线方程。

11. 设在半径 $R=0.5$ m 的圆周上,平面流动的切向速度分别为:(1)$u_\theta=2$ m/s;(2)$u_\theta=2u_0\sin\theta$;(3)$u_\theta=cr$,式中 u_0、c 为常数,其中 $c=10\ \text{s}^{-1}$。求以上三种情况下沿圆周的速度环量。

12. 有一个平面势流,其流速势函数为 $\varphi=K\theta$,式中 K 为常数、θ 为极角,求:

(1)沿圆周 $x^2+y^2=R^2$ 的速度环量;

(2)沿圆周$(x-a)^2+y^2=R^2$ 的速度环量$(R<a)$。

13. 设在点(1,0)置有 $\Gamma=\Gamma_0$ 的旋涡,在点(-1,0)置有 $\Gamma=-\Gamma_0$ 的旋涡。求沿下列路线的速度环量。

(1) $x^2+y^2=4$;

(2) $(x-1)^2+y^2=1$;

(3) $x=\pm2$、$y=\pm2$ 的正方形;

(4) $x=\pm0.5$、$y=\pm0.5$ 的正方形。

14. 求下列流场的涡量场及涡线:

(1)流体质点的速度与质点到 Ox 轴的距离成正比,并与 Ox 轴平行,即

$$u=c\sqrt{y^2+x^2},v=w=0(c\ 为常数)$$

(2)$\boldsymbol{v}=xyz\boldsymbol{r}$,$\boldsymbol{r}=x\boldsymbol{i}+y\boldsymbol{j}+z\boldsymbol{k}$;

(3)流体绕固定轴像刚体一样做旋转运动。

15. 有一个如图所示的 U 形涡束，两端向右延伸至无穷远处。求图中 P、Q、R 三点的诱导速度。

16. 考虑在下列情况下点涡怎样运动:

(1)两个强度相等的平面点涡,旋转方向相反;

(2)两个强度不等的平面点涡,旋转方向相反;

(3)两个强度相等的平面点涡,旋转方向相同;

(4)两个强度不等的平面点涡,旋转方向相同。

17. 如图所示,在矩形 $ABCD$ 的每个顶点处都有一个环量为 Γ 的点涡。求点涡的运动速度。

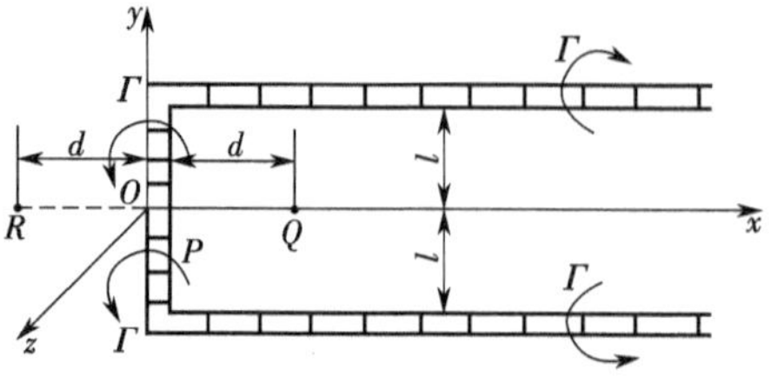

计算题 15 附图

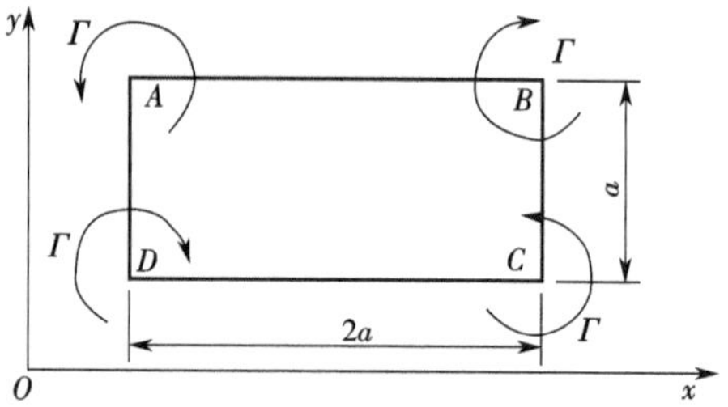

计算题 17 附图

18. 一个大水箱中有一个复合涡, 中心为强迫涡, 周围为自由涡, 在公共半径 $r=0.18$ m 处流速 $v_\theta=2.5$ m/s。求强迫涡中心处水面下降的高度,设水箱外边缘处流速为 0,压强为 p_∞。

19. 在一个封闭圆柱内,设水面旋涡由中心的涡核及外部的无旋流动两部分组成。已知涡核的速度分布为 $v_\theta=10r$,外部的无旋流动的速度分布为 $v_\theta=0.9/r$。

求:(1) 涡核的半径;

(2)旋涡中心水面的下陷深度。

20. 证明在理想不可压缩流体的平面运动中,若质量力有势,则沿轨迹有 $\mathrm{d}\Omega/\mathrm{d}t=0$,而且在定常流动中,沿流线涡量 Ω 保持定值。

21. 在一个封闭圆柱内,不可压缩均质流体在外力作用下从静止开始做绕柱(z 轴)的旋转运动。若外力 $F=(\alpha x+\beta y,\gamma x+\delta y,0)$, 写出运动方程并证明:

(1)$\dfrac{\mathrm{d}\omega}{\mathrm{d}t}=\dfrac{1}{2}(\gamma-\beta)$,$\alpha$、$\beta$、$\gamma$、$\delta$ 为常数,ω 为旋转角速度;

(2)压强满足$\dfrac{p}{\rho}=\dfrac{1}{2}\omega^2r^2+\dfrac{1}{2}[\alpha x^2+(\beta+\gamma)xy+\delta y^2]$,$r$ 是到 z 轴的距离。

第6章　平面势流理论

在不可压缩理想流体中，当流动无旋时，称为势流。若空间势流可简化为平面流动，称为二维势流，也称为平面势流。在平面势流中不仅存在势函数 ψ，而且存在流函数 φ，它们均满足拉普拉斯方程。由于拉普拉斯方程是二阶线性方程，可以应用叠加原理将一些已有的解叠加，以寻求满足给定边界条件和初始条件的具有实际背景的问题的解答。由于流速势函数和流函数满足柯西－黎曼条件，因此也可以利用复变函数求解平面势流。

在平面势流中通过流速势函数求得流速场，并利用伯努利方程求得压强场，从而沿物体表面积分，便可得到流体与物体之间的作用力。因此，平面势流问题较一般流动问题求解简单得多。平面势流理论在工程实践中应用十分广泛，是理论流体动力学的重要组成部分。

平面势流的常用解法有流网法、奇点叠加法、分离变量法、保角变换法、水电比拟实验法以及数值解法等，本章仅对前两种方法进行讲解。

6.1　流网法求解平面势流

平面势流既有流函数，又有流速势函数。绘制流网是求解不可压缩理想流体定常平面有势流动的一种近似的几何方法。平面势流的流网是由等势线簇与流线簇交织形成的正交网格，一般取流速势函数和流函数的增量相等，流网呈正方形。根据流网可以图解流速，再由拉格朗日积分推算压强。

等流函数线就是流线，其方程式为 $\psi(x,y)=C$，C 值不同就代表不同的流线，给定不同的 C 值（如 $C_1, C_2, C_3, \cdots$）将获得一组流线。等流速势线就是等势线，其方程式为 $\varphi(x,y)=D$，D 值不同就代表不同的等势线，给定不同的 D 值（如 $D_1, D_2, D_3, \cdots$）将获得一组等势线。

6.1.1　流网的原理

1. 流网的性质

(1)流网是相互正交的网格。由流线与等势线的性质可知，流线与等势线具有互相正交的性质，所以流网是正交网格。

(2)流网中每一个网格的边长之比（$\mathrm{d}n/\mathrm{d}m$）等于流速势函数 φ 与流函数 ψ 的增值之比（$\mathrm{d}\varphi/\mathrm{d}\psi$），若取 $\mathrm{d}\varphi=\mathrm{d}\psi$，则流网为方格网。

2. 流网中流函数 ψ 与流速势函数 φ 的增值方向

在平面势流中任取一点 a，通过 a 点必可取出一根等势线 φ 和一根流线 ψ，绘出与其相邻的等势线 $\varphi+\mathrm{d}\varphi$ 和流线 $\psi+\mathrm{d}\psi$，令两条等势线之间的距离为 $\mathrm{d}n$，两条流线之间的距离为 $\mathrm{d}m$，如图6－1所示。从图中可以看出，a 点的流速 u 的方向必为该点流线的切线方向，也一定是该点等势线的法线方向。若以流速 u 的方向作为 n 的增值方向，将 n 的增值方向逆时

针旋转 90°作为 m 的增值方向，则

$$u_x = u\cos\theta, u_y = u\sin\theta, \mathrm{d}x = \mathrm{d}n\cos\theta, \mathrm{d}y = \mathrm{d}n\sin\theta \tag{6-1}$$

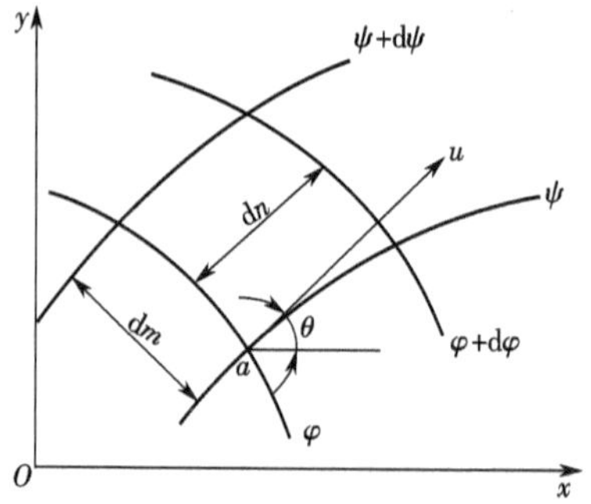

图 6-1　流网

流速势函数为

$$\mathrm{d}\varphi = u_x\mathrm{d}x + u_y\mathrm{d}y = u\cos^2\theta\mathrm{d}n + u\sin^2\theta\mathrm{d}n = u\mathrm{d}n \tag{6-2}$$

由式(6-2)可知，当 dn 为正值时，dφ 也为正值，即流速势函数 φ 的增值方向与 n 的增值方向相同。

$$\mathrm{d}\psi = u_x\mathrm{d}y - u_y\mathrm{d}x = u\cos\theta\mathrm{d}m\cos\theta - u\sin\theta(-\mathrm{d}m\sin\theta) = u\mathrm{d}m \tag{6-3}$$

由式(6-3)可以看出，流函数 ψ 的增值方向与 m 的增值方向相同。

由此可以得出结论，在平面势流的流速场中，流速势函数 φ 的增值方向与流速 u 的方向一致，将流速的方向逆时针旋转 90°为流函数 ψ 的增值方向，这一法则叫作茹科夫斯基法则。

由流网的性质可知

$$\mathrm{d}\psi = \mathrm{d}q = u\mathrm{d}m \tag{6-4}$$

比较式(6-2)和式(6-3)可得

$$\frac{\mathrm{d}\varphi}{\mathrm{d}\psi} = \frac{u\mathrm{d}n}{u\mathrm{d}m} = \frac{\mathrm{d}n}{\mathrm{d}m} \tag{6-5}$$

式(6-5)说明流网网格的相邻边长之比等于流速势函数的增量与流函数的增量之比。

6.1.2　流网的绘制

1. 流网的绘制原则

由上面的讨论可知

$$u = \frac{\mathrm{d}\varphi}{\mathrm{d}n} = \frac{\mathrm{d}\psi}{\mathrm{d}m} \tag{6-6}$$

若绘制无数条流线与等势线，并取每一个网眼相邻的两条流线间流函数的差值与相邻的两条等势线间流速势函数的差值相等，即 dψ = dφ，则 dm = dn，即每个微小的网眼都是曲边正方形。需要说明的是，这里所说的正方形与几何上的正方形完全不同，只要网眼的对角线互相垂直且对边中点距相等，就可以认为网眼是曲边正方形。实际绘制流网时，不可能绘出无数条流线和等势线，故将上式改为差分的形式：

$$u=\frac{\Delta\varphi}{\Delta n}=\frac{\Delta\psi}{\Delta m} \tag{6-7}$$

若取所有的 $\Delta\varphi=\Delta\psi=\text{const}$，则 $\Delta n=\Delta m$，即每个网眼都为正交曲线网格。根据流线的特性，可以用流网表示流动情况，求得流场的流速和压强分布。

若取 $\Delta m=\Delta n$，则两条流线之间的单宽流量为

$$\Delta q=\Delta\psi=\Delta\varphi=u\Delta m=\text{const} \tag{6-8}$$

$$u=\frac{\Delta q}{\Delta m} \tag{6-9}$$

在两条流线间任意选取两个过流断面，流速分别为 u_1 及 u_2，流线间距分别为 Δm_1 和 Δm_2，两条流线间的 Δq 为常量，$\Delta q=u_1\Delta m_1=u_2\Delta m_2$，即

$$\frac{u_1}{u_2}=\frac{\Delta m_2}{\Delta m_1} \tag{6-10}$$

Δm_1 和 Δm_2 可以直接在流网上量取，给定 u_1 即可由上式求得 u_2，逐个网格计算后，就可以得到流场的流速分布。由式(6-10)可以看出，两条流线的间距越大，流速越小；反之，间距越小，流速越大。所以流网可以清晰地表示出流速分布情况。

求出流场的流速分布后，就可以应用能量方程求得流场的压强分布。恒定平面势流中的任意两点满足下列能量关系：

$$z_1+\frac{p_1}{\gamma}+\frac{u_1^2}{2g}=z_2+\frac{p_2}{\gamma}+\frac{u_2^2}{2g} \tag{6-11}$$

当两点的位置高度 z_1 及 z_2 已知，流速 u_1 和 u_2 已通过流网求出时，已知某一点的压强，即可由式(6-11)求得其他点的压强。

绘制流网的要点如下。

(1)首先要确定边界条件，一般有固体边界、自由表面、入流断面和出流断面的边界条件等。

(2)固体壁面为等流函数线(流线)，等势线与其垂直，流线间距按流量相同确定，断面流速均匀，则流线间距相等。

(3)自由表面也是边界流线，等势线与其垂直，但其位置、形状未知，需利用压强条件确定。

(4)入流断面和出流断面的部分流动条件应该是已知的，根据已知条件可以确定这些断面上等势线和流线的位置。入流断面和出流断面与平行平面的交线是等势线，称为边界等势线。

2. 流网的绘制方法

1)有压平面势流流网的绘制

图6-2所示为有压平面势流，其边界轮廓已知，根据每个网眼都接近正交曲线方格的原则，试描几次即可绘出流网。试描时一般先描流线，然后描等势线。

边界处液体质点的流速方向必与边界相切，所以上、下两边界都是流线，所有等势线都与边界正交。因为流线不能转折，故图6-2中的 C 点必为驻点，此处的网格并非方格(若网格无穷小，则此处的网格应为方格)。描等势线时应先描 C 点两侧的等势线，然后向上、

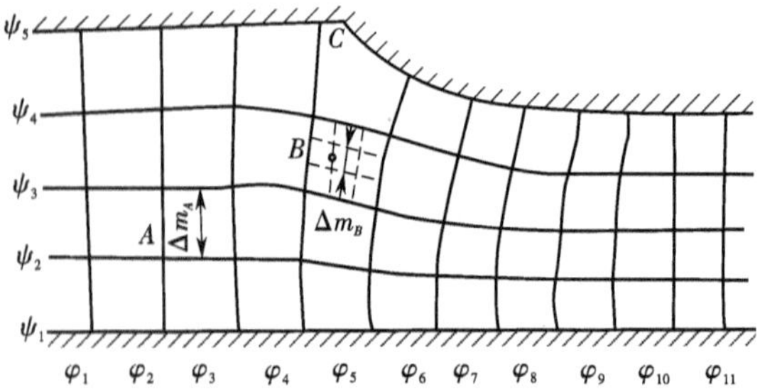

图 6-2 有压平面势流

下游描绘其他等势线。若水流方向系自左向右，根据茹科夫斯基法则，流速势函数的增值方向为自左向右，流函数的增值方向为自下向上。如图 6-2 所示，有 5 根流线，流线之间的间距有 4 个，若流量为 q，$\Delta\psi=\Delta q=q/4$，各流线的流函数为

$$\psi_1=a \tag{6-12}$$

$$\psi_2=\psi_1+\Delta\psi=a+\frac{q}{4} \tag{6-13}$$

$$\psi_3=\psi_2+\Delta\psi=a+\frac{q}{2} \tag{6-14}$$

$$\psi_4=\psi_3+\Delta\psi=a+\frac{3q}{4} \tag{6-15}$$

$$\psi_5=\psi_4+\Delta\psi=a+q \tag{6-16}$$

式中 a 的取值对绘制流网及求解平面势流问题并无影响，显然令 $a=0$ 最方便。

如果第一根等势线为

$$\varphi_1=b \tag{6-17}$$

式中的 b 可取任意数值，即可求出其他各等势线的流速势函数：

$$\varphi_2=\varphi_1+\Delta\varphi=b+\Delta\varphi=b+\frac{q}{4} \tag{6-18}$$

$$\varphi_3=\varphi_2+\Delta\varphi=\varphi_2+\Delta\varphi=b+\frac{q}{2} \tag{6-19}$$

$$\varphi_4=\varphi_3+\Delta\varphi=\varphi_3+\Delta\varphi=b+\frac{3q}{4} \tag{6-20}$$

……

用近似法绘制流网时不需要求出 φ 及 ψ 的值。绘出流网后即可应用式(6-9)求任何点的流速，例如 A 点的流速：

$$u_A=\frac{\Delta\psi_A}{\Delta m_A}=\frac{\Delta q}{4\Delta m_A} \tag{6-21}$$

式中的 Δm_A 可从图中量出。如欲求 B 点的流速，只需在 B 点所在的网眼中绘出更小的网眼，如图 6-2 中虚线所示，则 B 点的流速为

$$u_B=\frac{\Delta\psi_B}{\Delta m_B}=\frac{\Delta q}{12\Delta m_B} \tag{6-22}$$

这样就可求出流速场,根据能量方程又可求出压强场,即可求解整个平面势流问题。

2)有自由表面的平面势流流网的绘制

有自由表面的平面势流流网的绘制关键在于自由表面边界的确定。如自由表面的边界能确定,则与有压平面势流的解法完全一样。如图 6－3 所示的二元矩形薄壁堰流,假设液体为理想液体,在自由表面开始降落以前取一个断面 0—0,在断面 0—0 上流速均匀分布,该断面自由表面上的流速为 u_0(与断面平均流速相等),自由表面上任意一点的流速为 u,则由理想液体流线的能量方程可得

$$z_0+\frac{u_0^2}{2g}=z+\frac{u^2}{2g} \tag{6-23}$$

即

$$z_0-z+\frac{u_0^2}{2g}=\frac{u^2}{2g} \tag{6-24}$$

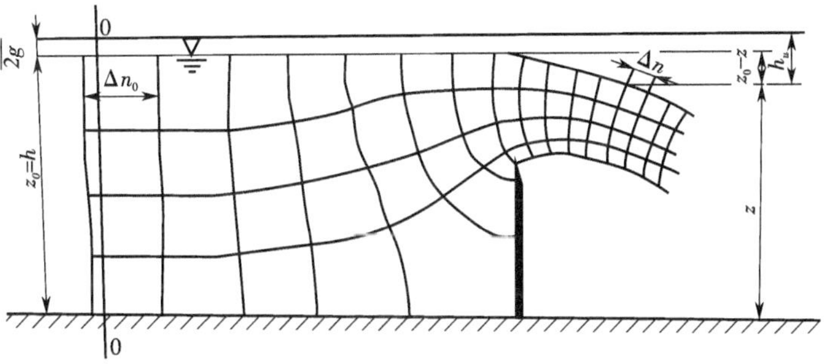

图 6－3　二元矩形薄壁堰流

令 $z_0-z+\frac{u_0^2}{2g}=h_u$,$h_u$ 为自由表面上任意一点自总水头线降落的竖直距离,则

$$u=\sqrt{2gh_u} \tag{6-25}$$

由流网的原理可知 $u=\frac{\Delta\varphi}{\Delta n}$,且 $\Delta\varphi=u\Delta n=\sqrt{2gh_{u0}}\Delta n$,为一个常数,这个常数等于断面 0—0 处的 $\sqrt{2gh_{u0}}\Delta n_0$,式中 $h_{u0}=\frac{u_0^2}{2g}$,Δn_0 可从流网中量得。因此,只要先试描自由表面的边界,并绘出流网,在流网中量出 Δn_0,即可求出 $\sqrt{h_{u0}}\Delta n_0$ 的数值,然后检验自由表面上各点至总水头线的竖直距离的平方根与 Δn 的乘积是否等于 $\sqrt{h_{u0}}\Delta n_0$,若不相等则修正自由表面线,直至相等为止。

这样就可以确定自由表面的边界并绘得流网,利用流网即可求解平面势流问题。

随着计算机技术的发展,目前已不需要手绘流网,利用各种计算软件即可绘制流网。之所以讲流网的绘制原则,主要是为了提高对流网绘制的感性认识。

【例 6－1】　有一个二元闸孔出流,已知 $h_0=2.44$ m,闸孔开度 $e=0.76$ m,求:(1)通过闸孔的流量;(2)闸孔出流的竖直收缩系数 h_C/e;(3)绘出作用在闸门上的动水压强分布,并求出作用在闸门上的动水总压力。

解:先绘出闸门上、下游的自由水面线,并近似绘出流网。

假设 $u_0^2/2g=0.07$ m,在断面0—0处的网格上量出 $\Delta n_0=0.61$ m, $\sqrt{h_{u0}}\Delta n_0=\sqrt{0.07}\times 0.61=0.161$,然后检查自由表面上各网格中点的 $\sqrt{h_{u0}}\Delta n$ 是否等于0.161,如不相等调整自由水面线至相等为止。

(1)量得闸孔出流收缩断面 C—C 处的水深 $h_C=0.455$ m,由理想液体的能量方程得

$$z_0+\frac{u_0^2}{2g}=z_C+\frac{u_C^2}{2g}$$

式中 $z_0=h_0=2.44$ m,$z_C=0.455$ m。

又由连续性方程得 $u_0h_0=u_Ch_C$,代入上式得

$$\frac{u_0^2}{2g}=\frac{z_0-z_C}{h_0^2/h_C^2-1}=\frac{1.985}{27.76}=0.0715\ \text{m}$$

与假设基本相符。故

$$u_0=\sqrt{0.0715\times19.6}=1.184\ \text{m/s}$$

单宽流量为

$$q=u_0h_0=1.184\times2.44=2.89\ \text{m}^3/(\text{s}\cdot\text{m})$$

(2)闸孔出流的竖直收缩系数为

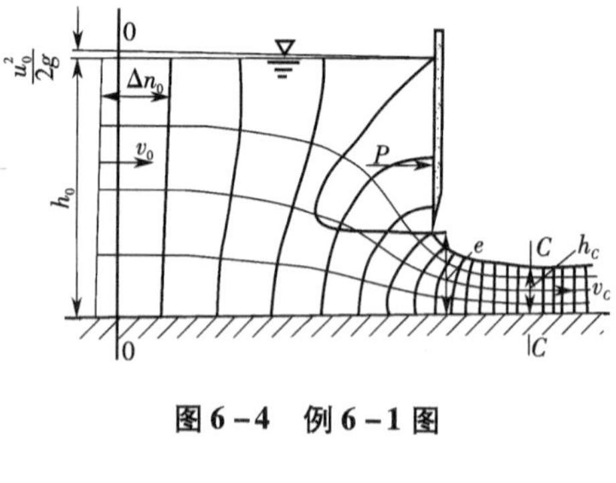

图6-4 例6-1图

$\varepsilon=h_C/e=0.455/0.76=0.6$(3)根据流网求出闸门各点的流速 u,再根据能量方程 $z+\frac{p}{\gamma}+\frac{u^2}{2g}=h_0+\frac{u_0^2}{2g}$ 求出相应点的动水压强 p,闸门上的动水压强分布图如图6-4所示。由动水压强分布图求得作用在闸门上的动水总压力 $P=13\ 230$ N。

6.2 几种简单的平面势流

在平面势流中,流速势函数和流函数同时存在,它们均是调和函数,求解平面势流问题就归结为在给定边界条件下求解拉普拉斯方程。拉普拉斯方程的特点是其解叠加后仍满足方程,因此下面介绍一些最简单的平面势流作为拉普拉斯方程的基本解,倘若若干简单的平面势流叠加后满足给定的边界条件,则叠加后的解就是所求问题的解。

6.2.1 均匀直线流动

均匀直线流动是全流场等速分布的直线流动,又称均匀流。均匀流中各点速度大小相等,方向一致,是最简单的平面势流。

设均匀流的速度为 U_0，流速方向取 x 轴正向(图 6-5)。

流速场为

$$u=U_0, v=0$$

流速势函数为

$$\varphi=\int d\varphi=\int u dx+v dy=\int U_0 dx=U_0 x \tag{6-26}$$

流函数为

$$\psi=\int d\psi=\int -v dx+u dy=\int U_0 dy=U_0 y \tag{6-27}$$

以上结果可推广到一般情况。设均匀流的速度与 x 轴成 α 角，如图 6-6 所示，则流速势函数为

$$\varphi=U_0(x\cos\alpha+y\sin\alpha) \tag{6-28}$$

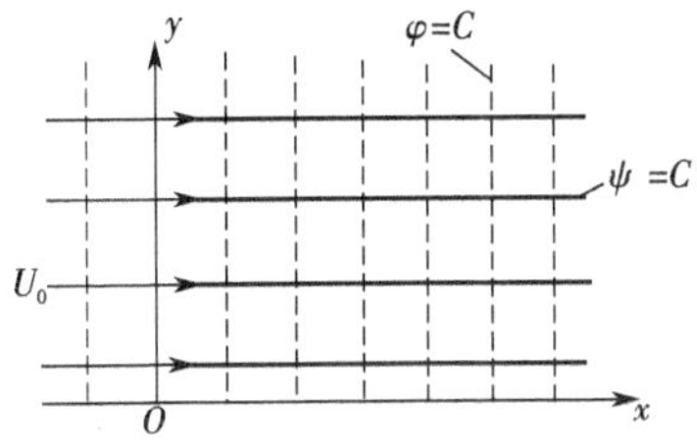

图 6-5　均匀流

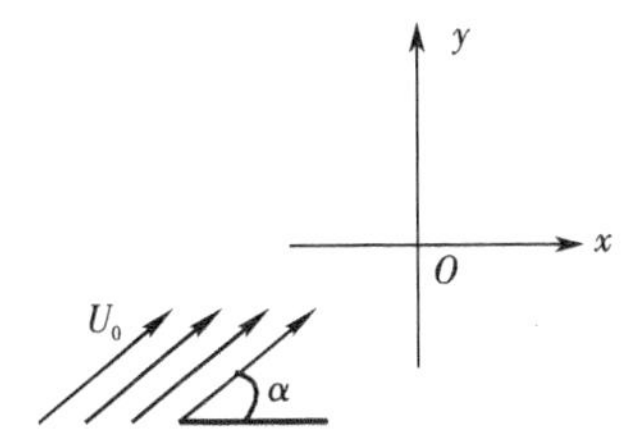

图 6-6　一般形式的均匀流

流函数为

$$\psi=U_0(y\cos\alpha-x\sin\alpha) \tag{6-29}$$

在极坐标系中，图 6-5 所示的均匀流的流速势函数和流函数分别为

$$\varphi=U_0 r\cos\theta \tag{6-30}$$

$$\psi=U_0\sin\theta \tag{6-31}$$

在实际流动中，以下两种情况可看作均匀流：

(1) 平行平壁间的均匀流动；

(2) 薄平板的纵向绕流。

6.2.2　源和汇

1. 源

流体从平面上的一点流出，均匀地向四周径向直线流动，这种流动称为源(图 6-7)。平面上的这一点称为源点，由源点流出的流体的体积流量 Q 称为源强度，一般用 $m(m>0)$ 表示。

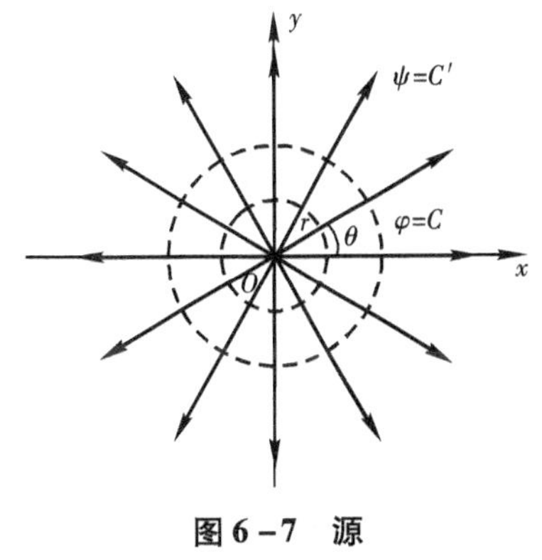

图 6-7　源

下面用极坐标系 (r,θ) 表示源的流速势函数和流函数，设源的源点位于极坐标的原点。

流速场为

$$v_r=\frac{m}{2\pi r},v_\theta=0$$

流速势函数为

$$\varphi=\int \mathrm{d}\varphi=\int \frac{\partial\varphi}{\partial r}\mathrm{d}r+\frac{\partial\varphi}{\partial\theta}\mathrm{d}\theta=\int v_r\mathrm{d}r+v_\theta r\mathrm{d}\theta=\int \frac{m}{2\pi r}\mathrm{d}r=\frac{m}{2\pi}\ln r \tag{6-32}$$

流函数为

$$\psi=\int \mathrm{d}\psi=\int \frac{\partial\psi}{\partial r}\mathrm{d}r+\frac{\partial\psi}{\partial\theta}\mathrm{d}\theta=\int -v_\theta\mathrm{d}r+v_r r\mathrm{d}\theta=\int \frac{m}{2\pi r}r\mathrm{d}\theta=\frac{m}{2\pi}\theta \tag{6-33}$$

等势线方程为 $\varphi=C,r=C$，等势线是以 O 点为圆心的同心圆簇。

流线方程为 $\psi=C',\theta=C'$，流线是由 O 点引出的射线簇。

若以直角坐标表示，为

$$\varphi(x,y)=\frac{m}{2\pi}\ln\sqrt{x^2+y^2} \tag{6-34}$$

$$\psi(x,y)=\frac{m}{2\pi}\arctan\frac{y}{x} \tag{6-35}$$

2. 汇

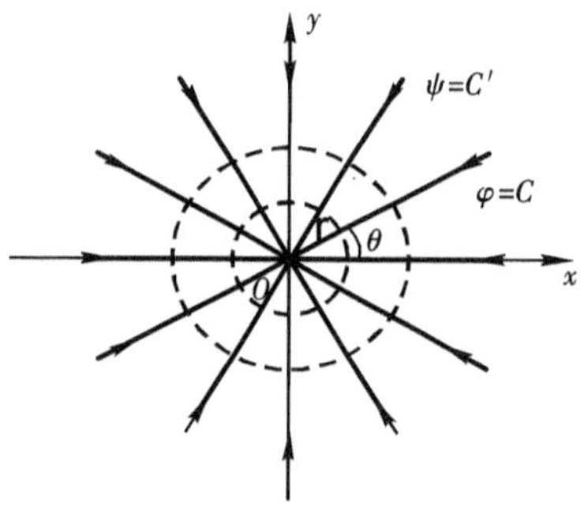

图 6－8 汇

流体在平面上从四周沿径向均匀地流入一点，这样的流动称为汇（图 6－8）。平面上的这一点称为汇点，流入汇点的流体的体积流量 Q 称为汇强度，一般用 $-m(m>0)$ 表示。

汇的流速势函数和流函数的表达式与源相同，但符号相反。

$$\varphi=-\frac{m}{2\pi}\ln r \tag{6-36}$$

$$\psi=-\frac{m}{2\pi}\theta \tag{6-37}$$

若以直角坐标表示，为

$$\varphi(x,y)=-\frac{m}{2\pi}\ln\sqrt{x^2+y^2} \tag{6-38}$$

$$\psi(x,y)=-\frac{m}{2\pi}\arctan\frac{y}{x} \tag{6-39}$$

当源点或汇点不在原点时，r 应取相对于源点或汇点的距离，θ 应取相对于源点或汇点的幅角。

源和汇是理想化的流动，在原点（源点或汇点）处 $r=0$、$v_r\to\infty$ 是不可能的，这样的点称为奇点。除原点附近外，绝大部分区域的流动与流体从小孔流出或从四周向小孔汇聚的流动类似。实际流动中类似于扩大或收缩的渠道也可看作源或汇。如在油田中，对于均匀等厚的地层，在稳定情况下，油流向生产井可看作汇。

【例 6－2】 如图 6－9 所示，有一个扩大的水渠，两壁面的夹角为 1 rad，在两壁面相交处有一条小缝，通过该缝流出的流体的体积流量 $Q=\frac{1}{2}t-1$。

求:(1)该水渠的速度分布;

(2)$t=0$ 时,$r=2$ m 处流体的速度和加速度。

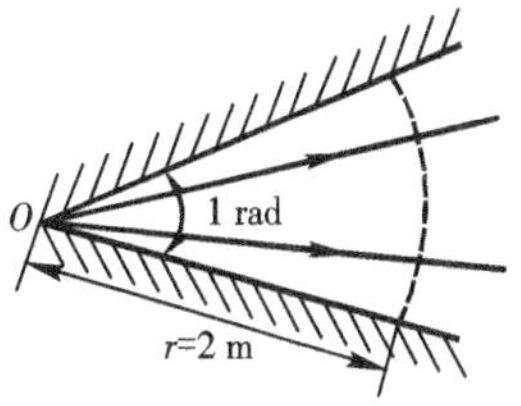

图 6-9　例 6-2 图

解:(1)该水渠两壁面的夹角为 1 rad 时流量为 $Q=\frac{1}{2}t-1$,则夹角为 2π rad 时流量为 $m=2\pi\left(\frac{1}{2}t-1\right)$。

源的流速势函数为

$$\varphi=\frac{m}{2\pi}\ln r=\left(\frac{1}{2}t-1\right)\ln r$$

流速场为

$$v_r=\frac{\partial\varphi}{\partial r}=\left(\frac{1}{2}t-1\right)\frac{1}{r}v_\theta=\frac{\partial\varphi}{r\partial\theta}=0$$

(2)当 $t=0$ 时,在 $r=2$ m 处 $v_r=-\frac{1}{2}$ m/s,负号表示流体流向 O 点。

$$a_r=\frac{\mathrm{d}v_r}{\mathrm{d}t}=\frac{\partial v_r}{\partial t}+\frac{\partial v_r}{\partial r}v_r=\frac{1}{2r}-\frac{1}{r^3}\left(\frac{t}{2}-1\right)^2=\frac{1}{8}\ \mathrm{m/s^2}$$

6.2.3　环流

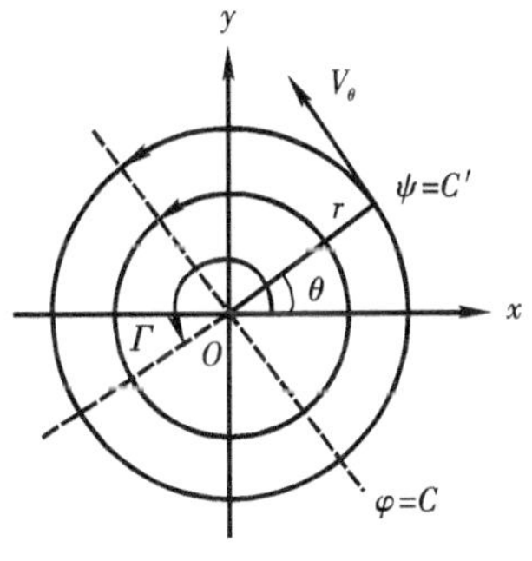

图 6-10　环流

流体绕某一固定点做圆周运动,并且速度大小与圆周半径成反比,这样的流动称为环流(图 6-10)。该固定点称为环流中心。

将坐标系原点置于环流中心,则速度场为

$$v_r=0,v_\theta=\frac{\Gamma}{2\pi r}$$

式中的 Γ 是个常数,称为环流强度,当质点逆时针做圆周运动时,$\Gamma>0$;当质点顺时针做圆周运动时,$\Gamma<0$。

流速势函数为

$$\varphi=\int\mathrm{d}\varphi=\int v_r\mathrm{d}r+v_\theta r\mathrm{d}\theta=\int\frac{\Gamma}{2\pi r}r\mathrm{d}\theta=\frac{\Gamma}{2\pi}\theta \tag{6-40}$$

流函数为

$$\psi=\int\mathrm{d}\psi=\int v_r r\mathrm{d}\theta-v_\theta\mathrm{d}r=\int\frac{-\Gamma}{2\pi r}\mathrm{d}r=-\frac{\Gamma}{2\pi}\ln r \tag{6-41}$$

等势线方程为 $\varphi=C$,即 $\theta=C$,等势线是由 O 点引出的射线簇。

流线方程为 $\psi=C'$,$r=C'$,流线是以 O 点为圆心的同心圆簇。

若以直角坐标表示,为

$$\varphi(x,y)=\frac{\Gamma}{2\pi}\arctan\frac{y}{x} \tag{6-42}$$

$$\psi(x,y)=-\frac{\Gamma}{2\pi}\ln\sqrt{x^2+y^2} \tag{6-43}$$

在原点处 $r=0$、$v_\theta\to\infty$，这样的点称为奇点。在实际情况中，如大气中出现气旋，除涡核区以外的区域，由涡核引起的诱导速度场可用环流表征。

6.2.4 偶极子

设在坐标原点有一个强度为 $-m$ 的汇，在 $(-\delta,-0)$ 处有一个强度为 m 的源（图 6-11），流场中任一点 $P(r,\theta)$ 的流函数为汇和源的流函数之叠加，则

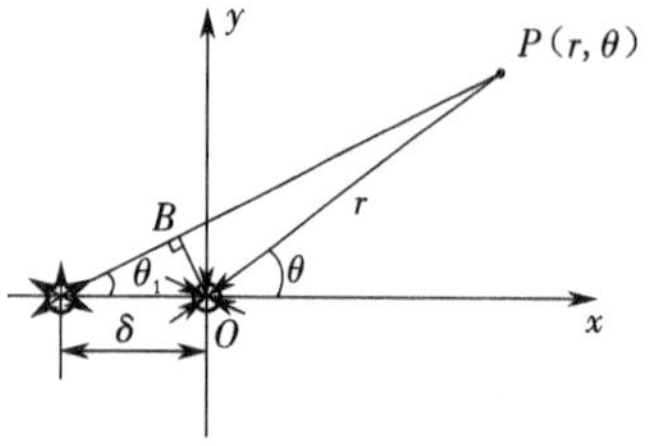

图 6-11 偶极子

$$\psi=\psi_1+\psi_2=-\frac{m}{2\pi}\theta+\frac{m}{2\pi}\theta_1=-\frac{m}{2\pi}(\theta-\theta_1)$$

θ_1 是源和 P 点的连线与 x 轴的夹角。当源和汇接近时，由图中的几何关系可得

$$\theta-\theta_1=\frac{\delta\sin\theta_1}{r}$$

当源和汇无限接近时，$\delta\to0$，$\theta_1\to\theta$，形成偶极子，则

$$\psi=-\frac{m}{2\pi}\lim_{\delta\to0}\frac{\delta\sin\theta_1}{r}=-\frac{m}{2\pi}\frac{\delta\sin\theta}{r}$$

设 $m\delta=M=\text{const}$，称为偶极子强度，方向从汇指向源，为正（从源到汇的方向是 x 轴正方向），可得偶极子的流函数为

$$\psi=-\frac{M}{2\pi}\frac{\sin\theta}{r}\tag{6-44}$$

同理，将源和汇的流速势函数叠加，并取极限，可得偶极子的流速势函数为

$$\varphi=-\frac{M}{2\pi}\frac{\cos\theta}{r}\tag{6-45}$$

偶极子流场中任一点的速度分量为

$$v_r=\frac{\partial\varphi}{\partial r}=-\frac{M}{2\pi}\frac{\cos\theta}{r^2}\tag{6-46}$$

$$v_\theta=\frac{1}{r}\frac{\partial\varphi}{\partial\theta}=-\frac{M}{2\pi}\frac{\sin\theta}{r^2}\tag{6-47}$$

如图 6-12 所示，等势线方程为 $\varphi=C$，$r=C\cos\theta$，等势线是圆心在 x 轴上的同心圆簇。

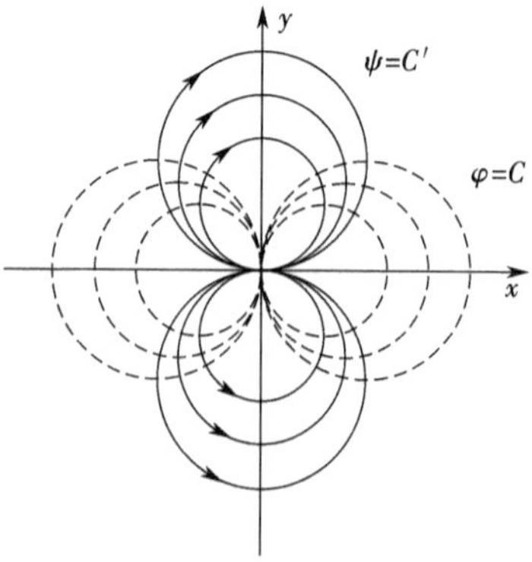

图 6-12 以直角坐标表示的偶极子

流线方程为 $\psi = C'$，$r = C'\sin\theta$，流线是圆心在 y 轴上的同心圆簇。

$$\varphi(x,y) = \frac{M}{2\pi}\frac{x}{x^2+y^2} \tag{6-48}$$

$$\psi(x,y) = -\frac{M}{2\pi}\frac{y}{x^2+y^2} \tag{6-49}$$

【例 6-3】 已知位于原点的强度为 m 的源和沿 x 轴方向速度为 U_0 的均匀流叠加成一个平面流场。

求：(1)该平面流动的流速势函数和流函数；

(2)流场中的速度分布；

(3)流线方程；

(4)画出零流线及部分流线图。

解：(1)流速势函数的极坐标形式为

$$\varphi = \varphi_1 + \varphi_2 = U_0 r\cos\theta + \frac{m}{2\pi}\ln r \tag{a}$$

流函数的极坐标形式为

$$\psi = \psi_1 + \psi_2 = U_0 r\sin\theta + \frac{m}{2\pi}\theta \tag{b}$$

(2)流场中的速度分布为

$$v_r = \frac{\partial\varphi}{\partial r} = U_0\cos\theta + \frac{m}{2\pi r} \tag{c}$$

$$v_\theta = \frac{1}{r}\frac{\partial\varphi}{\partial\theta} = -U_0\sin\theta \tag{d}$$

(3)流线方程为

$$\psi = U_0 r\sin\theta + \frac{m}{2\pi}\theta$$

令 $\psi = \text{const}$，即

$$U_0 r\sin\theta + \frac{m}{2\pi}\theta = C \tag{e}$$

式中的 C 取不同的值代表不同的流线。

(4)如图 6-13 所示，零流线的左半部分是负 x 轴的一部分($\theta = \pi$)，驻点 $A(-b,0)$ 由式(c)决定。

$$v_{r,\theta=\pi} = \left(U_0\cos\theta + \frac{m}{2\pi r}\right)_{\theta=\pi} = -U_0 + \frac{m}{2\pi b} = 0$$

故

$$b = \frac{m}{2\pi U_0}$$

通过驻点的右半部分零流线由 A 点的流函数决定，即

$$U_0 r\sin\theta + \frac{m}{2\pi}\theta = \psi_A = \psi(b,\pi) = \frac{\pi}{2}$$

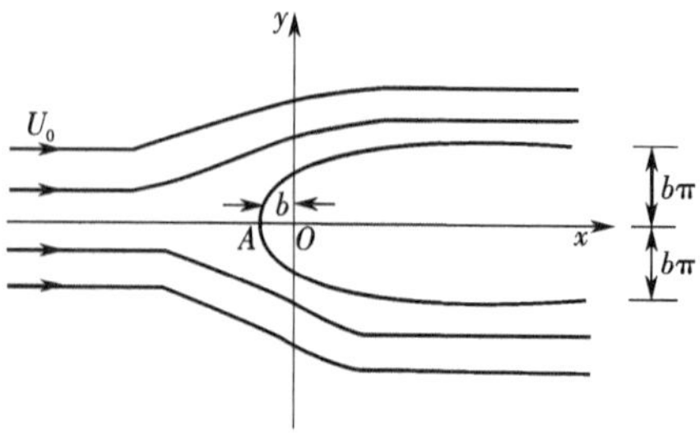

图 6-13　例 6-3 图

零流线方程为

$$r=\frac{m(\pi-\theta)}{2\pi U_0\sin\theta}=\frac{b(\pi-\theta)}{\sin\theta}$$

右半部分所围的区域称为兰金(Rankine)半体。在无穷远处 $\theta\to 0$ 和 $\theta\to 2\pi$ 两条流线趋于平行,渐近线方程为

$$y_0=(r\sin\theta)_{\theta=0,2\pi}=[b(\pi-\theta)]_{\theta=0,2\pi}=\pm b\pi$$

6.3 平面势流的复势

6.3.1 复势的定义

在平面势流中,同时存在着流速势函数 φ 和流函数 ψ,它们都满足拉普拉斯方程,是调和函数。流速场在直角坐标系中有如下关系式:

$$u=\frac{\partial\varphi}{\partial x}=\frac{\partial\psi}{\partial y}$$

$$v=\frac{\partial\varphi}{\partial y}=-\frac{\partial\psi}{\partial x}$$

这说明这两个调和函数满足柯西-黎曼(Cauchy-Riemann)条件,可以组成一个解析复变函数

$$W(z)=\varphi+\psi\mathrm{i}$$

式中:$z=x+y\mathrm{i}$,$\mathrm{i}=\sqrt{-1}$。

根据复变函数的基本性质,任何一个解析复变函数都表示一种平面势流。函数的实部表示流动的流速势函数 φ,虚部表示流动的流函数 ψ。在流体力学中解析复变函数称为流动的复势。一种平面势流必然对应一个复势,一个复势也代表一种平面势流。求解平面势流问题可以应用复变函数这一数学工具,以避免解偏微分方程式的困难。

6.3.2 几种简单的平面势流的复势

1. 均匀直线流动(均匀流)

当流动速度为 U_0,方向与 x 轴一致时,

$$\varphi = U_0 x$$

$$\psi = U_0 y$$

复势

$$W(z) = U_0 x + U_0 y\mathrm{i} = U_0(x + y\mathrm{i}) = U_0 z \tag{6-50}$$

进而可推广，若均匀流的 $u = U_0\cos\theta$、$v = U_0\sin\theta$，如图 6-14所示，则复势为

$$W(z) = U_0 \mathrm{e}^{-\alpha \mathrm{i}} z \tag{6-51}$$

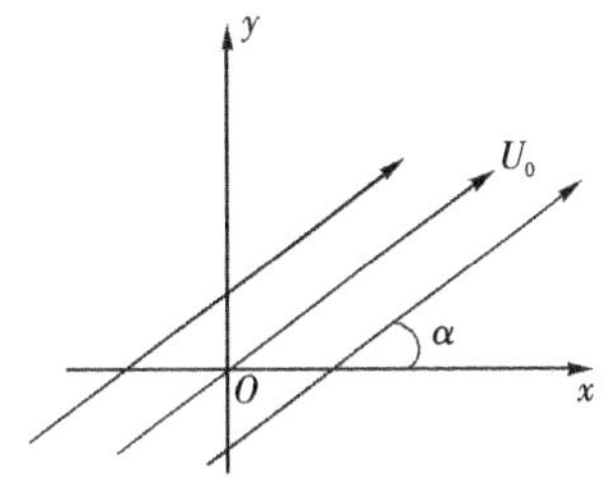

图 6-14　均匀流

2. 源和汇

当将源或汇置于极坐标的原点时，流速势函数

$$\varphi = \frac{\pm m}{2\pi}\ln r$$

流函数

$$\psi = \frac{\pm m}{2\pi}\theta \quad (m > 0)$$

复势

$$W(z) = \frac{\pm m}{2\pi}\ln r + \frac{\pm m}{2\pi}\theta\mathrm{i} = \frac{\pm m}{2\pi}(\ln r + \theta\mathrm{i}) = \frac{\pm m}{2\pi}(\ln r + \ln \mathrm{e}^{\theta\mathrm{i}})$$

$$= \frac{\pm m}{2\pi}\ln r\mathrm{e}^{\theta\mathrm{i}} = \frac{\pm m}{2\pi}\ln z \tag{6-52}$$

若将源或汇置于复平面 $z = z_0$ 处，则复势为

$$W(z) = \frac{\pm m}{2\pi}\ln(z - z_0) \tag{6-53}$$

3. 环流

在介绍环流前，先叙述点涡的概念。

点涡也称平面圆旋，是一团无限长的直圆筒形流体，流体质点均绕本身的中心旋转，旋转的角速度为 ω，方向是直圆筒的轴线方向。由于该直涡束可用平面流动表示，涡束的半径是一个小量，因此也称它为点涡。点涡的强度可用下式表示：

$$\Gamma = 2\pi a^2 \omega \tag{6-54}$$

式中：a 为涡束的半径；ω 为内部流体质点旋转的角速度；Γ 为速度环量。

由于圆旋的存在，周围流体将产生一个诱导速度场，称为环流，它可以被视为平面流动。可以证明该诱导速度场是平面势流，若点涡的强度是 Γ，将它置于原点，则流速势函数

$$\varphi = \frac{\Gamma}{2\pi}\theta$$

流函数

$$\psi = -\frac{\Gamma}{2\pi}\ln r$$

点涡的旋转方向是逆时针，则 $\Gamma > 0$；若是顺时针，则 $\Gamma < 0$。

复势

$$W(z)=\frac{\Gamma}{2\pi}\theta-\mathrm{i}\frac{\Gamma}{2\pi}\ln r=\frac{\Gamma}{2\pi}(\theta-\mathrm{i}\ln r)=\frac{\Gamma}{2\pi\mathrm{i}}(-\ln r+\theta\mathrm{i})=\frac{\Gamma}{2\pi\mathrm{i}}\ln z \tag{6-55}$$

若将点涡置于复平面 $z=z_0$ 处，则复势为

$$W(z)=\frac{\Gamma}{2\pi\mathrm{i}}\ln(z-z_0) \tag{6-56}$$

4. 偶极子

当等强度的源、汇(源至汇的方向为 x 轴方向)无限接近并置于原点时，流速势函数

$$\varphi=\frac{M}{2\pi}\frac{\cos\theta}{r}$$

流函数

$$\psi=-\frac{M}{2\pi}\frac{\sin\theta}{r}$$

复势

$$\begin{aligned}W(z)&=\frac{M}{2\pi}\frac{\cos\theta}{r}-\frac{M}{2\pi}\frac{\sin\theta}{r}\mathrm{i}\\&=\frac{M}{2\pi}\frac{1}{r}(\cos\theta-\mathrm{i}\sin\theta)=\frac{M}{2\pi}\frac{1}{r}\frac{(\cos\theta-\mathrm{i}\sin\theta)(\cos\theta+\mathrm{i}\sin\theta)}{\cos\theta+\mathrm{i}\sin\theta}\\&=\frac{M}{2\pi}\frac{1}{z}\end{aligned} \tag{6-57}$$

若偶极子放置在 $z=z_0$ 处，且偶极子中源到汇的方向同 x 轴，则复势

$$W(z)=\frac{M}{2\pi}\frac{1}{z-z_0} \tag{6-58}$$

若偶极子中源到汇的方向与 x 轴成 α 角，则复势

$$W(z)=\frac{M}{2\pi}\frac{\mathrm{e}^{\alpha\mathrm{i}}}{z-z_0}$$

6.4 平面势流的复速度

6.4.1 复速度

平面势流的复势已知时，便可以对复势求导，从而求得流场中任意点处的流动速度。

若复势为 $W(z)=\varphi+\psi\mathrm{i}$，对 z 微分可得

$$\frac{\mathrm{d}W}{\mathrm{d}z}=\frac{\partial\varphi}{\partial x}+\frac{\partial\psi}{\partial x}\mathrm{i}=\frac{\partial\psi}{\partial y}-\frac{\partial\varphi}{\partial x}\mathrm{i}=u-v\mathrm{i}$$

可以看到复势的导数的实部是 x 轴方向的速度分量 u，虚部是 y 轴方向的速度分量 v 的负值。

复势的导数的共轭复数是

$$\overline{\frac{\mathrm{d}W}{\mathrm{d}z}}=u+v\mathrm{i}$$

通常称$\frac{\mathrm{d}W}{\mathrm{d}z}$为复速度，称$\overline{\frac{\mathrm{d}W}{\mathrm{d}z}}$为共轭复速度。显然复速度的模是速度的大小：

$$\left|\frac{\mathrm{d}W}{\mathrm{d}z}\right| = \sqrt{u^2+v^2} = U$$

因此，复速度又可写为

$$\frac{\mathrm{d}W}{\mathrm{d}z} = U\mathrm{e}^{-\alpha\mathrm{i}}$$

式中：$\alpha = \arctan\frac{v}{u}$，是速度的方向。

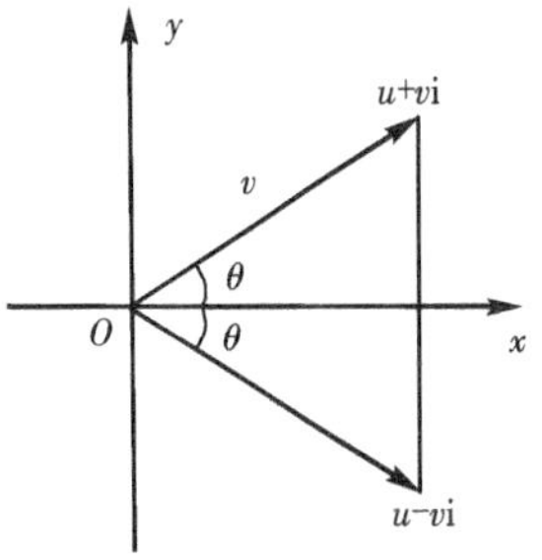

图6－15　复速度

共轭复速度又可以表示为

$$\overline{\frac{\mathrm{d}W}{\mathrm{d}z}} = U\mathrm{e}^{-\mathrm{i}\alpha}$$

研究不可压缩平面势流运动可以归结为求流动的复势 $W(z)$，一旦求得复势，就可以得到速度场

$$\left.\begin{aligned} u &= \mathrm{Re}\,\frac{\mathrm{d}W(z)}{\mathrm{d}z} \\ v &= -\mathrm{Im}\,\frac{\mathrm{d}W(z)}{\mathrm{d}z} \end{aligned}\right\} \tag{6-59}$$

6.4.2　复速度的积分

1. 速度环量 Γ

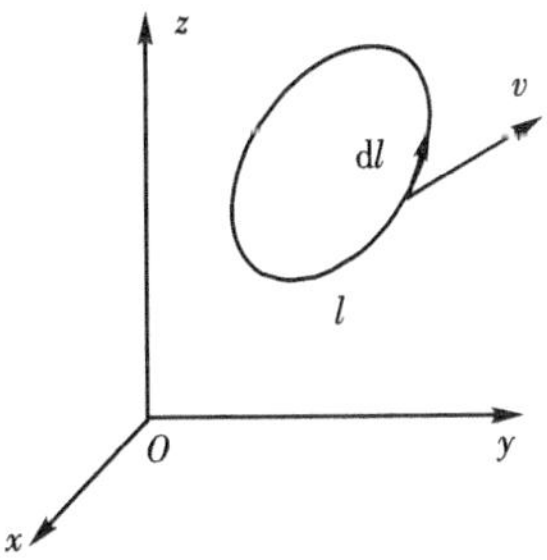

图6－16　速度环量

在流场中取一条封闭的空间曲线 l，在 l 上取微分线段 $\mathrm{d}l$，如图6－16所示。该处流体速度为 v，定义$\oint_l v\mathrm{d}l$ 为沿曲线 l 的速度环量（简称环量），以 Γ_l 表示：

$$\Gamma_l = \oint_l v\mathrm{d}l = \oint_l (u\mathrm{d}x + v\mathrm{d}y + w\mathrm{d}z) \tag{6-60}$$

若流动是势流，那么存在流速势函数 $\varphi(x,y,z,t)$，式(6－60)可表示为

$$\Gamma_l = \oint_l \left(\frac{\partial\varphi}{\partial x}\mathrm{d}x + \frac{\partial\varphi}{\partial y}\mathrm{d}y + \frac{\partial\varphi}{\partial z}\mathrm{d}z\right) = \oint_l \mathrm{d}\varphi \tag{6-61}$$

2. 复速度积分

在平面流场中取一条封闭曲线 l，复速度对闭合回路 l 的积分为

$$\oint_l \frac{\mathrm{d}W(z)}{\mathrm{d}z}\mathrm{d}z = \int_l \mathrm{d}W(z) = \oint_l (\mathrm{d}\varphi + \mathrm{i}\mathrm{d}\psi) = \int_l \mathrm{d}\varphi + \mathrm{i}\int_l \mathrm{d}\psi$$

根据环量 Γ 和流量 Q 的定义，有

$$\Gamma_l = \oint_l \mathrm{d}\varphi = \mathrm{Re}\oint_l \frac{\mathrm{d}W(z)}{\mathrm{d}z}\mathrm{d}z \tag{6-62}$$

$$Q_l = \oint_l \mathrm{d}\psi = \mathrm{Im}\oint_l \frac{\mathrm{d}W(z)}{\mathrm{d}z}\mathrm{d}z \tag{6-63}$$

因此，复速度的积分为

$$\oint_l \frac{\mathrm{d}W(z)}{\mathrm{d}z}\mathrm{d}z = \Gamma_l + Q_l\mathrm{i} \tag{6-64}$$

上式的物理意义是复速度沿封闭曲线 l 的积分，实部等于沿该曲线的速度环量 Γ_l，虚部等于由内向外通过该封闭曲线的体积流量 Q_l。

【例 6-4】 有一个平面不可压缩势流，若流场的复势是 $W = az^2 (a > 0)$，在原点处压强为 p_0，求：(1)上半平面的速度分布；(2)绘制上半平面的流线图；(3)沿 x 轴的压强分布。

解：(1)复速度为

$$\frac{\mathrm{d}W}{\mathrm{d}z} = 2az = 2a(x + y\mathrm{i}) = 2ax + 2ay\mathrm{i}$$

流场的速度分布为

$$\left.\begin{aligned} u &= 2ax \\ v &= -2ay \end{aligned}\right\}$$

(2) $W = az^2 = a(x + y\mathrm{i})^2 = a(x^2 - y^2) + 2axy\mathrm{i}$

流函数为 $\psi = 2axy$。流线方程为 $\psi =$ 常量，$xy = C(y \geqslant 0)$。流线图如图 6-17 所示。

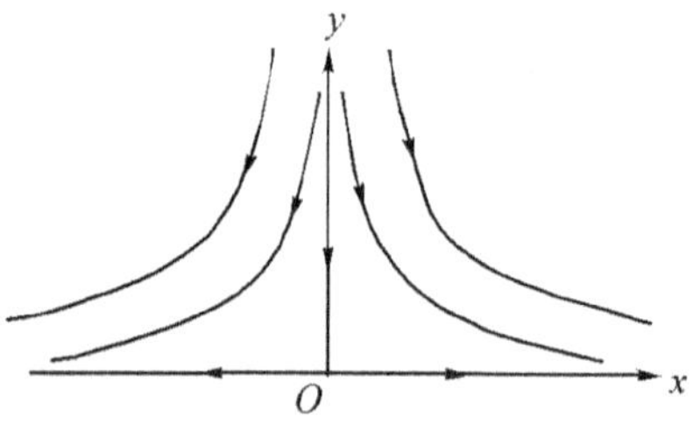

图 6-17 例 6-4 图

(3)由于流动是无旋的，按拉格朗日方程求压强分布：

$$p + \frac{\rho}{2}V^2 = C$$

式中：$V = \sqrt{u^2 + v^2} = 2ar$，其中 r 为原点到该点的距离。

在 $r = 0$ 处，$p = p_0$，$V = 0$，$C = p_0$。

$$p_0 = p + \frac{\rho}{2} \times 4a^2r^2$$

即 $p = p_0 - 2\rho a^2 r^2$，为平面上的压强分布。

【例 6-5】 已知某平面势流的复势为 $W(z) = 2\ln\frac{z}{z-3}$，试：(1)将这个流动分解为最简单的流动；(2)求沿圆周 $x^2 + y^2 = 4$ 的环量和通过这一周线的流量。

解：平面势流满足叠加原理，将两个或更多简单的平面势流叠加成复杂的平面势流，复杂流动的复势只需将简单流动的复势简单地代数相加即可。

(1) $W(z) = 2\ln\frac{z}{z-3} = 2\ln z - 2\ln(z-3)$

$2\ln z$ 是源强度 $m = 4\pi$，放置于点(0,0)的复势；$-2\ln(z-3)$ 是汇强度 $m = 4\pi$，放置于点(3,0)的复势。

(2)沿圆周 $x^2 + y^2 = 4$ 的环量和通过该周线的流量按式(6-62)、式(6-63)计算：

$$\Gamma_{|z|=2}=\mathrm{Re}\oint_{|z|=2}\frac{\mathrm{d}W(z)}{\mathrm{d}z}\mathrm{d}z$$

$$Q_{|z|=2}=\mathrm{Im}\oint_{|z|=2}\frac{\mathrm{d}W(z)}{\mathrm{d}z}\mathrm{d}z$$

$$\frac{\mathrm{d}W}{\mathrm{d}z}=2\left(\frac{1}{z}-\frac{1}{z-3}\right)$$

$$\oint_{|z|=2}\frac{\mathrm{d}W(z)}{\mathrm{d}z}\mathrm{d}z=2\left(\oint_{|z|=2}\frac{1}{z}\mathrm{d}z-\oint_{|z|=2}\frac{1}{z-3}\mathrm{d}z\right)=2(2\pi\mathrm{i}+0)=4\pi\mathrm{i}$$

故 $\Gamma_{|z|=2}=0, Q_{|z|=2}=4\pi$。

由于在区域内无点涡存在，故环流的强度为零；由于在 $x^2+y^2=4$ 内有强度为 4π 的源存在，故体积流量为 4π。

【例 6-6】 某平面势流的复势为一般的对数函数 $W(z)=(A+B\mathrm{i})\ln z$（$A$、$B$ 为实常数），试将这个流动分解为最简单的流动并分析流动图形。

解：$W(z)=A\ln z+B\mathrm{i}\ln z$

$W_1(z)=A\ln z$ 是强度为 $m=2\ln \pi A$ 的源（汇）放置于点(0,0)的复势；$W_2(z)=B\mathrm{i}\ln z$ 是强度为 $\Gamma=2\pi B$ 的点涡放置于点(0,0)的复势。（当 $B>0$ 时，点涡沿顺时针方向旋转；否则，沿逆时针方向旋转）

$$W(z)=(A+B\mathrm{i})\ln z=(A+B\mathrm{i})\ln r\mathrm{e}^{\theta\mathrm{i}}=(A\ln r-B\theta)+(A\theta+B\ln r)\mathrm{i}$$

流速势函数

$$\varphi=A\ln r-B\theta$$

流函数

$$\psi=A\theta+B\ln r$$

流场中的速度分布为

$$v_r=\frac{\partial\varphi}{\partial r}=\frac{A}{r},v_\theta=\frac{\partial\varphi}{r\partial\theta}=\frac{B}{r},v=\frac{\sqrt{A^2+B^2}}{2}$$

流线为 $\psi=C$，则 $A\theta+B\ln r=C$，即

$$r=C_1\mathrm{e}^{-\frac{A}{B}\theta}$$

同理，等势线为

$$r=C_2\mathrm{e}^{\frac{B}{A}\theta}$$

故流动图形是对数螺线，如图 6-18 所示。

6.5　求解平面势流的复势的方法

平面势流若能够通过求解拉普拉斯方程求出流速势函数 φ 和流函数 ψ，即可求得流场的速度分布，进而通过伯努利方程求得压强分布均可迎刃而解，同时由 φ 和 ψ 构成流动的复势，进一步应用复变函数求解流体力学中的问题。但是在许多情况下直接求流动的复势比求解 φ 和 ψ 容易，本节简单介绍两种在一定条件下求解平面势流的复势的方法。

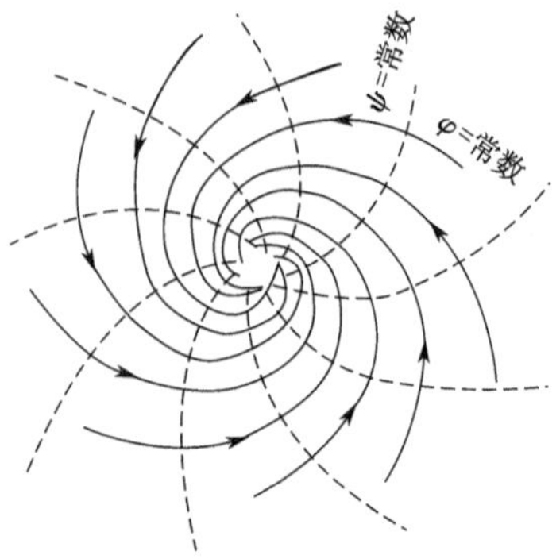

图 6-18 例 6-6 图

6.5.1 奇点叠加法

前面介绍了几种简单的平面势流并给出了它们的复势，这几种简单的流动称为流体力学奇点。所谓奇点叠加法就是对这些简单的平面势流进行适当的分布和组合，使它们的复势的线性组合满足具体问题的边界条件，那么组合的复势就是问题的解。最基本的例子是用势流叠加法研究圆柱绕流。

1. 绕圆柱体无环量的流动

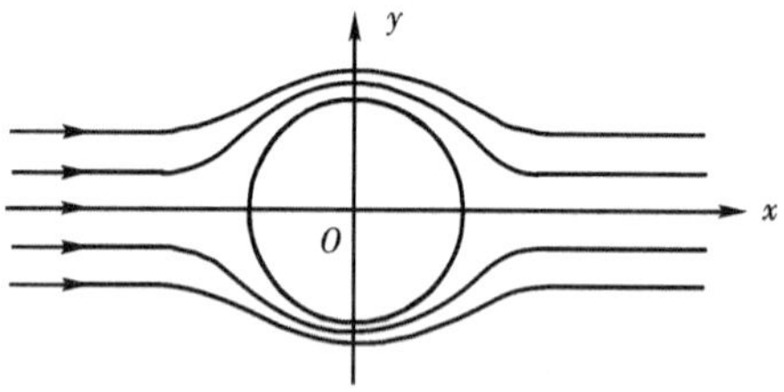

图 6-19 绕圆柱体无环量的流动

无限长的圆柱体在均匀流中，就是绕圆柱体无环量的流动，其流动图形如图 6-19 所示。观察流线图可发现：

（1）当均匀流叠加源时，会产生半无限物体的流线形状，如图 6-20(a)所示；

（2）当均匀流叠加等强度的源、汇时，会产生绕朗金椭圆（图 6-20(b)）和开尔文椭圆（图 6-20(c)）的流线形状。

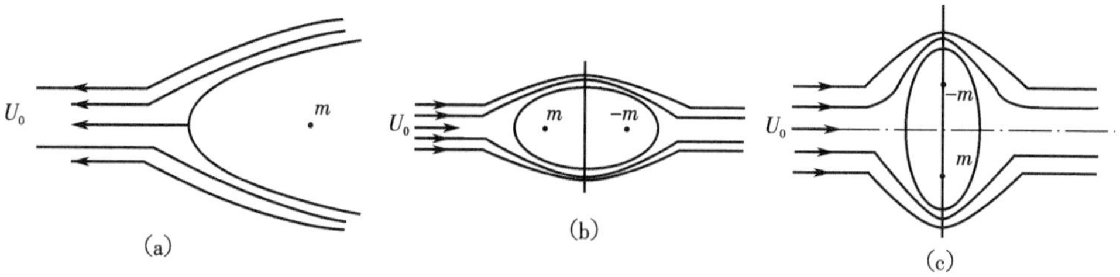

图 6-20 绕圆柱体无环量的流动的流线图

(a)均匀流和源叠加 (b)、(c)均匀流和源、汇叠加

显然，均匀流叠加偶极子，会形成圆柱流线。

设均匀流速度为 U_0，沿 x 轴正方向和放置在原点的偶极子（强度为 M）叠加，组合流场的复势为

$$W(z)=W_1(z)+W_2(z)=U_0z+\frac{M}{2\pi}\frac{1}{z}(M>0) \tag{6-65}$$

这个组合流场只要选择适当的偶极子强度 M 和均匀流速度 U_0，使一条零流线与圆柱体表面 $r=a$ 重合即可。在这种流动中，将一个半径为 a 的薄金属圆壳从流场中 $r=a$ 的流线处置入，流动是不会受到扰动的。这时圆壳内由偶极子引致的流动可以移去，而不会影响外部的流动。如果圆壳内部以物料填充为圆柱体，即成为均匀流与偶极子叠加形成的圆柱体绕流。

引入 $z=re^{\theta i}$，得

$$W(z)=U_0re^{-\theta i}+\frac{M}{2\pi r}e^{-\theta i}$$

展开上式可得

$$\varphi=U_0r\cos\theta+\frac{M}{2\pi r}\cos\theta$$

$$\psi=U_0r\sin\theta-\frac{M}{2\pi r}\sin\theta$$

为确定零流线，令 $\psi=0$、$r=a$，则得到零流线与圆柱体表面 $r=a$ 重合的条件为

$$M=2\pi a^2U_0$$

所以，流场的流速势函数为

$$\varphi=U_0\left(1+\frac{a^2}{r^2}\right)r\cos\theta \tag{6-66a}$$

流函数为

$$\psi=U_0\left(1-\frac{a^2}{r^2}\right)r\sin\theta \tag{6-66b}$$

流线簇为

$$\psi=U_0\left(z+\frac{a^2}{2}\right)$$

图 6-21 所示的平面势流的复势为

$$W(z)=U_0\left(z+\frac{a^2}{z}\right) \tag{6-67}$$

1）流场的速度分布

$$\left.\begin{aligned}v_r&=\frac{\partial\varphi}{\partial r}=U_0\left(1-\frac{a^2}{r^2}\right)\cos\theta\\ v_\theta&=\frac{\partial\varphi}{r\partial\theta}=-U_0\left(1+\frac{a^2}{r^2}\right)\sin\theta\end{aligned}\right\} \tag{6-68}$$

在圆柱体表面 $r_s=a$ 处，速度分布为 $v_{rs}=0$，$v_{\theta s}=-U_0\sin\theta$。

如图 6-22 所示，在圆柱的前、后驻点 A、B 处（$\theta=180°$、$0°$），速度 $v_\theta=0$；在上、下侧点 C、D 处（$\theta=\pm90°$），速度 $v_\theta=\pm2U_0$，速度的大小是来流速度的 2 倍，是圆柱体表面速度最大的点。（v_θ 以逆时针方向为正，在 D 点处 $v_\theta=-2U_0$，说明其方向与 x 轴正方向一致）

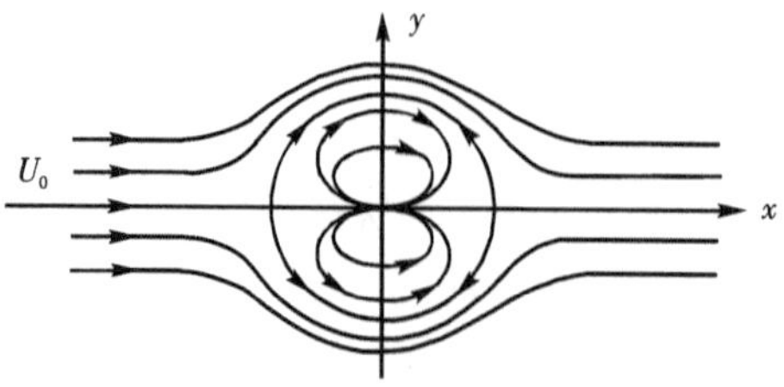

图 6-21 均匀流叠加偶极子的流场

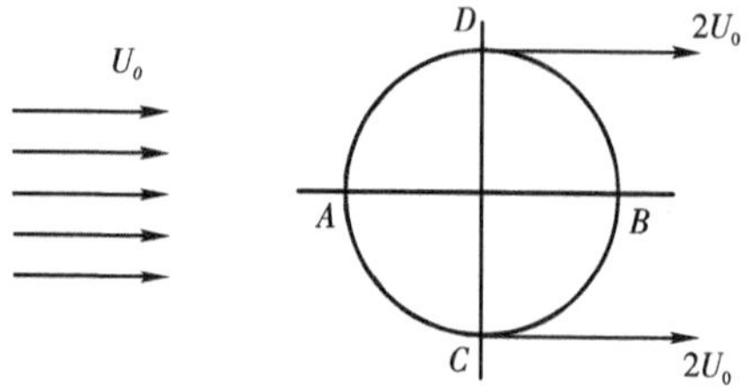

图 6-22 圆柱体表面的特殊点的速度

2)圆柱体表面的压强分布

设无穷远处的来流压强为 p_∞，则圆柱体表面任意点的压强 p_s 可由拉格朗日方程求得。

$$p_\infty + \frac{\rho}{2}U_0^2 = p_s + \frac{\rho}{2}v_\theta^2$$

其中

$$v_\theta = -2U_0 \sin\theta$$

得

$$p_s = p_\infty + \frac{1}{2}\rho U_0^2(1 - 4\sin^2\theta) \tag{6-69}$$

显然，圆柱体表面的压强分布关于 x、y 轴对称，在前、后驻点 A、B 处（$\theta = 180°$、$0°$）压强最大：

$$p_{s,\max} = p_\infty + \frac{1}{2}\rho U_0^2$$

在上、下侧点 C、D 处（$\theta = \pm 90°$）压强最小：

$$p_{s,\min} = p_\infty - \frac{3}{2}\rho U_0^2$$

工程上常以量纲为一的压力系数 C_p 表示作用于物体任一点处的运动，其定义为

$$C_p = \frac{p_s - p_\infty}{\frac{1}{2}\rho U_0^2} = 1 - 4\sin^2\theta \tag{6-70}$$

理想流体绕流时，圆柱体表面的压力系数分布如图 6-23(a)所示。

在 $\theta = 180°$、$0°$处，C_p 有最大值，即 $C_p = 1$；

在 $\theta = \pm 90°$处，C_p 有最小值，即 $C_p = -3$；

在 $\theta = \pm 30°$和 $\theta = \pm 150°$处，$C_p = 0$，该处的压强 $p = p_0$。

从压强分布图可以看出，压强在圆柱体表面对称于 x、y 轴，因而圆柱体所受合力沿圆柱体表面积分必然等于零。这一结论可以推广到任意形状的物体上，只要势流流经物体时未形成旋涡或分离，则流体作用在物体上的压力的合力等于零。故物体在理想流体中做等速直线运动时，所受到的阻力等于零，这就是著名的达朗贝尔（d'Alembert）佯谬，它由达朗贝尔于 1752 年提出。

这个结果显然与物理事实相背。矛盾产生的原因是将流体作为理想流体处理，而实际上流体是有黏性的，圆柱体表面前后的压强分布并不对称，当无横向力作用时，圆柱体绕流

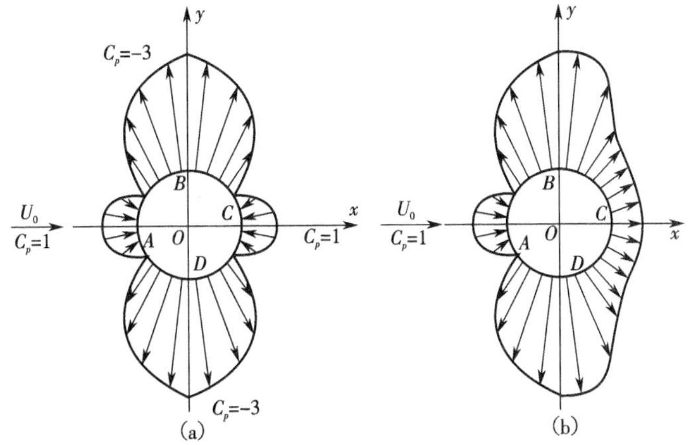

图 6－23　圆柱体表面的压力系数分布

(a)理想流体绕流　(b)实际流体绕流

是受阻力作用的，如图 6－23(b)所示。图 6－24 给出了不同流态下圆柱体绕流的表面压强分布曲线。

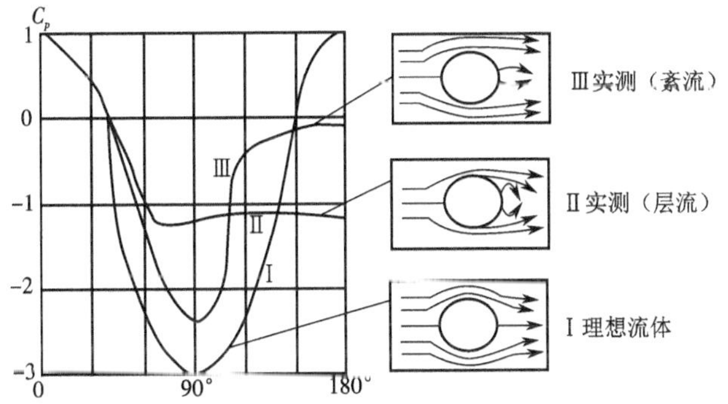

图 6－24　不同流态下圆柱体绕流的表面压强分布曲线

由黏性流体力学可知，在绕流物体表面存在一层极薄的边界层，黏性的作用主要体现在边界层中，固体边壁附近摩擦阻力的影响不能忽略，不应看成理想流体。另外，一般在后半个柱面处，流体不再贴着柱体而发生边界层分离现象，圆柱体后部出现尾涡区，因而物体在流体中运动必定受到阻力。但边界层外的流动由势流解确定，因此研究势流理论仍具有重要意义。

【例 6－7】　如图 6－25 所示，密度为 ρ_b 的半圆柱由于自重沉至水底，速度为 U_0 的均匀流绕过此半圆柱，半圆柱与河底面间有很小的间隙，滞止压强为 p_0，求能使半圆柱浮起的最小水流速度 U_0。

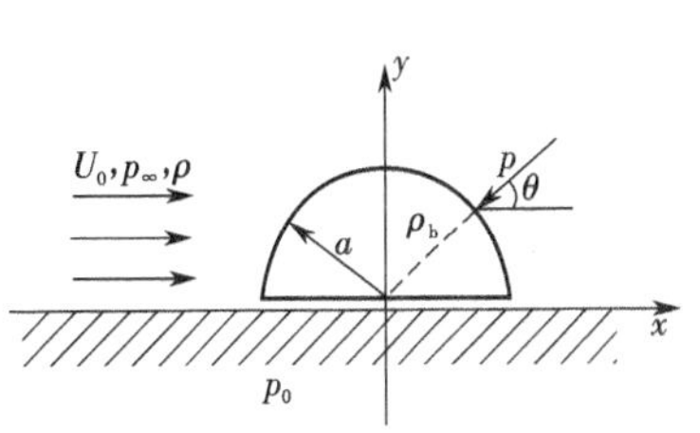

图 6－25　例 6－7 图

解：由式(6－69)可知，半圆柱表面的压强为

$$p = p_\infty + \frac{\rho}{2}U_0^2(1 - 4\sin^2\theta)$$

其相对于无穷远处的相对压强为

$$p-p_\infty=\frac{\rho}{2}U_0^2(1-4\sin^2\theta)$$

半圆柱表面所受的动压力在 y 轴上的分力为

$$F_{y1}=\int_0^\pi -\frac{\rho}{2}U_0^2(1-4\sin^2\theta)a\sin\theta\mathrm{d}\theta=-\rho U_0^2 a\int_0^{\frac{\pi}{2}}(1-4\sin^2\theta)\sin\theta\mathrm{d}\theta=\frac{5}{3}\rho U_0^2 a$$

由拉格朗日方程得半圆柱底平面的滞止压强为

$$p_0=p_\infty+\frac{\rho}{2}U_0^2$$

半圆柱底平面所受的动压力在 y 轴上的分力为

$$F_{y2}=2a(p_0-p_\infty)=\frac{\rho}{2}U_0^2\times 2a=\rho U_0^2 a$$

半圆柱的重力 W 和所受的浮力 F_b 分别为

$$W=-\frac{\pi}{2}\rho_b g a^2\text{（方向向下）}$$

$$F_b=\frac{\pi}{2}\rho g a^2\text{（方向向上）}$$

根据题意，当半圆柱刚能浮起时，最小水流速度 U_0 应满足

$$W+F_b+F_{y1}+F_{y2}=0$$

即

$$-\frac{\pi}{2}\rho_b g a^2+\frac{\pi}{2}\rho g a^2+\frac{5}{3}\rho U_0^2 a+\rho U_0^2 a=0$$

解得

$$U_0=\frac{\sqrt{3}}{4}\sqrt{g\pi a\frac{\rho_b-\rho}{\rho}}$$

2. 绕圆柱体有环量的流动

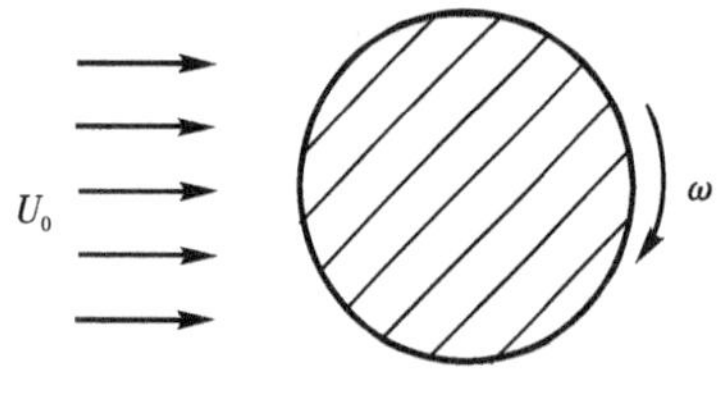

图 6－26 绕圆柱体有环量的流动

无限长的圆柱体绕本身的轴做定轴转动，且在均匀流中，就是绕圆柱体有环量的流动，其流动图形如图 6－26 所示。

该流动的复势只需在绕圆柱体无环量的流动的复势的基础上在原点处叠加一个环量为 Γ 的点涡的复势。

环量 $\Gamma=2\pi a^2\omega$，方向与 ω 的转向一致，a 为圆柱体的半径。

流动的复势

$$W(z)=U_0\left(z+\frac{a^2}{z}\right)-\frac{\Gamma\mathrm{i}}{2\pi}\ln z \tag{6-71}$$

复速度

$$\frac{\mathrm{d}W}{\mathrm{d}z}=U_0\left(1-\frac{a^2}{z^2}\right)-\frac{\Gamma \mathrm{i}}{2\pi}\frac{1}{z} \tag{6-72}$$

驻点的位置 z_s 应满足方程

$$U_0\left(1-\frac{a^2}{z_s^2}\right)-\frac{\Gamma \mathrm{i}}{2\pi}\frac{1}{z}=0$$

解方程,得

$$z_s=\frac{-\Gamma \mathrm{i}}{4\pi U_0}\pm\sqrt{a^2-\left(\frac{\Gamma}{4\pi U_0}\right)^2}=a\left[\frac{-\Gamma \mathrm{i}}{4\pi a U_0}\pm\sqrt{1-\left(\frac{\Gamma}{4\pi a U_0}\right)^2}\right] \tag{6-73}$$

驻点的位置视环量 Γ 和均匀流的速度 U_0 而定,有以下三种情况。

(1) $\frac{\Gamma}{4\pi a U_0}<1$ 或 $\Gamma<4\pi a U_0$。

令 $\frac{\Gamma}{4\pi a U_0}<\sin\beta$,代入式(6-73),得

$$z_s=a(\pm\cos\beta-\mathrm{i}\sin\beta)$$

所以驻点在圆柱体上的 A、B 两点处,如图 6-27(a)所示。反之,若已知驻点在 A、B 两点处,则环量 $\Gamma<4\pi a U_0\sin\beta$。

(2) $\frac{\Gamma}{4\pi a U_0}=1$ 或 $\Gamma=4\pi a U_0$。

此时 $\sin\beta=1$,即 $\beta=\frac{\pi}{2}$,代入式(6-73),得 $z_s=-a\mathrm{i}$,即 A、B 两驻点重合,且位于圆柱体的下部,如图 6-27(b)所示。

(3) $\frac{\Gamma}{4\pi a U_0}>1$ 或 $\Gamma>4\pi a U_0$。

令 $\frac{\Gamma}{4\pi a U_0}=\cosh\beta$,代入式(6-73),得

$$z_s=a(-\cosh\beta\pm\sinh\beta)\mathrm{i}$$

$$z_{s1}=-a\mathrm{e}^{\beta}\mathrm{i},z_{s2}=-a\mathrm{e}^{-\beta}\mathrm{i},z_{s1}z_{s2}=a^2\mathrm{i}^2$$

若 $z_{s1}=z_{s2}=a\mathrm{i}$,则属于第二种情况。两个分流点一个小于 $a\mathrm{i}$,另一个大于 $a\mathrm{i}$,小于 $a\mathrm{i}$ 的点在圆柱体内,不符合实际情况,不予考虑,另一个驻点在圆柱体外,如图 6-27(c)所示。

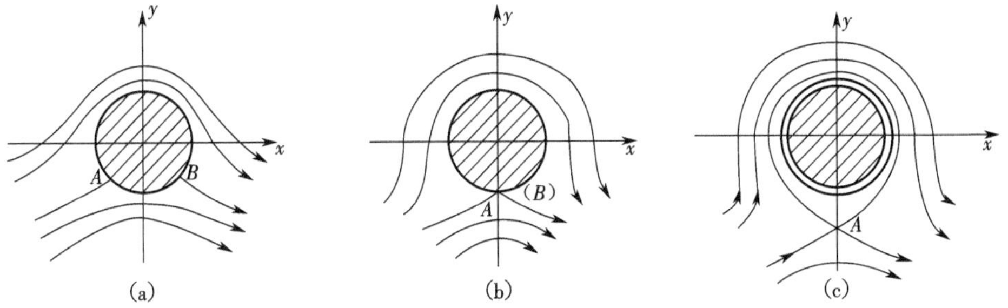

图 6-27　不同环量的圆柱体绕流

(a) $\Gamma<4\pi a U_0$　(b) $\Gamma=4\pi a U_0$　(c) $\Gamma>4\pi a U_0$

由以上分析可以看出，由于环流的作用，圆柱体上、下部分流动的对称性被破坏，并使驻点向下部移动。环量 Γ 愈大，驻点的位置愈低。

将 $z=ae^{\theta i}$ 代入式(6-72)，得圆柱体表面的速度为

$$v_r=0,v_s=-2U_0\left(\sin\theta+\frac{\Gamma}{4\pi aU_0}\right) \tag{6-74}$$

圆柱体表面的压强为

$$p=p_\infty+\frac{1}{2}\rho U_0^2\left[1-4\left(\sin\theta+\frac{\Gamma}{4\pi aU_0}\right)^2\right] \tag{6-75}$$

圆柱体表面的压力系数为

$$C_p=1-4\left(\sin\theta+\frac{\Gamma}{4\pi aU_0}\right)^2 \tag{6-76}$$

如图 6-28 所示，在圆柱体表面取一个微分面积 dA，理想流体作用在该微面积上的表面力为 $p\mathrm{d}A$，将此力投影到 y 轴上，并沿圆柱体表面积分，可得

$$F_y=\int_A-\left\{p_\infty+\frac{1}{2}\rho U_0^2\left[1-4\left(\sin\theta+\frac{\Gamma}{4\pi aU_0}\right)^2\right]\right\}\sin\theta\mathrm{d}A=\rho U_0\Gamma \tag{6-77}$$

$$F_x=0$$

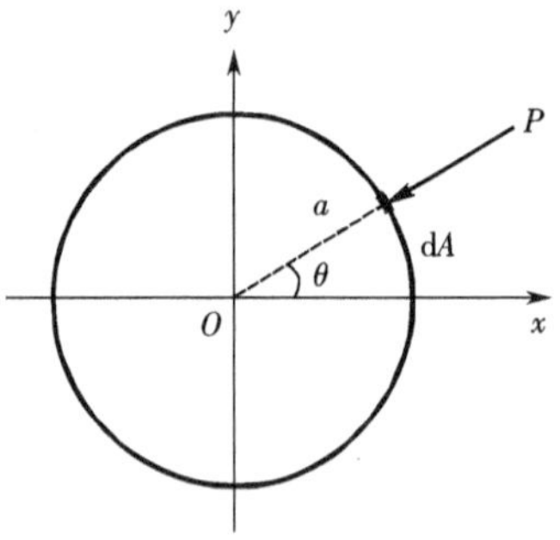

图 6-28 圆柱体的升力

与来流方向垂直的力 Γ_y 称为升力，用 Γ_L 表示，其与环量有关。根据圆柱体周围的流动情况，上述结论是正确的。如图 6-27(a)所示，由于环流的作用，在圆柱体上部环流的速度方向和均匀流的速度方向相同，而在圆柱体下部相反，导致圆柱体上部速度增大，下部速度减小。由伯努利方程可知，圆柱体上部的压力必然小于下部的压力，因而产生向上的升力。但圆柱周围的流场关于 y 轴对称，故 x 轴方向的力 F_x 大小为零，且升力 Γ_y 的作用线必通过圆柱体的中心点 O。

一般来讲升力的方向是来流速度方向逆环量的方向转 $\pi/2$，大小始终为 $F_L=\rho U_0\Gamma$，这就是著名的茹科夫斯基定理。

1852 年，马格纳斯在实验中发现了这个侧向的升力，它使圆柱产生横向运动，这个现象后来被称为马格纳斯效应，工程上也有人称之为Σ效应。

日常生活中有些有趣的现象是可以用马格纳斯效应解释的。足球运动员踢出旋转的球，其飞行轨迹是一条曲线，绕过对方的球员及守门员而飞入球门，这种球俗称“香蕉球”。另外，网球、乒乓球中的“弧圈球”也可以用它来解释。

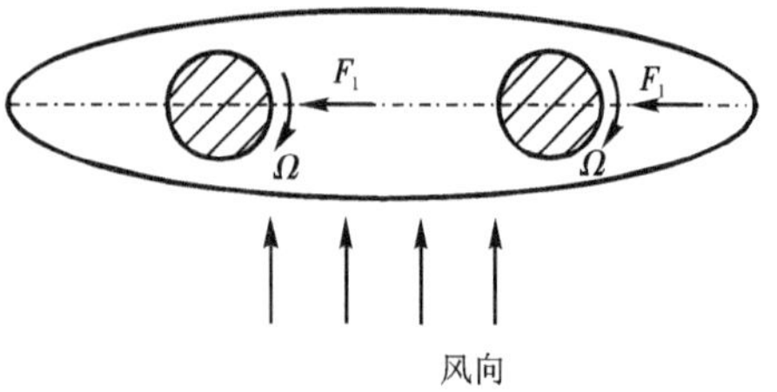

图 6-29 旋筒推进原理

20 世纪初，曾在船上安装旋筒式推进器，以使船舶借助一定方向的风前进，如图 6-29 所示。

有一条排水量为 600 t 的船，两转塔由 22 kW 的电动机带动，当侧风风速为 $U_0=6\sim14$

m/s时，船的航速可达6～8节。但这种采用旋筒式推进器的船效率低，且航行受风向及风速影响很大，因而逐渐被淘汰。

前面通过圆柱体绕流的两种情况介绍了用奇点叠加法求解流动的复势。这种方法的关键在于根据物体边界的形状找一组适当的平面势流，使它们叠加形成的组合流场中存在这种形状的流线。这种方法是“凑合”尝试的方法，因而也称为奇点凑合法。

【例6－8】 某山脉的剖面如图6－30所示，若它的地形可近似用半无限物体来模拟，在风速 $U_0=13$ m/s 时，求：(1)流动的复势、流函数和流速势函数；(2)山脉剖面轮廓线方程；(3)纵向流速等值线方程。

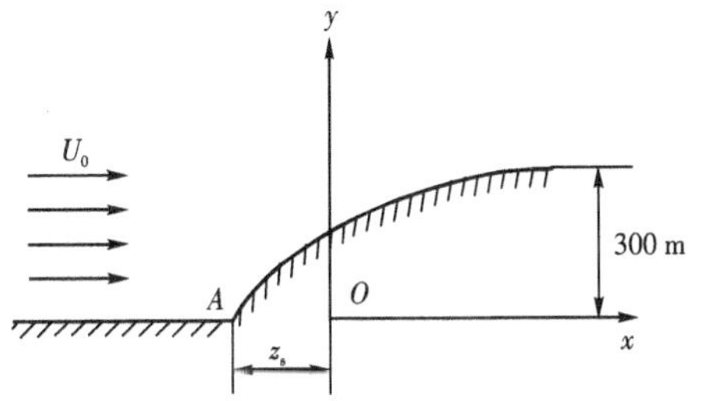

图6－30　例6－8图

解：建立平面直角坐标系，如图6－30所示，原点在距离山脉底部 A 点 z_s 处。

流动的复势为无穷远处来流速度 U_0 的均匀流叠加强度为 m 的放置于原点的源，即

$$W(z)=U_0z+\frac{m}{2\pi}\ln z$$

$$\frac{\mathrm{d}W}{\mathrm{d}z}=U_0+\frac{m}{2\pi z}$$

由于 A 点为驻点，故将 $(z_s,0)$ 代入上式得

$$U_0+\frac{m}{2\pi z_s}=0$$

$$z_s=-\frac{m}{2\pi U_0}$$

$$W(z)=\varphi+\psi\mathrm{i}$$

其中

$$\varphi=U_0r\cos\theta+\frac{m}{2\pi}\ln r$$

$$\psi=U_0r\sin\theta+\frac{m}{2\pi}\theta$$

通过 A 点的流线方程为 $\theta=\pi$，将 $r=\dfrac{m}{2\pi U_0}$ 代入上式，得

$$\psi=\frac{m}{2}$$

当 $\theta=0, r\to\infty$ 时，$y=300$，$U_0y=\dfrac{m}{2}$，

$$m=2U_0y=2\times13\times300=7\ 800\ \mathrm{m^3/s}$$

(1)流动的复势

$$W(z)=13z+1\ 241\ln z$$

流速势函数

$$\varphi = 13r\cos\theta + 1\ 241\ln r$$

流函数

$$\psi = 13r\sin\theta + 1\ 241\theta$$

(2)山脉剖面轮廓线方程为

$$\psi = 13r\sin\theta + 1\ 241\theta = 3\ 900$$

或

$$13y + 1\ 241\arctan\frac{y}{x} = 3\ 900$$

(3) $\dfrac{dW}{dz} = U_0 + \dfrac{m}{2\pi z} = U_0 + \dfrac{m}{2\pi}\dfrac{1}{r}e^{-\theta i} = U_0 + \dfrac{m}{2\pi r}(\cos\theta - i\sin\theta)$

故纵向流速

$$u_y = \frac{m}{2\pi r}\sin\theta = C$$

即

$$r = C\sin\theta$$

等值线是圆心在 y 轴上的一系列圆。

6.5.2 镜像法

在研究物体绕流时,除了被绕流物体之外,流场中还有其他固体壁面(平面或曲面)存在。固体壁面对流动的影响将改变流动的边界条件,从而改变绕物体流动的复势,飞机降落时地面对机翼绕流的影响以及将机翼放入风洞中做实验就是这种类型的问题。这类问题采用镜像法可有效求解流场的复势。

1. 镜像的定义

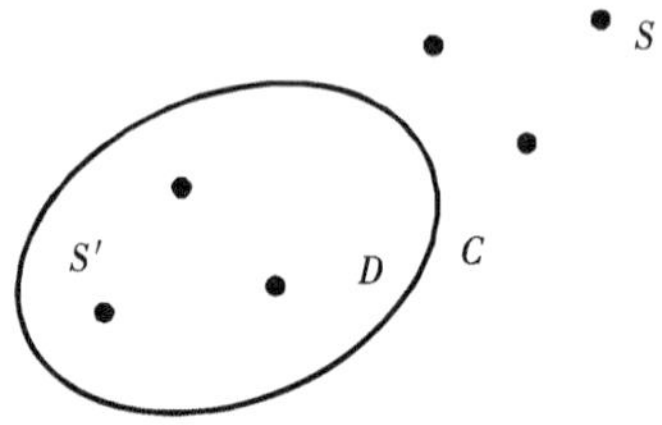

图 6-31 奇点及其影响

如图 6-31 所示,以 C 为周界的区域 D 外存在着一组流体力学奇点 S,在区域 D 内放置另一组奇点 S'后,在组合流场中周界 C 是一条流线,那么奇点 S'称为奇点 S 关于周界 C 的镜像。显然,由奇点 S 和 S'构成的组合流场的复势就是区域 D 外的流场的复势。

2. 圆定理(米尔-汤姆孙圆定理)

若在 $|z| = a$ 的圆周之外的无界流场中存在流体力学奇点,已知其复势为 $f(z)$,则流场中放入 $|z| = a$ 的圆周固壁之后,流场的复势为

$$W(z) = f(z) + \bar{f}\left(\frac{a^2}{z}\right) \tag{6-78}$$

式中记号 $\bar{f}(z)$ 指除 z 之外将 $f(z)$ 中虚数的单位 i 改为 -i。

圆定理需要证明两点:

(1)在流场中插入以原点为圆心、以 a 为半径的圆柱面并未改变圆周之外奇点的性质和分布,新的复势 $W(z)$ 应满足这一要求;

(2) $|z| = a$ 的圆柱面应是边界。

对应于圆外的 z 点，$\frac{a^2}{z}$ 点必位于圆内，$\frac{a^2}{z}$ 点和 z 点是关于以 a 为半径的圆的镜像点（或称反演点）。如圆定理中所规定的复势 $f(z)$ 所对应的奇点都在圆外，函数 $\bar{f}\left(\frac{a^2}{z}\right)$ 所对应的奇点均在圆周之内。函数 $f(z)$ 在 $z=0$ 处没有奇点，因此函数 $\bar{f}\left(\frac{a^2}{z}\right)$ 在无穷远处没有奇点。所以对圆外的流域，复势 $W(z)$ 和 $F(z)$ 有完全一样的奇点。

在圆柱面上，因 $|z| = a$，所以

$$|z^2| = \bar{z}z = a^2$$

$$\bar{z} = \frac{a^2}{z}$$

圆柱面上的复势为

$$W(z) = f(z) + \bar{f}\left(\frac{a^2}{z}\right) = f(z) + \bar{f}(\bar{z})$$

上式表示复势仅有实部，虚部为零，即 ψ_0，说明 $|z| = a$ 是流线，故式(6－78)满足边界条件的复势表达式。

【例 6－9】　速度为 U_0、来流方向与 x 轴成 α 角的均匀流对半径为 a 的圆柱无环量绕流，求流动的复势（图 6－32）。

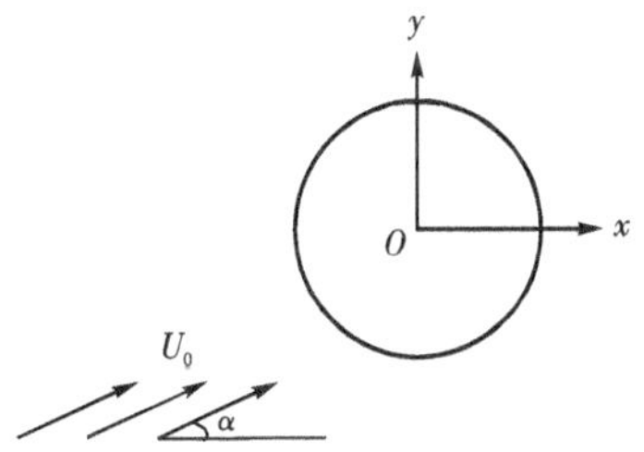

图 6－32　例 6－9 图

解：(1) 方法一。

根据式(6－67)，来流方向与 x 轴平行的无环量绕流的复势为

$$W(z') = U_0\left(z' + \frac{a^2}{z'}\right)$$

将坐标旋转变换，$z = z'e^{\alpha i}$，则

$$W(z) = U_0\left(e^{-\alpha z i} + \frac{e^{\alpha i}a^2}{z}\right)$$

(2) 方法二。

根据式(6－51)，与 x 轴成 α 角、速度为 U_0 的均匀流的复势为

$$f(z) = U_0 e^{-\alpha i} z$$

根据圆定理，其关于 $|z| = a$ 的镜像复势为

$$\bar{f}\left(\frac{a^2}{z}\right) = U_0 e^{\alpha i}\frac{a^2}{z}$$

根据式(6－78)，$|z| = a$ 之外的流场的复势为

$$W(z) = f(z) + \bar{f}\left(\frac{a^2}{z}\right) = U_0 e^{-\alpha i}z + U_0 e^{\alpha i}\frac{a^2}{z} = U_0\left(e^{-\alpha i}z + \frac{e^{\alpha i}a^2}{z}\right)$$

【例 6－10】　在速度为 U_0 的均匀流的流场中放置一个半径为 a 的圆柱，并在 z_0 和 $\bar{z}_0$ 点放置一对强度相等、方向相反的点涡，如图 6－33 所示，求流场的复势。

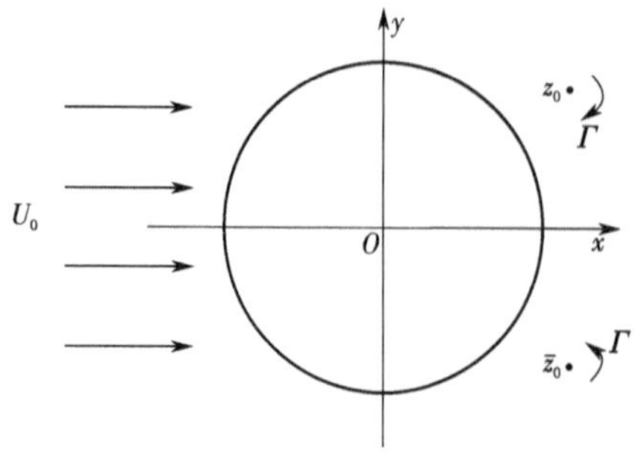

图 6-33　例 6-10 图

解：根据式(6-67)，来流速度为 U_0 的无环量绕流的复势为

$$W_1 = U_0\left(z + \frac{a^2}{z}\right)$$

根据式(6-56)，两个点涡的复势为

$$f(z) = \frac{-\Gamma}{2\pi i}\ln(z - z_0) + \frac{\Gamma}{2\pi i}\ln(z - \bar{z}_0)$$

根据圆定理，两个点涡关于 $|z| = a$ 的镜像复势为

$$\bar{f}\left(\frac{a^2}{z}\right) = \frac{\Gamma}{2\pi i}\ln\left(\frac{a^2}{z} - \bar{z}_0\right) - \frac{\Gamma}{2\pi i}\ln\left(\frac{a^2}{z} - z_0\right) = \frac{\Gamma}{2\pi i}\ln\frac{a^2 - z\bar{z}_0}{a^2 - zz_0}$$

两个点涡在 $|z| = a$ 之外的流场的复势为

$$W_2(z) = f(z) + \bar{f}\left(\frac{a^2}{z}\right) = \frac{\Gamma}{2\pi i}\ln\frac{(z - \bar{z}_0)(a^2 - z\bar{z}_0)}{(z - z_0)(a^2 - zz_0)}$$

所以，组合流场的复势为

$$W(z) = W_1(z) + W_2(z) = U_0\left(z + \frac{a^2}{z}\right) + \frac{\Gamma}{2\pi i}\ln\frac{(z - \bar{z}_0)(a^2 - z\bar{z}_0)}{(z - z_0)(a^2 - zz_0)}$$

【例 6-11】　如图 6-34 所示，在 z 平面中有一个半径为 a、圆心位于原点的圆柱面，在圆外 $z = z_0$ 处有一个强度为 m 的源。证明圆周外部流场的复势为

$$W(z) = \frac{m}{2\pi}\ln(z - z_0) + \frac{m}{2\pi}\ln\left(\frac{a^2}{z} - \bar{z}_0\right)$$

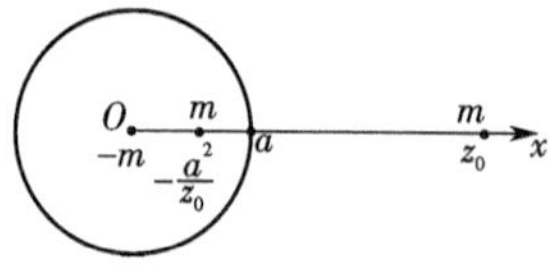

图 6-34　例 6-11 图

证明：在 $z = z_0$ 点有一个强度为 m 的源，此时复势为

$$f(z) = \frac{m}{2\pi}\ln(z - z_0)$$

若在流体中插入半径为 a 的圆柱面，根据式(6-78)，圆柱面外部流场的复势为

$$W(z) = f(z) + \bar{f}\left(\frac{a^2}{z}\right) = \frac{m}{2\pi}\ln(z - z_0) + \frac{m}{2\pi}\ln\left(\frac{a^2}{z} - \bar{z}_0\right)$$

按图 6-34 取坐标，使 z_0 在 x 轴上，z_0 距原点 b，则 $z_0 = b$，$\bar{z}_0 = b$。因此

$$W(z) = \frac{m}{2\pi}\ln(z - b) + \frac{m}{2\pi}\ln\left(\frac{a^2}{z} - b\right) = \frac{m}{2\pi}\ln(z - b) + \frac{m}{2\pi}\ln\left(\frac{a^2 - bz}{z}\right)$$

$$= \frac{m}{2\pi}\ln(z - b) + \frac{m}{2\pi}\ln\left[\frac{(-b)\left(z - \frac{a^2}{b}\right)}{z}\right]$$

$$= \frac{m}{2\pi}\ln(z - b) + \frac{m}{2\pi}\ln\left(z - \frac{a^2}{b}\right) - \frac{m}{2\pi}\ln z + \frac{m}{2\pi}\ln(-b)$$

上式最后一项为常数，可以省略。因此，上述复势是以下三个平面势流的叠加：

(1) 位于 $x = b$（即 z_0 点）、强度为 m 的源；

(2) 位于 $x = \frac{a^2}{b}$（即 z_0 点相对于以 a 为半径的圆的反演点）、强度为 m 的源；

(3)位于原点、强度为 m 的汇。

上题表明,为了保证圆柱面为流线,即在圆柱面上 $\psi=0$,除了需在圆周内与 z_0 点的反演点处放置同等强度的源,还需在圆心处放置同等强度的汇,以保持圆周内部流体质量的平衡。

3. 平面定理

如果固壁边界是平面,一般有两种情况:一种是 y 轴是固壁;另一种是 x 轴是固壁。

(1)若在 $y>0$ 的上半平面中存在流体力学奇点,已知其复势为 $f(z)$,则流场中放入固壁 $y=0$ 之后,上半平面流动的复势为

$$W(z)=f(z)+\bar{f}(-z) \tag{6-79}$$

(2)若在 $x>0$ 的右半平面中存在流体力学奇点,已知其复势为 $f(z)$,则流场中放入固壁 $x=0$ 之后,右半平面流动的复势为

$$W(z)=f(z)+\bar{f}(z) \tag{6-80}$$

镜像法的实质是寻找奇点关于边界的映像点,在相应的映像点上放置大小不变、但方向变化的奇点,这些奇点叠加形成的组合流场的复势能满足实际流动的边界条件。

【例 6-12】 在第一象限的 z_0 处放置一个强度为 m 的源(图 6-35),求流动的复势和复速度。

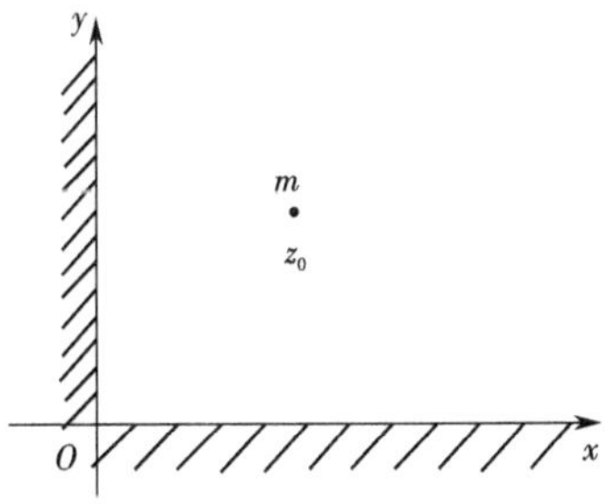

图 6-35　例 6-12 图 1

解:(1)方法一。

流动区域以 $x=0$ 和 $y=0$ 两个平面固壁为边界,要分开考虑。

先考虑 $y=0$(即 x 轴)的流场,z_0 处强度为 m 的源

$$f(z)=\frac{m}{2\pi}\ln(z-z_0)$$

放入固壁 $y=0$ 后,流动的复势由式(6-79)决定:

$$W_1(z)=\frac{m}{2\pi}\ln(z-z_0)+\frac{m}{2\pi}\ln(z-\bar{z}_0)$$

再放入固壁 $x=0$,流动的复势由式(6-80)决定:

$$\begin{aligned}W&=W_1(z)+\overline{W_1}(-z)\\&=\frac{m}{2\pi}\ln(z-z_0)+\frac{m}{2\pi}\ln(z-\bar{z}_0)+\frac{m}{2\pi}\ln(-z-z_0)+\frac{m}{2\pi}\ln(-z-\bar{z}_0)\\&=\frac{m}{2\pi}\ln(z-z_0)+\frac{m}{2\pi}\ln(z-\bar{z}_0)+\frac{m}{2\pi}\ln(z+z_0)+\frac{m}{2\pi}\ln(z+\bar{z}_0)+C\\&=\frac{m}{2\pi}\ln[(z-z_0)(z-\bar{z}_0)(z+z_0)(z+\bar{z}_0)]+C\\&=\frac{m}{2\pi}\ln[(z^2-z_0^2)(z^2-\bar{z}_0^2)]\end{aligned}$$

复势中的常量项对流场不起作用,可不予考虑。

复速度为

$$\frac{\mathrm{d}W}{\mathrm{d}z}=\frac{m}{2\pi}\frac{4z^3-z_0^2z-2z\bar{z}_0^2}{(z^2-z_0^2)(z^2-\bar{z}_0^2)}=\frac{m}{\pi}\frac{z\left(2z^2-\frac{1}{2}z_0^2-\bar{z}_0^2\right)}{(z^2-z_0^2)(z^2-\bar{z}_0^2)}$$

(2)方法二。

如图6－36所示，在 z_0 关于 $x=0$、$y=0$ 的镜像点处放置强度为 m 的源，即分别在镜像点 $z=\bar{z}_0$，$z=-\bar{z}_0$，$z=-z_0$ 处放置强度为 m 的源，则组合流场的复势为

$$W(z)=\frac{m}{2\pi}[\ln(z-z_0)+\ln(z-\bar{z}_0)+\ln(z+z_0)+\ln(z+\bar{z}_0)]$$

$$=\frac{m}{2\pi}\ln[(z^2-z_0^2)(z^2-\bar{z}_0^2)]$$

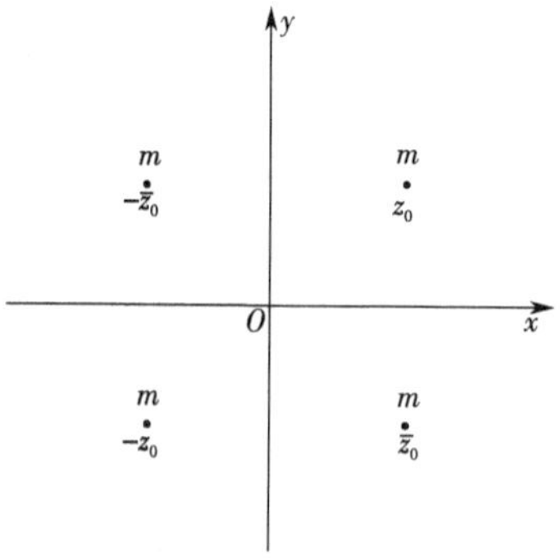

图6－36　例6－12图2

6.6　作用在物体上的力和力矩

在讨论绕圆柱有环量的流动时，求圆柱所受的力一般按照如下步骤：

$$W(z)\to \boldsymbol{v}\to p\to \boldsymbol{R}(\boldsymbol{M})$$

计算步骤为：①求出绕流的复势；②由复势求出速度分布；③由速度分布按拉格朗日方程写出压强分布；④将压强沿圆柱表面积分便可解得圆柱所受的力。这种方法也适用于其他形状的物体。

本节介绍一种更简便的方法，只要求出某物体的绕流的复势，就可以用以下定理计算流体作用在物体上的力和力矩，即

$$W(z)\xrightarrow{\text{Blasius}}\boldsymbol{R}(\boldsymbol{M})。$$

6.6.1　布拉修斯(Blasius)定理

1. 作用在物体上的力

如图6－37所示，有一个物体周界为 l，现讨论流体绕该物体流动时物体受到的力。若绕流的复势为 $W(z)$，那么该物体受到的流体对它的作用力为

$$\overline{F}=F_x-\mathrm{i}F_y=\mathrm{i}\,\frac{\rho}{2}\oint_l\left(\frac{\mathrm{d}W}{\mathrm{d}z}\right)^2\mathrm{d}z \tag{6-81}$$

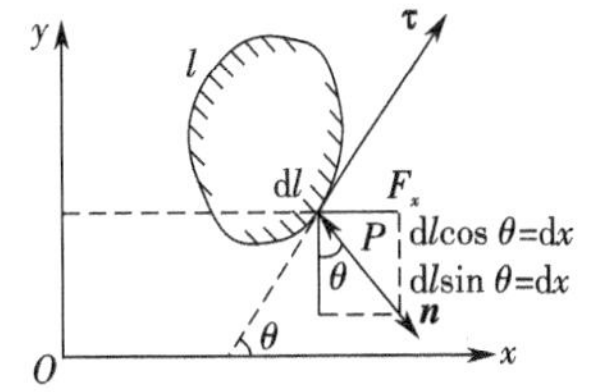

图 6-37　物体绕流的作用力

式中：$\overline{F}$ 为物体受到的共轭复力，其实部是 F 在 x 轴上的投影 F_x，虚部的负数是 F 在 y 轴上的投影 F_y；ρ 是流体的密度；$\frac{\mathrm{d}W}{\mathrm{d}z}$ 是复速度。式(6-81)称为布拉修斯第一公式，其推导如下。

在理想流体中，物体的外形与流线重合，即 l 也是流线。设 $\boldsymbol{\tau}$、$\boldsymbol{n}$ 分别为 l 的单位切线、内法线矢量（在流线以外法线为正），圆柱表面的压力为 P，则作用在整个物体上的压力的合力为

$$\boldsymbol{F}=\int_l P\boldsymbol{n}\mathrm{d}l$$

其中

$$F_x=\oint_l Pn_x\mathrm{d}l=\oint_l -P\sin\theta\mathrm{d}l=\oint_l -P\mathrm{d}y$$

$$F_y=\oint_l Pn_y\mathrm{d}l=\oint_l P\cos\theta\mathrm{d}l=\oint_l P\mathrm{d}x$$

令 $\overline{F}=F_x-\mathrm{i}F_y$，则

$$\overline{F}=\oint_l -P\mathrm{d}y-\mathrm{i}\oint_l P\mathrm{d}x=-\oint_l P(\mathrm{d}y+\mathrm{i}\mathrm{d}x)=-\mathrm{i}\oint_l P\mathrm{d}\bar{z}$$

由于 $\mathrm{d}z=\mathrm{d}x+\mathrm{i}\mathrm{d}y=\mathrm{d}l\mathrm{e}^{\mathrm{i}\theta}$，因而

$$\mathrm{d}\bar{z}=\mathrm{d}x-\mathrm{i}\mathrm{d}y=\mathrm{d}l\mathrm{e}^{-\mathrm{i}\theta}=\mathrm{d}z\mathrm{e}^{-2\mathrm{i}\theta}$$

沿着流线进行伯努利积分可得

$$P+\frac{1}{2}\rho\,|v|^2=c_l \text{ 或 } P=c_l-\frac{1}{2}\rho\,|v|^2$$

则

$$\overline{F}=\oint_l -\mathrm{i}\left(c_l-\frac{1}{2}\rho\,|v|^2\right)(\mathrm{d}x-\mathrm{i}\mathrm{d}y)$$

因为

$$\oint_l c_l\mathrm{d}x=c_l\oint_l\mathrm{d}x=0,\oint_l c_l\mathrm{i}\mathrm{d}y=0$$

故

$$\overline{F}=\mathrm{i}\,\frac{\rho}{2}\oint_l |v|^2(\mathrm{d}x-\mathrm{i}\mathrm{d}y)=\mathrm{i}\,\frac{\rho}{2}\oint_l |v|^2\mathrm{e}^{-2\mathrm{i}\theta}\mathrm{d}z$$

而

$$|v|\mathrm{e}^{-\mathrm{i}\theta}=\bar{v}=\frac{\mathrm{d}W}{\mathrm{d}z}$$

因此

$$\overline{F}=\mathrm{i}\,\frac{\rho}{2}\oint_l\left(\frac{\mathrm{d}W}{\mathrm{d}z}\right)^2\mathrm{d}z=F_x-\mathrm{i}F_y$$

即

$$\begin{cases} F_x = \mathrm{Re}\left[\dfrac{\mathrm{i}\rho}{2}\oint_l \left(\dfrac{\mathrm{d}W}{\mathrm{d}z}\right)^2 \mathrm{d}z\right] \\ F_y = \mathrm{Im}\left[-\dfrac{\mathrm{i}\rho}{2}\oint_l \left(\dfrac{\mathrm{d}W}{\mathrm{d}z}\right)^2 \mathrm{d}z\right] \end{cases}$$

2. 作用在物体上的力矩

为了求出作用在物体上的力的作用点，还要求该力对某一固定点的力矩。设作用在物体上的力为 $\boldsymbol{F}$，作用在 O' 点，以坐标原点 O 为矩心，$\boldsymbol{F}$ 对 O 点的力矩为

$$M = -\frac{\rho}{2}\mathrm{Re}\left[\oint_l \left(\frac{\mathrm{d}W}{\mathrm{d}z}\right)^2 z\mathrm{d}z\right] \tag{6-82}$$

其中 Re 是对积分的结果取实部。式(6-82)称为布拉修斯第二公式，其推导如下。

作用在整个物体上的压力合力矩为

$$\mathrm{d}M = x\mathrm{d}F_y - y\mathrm{d}F_x = P(x\mathrm{d}x + y\mathrm{d}y)$$

$$M = \oint_l P(x\mathrm{d}x + y\mathrm{d}y)$$

$$z\mathrm{d}\bar{z} = (x\mathrm{d}x + y\mathrm{d}y) + \mathrm{i}(y\mathrm{d}x - x\mathrm{d}y)$$

则有

$$x\mathrm{d}x + y\mathrm{d}y = \mathrm{Re}(z\mathrm{d}\bar{z})$$

由于

$$\oint_l c_l(x\mathrm{d}x + y\mathrm{d}y) = c_l \left.\frac{x^2+y^2}{2}\right|_l = 0$$

得到

$$M = -\frac{\rho}{2}\oint_l |v|^2 (x\mathrm{d}x + y\mathrm{d}y) = \mathrm{Re}\left(-\oint_l \frac{\rho}{2}|v|^2 \mathrm{e}^{-2\mathrm{i}\theta} z\mathrm{d}z\right)$$

即

$$M = -\frac{\rho}{2}\mathrm{Re}\left[\oint_l \left(\frac{\mathrm{d}W}{\mathrm{d}z}\right)^2 z\mathrm{d}z\right]$$

6.6.2 布拉修斯定理的应用

布拉修斯定理可用于求解任意形状物体的绕流的作用力和力的作用点，特别是物体在非均匀流中。

【例 6-13】 试用布拉修斯公式计算物体在如下流场中受到的流体的作用力。

$$W(z) = \frac{Q}{2\pi}\ln(z-2) + \frac{Q}{2\pi}\ln(z+2)$$

解：流场的复速度为

$$\frac{\mathrm{d}W}{\mathrm{d}z} = \frac{1}{2\pi}\left(\frac{1}{z-2} + \frac{1}{z+2}\right)$$

$$\left(\frac{\mathrm{d}W}{\mathrm{d}z}\right)^2 = \frac{1}{4\pi^2}\left[\left(\frac{1}{z-2}\right)^2 + \frac{1}{2}\left(\frac{1}{z-2} - \frac{1}{z+2}\right) + \left(\frac{1}{z+2}\right)^2\right]$$

$$\bar{F}=\oint_{|z|=r_0\to\infty}\frac{\rho\mathrm{i}}{2}\left(\frac{\mathrm{d}W}{\mathrm{d}z}\right)^2\mathrm{d}z=2\pi\mathrm{i}\,\frac{-\rho\pi\mathrm{i}}{4}\,\frac{1}{4\pi^2}=\frac{\rho}{8\pi}=F_x-\mathrm{i}F_y$$

奇点在(-2,0)处,因此

$$\begin{cases}F_x=\dfrac{\rho}{8\pi}\\F_y=0\end{cases}$$

【例 6 -14】　在实轴 $z=b$ 处有一个强度为 m 的源,在原点处放置半径为 a 的圆柱($a<b$),如图 6 -38 所示。

求:(1)圆柱附近流动的复势;(2)圆柱受到的作用力。

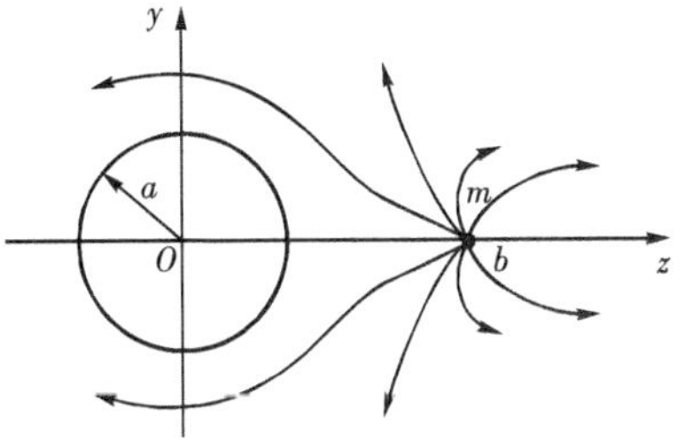

图 6 -38　例 6 -13 图

解:(1)由式(6 -53)可知,源的复势为

$$f(z)=\frac{m}{2\pi}\ln(z-b)$$

$$\bar{f}\left(\frac{a^2}{z}\right)=\frac{m}{2\pi}\ln\left(\frac{a^2}{z}-b\right)=\frac{m}{2\pi}\ln\left[\frac{-b\left(z-\dfrac{a^2}{b}\right)}{z}\right]=\frac{m}{2\pi}\left[\ln(-b)+\ln\left(z-\frac{a^2}{b}\right)-\ln z\right]$$

由圆定理式(6 -78)可知,流场的复势为

$$W(z)=f(z)+\bar{f}\left(\frac{a^2}{z}\right)=\frac{m}{2\pi}\left[\ln(z-b)+\ln(-b)+\ln\left(z-\frac{a^2}{b^2}\right)-\ln z\right]$$

在复势中常数项 $\ln(-b)$ 可以略去。

上述复势可以看作强度均为 m 的 $z=b$ 处的源、$z=\dfrac{a^2}{b}$ 处的源和 $z=0$ 处的汇这几个简单势流的组合。

(2)复速度

$$\frac{\mathrm{d}W}{\mathrm{d}z}=\frac{m}{2\pi}\left(\frac{1}{z-b}+\frac{1}{z-\dfrac{a^2}{b}}-\frac{1}{z}\right)$$

由布拉修斯第一公式式(6 -81)得,作用在圆柱上的共轭力为

$$\bar{F}=F_x-\mathrm{i}F_y=\mathrm{i}\,\frac{\rho}{2}\oint_{|z|=a}\left(\frac{\mathrm{d}W}{\mathrm{d}z}\right)^2\mathrm{d}z=\mathrm{i}\,\frac{\rho}{2}\oint_{|z|=a}\frac{m^2}{4\pi^2}\left(\frac{1}{z-b}+\frac{1}{z-\dfrac{a^2}{b}}-\frac{1}{z}\right)^2\mathrm{d}z$$

根据留数定理,上述复变函数的积分为

$$\bar{F}=F_x-\mathrm{i}F_y=\mathrm{i}\,\frac{\rho}{8}\,\frac{m^2}{\pi^2}\times2\pi\mathrm{i}\left(\frac{2}{b}+\frac{2b}{a^2}+\frac{2b}{a^2-b^2}-\frac{2b}{a^2}\right)=\frac{\rho a^2m^2}{2\pi b(b^2-a^2)}$$

故

$$F_x=\frac{\rho a^2m^2}{2\pi b(b^2-a^2)}$$

$$F_y=0$$

结果表明,放置在非均匀流中的圆柱受到流体的作用力,即达朗贝尔佯谬不成立。

【例 6-15】 试用布拉修斯公式求解绕圆柱有环流运动中圆柱体受到的作用力。

解:流场的复势及复速度分别为

$$W(z)=v_0\left(z+\frac{r_0^2}{z}\right)+\frac{\Gamma \mathrm{i}}{2\pi}\ln z$$

$$\frac{\mathrm{d}W}{\mathrm{d}z}=v_0\left(1-\frac{r_0^2}{z^2}\right)+\frac{\Gamma \mathrm{i}}{2\pi z}$$

应用布拉修斯公式得

$$\overline{F}=\oint_l \frac{\rho \mathrm{i}}{2}\left(\frac{\mathrm{d}W}{\mathrm{d}z}\right)^2\mathrm{d}z=\mathrm{i}\,\frac{\rho}{2}\oint_l\left[v_0^2\left(1-\frac{2r_0^2}{z^2}+\frac{r_0^2}{z^4}\right)-\frac{\Gamma^2}{4\pi^2 z^2}+\frac{v_0\Gamma \mathrm{i}}{\pi z}-\frac{v_0 r_0^2\Gamma_0 \mathrm{i}}{\pi z^3}\right]$$

应用留数定理得

$$\oint f(z)\,\mathrm{d}z=2\pi \mathrm{i}\,\mathrm{res}f(z)$$

$$\overline{F}=\mathrm{i}\,\frac{\rho \mathrm{i}}{2}\times 2\pi \mathrm{i}\,\frac{v_0\Gamma \mathrm{i}}{\pi}=-\mathrm{i}\rho v_0\Gamma$$

则流体对物体的作用力为

$$\begin{cases}F_x=0\\F_y=\rho v_0\Gamma\end{cases}$$

习　题

一、问答题

1. 何为平面势流的叠加原理？如何利用此原理求解复杂的平面势流问题？

2. 何为复势与复速度？

3. 写出偶极子的流速势函数和流函数的表达式。

4. 举例说明用势流理论求解流体力学问题的思路。

5. 流速势函数和流函数同时存在的条件是什么？它们各自具有什么性质？

6. 写出均匀直线流动、源、汇、点涡的流函数和流速势函数,并分别说明它们的速度分布和压强分布。

7. 说明螺旋流、偶极子和绕圆柱体无环量的流动是由哪些基本势流叠加而成的。

8. 求解平面势流的复势的方法有哪些？

9. 举例说明用镜像法求解势流问题的思路。

10. 举例说明用奇点叠加法求解势流问题的思路。

二、计算题

1. 已知下列两个速度分布：

$$u=\frac{cx}{x^2+y^2},v=\frac{cy}{x^2+y^2}(c\text{ 为常数})$$

$$u=\frac{-cy}{x^2+y^2},v=\frac{cx}{x^2+y^2}(c\text{ 为常数})$$

(1)求流速势函数、流函数和复势函数,并画出等势线和流线;

(2)围绕坐标原点作一条封闭曲线,求沿此封闭曲线的速度环量及流量。

2. 已知复势:(1)$W(z)=z^2$;(2)$W(z)=\frac{Q}{2\pi}\ln(z^2-a^2)$。试画出它们所代表的流动的流线。

3. 设复势为 $W(z)=(1+\mathrm{i})\ln(z^2+1)+\frac{1}{z}$,试分析它由哪些基本流动组成(包括强度和位置),并求沿圆周 $x^2+y^2=9$ 的速度环量 Γ 及通过该圆周的流体的体积流量。

4. 已知复势:(1)$W(z)=(1+\mathrm{i})z$;(2)$W(z)=(1+\mathrm{i})\ln\frac{z+1}{z-4}$;(3)$W(z)=-6z\mathrm{i}+\frac{24}{z}\mathrm{i}$。试分析以上流动的组成,绘制流线图,并计算通过圆周 $x^2+y^2=9$ 的流体的流量及沿这一圆周的速度环量。

5. 流动的复势为 $W(z)=m\ln\left(z-\frac{1}{z}\right)(m>0)$,求:(1)流动由哪些奇点组成;(2)用极坐标表示这一流动的流速势函数 φ 及流函数 ψ;(3)通过 $z_1=\mathrm{i}$、$z_2=1/2$ 的连线的流体的流量;(4)用直角坐标表示流线方程,画出零流线。

6. 一个沿 x 轴止向的均匀流流速为 $U_0=10$ m/s,其与一个位于原点的点涡叠加。已知驻点位于点(0, −5),求:(1)点涡的强度;(2)点(0,5)处的速度;(3)通过驻点的流线方程。

7. 一个平面势流由源和汇叠加而成,源位于点(−1,0),其强度为 $m_1=20$ m³/s,汇位于点(2,0),其强度为 $m_2=40$ m³/s,流体的密度为 $\rho=1.8$ kg/m³。设已知流场中点(0,0)处的压强为0,求点(0,1)和(1,1)处的流速和压强。

8. 在半径为 R 的圆周上等距离分布有 n 个点涡,它们的强度均为 Γ,且转向相同,试写出流动的复势并求出共轭复速度。

9. 写出下图所示的流动的复势。

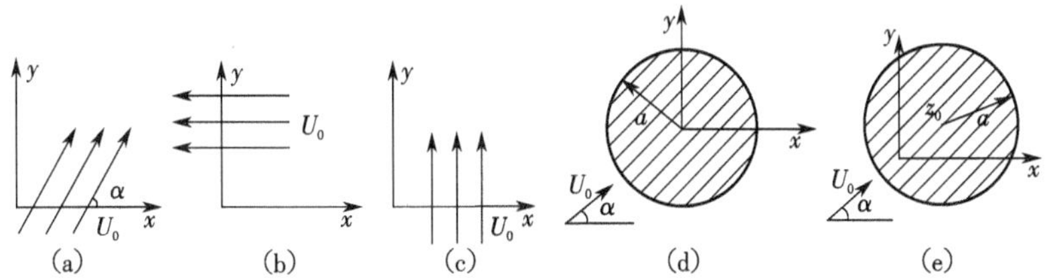

计算题 9 附图

10. x 轴为固壁,在 $z=a\mathrm{i}$ 点有一个强度为 M、沿 x 轴负方向的偶极子,若叠加一个沿 x 轴正方向的均匀流,试证明当 $M=8\pi a^2U_0$ 时,圆周 $x^2+(y-a)^2=4a^2$ 是一条流线。

11. 强度为 24 m²/s 的源位于坐标原点,与速度为 10 m/s、平行于 x 轴、方向自左向右的均匀流叠加。求:(1)叠加后驻点的位置;(2)通过驻点的流线方程;(3)此流线在 $\theta=\frac{\pi}{2}$ 和

$\theta=0$ 时与 x 轴的距离；(4) $\theta=\dfrac{\pi}{2}$时，该流线上的流速。

12. 一个源和一个汇均在 x 轴上，源在坐标原点左边 1 m 处，汇在坐标原点右边 1 m 处，源和汇的强度均为 20 m^2/s。求坐标原点处的速度，并计算通过点(0,4)的流线的 ψ 值和该点处的速度。

13. 强度为 2π $m^3/(s\cdot m)$ 的源和汇分别位于点(-2,0)和点(2,0)处，与速度为 4.0 m/s、沿 x 轴正方向的均匀直线流叠加成一个新的流动。试求：(1)两个驻点的位置及它们之间的距离；(2)经过驻点的流线方程；(3)上游无限远处与点(-1,1)之间的压力差。

14. 为了在点(0,5)产生 10 m/s 的流速，位于坐标原点的偶极子强度 M 应为多大？并求通过点(0,5)的流函数的值。

15. 均匀直线流的流速为 u_0，位于坐标原点的偶极子强度为 M，这两种流动叠加后，流速与 u_0 相等的点位于哪一条曲线上？

16. 一个长圆柱体的直径为 1.0 m，位于 $u_0=10$ m/s 的正交于柱轴的直线流中，流体的密度为 1 000 kg/m^3，未扰动流体的压力为 0，求圆柱面上 $\theta=\pi/2$、$5\pi/8$、$4\pi/5$、$7\pi/8$ 和 π 处的流速和压力。

17. 已知水平直线流的流速为 5.0 m/s，位于 y 轴上点(0,2)和(0,-2)的源的强度均为 20π $m^3/(s\cdot m)$，求叠加流动的驻点位置、轮廓线方程，并描述其大致流动情景。

18. 无穷远处有一个速度为 u_0 的均匀直线来流，坐标原点处有一个强度为 $-q$ 的汇，求两个流动叠加后的流函数，驻点位置以及流体流入、流过汇的分界线方程。

19. 如图所示，设蒙古包做成一个半径为 R 的半球体，因受正面来的速度为 U_0 的大风袭击，屋顶有被掀起的危险，原因是屋顶内、外有压差。试问：通气窗口的角度 α 为多少时，可以使屋顶受到的升力为零。

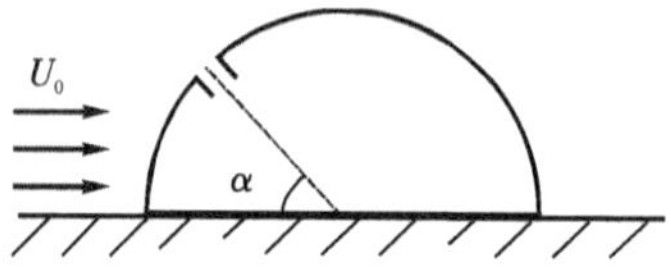

计算题 19 附图

20. 两个速度环量的布置如图所示，试：(1)写出复势，求出流速势函数和流函数；(2)证明单位圆 $x^2+y^2=1$ 恰是一条流线；(3)将单位圆作为圆柱固壁，求 $x=b$ 处的点涡对此圆柱的作用力。

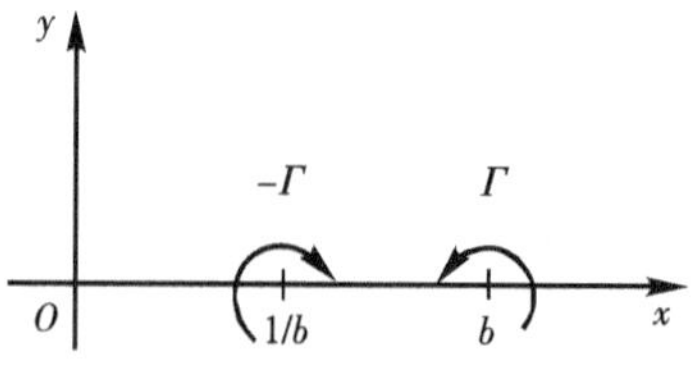

计算题 20 附图

21. 在半径为 a 的圆筒内距中心 b 处有一个强度为 Γ 的点涡，试描述该点涡的运动。

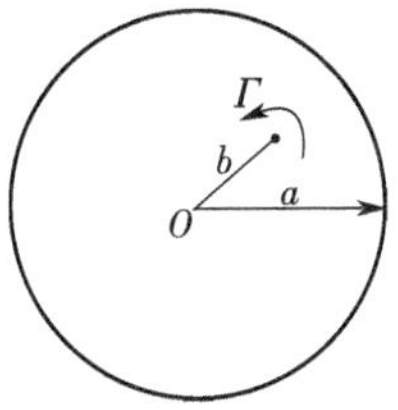

计算题 21 附图

22. 在半径为 a 的圆柱外 z_0 及 $\bar{z}_0$ 两点处有一对强度分别为 Γ、$-\Gamma$ 的点涡，另有一个速度为 U_0 的均匀流沿 x 轴正向流来，试写出这一流动的复势。

23. 设在流场中有一个半径为 a 的圆柱，距圆柱中心 $b(b>a)$ 处有一个强度为 $K=\dfrac{\Gamma}{2\pi}$ 的点涡。试证明：

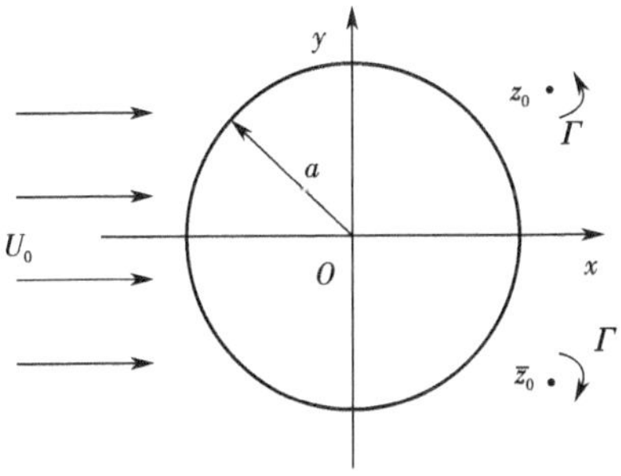

计算题 22 附图

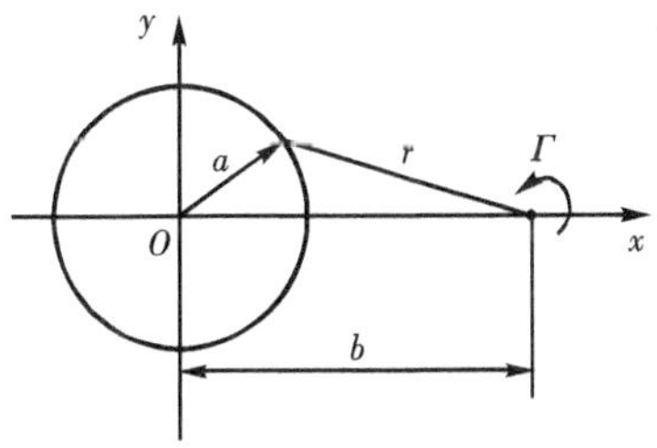

计算题 23 附图

(1) 该点涡以角速度 $\omega=\dfrac{Ka^2}{b^2(b^2-a^2)}$ 绕圆柱转动；

(2) 圆柱表面流体的速度可表示为 $\dfrac{K}{a}\left(1-\dfrac{b^2-a^2}{r^2}\right)$，其中 r 为圆柱表面所求速度点与点涡之间的距离。

第 7 章　水波理论

波浪运动是自然界中最常见的现象之一,不管是海洋还是湖泊,其中都存在波浪。向平静的水面投掷一块小石块也会激起水面的波浪,它以石块入水点为中心,呈圆形向四周传播。海面大部分时间都被波浪所覆盖,“无风三尺浪”是海面的真实写照,波浪运动是海水运动的主要形式之一。

波浪运动的力学理论在工程实践中具有重要的意义。特别是在海洋工程与港口工程中,诸多现实问题都与波浪运动有关,如船舶与海洋工程需考虑海浪对船舶的摇摆和拍击、船舶稳性、兴波阻力;沿岸工程要考虑波浪对港口、堤坝的作用;离岸工程要考虑波浪对钻井平台、海工建筑物、海底油管等的作用。此外,海岸泥沙运动,海洋资源的开发和利用,船舶的航行与安全以及各类船舶的设计等都与海洋中的波浪运动有关。随着我国海洋事业日益发展,对波浪运动的研究越来越重要。

水的波动现象十分复杂且多种多样,相关文献很多。本章主要介绍势波的概念、微幅波理论、斯托克斯波理论以及作用在简单结构物上的波浪力的计算。由于水的黏性对波浪的影响相当小,水波起制约作用的物理因素是重力,黏性力可忽略不计,故讨论波浪运动时仅限于不可压缩理想流体,且运动是有势的,并假设波浪运动为满足线性的微幅波。因此,可用理想流体的势流理论研究波浪运动的规律。

7.1　波浪的产生及要素

7.1.1　波浪的产生和分类

波浪的一个共同特征就是水体的自由表面周期性地起伏,水质点做有规律的往复振荡运动。波浪的产生一般需要以下两个条件:破坏处于平衡状态的水的平衡的扰动力以及使其恢复平衡的回复力。海洋中的波浪可以按照扰动力、回复力等分类,按照引起波动的原因(扰动力)可将波浪分成风吹过水面形成的风波浪(风成波);由太阳、月球以及其他天体引起的海潮涨落(潮汐波);由海底地震引起的海啸(津波);由船舶航行引起的船行波等。

在回复力中最重要的是重力,特别是水自由表面的波浪,当水表面受到扰动力液面离开水平位置(即平衡位置)时,重力会使此面回到原来的位置,这种波浪往往称为表面重力波,简称表面波、重力波或水波。这种波浪主要在液体表面展开,再从表面传入液体内部。重力波在两种不同密度的流体的分界面处会形成内波。另外一种回复力是表面张力,由于水表面具有表面张力,水面一旦受到扰动,即使扰动力很小,在重力和表面张力共同作用下也会形成波浪,通常在微风吹拂下水池中产生的涟波就属此类。

风浪是一直处在风的作用之下海面的波动状态,体现为“风吹水面层层浪”,如图 7 - 1

所示。风浪的成长与消衰主要取决于能量的摄取与消耗之间的平衡关系,风向海面输送能量能够引起海流,也会引起波动。关于波动从风中摄取能量而成长的机制,一般认为,由于风对海面的扰动,首先通过共振作用生成毛细波(波纹),在初始阶段谱值随时间线性增长,这就为风进一步向海面输送能量提供了必要的粗糙度;然后风通过对波面的压力继续向波动提供能量,在风浪的主要成长阶段,平行流的不稳定性机制起作用,谱值随时间指数成长,在给定的压力起伏分布下,此阶段波浪的传输可使波面位移增大一个量级,使风浪不断成长;与此同时,海水的内摩擦等使能量损耗。当波浪传至浅水或岸边时,由于海底摩擦或者发生破碎,能量损失殆尽,波浪消失。对能量的摄取与消耗的关系,本书不作详细讨论。

风浪的决定因素有如下三个。

(1)风速:风力大小。

(2)风时:状态相同的风持续作用在海面上的时间。

(3)风区:状态相同的风作用的海域范围。

涌浪是海面上由其他海区传来的或当地风力减小、风平息、风向改变后海面上遗留的波动,体现为"无风三尺浪",如图7-1所示。

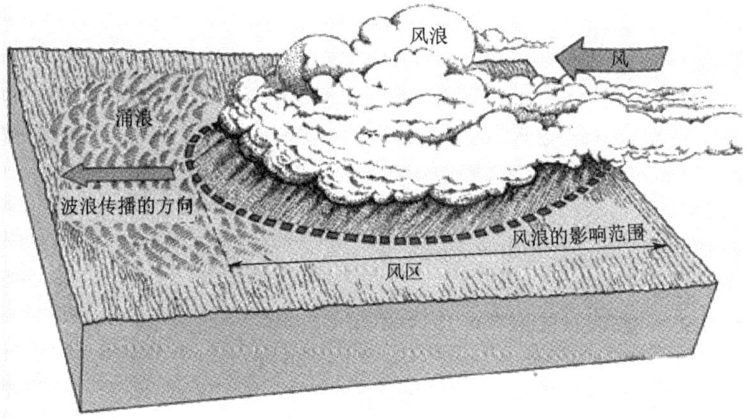

图7-1 风浪和涌浪

当风力迅速减小、风平息或风向改变后,海面上遗留的波动不会从原来的风场中继续摄取能量,但波动不会立即消失。它们在原来的海区继续传播,甚至传至其他海区,经过漫长的路程和时间而慢慢消衰。

涌浪在传播过程中的显著特点是波高逐渐降低,波长、周期逐渐变大,从而波速变快。这一方面是由于内摩擦作用使能量不断消耗,另一方面是由于在传播过程中发生弥散和角散。

实际的海浪可视为由许多不同波长、周期和振幅的分波组成,在传播过程中,波长大的分波速度快,波长小的分波速度慢,于是原来叠加在一起的波动分散开来,这种现象称为弥散。

各个分波由于传播方向不尽一致,在传播过程中向不同方向分散开来,这种现象称为角散。

由于弥散，波速快、波长大的分波跑在前面，因此，传播距离越远，波长大、周期长的涌浪越占优势地位，但其波高变得更小，以致在海上难以看到它。然而当它传播到浅水或近岸时，波高又增大，波长减小，常常以波群的形式出现，形成猛烈的拍岸浪，表现出惊人的能量，成为冲蚀岸滩的活跃因子之一，对岸边的建筑物破坏性很大，但它的生命到此也就结束了。

风浪和涌浪是海面上最引人注目的波动。风浪的特征是波峰尖削，在海面上的分布很不规律，波峰线短，周期短，当风大时常常出现破碎现象，形成浪花。涌浪的波面比较平坦、光滑，波峰线长，周期短，波长大，在海上的传播比较规律。观测表明，在海洋中风浪和涌浪可能单独存在，但往往同时存在，但它们的传播方向往往不同，有经验的观测者很容易把它们区分开。

受到海底地形和障碍物的影响，波浪在近岸传播的过程中会产生折射、绕射、反射、浅水变形以及波浪破碎、沿岸流、离岸流等现象。

7.1.2 波浪的要素

引起波动的最常见的因素是风，对风作用下的波浪，在波峰的迎风面上，水质点的运动方向与风向一致，会加快水质点的运动；在波谷的背风面上，水质点的运动方向与风向相反，会减慢水质点的运动，所以风浪的剖面往往呈前坡缓、后坡陡的不对称形状，如图7-2(a)所示。在风停止后，由于惯性和重力的作用，波浪仍然继续向前传播。当传播到无风的海区后，这个海区也会产生波浪。这种波浪波峰平滑、前坡与后坡大致对称，外形较规则，人们通常称它为涌浪，也叫余波，其剖面形状如图7-2(b)所示。

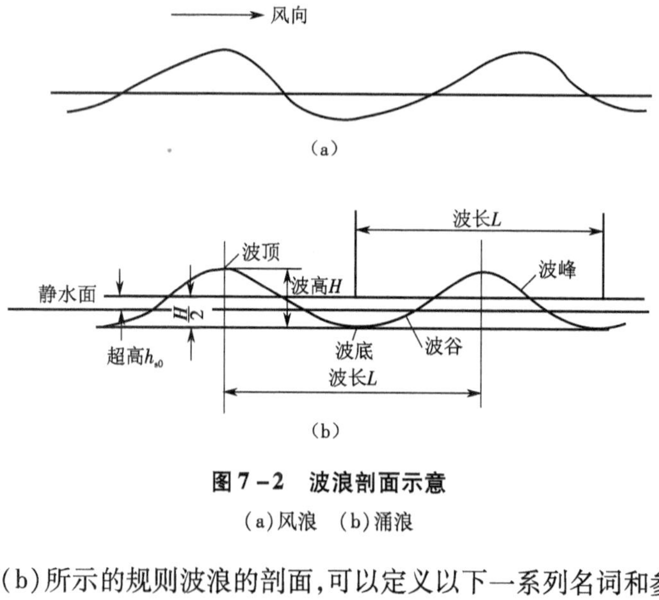

图7-2 波浪剖面示意

(a)风浪 (b)涌浪

对如图7-2(b)所示的规则波浪的剖面，可以定义以下一系列名词和参量。

(1)波峰：波浪在静水面以上的部分。

(2)波顶：波峰的最高点。

(3)波谷：波浪在静水面以下的部分。

(4)波底：波谷的最低点。

(5)波高 H:波顶与波底之间的竖直距离。

(6)振幅 a:波高的一半。

(7)波长 L:两个相邻的波顶(或波底)之间的水平距离。

(8)水深 d:平均水面与海底之间的距离。

(9)周期 T:波面起伏一次的时间。

(10)波浪中线:平分波高的中线。

(11)超高 h_{s0}:波浪一般具有波峰较陡、波谷较缓的特点,波浪中线常在静水面之上,波浪中线超出静水面的高度称为超高。

(12)波速 c:波浪向前传播的速度,等于波长除以周期,即 $c = L/T$ 。

(13)波陡:波高与波长的比值 H/L。

波高、波长、周期、波速和波陡是确定波浪的形态的主要尺度,总称为波浪的要素。

7.2　波浪运动的基本方程与定解条件

考虑质量力仅为重力的均匀不可压缩理想流体,其周围和底部均受固定硬壁的限制,但液体的表面为自由面,且最初处于静止状态。设想该液体在某一极微小的时间段内受到相当大的外力作用,这些力作用在液体自由表面的各个质点上(例如一阵强风吹过海面)。由于这些力的作用,液体的初始平衡状态被破坏。失去平衡状态的液体质点在重力和惯性力的作用下有恢复初始平衡状态的趋势,于是产生了液体质点的振动,液体各个质点振动的总和就形成了液体的波浪运动。在上述假定下,液体的运动是有势的运动,即无旋运动,因而这种波浪运动叫作势波运动。研究势波运动,关键在于寻找描述波浪运动的流速势函数。

7.2.1　波浪运动的基本方程

在研究波浪运动时,流体是不可压缩理想流体,而且是无旋的,在流体域内必定存在流速势函数 φ,质量力仅仅是重力。

不可压缩流体的连续性方程为

$$\nabla v = 0 \tag{7-1}$$

流体无旋,存在着流速势函数

$$\nabla^2 \varphi(x,y,z,t) = 0 \tag{7-2}$$

且

$$u = \frac{\partial \varphi}{\partial x}, v = \frac{\partial \varphi}{\partial y}, w = \frac{\partial \varphi}{\partial z} \tag{7-3}$$

或者

$$\nabla \varphi = v$$

拉格朗日积分式为

$$gz + \frac{p}{\rho} + \frac{v^2}{2} + \frac{\partial \varphi}{\partial t} = 0 \tag{7-4}$$

对一个具体的波动，必须结合这一问题的定解条件求解上述拉普拉斯方程，才能求得这一问题的 φ 值。下面讨论二维波浪运动的定解条件。

7.2.2 波浪运动的定解条件

1. 底部边界条件

在底部不动的固体边界上，液体只能沿着边界的切线方向运动，垂直于固体边界的法向速度为零，即

$$u_n = \frac{\partial \varphi}{\partial n} = 0 \tag{7-5}$$

2. 自由表面边界条件

在自由表面上，以 η 代表波表面相对于静水面的高度，在波浪运动中，它显然是随时间和位置而变化的。对如图 7-3 所示的二维流动，有 $z = \eta(x, t)$。

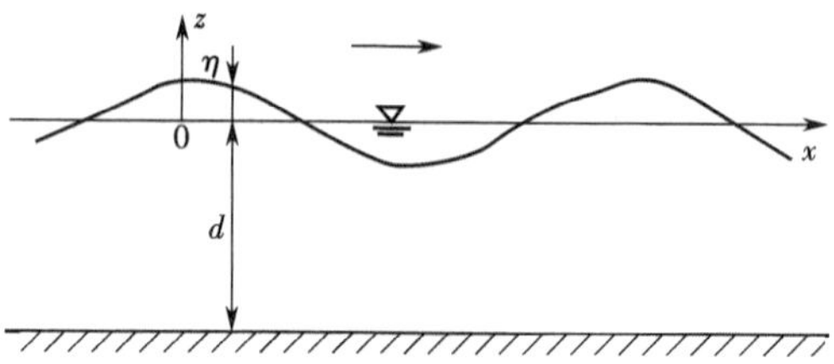

图 7-3 二维流动示意

在自由表面上，任一位于 (x, z) 的水质点的竖直分速度为

$$u_z|_{z=\eta} = \frac{\mathrm{d}z}{\mathrm{d}t} = \frac{\partial \eta}{\partial t} + \frac{\partial \eta}{\partial x}\frac{\mathrm{d}x}{\mathrm{d}t} \tag{7-6}$$

将流速势函数和流速的关系

$$u_x|_{z=\eta} = \left(\frac{\partial \varphi}{\partial x}\right)_{z=\eta} = \frac{\mathrm{d}x}{\mathrm{d}t}$$

$$u_z|_{z=\eta} = \left(\frac{\partial \varphi}{\partial z}\right)_{z=\eta} = \frac{\mathrm{d}z}{\mathrm{d}t}$$

代入式(7-6)有

$$\left(\frac{\partial \varphi}{\partial z}\right)_{z=\eta} = \frac{\partial \eta}{\partial t} + \left(\frac{\partial \varphi}{\partial x}\right)_{z=\eta}\frac{\partial \eta}{\partial x} \tag{7-7}$$

这就是流速势函数在波浪的自由表面上需要满足的运动边界条件。

在自由表面上，除了需要满足运动边界条件外，还需要考虑波面上的动力因素，称为动力边界条件。

在风直接作用下的海浪波面上，压力随位置和时间的变化很大。在规则余波的条件下，可以假定波面上的压力为常数且等于大气压力，即 $p = p_a = 0$。依据伯努利方程，在重力作用下，液体的有势不恒定运动可用如下方程描述：

$$\frac{\partial \varphi}{\partial t} + \frac{1}{2}u^2 + \frac{p}{\rho} + gz = 0 \tag{7-8}$$

于是得到在自由表面上流速势函数需要满足的动力条件为

$$\left(\frac{\partial\varphi}{\partial t}\right)_{z=\eta}+\frac{1}{2}\left[\left(\frac{\partial\varphi}{\partial x}\right)^2+\left(\frac{\partial\varphi}{\partial z}\right)^2\right]_{z=\eta}+g\eta=0 \tag{7-9}$$

3. 自由表面边界条件的简化

在研究势波运动时，研究较复杂的波浪现象，例如不规则海浪运动的基本规律，常从分析最简单的波动入手。这种波动假定波高和波长（或水深）相比为无限小量，在这种微幅波动中，水质点的运动速度缓慢，波面很平缓。因此，$u_x=\partial\varphi/\partial x$ 和$\partial\eta/\partial x$ 均为小量，它们的乘积为高一阶的小量，可以略去。这样，非线性的运动边界条件式(7－7)就可以化为如下简单的线性关系：

$$|u_z|_{z=\eta}=\frac{\partial\eta}{\partial t} \tag{7-10a}$$

或

$$\left(\frac{\partial\varphi}{\partial z}\right)_{z=\eta}=\frac{\partial\eta}{\partial t} \tag{7-10b}$$

式(7－10)的物理意义是，对微幅波动，水面上质点的竖直速度和水面的升降速度近似相等。

动力边界条件式(7－4)由于包含了 $u^2=u_x^2+u_z^2=\left(\frac{\partial\varphi}{\partial x}\right)^2+\left(\frac{\partial\varphi}{\partial z}\right)^2$，所以也是非线性的。对上述简单的微幅波动，由于质点运动速度缓慢，$u^2/2$ 项与其他项相比可以忽略，动力边界条件可线性化为

$$\eta=-\frac{1}{g}\left(\frac{\partial\varphi}{\partial t}\right)_{z=\eta}$$

在微幅波动的条件下，可以用 $z=0$ 处的$\left(\frac{\partial\varphi}{\partial t}\right)_{z=0}$近似代替 $z=\eta$ 处的$\left(\frac{\partial\varphi}{\partial t}\right)_{z=\eta}$，故得

$$\eta=-\frac{1}{g}\left(\frac{\partial\varphi}{\partial t}\right)_{z=0} \tag{7-11}$$

在已知流速势函数的情况下，式(7－11)常用来推求波面的方程。

将式(7－11)对时间取导数，有

$$\frac{\partial\eta}{\partial t}=-\frac{1}{g}\left(\frac{\partial^2\varphi}{\partial t^2}\right)_{z=0} \tag{7-12}$$

在式(7－10b)中，同样用 $z=0$ 处的$\left(\frac{\partial\varphi}{\partial z}\right)_{z=0}$近似代替 $z=\eta$ 处的$\left(\frac{\partial\varphi}{\partial z}\right)_{z=\eta}$，结合式(7－12)得

$$\left(\frac{\partial\varphi}{\partial z}\right)_{z=0}=-\frac{1}{g}\left(\frac{\partial^2\varphi}{\partial t^2}\right)_{z=0} \tag{7-13}$$

式(7－5)、式(7－11)和式(7－13)构成了线性化的波浪运动的边界条件。在一般情况下，波浪运动除应满足上述边界条件外，尚应满足初始条件。但是风停以后的自由海波（余波）是有规则的周期运动，因此可以不考虑初始条件，从设定一个反映周期性运动的流速势函数着手分析。

7.3 微幅波理论

在上一节中提到了一种简化了的最简单的波动，简化假定：波高和波长（或水深）相比无限小；水质点的运动速度较缓慢；速度的平方项和其他项相比可以忽略。在这些简化下，有关的流体力学方程组都为线性的。这种简化的波浪理论称为微幅波理论、小振幅波理论或线性波理论。

微幅波的这些基本假定显然与工程设计所考虑的波浪情况不相符。作为设计的控制条件，总是要选择具有较大波高的波浪作为设计波浪。例如，我国一条适用于40 m水深海域的钻井船的设计，就采用波高11.0 m、周期11.61 s（相应的波长为180.4 m）的波浪作为设计波浪，这显然远不满足微幅波的条件。但是对微幅波的分析能较清晰地表达出波动的特性，是研究较复杂的有限振幅波乃至不规则波的基础，由微幅波理论得到的某些结果是可以近似地应用于工程设计的。因此，从简单的微幅波入手对解决较复杂的波浪问题是十分必要的。下面较详尽地分析微幅波理论的结果。

7.3.1 波面方程的确定

水面出现简单的波动通常有两个明显的特征。首先是波面的周期性，在某一时刻，每经过一定的距离出现一个波峰或波谷；在同一个位置上，每经过一定的时间出现一个波峰或波谷。其次是波面不停滞地沿着某一方向传播。观测表明，这种周期性和传播现象不限于波面的起伏，液体内部的质点运动也具有这种特性，只不过随水深增大而迅速减少而已。

实际观测表明，具有上述特性的微幅波可以用余弦（或正弦）曲线来表示。

如图7-4所示的微幅波的波面方程可以表示为

$$\eta = a\cos(kx - \sigma t) \tag{7-14}$$

式中：η 为波面距离静水面的高度；a 为波浪的振幅。

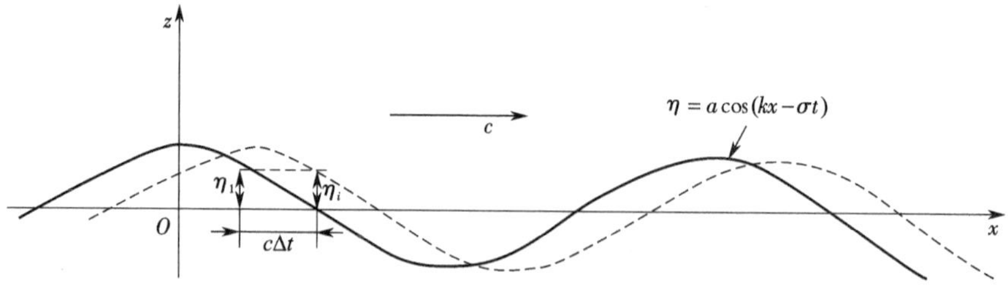

图7-4 微幅波传播示意

式(7-14)中的常数 k 和 σ 可以这样确定：

(1)当 x 增减一个波长时，波面高度 η 应该不变，这就必须使 $kL=2\pi$，故波数为

$$k = 2\pi/L \tag{7-15}$$

(2)当时间 t 增减一个周期 T 时，同一点的波面高度 η 应该不变，即 $\sigma T=2\pi$，故波浪的圆频率为

$$\sigma = 2\pi/T \tag{7-16}$$

显然,波的传播速度 c 和波数、圆频率间有如下的关系:

$$c = L/T = \sigma/k \tag{7-17}$$

式(7－14)的右边采用正弦,也能体现上述波动的性质,只是将波形移动一个相角 $\pi/2$ 罢了。

式(7－14)中 σt 前面采用正号或负号分别表示波浪沿 x 轴正方向或 x 轴负方向传播。例如,设图 7－4 中的实线代表 t 时刻的波形,经过 Δt 后,波沿 x 轴正方向传播一定的距离到达虚线所示的位置,t 时刻的某一波面高度 η_1 应该在其右方 $\Delta x = c\Delta t$ 处出现。当 σt 前采用负号时,有

$$\eta_1 = a\cos[k(x + \Delta x) - \sigma(t + \Delta t)] = a\cos\left[kx - \sigma t + k\frac{\sigma}{k}\Delta t - \sigma\Delta t\right] = a\cos(kx - \sigma t)$$

若式 (7－14) 中的 σt 前取正号,则 t 时刻某点处的波面高度 η_1 在 $t + \Delta t$ 时应在 $x - \Delta x$ 处出现,即取正号表示波浪沿 x 轴负方向传播。

因此,简单波动的表达式使用正弦或余弦、正号或负号,所得的波形并不受影响,只是波动的起始位置和传播方向不同而已。

7.3.2　流速势函数的建立

因为所设定的波面方程 $\eta = a\cos(kx - \sigma t)$ 应满足自由表面边界条件

$$\eta = -\frac{1}{g}\left(\frac{\partial \varphi}{\partial z}\right)_{z=\eta=0}$$

因而得

$$\varphi = \frac{ga}{\sigma}\sin(kx - \sigma t) \tag{7-18}$$

式(7－18)为在 $z = \eta$ 以及波动的振幅为 a 的特定情况下流速势函数 φ 的表达式。在一般情况下,波动的振幅沿着水深衰减,$\varphi(x,z,t)$ 的函数关系式为

$$\varphi = F(z)\sin(kx - \sigma t) \tag{7-19}$$

式中:$F(z)$ 为纵坐标 z 的函数,它应体现波动随水深变弱的关系。

将式(7－19)对 x 和 z 分别取二次导数得

$$\frac{\partial^2 \varphi}{\partial x^2} = -k^2 F(z)\sin(kx - \sigma t)$$

$$\frac{\partial^2 \varphi}{\partial z^2} = F''(z)\sin(kx - \sigma t)$$

代入拉普拉斯方程得

$$-k^2 F(z)\sin(kx - \sigma t) + F''(z)\sin(kx - \sigma t) = 0$$

在一般情况下,$\sin(kx - \sigma t)$ 不为零,因此得

$$F''(z) - k^2 F(z) = 0$$

此常微分方程的通解为

$$F(z) = C_1 e^{kz} + C_2 e^{-kz}$$

式中:C_1 及 C_2 为积分常数。

将上式代入式(7－19)得

$$\varphi=(C_1e^{kz}+C_2e^{-kz})\sin(kx-\sigma t) \tag{7-20}$$

积分常数 C_1 及 C_2 的值可由边界条件确定。

据边界条件式(7－5),当 $z=-d$ 时,有 $u_z=\left(\frac{\partial\varphi}{\partial z}\right)_{z=-d}=0$。

将式(7－20)对 z 取导数,并利用上面的边界条件,有

$$\left(\frac{\partial\varphi}{\partial z}\right)_{z=-d}=k(C_1e^{-kd}-C_2e^{kd})\sin(kx-\sigma t)=0$$

因为 $\sin(kx-\sigma t)$ 一般不为零,于是有

$$C_1e^{-kd}-C_2e^{kd}=0$$

故

$$C_2=C_1e^{-2kd}$$

式(7－20)可改写为

$$\varphi=C_1e^{-kd}[e^{k(z+d)}+e^{-k(z+d)}]\sin(kx-\sigma t)$$

$$\cosh k(z+d)=\frac{1}{2}[e^{k(z+d)}+e^{-k(z+d)}]$$

令 $C'=2C_1e^{-kd}$,就得到

$$\varphi=C'\cosh k(z+d)\sin(kx-\sigma t)$$

C' 可用自由表面边界条件定出,在自由表面上

$$\varphi|_{z=0}=C'\cosh kd\sin(kx-\sigma t)$$

和式(7－18)所示的自由表面的 φ 函数相比较,可得

$$C'=\frac{ga}{\sigma}\frac{1}{\cosh kd}$$

则有限水深时微幅波流速势函数的表达式为

$$\varphi=\frac{ga}{\sigma}\frac{\cosh k(z+d)}{\cosh kd}\sin(kx-\sigma t) \tag{7-21a}$$

或

$$\varphi=\frac{gH}{2\sigma}\frac{\cosh k(z+d)}{\cosh kd}\sin(kx-\sigma t) \tag{7-21b}$$

7.3.3 波浪的传播速度

波速等于波长除以周期,即 $c=L/T=\sigma/k$。

因此,为了求波速 c,可从分析常数 k 和 σ 的关系入手。

将式(7－21)微分,得

$$\frac{\partial^2\varphi}{\partial t^2}=-\sigma ga\frac{\cosh k(z+d)}{\cosh kd}\sin(kx-\sigma t)$$

$$\frac{\partial\varphi}{\partial z}=\frac{kga}{\sigma}\frac{\sinh k(z+d)}{\cosh kd}\sin(kx-\sigma t)$$

令 $z=0$，将结果代入自由表面边界条件式(7－11)，有

$$\left(\frac{\partial^2\varphi}{\partial t^2}\right)_{z=0}+g\left(\frac{\partial\varphi}{\partial z}\right)_{z=0}=0$$

则

$$-\sigma ga\frac{\cosh kd}{\cosh kd}\sin(kx-\sigma t)+\frac{kg^2a}{\sigma}\frac{\sinh kd}{\cosh kd}\sin(kx-\sigma t)=0$$

故

$$\sigma^2=kg\tanh kd \tag{7-22}$$

式(7－22)称为弥散关系。根据 $c=L/T$ 可以得到与式(7－22)等价的波速和波长的表达式：

$$c=\sqrt{\frac{g}{k}\tanh kd}=\sqrt{\frac{gL}{2\pi}\tanh\frac{2\pi d}{L}}=\frac{gT}{2\pi}\tanh kd \tag{7-23}$$

$$L=\frac{gT^2}{2\pi}\tanh\frac{2\pi d}{L} \tag{7-24}$$

由式(7－23)可知，不同周期(波长)的波在传播过程中由于波速不同会逐渐分散开来，这种现象称为波浪的色散现象，因此上述方程称为波浪色散(弥散)方程。

式(7－22)～式(7－24)均为超越方程，需要采用数值方法(如牛顿迭代法)才能获得精确解。在工程应用中，Fenton 和 Mckcc(1990)提出了如下的简化显式计算公式：

$$L=L_0\tanh^{\frac{2}{3}}\left(\frac{2\pi d}{L_0}\right)^{\frac{3}{4}} \tag{7-25}$$

式中：$L_0=gT^2/2\pi$，为深水波长。式(7－25)与数值计算得到的波长相比，误差在 1.7% 以下。

微幅波理论的求解涉及不少双曲函数，当 kd 很大或很小时，有如表 7－1 所示的近似关系。

表 7－1　双曲函数的近似关系

函数	$kd\ll1$	$kd\gg1$
$\sinh kd$	kd	$e^{kd}/2$
$\cosh kd$	1	$e^{kd}/2$
$\tanh kd$	kd	1

根据相对水深 d/L 的值对波浪进行分类，在深水和浅水条件下，波浪的弥散关系分别有近似表达式，如表 7－2 所示。

表 7－2 波浪的分类

相对水深	波浪分类	近似弥散关系
$1/2 \leqslant d/L$	深水波	$c_0 = \sqrt{gL_0/2\pi} = gT/2\pi, L_0 = gT^2/2\pi$
$1/20 < d/L < 1/2$	中等深水波	无
$d/L \leqslant 1/20$	浅水波（长波）	$c_s = \sqrt{gd}, L_s = T\sqrt{gd}$

由表 7－2 中的弥散关系可知，在深水情况下，波长和波速只与周期有关，而与水深无关；在浅水情况下，波速只与水深有关，与周期和波长无关。在深水和浅水条件下，微幅波的流速势函数分别近似为

$$\varphi_0 = \frac{gH}{2\sigma} e^{kz} \sin(kx - \sigma t) \tag{7-26}$$

$$\varphi_s = \frac{gH}{2\sigma} \sin(kx - \sigma t) \tag{7-27}$$

7.3.4 水质点运动的速度和加速度

根据流速势函数的性质，很容易求得波动水体任意空间点上的水质点运动的速度和加速度。速度分量为

$$\left.\begin{aligned} u_x &= \frac{\partial \varphi}{\partial x} = \frac{gak}{\sigma} \frac{\cosh k(z+d)}{\cosh kd} \cos(kx - \sigma t) \\ u_z &= \frac{\partial \varphi}{\partial z} = \frac{gak}{\sigma} \frac{\sinh k(z+d)}{\cosh kd} \sin(kx - \sigma t) \end{aligned}\right\} \tag{7-28}$$

当 $c = \dfrac{L}{T} = \dfrac{gT}{2\pi \tanh kd}$ 时，有

$$\left.\begin{aligned} u_x &= \frac{\pi H}{T} \frac{\cosh k(z+d)}{\sinh kd} \cos(kx - \sigma t) \\ u_z &= \frac{\pi H}{T} \frac{\sinh k(z+d)}{\sinh kd} \sin(kx - \sigma t) \end{aligned}\right\} \tag{7-29}$$

加速度分量为

$$\left.\begin{aligned} a_x &\approx \frac{\partial u_x}{\partial t} = \frac{2\pi^2 H}{T^2} \frac{\cosh k(z+d)}{\sinh kd} \sin(kx - \sigma t) \\ a_z &\approx \frac{\partial u_z}{\partial t} = -\frac{2\pi^2 H}{T^2} \frac{\sinh k(z+d)}{\sinh kd} \cos(kx - \sigma t) \end{aligned}\right\} \tag{7-30}$$

对于深水波的情况（$d/L \geqslant 1/2$），有

$$\left.\begin{aligned} u_{x0} &= \frac{gak}{\sigma} e^{kz} \cos(kx - \sigma t) = \frac{\pi H}{T} e^{kz} \cos(kx - \sigma t) \\ u_{z0} &= \frac{gak}{\sigma} e^{kz} \sin(kx - \sigma t) = \frac{\pi H}{T} e^{kz} \sin(kx - \sigma t) \end{aligned}\right\} \tag{7-31}$$

当水极浅（$d/L \leqslant 1/20$）时，

$$\left.\begin{aligned} u_{xs} &= \frac{Hc}{2d}\cos(kx-\sigma t) \\ u_{zs} &= \frac{\pi H}{T}\left(1+\frac{z}{d}\right)\sin(kx-\sigma t) \end{aligned}\right\} \tag{7-32}$$

7.3.5　质点运动轨迹

要求得质点运动轨迹方程,必须对式(7-28)在 $0\sim t$ 时段进行积分。但式(7-28)中的 x、z 为时间 t 的函数,积分较困难,故作如下近似假定。设波动场内的某水质点静止时位于 (x_0,z_0),即其平均位置为 (x_0,z_0)。在运动的任一瞬间,此水质点位于 $x=x_0+\xi$、$z=z_0+\zeta$ 处,ξ、ζ 是水质点相对于平均位置的位移。在运动过程中水质点的实际位置是 $(x_0+\xi,z_0+\zeta)$,该点与 (x_0,z_0) 不重合,因而速度有差别。由于假设波动为微幅波,波高和水质点的速度均相当小,可令 $(x_0+\xi,z_0+\zeta)$ 点的速度近似等于 (x_0,z_0) 点的速度,因此有

$$\frac{\mathrm{d}\xi}{\mathrm{d}t}\approx u_x=\left.\frac{\partial\varphi}{\partial x}\right|_{x=x_0,z=z_0}$$

$$\frac{\mathrm{d}\zeta}{\mathrm{d}t}\approx u_z=\left.\frac{\partial\varphi}{\partial z}\right|_{x=x_0,z=z_0}$$

积分上两式得

$$\left.\begin{aligned} \xi(t) &\approx \int_0^t u_x(x_0,z_0,t) = -\alpha\sin(kx_0-\sigma t) \\ \zeta(t) &\approx \int_0^t u_z(x_0,z_0,t) = \beta\cos(kx_0-\sigma t) \end{aligned}\right\} \tag{7-33}$$

其中

$$\left.\begin{aligned} \alpha &= \frac{a\cosh k(z_0+d)}{\sinh kd} \\ \beta &= \frac{a\sinh k(z_0+d)}{\sinh kd} \end{aligned}\right\} \tag{7-34}$$

式(7-33)消去 t 可得水质点运动轨迹方程为

$$\frac{\xi^2}{\alpha^2}+\frac{\zeta^2}{\beta^2}=1 \tag{7-35}$$

式(7-35)表示长半轴为 α、短半轴为 β 的椭圆。因此,水质点围绕其平衡位置做椭圆运动。由式(7-34)可以看出,椭圆的水平半轴 α 和竖直半轴 β 取决于质点开始运动时的纵坐标 z_0,而与横坐标 x_0 无关。

自由表面上的质点 $z_0=0$,因而有

$$\left.\begin{aligned} \alpha &= a\coth kd \\ \beta &= a\text{(即振幅)} \end{aligned}\right\} \tag{7-36}$$

在水底处 $z_0=-d$,因此

$$\left.\begin{aligned} \alpha &= a/\sinh kd \\ \beta &= 0 \end{aligned}\right\} \tag{7-37}$$

因此,对自由表面上的质点,椭圆的竖直半径等于振幅(波高的一半);而在水底的质点

只沿水底做水平运动。

在深水情况下($d/L \geqslant 1/2$),由式(7-34)得

$$\alpha \approx \frac{H}{2}\frac{e^{kd}e^{kz_0}}{e^{kd}} = \frac{H}{2}e^{kz_0} = \beta \tag{7-38}$$

式(7-38)表明水质点运动轨迹为圆,自由表面上的轨迹圆半径为 a,且随水深增大指数衰减。质点运动的起始位置在水面下愈深,则其轨迹圆的半径愈小,在深度为一个波长的地方,质点的轨迹圆半径减小到仅为水面上质点的轨迹圆半径的1/535。当水深为波长的一半时,轨迹圆半径为振幅的1/23,可以认为水质点基本上不动了,因而常将 $d/L=1/2$ 作为无限水深波动和有限水深波动的分界。

在浅水情况下($d/L \leqslant 1/20$),

$$\left.\begin{aligned}\alpha &= \frac{a\cosh k(z_0+d)}{\sinh kd} = \frac{a}{kd} = \frac{aT}{2\pi}\sqrt{\frac{g}{d}} \\ \beta &= \frac{a\sinh k(z_0+d)}{\sinh kd} = a\left(1+\frac{z_0}{d}\right)\end{aligned}\right\} \tag{7-39}$$

α 与位移无关,在不同水深处长轴均相等。

由以上讨论可知,相对水深对波浪运动有很大的影响,图7-5分别显示了深水、中等深水和浅水情况下的水质点运动轨迹。

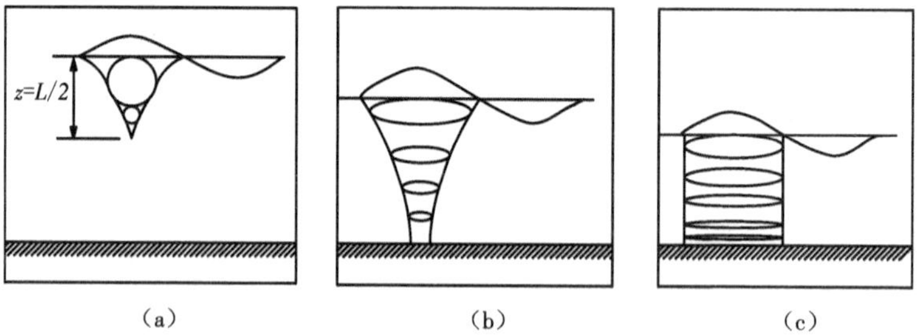

图7-5 微幅波在不同水深中的水质点运动轨迹

(a)深水 (b)中等深水 (c)浅水

7.3.6 波压强分布

波动水体内任一点所受的压强由三部分组成。第一部分为自由表面上的压强 p_0,一般为大气压强,$p_0=p_a$;考虑相对压强时,$p_a=0$。第二部分为静水压强,它等于 $-\rho gz$(负号是由于纵坐标 z 在静水面以下为负)。第三部分为波动引起的压强变化,称为净波压强。当波浪的流速势函数已知时,波浪中任一点处的压强可以通过伯努利方程求得:

$$p = -\rho gz - \rho\frac{\partial\varphi}{\partial t} - \frac{1}{2}\rho u^2$$

由上式可知,净波压强包括两项:一项起因于波通过该点;另一项由水质点在该点的动能引起。可以证明,由当地动能引起的压强与波压强相比可以忽略,于是波压强可以近似为

$$p = -\rho gz - \rho\frac{\partial\varphi}{\partial t} = -\rho gz + \frac{\rho gH}{2}\frac{\cosh k(z+d)}{\cosh kd}\cos(kx-\sigma t) \tag{7-40}$$

即

$$p=\rho g(K_p\eta-z) \tag{7-41}$$

其中 $K_p=\dfrac{\cosh k(z+d)}{\cosh kd}$,为压强响应因子。

但式(7-41)仅适用于静水面 $z=0$ 以下,静水面以上的波压强需要通过泰勒展开计算得到:

$$p=\rho g(\eta-z)\ (0\leqslant z\leqslant\eta) \tag{7-42}$$

由此可以得到任意水深情况下的波压强分布,如图 7-6 所示。

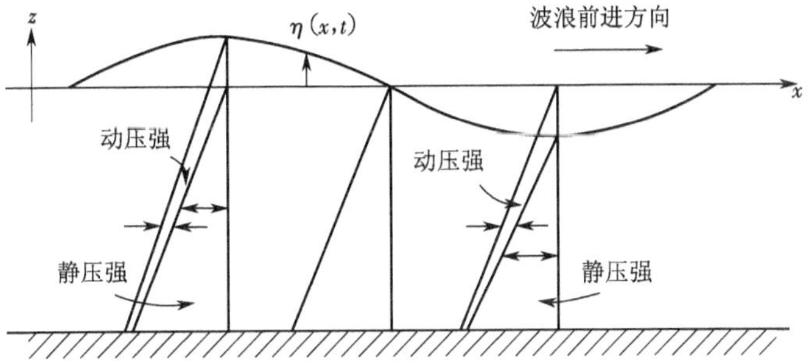

图 7-6　行进波波压强分布示意

对无限水深:

$$K_p=e^{kz} \tag{7-43}$$

对极浅水:

$$K_p=1 \tag{7-44}$$

图 7-7 绘出了不同水深条件下的净波压强分布。

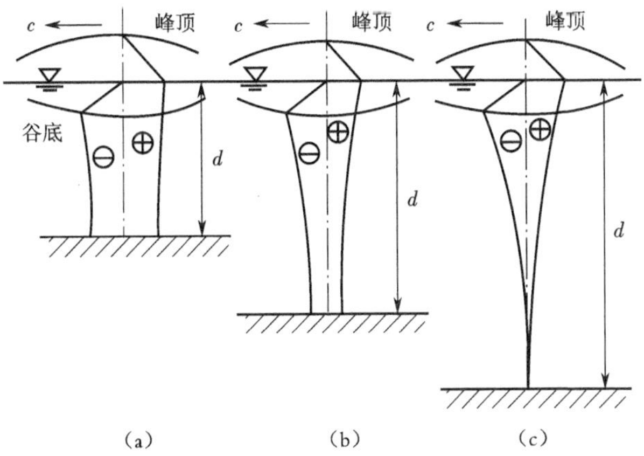

图 7-7　行进波净波压强分布示意

(a)浅水　(b)中等深水　(c)深水

7.3.7　波能量

波浪中的水质点以一定的速度做振荡运动,同时水质点的位置相对于它的轨迹中心不断地发生变化，因此波能量可分为水体的动能和势能两部分。其中势能是由于液体的重心在波动时上下起伏引起的，由于波形具有周期性，因此只需在一个波长的区域内讨论波能量。

分析波能量不仅是研究海浪的主要途径之一，而且是解决某些工程应用问题的重要方法。例如近岸泥沙运动，除了通过水质点的速度和作用力分析外，将泥沙运动和波能量联系起来是有效的手段之一。此外，如何利用海浪蕴藏的大量能量，是人类解决能源问题的重要课题之一。

1. 波浪的势能

将液体无波动时静止水面的势能取为零，产生波动以后，波浪的势能发生变化，可以认为波谷部分提高到了波峰部分。在波动水体内取宽度为 dx 的水柱（y 方向的厚度为 1），如图 7－8 所示。水柱的上界为波面，下界为水底或波动作用可忽略之深处（无限水深时）。水柱内所有水质点的位置在波动过程中都相对于其平衡位置不断变化，从而它们的势能也不断变化。但位置在波谷以下的水质点作为一个整体相对于其平衡位置没有位置变化，所以只考虑处于 $z=\pm a$ 的带形区域之间的水体的势能变化就可以了。

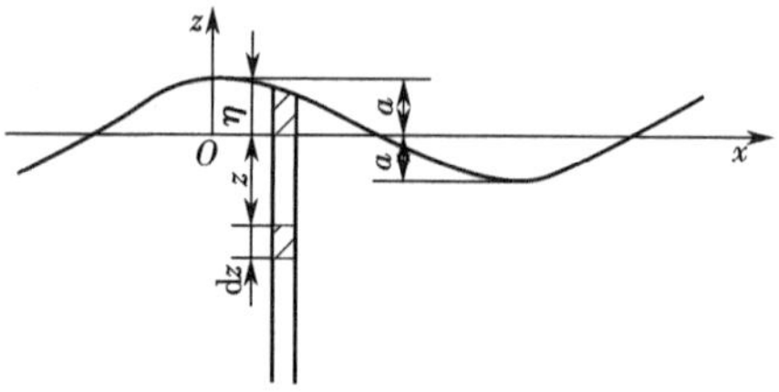

图 7－8 波能量分析示意

以 $z=-a$ 的水平线作为计算势能的参考线，则由于波动所产生的势能为

$$dE_p=\rho g(\eta+a)dx\left(\frac{\eta+a}{2}\right)-\rho g a dx\left(\frac{a}{2}\right)=\rho g\left[\frac{(\eta+a)^2}{2}\right]dx-\rho g\left(\frac{a^2}{2}\right)dx$$

上式右边第一项为运动时的势能，第二项为静止时的势能。在一个波长范围内的总势能为

$$E_p=\int dE_p=\int_0^L\frac{\rho g}{2}(a^2+2a\eta+\eta^2)dx-\int_0^L\rho g\frac{a^2}{2}dx$$

将波面方程式(7－14)代入上式得

$$\begin{aligned}E_p&=\int_0^L\rho g a^2\cos(kx-\sigma t)dx+\int_0^L\frac{1}{2}\rho g a^2\cos^2(kx-\sigma t)dx\\&=\rho g a^2\int_0^L\cos(kx-\sigma t)dx+\frac{1}{2}\rho g a^2\int_0^L\left[\frac{1}{2}+\frac{1}{2}\cos 2(kx-\sigma t)\right]dx\\&=\rho g a^2\int_0^L\cos(kx-\sigma t)dx+\frac{1}{4}\rho g a^2\int_0^L dx+\frac{1}{4}\rho g a^2\int\cos 2(kx-\sigma t)dx\end{aligned}$$

上式右边第一项和第三项为零，故在一个波长范围内的总势能为

$$E_p=\frac{1}{4}\rho g a^2 L=\frac{1}{16}\rho g H^2 L \tag{7-45}$$

2. 波浪的动能

在图 7－8 所示的水柱的某一深度 z 处取一个高度为 dz 的微元体，微元体的质量为 $\rho \mathrm{d}x\mathrm{d}z$，速度为 $\sqrt{u_x^2+u_z^2}$，故此微元体的动能为

$$\mathrm{d}E_\mathrm{k}=\frac{1}{2}\rho\mathrm{d}x\mathrm{d}z(u_x^2+u_z^2)=\frac{1}{2}\rho(u_x^2+u_z^2)\mathrm{d}x\mathrm{d}z$$

因为所考虑的是微幅波，忽略高阶量后可以近似取上界面高度 $\eta=0$，下界面可取在 $z=-d$ 或 $z\to-\infty$ 处。因此，在一个波长范围内的总动能为

$$E_\mathrm{k}=\frac{1}{2}\rho\int_0^L\int_{-d}^0(u_x^2+u_z^2)\mathrm{d}x\mathrm{d}z \text{ 或 } E_\mathrm{k}=\frac{1}{2}\rho\int_0^L\int_{-\infty}^0(u_x^2+u_z^2)\mathrm{d}x\mathrm{d}z$$

以深水波为例，将速度表达式代入上式，并引入式(7－31)，积分后得到

$$E_\mathrm{k}=\frac{1}{2}\rho\int_0^L\int_{-\infty}^0 a^2gk\mathrm{e}^{2kz}\mathrm{d}x\mathrm{d}z=\frac{1}{4}\rho ga^2L=\frac{1}{16}\rho gH^2L \tag{7-46}$$

由此可见，微幅波在一个波长的范围内单位宽度波动水体的势能和动能相等，总能量为

$$E=E_\mathrm{p}+E_\mathrm{k}=\frac{1}{8}\rho gH^2L \tag{7-47}$$

在一个波长的范围内，单位宽度波动水体的平均总波能量为

$$\bar{E}=E/L=\frac{1}{8}\rho gH^2 \tag{7-48}$$

式(7－48)表明微幅波单位宽度波动水体的平均总波能量与波高的平方成正比，其单位为 J/m^2。

7.3.8　兴波阻力

船舶在水面上航行时，船后将兴起波浪，显然，波浪的能量由船克服兴波阻力所做的功提供。若兴波阻力为 F_w，船速为 v，则船舶克服兴波阻力所做的功的功率为 $F_\mathrm{w}v$。如果将坐标系建立在船上，则船后的波和船体是相对静止的，可以认为兴波的速度也为 v。在船后相当远处取一个与波速方向垂直的固定平面（如图 7－9 所示），经过时间 t 后，这个固定平面与船尾之间的波浪区的长度将增大 vt，因而波浪的能量将增加

$$\Delta E=E\frac{vt}{\lambda}=\frac{1}{2}\rho gA_0^2\lambda\frac{vt}{\lambda}=\frac{1}{2}\rho gA_0^2vt$$

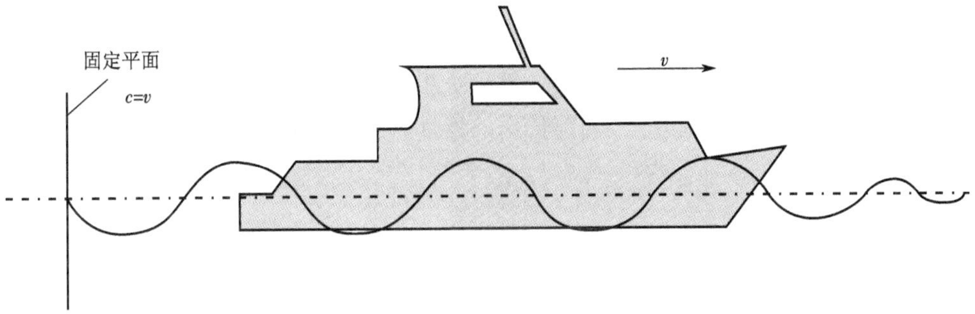

图 7－9　船舶的兴波

不同水深的水波的主要参数及质量运动规律如表 7 – 3 所示。

表 7 – 3 不同水深的水波的主要参数及质点运动规律

	无限深液体中的波动 $\frac{d}{\lambda}\geqslant\frac{1}{2}$（同$\frac{d}{\lambda}\to\infty$一样）	有限深液体中的波动 $\frac{1}{20}<\frac{d}{\lambda}<\frac{1}{2}$	浅水波 $\frac{d}{\lambda}\leqslant\frac{1}{20}$
流速势函数 φ	$\varphi=Ae^{kz}\sin k(x-ct)$	$\varphi=A\frac{\cosh k(z+d)}{\cosh kd}$	$\varphi=\frac{A_0}{k}\sqrt{\frac{g}{d}}\sin k(x-ct)$
波速 c	$c^2=\frac{g}{k}$	$c^2=\frac{g}{k}\tanh kd$ $=\frac{g\lambda}{2\pi}\tanh\frac{2\pi d}{\lambda}$	$c^2=gd$
波长 λ	$\lambda=\frac{2\pi}{k}$	$\lambda=\frac{2\pi}{k}$	$\lambda=\frac{2\pi}{k}$
圆频率 ω	$\omega=kc=\sqrt{kg}$	$\omega=\sqrt{gk\tanh kd}=kc$	$\omega=kc=k\sqrt{gd}$
自由表面形状 ζ	$\zeta=A_0\cos k(x-ct)$	$\zeta=A_0\cos k(x-ct)$	$\zeta=A_0\cos k(x-ct)$
质点运动速度分布	$u=A_0\omega e^{kz}\cos(kx-\omega t)$ $w=A_0\omega e^{kz}\sin(kx-\omega t)$	$u=\frac{\partial\varphi}{\partial x}=A_0\omega\frac{\cosh k(z+d)}{\sin kd}\cos k(x-ct)$ $w=\frac{\partial\varphi}{\partial z}=A_0\omega\frac{\sin k(z+d)}{\sin kd}\sin k(x-ct)$	$u=\frac{\partial\varphi}{\partial x}=A_0\sqrt{\frac{g}{d}}\cos k(x-ct)$ $w=\frac{\partial\varphi}{\partial z}=A_0ck\left(1+\frac{z}{d}\right)\sin k(x-ct)$
质点运动轨迹	$(x-x_0)^2+(z-z_0)^2=(A_0e^{kz_0})^2$	$\frac{(x-x_0)^2}{\left[A_0\frac{\cosh k(z_0+d)}{\sinh kd}\right]^2}+\frac{(z-z_0)^2}{\left[A_0\frac{\sinh k(z_0+d)}{\sinh kd}\right]^2}=1$	$x-x_0=-\frac{A_0}{kd}\sin k(x_0-ct)$ $z-z_0=A_0\left(1+\frac{z_0}{d}\right)\cos k(x_0-ct)$
压强分布	$p=-\gamma z_0$	$p(x,y,t)=-\gamma z+\gamma A_0\frac{\cosh k(z+d)}{\cosh kd}\cos k(x-ct)$	$p(x,y,t)=-\gamma z+\gamma A_0\cos(x-ct)$

区域内增加的能量 ΔE 来自两部分：一部分是船克服兴波阻力做功提供的能量；另一部分是固定平面后的波浪以波群速 c_g 向前传递的能量。按能量平衡方程式为

$$\Delta E=\frac{1}{2}\rho gA_0^2vt=F_wvt+\frac{1}{2}\rho gA_0^2c_gt$$

对有限深水域，

$$c_g=\frac{c}{2}\left(1+\frac{kd}{\sin 2kd}\right)$$

波速 $c=v$，解得兴波阻力为

$$F_w=\frac{1}{4}\rho gA_0^2\left(1-\frac{2kd}{\sinh 2kd}\right) \tag{7-49}$$

对无限深水域，

$$c_g=\frac{c}{2}$$

得兴波阻力为

$$F_w=\frac{1}{4}\rho gA_0^2 \tag{7-50}$$

式(7-50)表示，在深水中船舶所受的兴波阻力是波能量的一半，这一结论可推广到其他波。在浅水区域，波群速 $c_g=\sqrt{gd}$，如果船舶航行速度大于 $\sqrt{gd}$，则尾部的波浪来不及跟随它，兴波阻力就小得多，这一结论已被实验所证实。

色散方程的图解如图 7-10 所示。

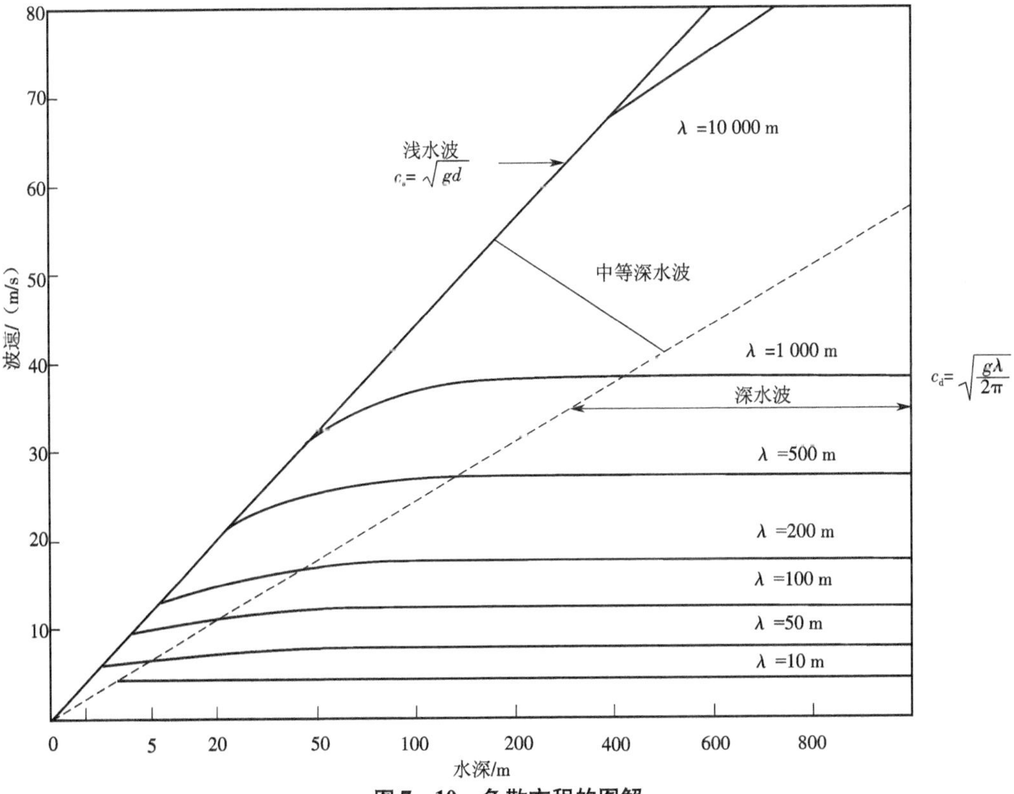

图 7-10　色散方程的图解

【例 7-1】　某深水微幅波波高 $H=1.0\ \text{m}$，波长 $\lambda=8.0\ \text{m}$。

试求：(1)波面方程；(2)波面倾角的变化规律。

解：该微幅波振幅

$$A_0=\frac{H}{2}=0.5\ \text{m}$$

波数

$$k=\frac{2\pi}{\lambda}=\frac{2\pi}{8.0}=0.785\ \text{m}^{-1}$$

波速

$$c=\sqrt{\frac{g}{k}}=\sqrt{\frac{9.807}{0.785}}=3.53\ \text{m/s}$$

(1)波面方程为

$$\zeta=A_0\cos k(x-ct)=0.5\cos[0.785(x-3.53t)]=0.5\cos(0.785x-2.77t)$$

(2)波面倾角的正切值为

$$\tan\alpha=\frac{\partial\zeta}{\partial x}=-0.5\times0.785\sin(0.785x-2.77t)=-0.393\sin(0.785x-2.77t)$$

【例7-2】 在某深海海面上观察到浮标在1 min内升降了20次,求海浪的周期、波速及波长。

解:周期

$$T=\frac{60}{20}=3\ \text{s}$$

由 $\omega=kc=\frac{2\pi}{T}$ 及 $c^2=\frac{g}{k}$ 得波速

$$c=\frac{Tg}{2\pi}=\frac{3\times9.807}{2\times3.14}=4.68\ \text{m/s}$$

波长

$$\lambda=cT=4.68\times3=14.04\ \text{m/s}$$

【例7-3】 某湖泊水深 $d=3$ m,波长为80 m,试用微幅波理论求波速和波动周期。

解:由于 $d=3\ \text{m}<\frac{\lambda}{20}=4\ \text{m}$,因此属浅水波。

$$c=\sqrt{gd}=\sqrt{9.807\times3}=5.42\ \text{m/s}$$

$$T=\frac{\lambda}{c}=\frac{80}{5.42}=14.76\ \text{s}$$

【例7-4】 已知某海域水深 $d=5$ m,波长 $\lambda=2\pi$ m,波高 $H=8$ m,求2 m水深处的波高。

解:由于 $d=5\ \text{m}>\frac{\lambda}{2}=3.14\ \text{m}$,故属深水波。

水质点的圆半径为

$$r=A_0e^{kz}$$

在自由液面上波高 $H=0.8$ m,故 $A_0=\frac{H}{2}=0.4$ m,波数 $k=\frac{2\pi}{\lambda}=1$。

当 $z_0=-2$ m时,

$$r=0.4\times e^{-2}=0.054\ \text{m}$$

则在2 m水深处

$$\zeta=2r=0.108\ \text{m}$$

【例 7-5】 某有限深微幅波周期为 10 s，振幅为 0.25 m，水深 $d=20$ m，求深度为 10 m 处水质点的速度的最大分量。

解：$\omega=\frac{2\pi}{T}=\frac{2\pi}{10}=0.628\ \mathrm{s}^{-1}$

$$c^2=\frac{g}{k}\tanh kd$$

$$\omega=kc$$

故

$$\frac{g}{k}\tanh kd=\frac{\omega^2}{k^2}$$

即

$$k\tanh kd=\frac{\omega^2}{g}$$

$$k\tanh 20k=0.04$$

解得 $k=0.052$。

波浪的速度为

$$\left.\begin{aligned}u&=\frac{\partial\varphi}{\partial x}A_0\omega\frac{\cosh k(z+d)}{\sinh kd}\cos k(x-ct)\\w&=\frac{\partial\varphi}{\partial z}A_0\omega\frac{\sinh k(z+d)}{\sinh kd}\sin k(x-ct)\end{aligned}\right\}$$

最大速度分量为

$$\left.\begin{aligned}u_{\max}&=A_0\frac{\cosh k(z+d)}{\sinh kd}\\w_{\max}&=A_0\frac{\sinh k(z+d)}{\sinh kd}\end{aligned}\right\}$$

所以

$$\left.\begin{aligned}u_{\max}&=0.25\times0.628\frac{\cosh(0.052\times10)}{\sinh(0.052\times20)}=0.144\ \mathrm{m/s}\\w_{\max}&=0.25\times0.628\frac{\sinh(0.052\times10)}{\sinh(0.052\times20)}=0.069\ \mathrm{m/s}\end{aligned}\right\}$$

【例 7-6】 海中的某深水微幅波的流速势函数为 $\varphi=\frac{gH}{2\omega}=\frac{\cosh k(z+d)}{\cosh kd}\sin(kx-\omega t)$，其中水深 $d=10$ m，波高 $H=2$ m，波数 $k=0.2$。

求：(1) 波长 λ、波速 c、周期 T；

(2) 波面方程；

(3) $x_0=0$、$z_0=-5$ m 处水质点的轨迹方程；

(4) 上述水质点在 $t=0$ 时的速度，这时水质点在波峰、波谷还是非波峰、非波谷；

(5) 上述水质点在 $t=0$ 时的压强；

(6) 波能量。

解:由于$\frac{\pi}{10k}=\frac{\pi}{10\times 0.2}=1.57\ \text{m}<d=10\ \text{m}<\frac{\pi}{k}=\frac{\pi}{0.2}=15.7\ \text{m}$,故该波处于中等深水域,其振幅$A_0=\frac{H}{2}=1\ \text{m}$。

(1)波长

$$\lambda=\frac{2\pi}{k}=\frac{2\times 3.14}{0.2}=31.4\ \text{m}$$

波速

$$c=\sqrt{\frac{g}{k}\tanh kd}=\sqrt{\frac{9.807}{0.2}\tanh\ (0.2\times 10)}=6.88\ \text{m/s}$$

周期

$$T=\frac{\lambda}{c}=\frac{31.4}{6.88}=4.56\ \text{s}$$

(2)波面方程为

$$\zeta=A_0\cos k(x-ct)=\cos 0.2(x-6.88t)=\cos(0.2x-1.38t)$$

(3)$$\frac{(x-x_0)^2}{\left[A_0\frac{\cosh k(z_0+d)}{\sinh kd}\right]^2}+\frac{(z-z_0)^2}{\left[A_0\frac{\sinh k(z_0+d)}{\sinh kd}\right]^2}=1$$

则水质点的轨迹方程为

$$\frac{x^2}{0.43^2}+\frac{(z+5)^2}{0.32^2}=1$$

(4)水质点的速度为

$$\left.\begin{aligned}u&=\frac{\partial\varphi}{\partial x}=A_0\omega\frac{\cosh k(z_0+d)}{\sinh kd}\cos k(x_0-ct)\\ w&=\frac{\partial\varphi}{\partial z}=A_0\omega\frac{\sinh k(z_0+d)}{\sinh kd}\sin k(x_0-ct)\end{aligned}\right\}$$

将$\omega=kc=0.2\times 6.88=1.38\ \text{s}^{-1}$,$t=0$代入,解得

$$\left.\begin{aligned}u&=0.58\ \text{m/s}\\ w&=0\end{aligned}\right\}$$

很显然这时该水质点在波峰。

(5)水质点的压强为

$$p(x,z,t)=-\gamma z_0+\gamma A_0\frac{\cosh k(z_0+d)}{\cosh kd}\cos k(x_0-ct)$$

得

$$\frac{p}{\gamma}=5+\frac{\cosh 1}{\cosh 2}\cos 0=5.41\ \text{mH}_2\text{O}$$

(6)波能量为

$$E=\frac{1}{2}\rho gA_0^2\lambda=\frac{1}{2}\times 1\ 025\times 9.807\times 1^2\times 31.4=157.8\ \text{kN}\cdot\text{m}$$

7.4　立波(驻波)

简单波叠加可以获得种种复杂的波。立波就是两个行进波叠加而成的,一个是右行波,另一个是左行波,它们的振幅、波长和频率都相等。下面介绍由微幅波产生的立波以及深水立波特例。

7.4.1　微幅立波

设两系余弦波波高、波数和频率均相等,仅传播方向相反。沿 x 轴正方向传播的余弦波(入射波)的波面方程为

$$\eta_1 = \frac{H}{2}\cos(kx - \sigma t) \tag{7-51}$$

沿 x 轴负方向传播的余弦波(反射波)的波面方程为

$$\eta_2 = \frac{H}{2}\cos(kx + \sigma t) \tag{7-52}$$

这两系波的流速势函数分别为

$$\left.\begin{aligned} \varphi_1 &= \frac{gH}{2\sigma}\frac{\cosh k(z+d)}{\cosh kd}\sin(kx - \upsilon t) \\ \varphi_2 &= -\frac{gH}{2\sigma}\frac{\cosh k(z+d)}{\cosh kd}\sin(kx + \sigma t) \end{aligned}\right\} \tag{7-53}$$

根据势流叠加原理,可求得叠加后的流速势函数为

$$\varphi = \varphi_1 + \varphi_2 = -\frac{gH}{\sigma}\frac{\cosh k(z+d)}{\cosh kd}\cos kx\sin \sigma t \tag{7-54}$$

由于基本方程和边界条件都是线性的,上述复杂波的流速势函数也满足这些条件。

在自由表面上,仍可以采用微幅波的线性化自由表面动力学边界条件。

$$\eta = -\frac{1}{g}\left(\frac{\partial \varphi}{\partial t}\right)_{z=\eta=0} \tag{7-55}$$

得

$$\eta = H\cos kx\cos \sigma t \tag{7-56}$$

这就是叠加后的波面方程。将两个波面方程叠加,也可得到式(7-56)。

令 $a' = H\cos \sigma t$,则式(7-56)化为

$$\eta = a'\cos kx \tag{7-57}$$

即叠加后的波面为正弦曲线,但其振幅(即半波高)a'并非常量,而是随时间变化的。

由流速势函数可得速度表达式为

$$\left.\begin{aligned} u_x &= H\sigma\frac{\cosh k(z+d)}{\sinh kd}\sin kx\sin \sigma t \\ u_z &= -H\sigma\frac{\cosh k(z+d)}{\sinh kd}\cos kx\sin \sigma t \end{aligned}\right\} \tag{7-58}$$

由式(7－56)和式(7－58)可知,在 $kx=m\pi(m=0,\pm1,\pm2,\cdots)$,即 $x=\frac{mL}{2}$处,$\sin kx=0$,波面随时间周期性升降,最大振幅为 H,即原来振幅的 2 倍,$u_x=0$,竖直速度振幅最大,这些断面称为波腹(见图 7－11);在 $kx=\left(m+\frac{1}{2}\right)\pi(m=0,\pm1,\pm2,\cdots)$,即 $x=\left(m+\frac{1}{2}\right)\frac{L}{2}$处,$\sin kx=\pm1$,振幅为零,$u_z=0$,水平速度振幅最大,这些断面称为波节(见图 7－11)。波腹与波节的位置均固定,波周期性升降而不向前传播,所以称为立波(或驻波)。

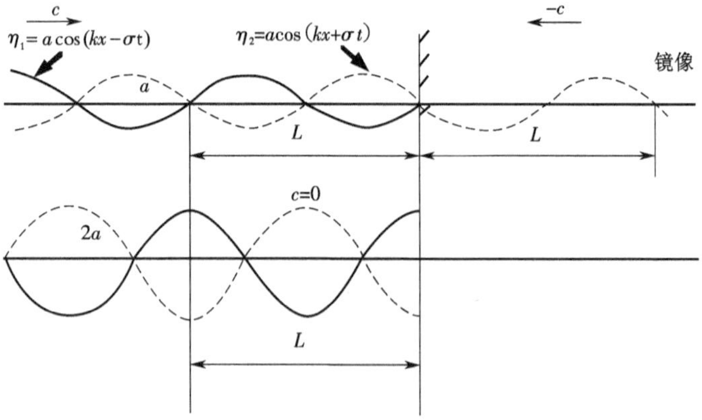

图 7－11 微幅立波示意

对于微幅立波,水质点离开其平均位置的位移 ξ 和 ζ 分别为

$$\left.\begin{aligned}\xi&=-H\frac{\cosh k(z_0+d)}{\sinh kd}\sin kx_0\cos\sigma t\\ \zeta&=H\frac{\sinh k(z_0+d)}{\sinh kd}\cos kx_0\cos\sigma t\end{aligned}\right\}\tag{7-59}$$

式(7－59)消去 $\cos\sigma t$ 得轨迹方程

$$\frac{\zeta}{\xi}=-\tanh k(z_0+d)\cot kx_0\tag{7-60}$$

因此,水质点在波腹处竖直振荡,在波节处水平振荡,在一般位置沿倾斜的直线振荡。

根据微幅立波理论,作用在直墙上的波压强为

$$p=-\rho gz+\rho gH\frac{\cosh k(z+d)}{\cosh kd}\cos\sigma t\tag{7-61}$$

与行进波相同,静水面以上的波压强也需要通过泰勒展开计算得到:

$$p=\rho g(H\cos\sigma t-z)\ (0\leqslant z\leqslant H\cos\sigma t)\tag{7-62}$$

7.4.2 无限深水立波

无限深水立波是微幅立波的一个特例,其同样由右行、左行两个深水行进波叠加而成,它们的振幅、波长和频率都相等。

设右行波的流速势函数

$$\varphi_1 = \frac{A}{2}e^{kz}\sin(kx - \sigma t) = \frac{g}{\omega}\frac{A_0}{2}e^{kz}\sin(kx - \omega t)$$

左行波的流速势函数

$$\varphi_2 = \frac{g}{\omega}\frac{A_0}{2}e^{kz}\sin(kx + \omega t)$$

将这两列波叠加，得复杂波的流速势函数

$$\varphi = \varphi_1 + \varphi_2 = \frac{gA_0}{2\omega}e^{kz}[\sin(kx - \omega t) + \sin(kx + \omega t)] = \frac{gA_0}{\omega}e^{kz}\sin kx\cos \omega t \tag{7-63}$$

由于基本方程和边界条件都是线性的，上述复杂波的流速势函数也满足这些条件。

下面对此深水立波进行详细分析。

1. 自由面的形状

由式(7-11)得

$$\zeta = -\frac{1}{g}\frac{\partial\varphi}{\partial t}\bigg|_{z=0} = A_0\sin kx\cos \omega t \tag{7-64}$$

式(7-64)表明：

(1)在某一固定时刻，自由面为一条正弦曲线；

(2)波面与 x 轴的交点为 $x = \frac{n\pi}{k}(n = 0, \pm 1, \pm 2, \cdots)$，这些交点的位置不随时间变化，称为节点；

(3)两个相邻节点之间离平衡位置 $z = 0$ 最远的点为波峰($z > 0$)和波谷($z < 0$)，它们统称为波腹；

(4)两个相邻节点之间交替出现波峰和波谷，若前半周期为峰，则后半周期变成谷，波面的波幅为$|A_0 \sin \omega t|$，振幅为 A_0。

不同于行进波，驻波的波面仅上下振动，不向左右传播，如图 7-12 所示，驻波的名称即由此而来。

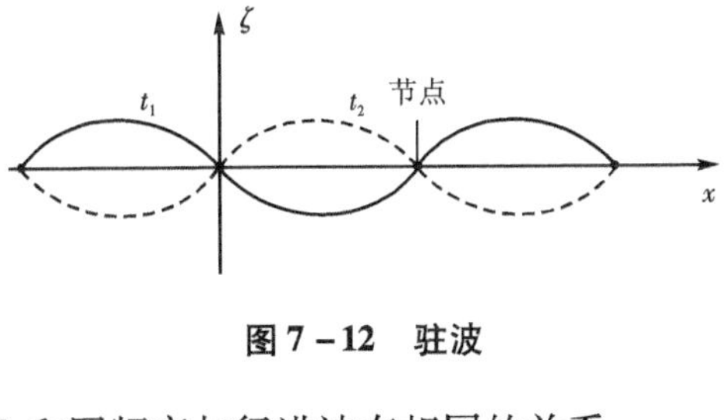

图 7-12　驻波

驻波的波长 λ、波数 k 和圆频率与行进波有相同的关系：

$$\lambda = \frac{2\pi}{k}$$

$$T = \frac{2\pi}{\omega}$$

2. 质点的速度

$$\left.\begin{aligned} u &= \frac{\partial \varphi}{\partial x} = A_0 \omega e^{kx} \cos kx \cos \omega t \\ w &= \frac{\partial \varphi}{\partial z} = A_0 \omega e^{kz} \sin kx \cos \omega t \end{aligned}\right\} \tag{7-65}$$

式(7－65)表明，在节点 $x = \frac{n\pi}{k}$ 处，$w = 0$，$u \neq 0$，质点仅做水平运动；在波峰或波谷处，$u = 0$，$w \neq 0$，质点仅做竖直运动；在其他点处，同时有水平及竖直方向的运动。

3. 质点的迹线

将式(7－65)代入迹线的微分方程，与行进波一样以(x_0, z_0)代替(x, y)，得

$$\frac{dx}{dt} = A_0 \omega e^{kx_0} \cos kx_0 \cos \omega t$$

$$\frac{dz}{dt} = A_0 \omega e^{kx_0} \sin kx_0 \cos \omega t$$

积分后得

$$\left.\begin{aligned} x - x_0 &= A_0 e^{kx_0} \cos kx_0 \sin \omega t \\ z - z_0 &= A_0 e^{kx_0} \sin kx_0 \sin \omega t \end{aligned}\right\} \tag{7-66}$$

消去 t，得

$$z - z_0 = (x - x_0) \tan kx_0 \tag{7-67}$$

式(7－67)表明：

(1)质点的迹线是一条直线，直线与 Ox 轴的夹角是 kx_0；

(2)在节点 $x_0 = \frac{n\pi}{k}$ 处，$\tan kx_0 = \tan n\pi = 0$，迹线为水平线 $z = z_0$，与速度分析一致；

(3)在波峰或波谷处，$\tan kx_0 \to \infty$，即质点竖直运动，与速度分析一致；

(4)质点的振幅 $A_0 e^{kx_0}$ 随深度增大而减小，如图 7－13 所示。

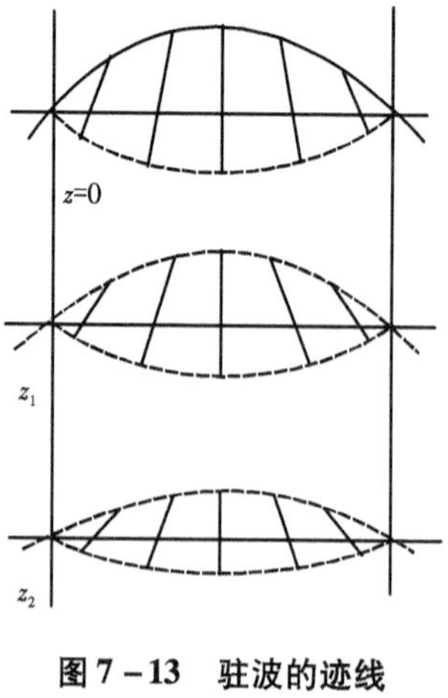

图 7－13　驻波的迹线

4. 压强

将驻波的流速势函数代入压强公式，有

$$p(x,z,t) = -\gamma z - \rho\frac{\partial\varphi}{\partial t} = -\gamma z + \gamma A_0 e^{kz}\sin kx\sin\omega t$$

当$(x,z)\to(x_0,z_0)$时，上式变为$p=-\gamma z_0$，这个结论与行进波是一致的。

在自然界或实验中，当行进波遇到垂直障壁而反射的时候，出现的就是驻波。在船舶模型水池中，造波机自水池一端产生水波，当此水波行进至另一端时，遇到壁面就会产生反射，水池为了防止反射波的产生，必须在池端壁上安装消波装置。

7.5 波群和波群速

前面讨论了单个波长的波浪运动，它们一个波接着另一个波，波形是完全相同的，下面讨论多个不同波长的波叠加在一起的情况。任何局部干扰，例如一块石子掉进水中，或者船在水中行驶，都会导致产生一连串水波，这些水波的波长（或波数）、波速都是略有差异的，这种由两个及两个以上波长的波组成的波动称作波群。不同波长的波动由于波面方程和边界条件是线性的，彼此独立，互不影响，但看到的是这些波叠加之后的总体现象。叠加之后波的总轮廓线的移动速度，即波群的前进速度，称为波群速。波群速与水波能量传播的速度相同，是波动的一个重要动力学特性。

下面对波群中最简单的一种形式加以讨论。

设两列波具有相同的振幅，波长相差不多（波数 k、圆频率 ω 稍有不同），同时在液体中沿同一个方向传播，它们的波面方程分别为

$$\zeta_1 = A_0\cos(kx-\omega t)$$

$$\zeta_2 = A_0\cos(k'x-\omega' t)$$

叠加后波群的波面方程为

$$\zeta=\zeta_1+\zeta_2=2A_0\cos\left(\frac{k-k'}{2}x-\frac{\omega-\omega'}{2}t\right)\cos\left(\frac{k+k'}{2}x-\frac{\omega+\omega'}{2}t\right)$$

波面图案如图 7 - 14 所示。

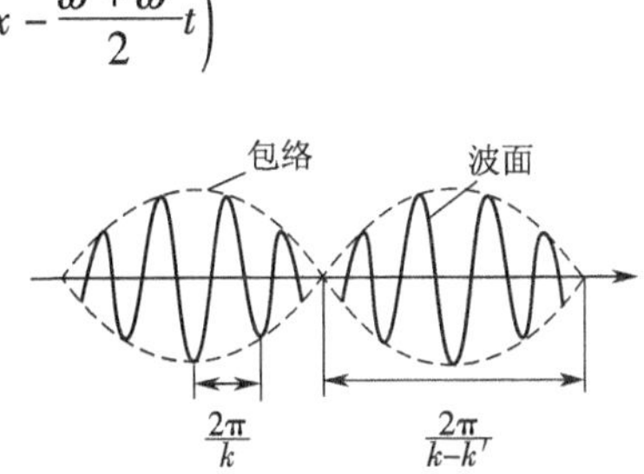

图 7 - 14 叠加后波群的波面图案

上式右边最后一项与单个波的余弦函数很接近，可近似为 $\cos(kx-\omega t)$，但波群的振幅已变成

$$2A_0\cos\left(\frac{k-k'}{2}x-\frac{\omega-\omega'}{2}t\right)$$

它不是常数，而是时间和空间的周期函数。

波群的波长为

$$\lambda=\frac{2\pi}{\frac{k+k'}{2}}\approx\frac{2\pi}{k}$$

周期为

$$T=\frac{2\pi}{\frac{\omega+\omega'}{2}}\approx\frac{2\pi}{\omega}$$

波速为

$$c=\frac{\omega+\omega'}{k+k'}\approx\frac{\omega}{k}$$

即合成波的波面与单个波的波长、周期、波速相同，但振幅不相等，随时间 t 和空间 x 缓慢地变化，形成的周期性群落（称为包络）的长度为

$$\frac{\pi}{\frac{k-k'}{2}}=\frac{2\pi}{k-k'}\gg\frac{2\pi}{k}$$

此包络波称为波群，其速度为

$$c_{\mathrm{r}}=\frac{\omega-\omega'}{k-k'}\approx\frac{\mathrm{d}\omega}{\mathrm{d}k} \tag{7-68}$$

即波群以 c_g 的速度传播，c_g 称为波群速。

以波群速 c_g 前进的观察者能观察到在包络线内有一组波浪，它以相对速度 $c-c_g$ 前进，而且振幅不断变化。由于长度为$\frac{2\pi}{k-k'}$的包络线内的波形都相同，因此波浪能量传播的速度等于波群速，这就是在波浪理论中波群速重要的原因。

对于简谐行进波，$\omega=kc$，则

$$c_g=\frac{\mathrm{d}\omega}{\mathrm{d}k}=\frac{\mathrm{d}kc}{\mathrm{d}k}=c+k\frac{\mathrm{d}c}{\mathrm{d}k}=c-\lambda\frac{\mathrm{d}c}{\mathrm{d}k} \tag{7-69}$$

对于无限水深波，$\omega=\sqrt{gk}$，则

$$c_g=\frac{\mathrm{d}\omega}{\mathrm{d}k}=\frac{c}{2}=\frac{1}{2}\sqrt{\frac{g}{k}} \tag{7-70}$$

对于有限水深行进波，$\omega=\sqrt{gk\tanh kd}$，则

$$c_g=\frac{\mathrm{d}\omega}{\mathrm{d}k}=\frac{c}{2}\left(1+\frac{2kd}{\sinh 2kd}\right) \tag{7-71}$$

对于浅水波，$\omega=k\sqrt{gd}$，则

$$c_g=\frac{\mathrm{d}\omega}{\mathrm{d}k}=\sqrt{gd}=c \tag{7-72}$$

可以看出，从深水波到浅水波，波群速从小于单个波的波速到等于单个波的波速。对于深水波，个别波从波群尾部进入，随之振幅先变大再变小，最后穿出该波群到另一个波群中。

7.6 斯托克斯有限振幅波理论

前面较为详细地讨论了波高和波长（或水深）相比无限小的微幅波理论，说明了波动的一些基本概念和实际波动现象。实验资料表明：若波高微小，波陡（H/L）和相对波高（H/d）相当小，上面的分析结果与实际情况相近；若波高较显著，例如在深水中波陡较大，或在浅水

中相对波高较大,微幅波理论便不再适合描述实际波动特性。

本节将去掉波高无限小的假定,讨论有限振幅的波动。有限振幅的波浪运动曾被广泛地研究过,斯托克斯波是最常遇到的一种有限振幅的波浪运动。斯托克斯(1847)根据势波理论在推导中考虑了波陡的影响,证明波面不再为简单的余弦形式,而是呈波峰较窄、波谷较宽的形状[图7-15(b)],这和海洋中实际余波的波面颇为相近。此外,水质点不是简单地沿着封闭的轨道运动,而是在沿着波浪传播方向有一个微小位移的近似于圆或椭圆的轨道上运动。波浪运动中伴随有"质量输移"这一情况,也是符合波浪运动的实际现象的。

斯托克斯波浪理论的适用范围,原则上从微幅波直至由于波陡过大而破碎的波浪。但是对浅水中的波浪,相对波高(H/d)可能发展成决定波动性质的主要因素,而斯托克斯波浪理论不能确切地描绘浅水波浪的一些特殊现象。椭圆余弦波的波浪理论能在较大的范围内将波陡和相对波高的影响反映出来。图7-15(c)所示是椭圆余弦波所描绘的浅水中波面的一般形状。当水深很小时,椭圆余弦波趋于一种极限状态,就是所谓的孤立波。孤立波的波面全部在静水面之上,波长趋于无限大[图7-15(d)]。

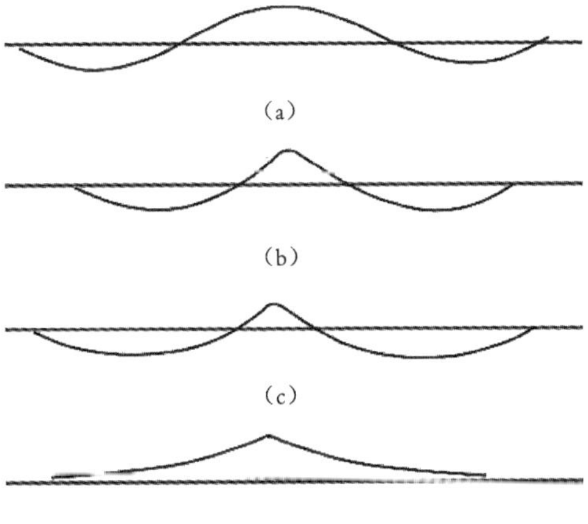

(a)

(b)

(c)

(d)

图7-15　各种波的剖面示意

(a)微幅波:深水小波陡　(b)斯托克斯波:深水大波陡

(c)椭圆余弦波:浅水　(d)孤立波:周期趋于无限大时椭圆余弦波的极限状态

有限振幅波理论的推导一般很繁杂,本节将介绍斯托克斯波理论的梗概而略去其推导过程。

关于斯托克斯波,很多学者,如米西(Miche, 1945)、斯克布利(Skjelbreia)和亨德里克森(Hendrickson,1961)等作了更详尽的研究。芬顿(Fenton, 1985)曾得到五阶斯托克斯波的解,实际上各种二阶解的表达式都是相同的,只是三阶以上的解有所不同。

1. 波面方程

$$\eta = \eta_1 + \eta_2 = \frac{H}{2}\cos(kx - \sigma t) + \frac{\pi H^2}{4L}\left(1 + \frac{3}{2\sinh^2 kd}\right)\coth kd\cos 2(kx - \sigma t) \qquad (7-73)$$

图7-16绘出了式(7-73)中的一阶波面η_1、二阶波面η_2以及合成波面η。由图可见,斯托克斯二阶波的波面与微幅波有较大的差别,波峰处变陡,波谷处变平坦,波峰与波谷不

再对称于静水面。对于斯托克斯波,波陡越大,波浪的非线性越强,波峰与波谷的不对称性越大。

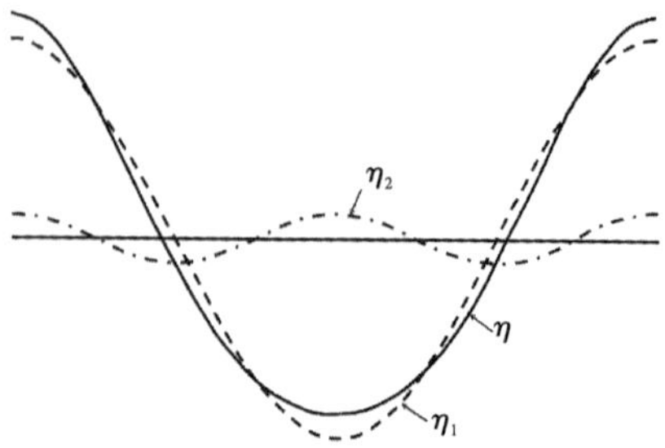

图 7-16 斯托克斯二阶波的波面及其组成

2. 波浪中线对静水面的超高

由于波峰与波谷的不对称性,波浪中线不在静水面处,存在超高

$$h_{s0}=\frac{\pi H^2}{4L}\left(1+\frac{3}{2\sinh^2 kd}\right)\coth kd \tag{7-74}$$

3. 流速势函数

$$\varphi=\frac{HL}{2T}\frac{\cosh k(z+d)}{\sinh kd}\sin(kx-\sigma t)+\frac{3\pi H^2}{16T}\frac{\cosh 2k(z+d)}{\sinh^4 kd}\sin 2(kx-\sigma t) \tag{7-75}$$

4. 波速和波长

$$c=\sqrt{\frac{gL}{2\pi}\tanh kd} \tag{7-76}$$

$$L=\frac{gT^2}{2\pi}\tanh kd \tag{7-77}$$

由式(7-76)和式(7-77)可知,二阶斯托克斯波波长和波速的表达式的解答与微幅波相同。

5. 水质点速度和加速度

$$\left.\begin{aligned}u_x&=\frac{\pi H}{T}\frac{\cosh k(z+d)}{\sinh kd}\cos(kx-\sigma t)+\frac{3}{4}\frac{\pi H}{T}\frac{\pi H}{L}\frac{\cosh 2k(z+d)}{\sinh^4 kd}\cos 2(kx-\sigma t)\\u_z&=\frac{\pi H}{T}\frac{\sinh k(z+d)}{\sinh kd}\sin(kx-\sigma t)+\frac{3}{4}\frac{\pi H}{T}\frac{\pi H}{L}\frac{\sinh 2k(z+d)}{\sinh^4 kd}\sin 2(kx-\sigma t)\end{aligned}\right\} \tag{7-78}$$

$$\left.\begin{aligned}\frac{\partial u_x}{\partial t}&=2\frac{\pi^2 H}{T^2}\frac{\cosh k(z+d)}{\sinh kd}\sin(kx-\sigma t)+3\frac{\pi^2 H}{T^2}\frac{\pi H}{L}\frac{\cosh 2k(z+d)}{\sinh^4 kd}\sin 2(kx-\sigma t)\\\frac{\partial u_z}{\partial t}&=-2\frac{\pi^2 H}{T^2}\frac{\sinh k(z+d)}{\sinh kd}\cos d-3\frac{\pi^2 H}{T^2}\frac{\pi H}{L}\frac{\sinh 2k(z+d)}{\sinh^4 kd}\cos 2(kx-\sigma t)\end{aligned}\right\} \tag{7-79}$$

与波面类似,二阶斯托克斯波的速度也呈现出不对称性。

6. 水质点轨迹和质量输移

二阶斯托克斯波的水质点运动轨迹与微幅波有明显的差别,其水质点运动轨迹不封闭。

设水体内任一点的初始位置为(x_0, z_0)，在任意时刻t，该质点的水平位移ξ和竖直位移ζ为

$$\xi = x - x_0 = -\frac{H}{2}\frac{\cosh k(z_0+d)}{\sinh kd}\sin(kx_0-\sigma t)+\frac{\pi H^2}{8L}\frac{1}{\sinh^2 kd}\left[1-\frac{3}{2}\frac{\cosh 2k(z_0+d)}{\sinh^2 kd}\right]$$

$$\sin 2(kx_0-\sigma t)+\frac{\pi H^2}{4L}\frac{\cosh 2k(z_0+d)}{\sinh^2 kd}\sigma t \tag{7-80}$$

$$\zeta = z - z_0 = -\frac{H}{2}\frac{\sinh k(z_0+d)}{\sinh kd}\cos(kx_0-\sigma t)+\frac{3\pi H^2}{16L}\frac{\sinh 2k(z_0+d)}{\sinh^4 kd}\cos 2(kx_0-\sigma t) \tag{7-81}$$

在式(7-80)中，右边第一项和第二项是周期性项，第三项为非周期性项。因此，水质点运动一个周期后存在净水平位移

$$\Delta\xi = \frac{\pi H^2}{4L}\frac{\cosh 2k(z_0+d)}{\sinh^2 kd}\sigma T \tag{7-82}$$

净水平位移会造成质量输移，如图 7-17 所示，斯托克斯波在一个周期内的质点运动轨迹是不封闭的。一个周期内质点平均传质速度为

$$\bar{U} = \frac{\Delta\xi}{T} = \frac{1}{2}\left(\frac{\pi H}{L}\right)^2\frac{c\cosh 2k(z_0+d)}{\sinh^2 kd} \tag{7-83}$$

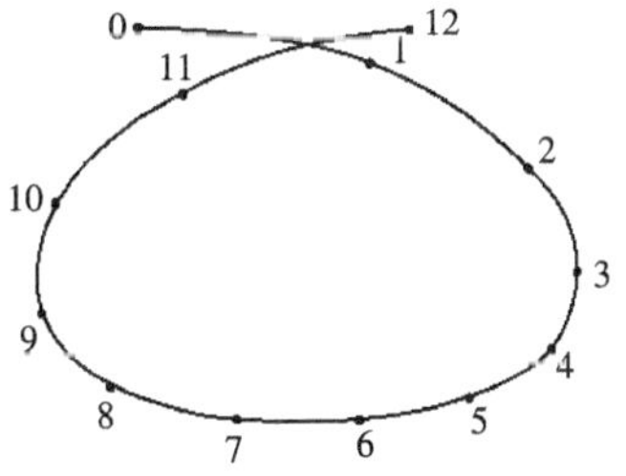

图 7-17　斯托克斯波在一个周期内的质点运动轨迹

7. 波场中任一点处的压力

$$p = -\rho g z+\frac{\rho g H}{2}\frac{\cosh k(z+d)}{\cosh kd}\cos(kx-\sigma t)+\frac{3\pi\rho g H^2}{8}\frac{\tanh kd}{L}\frac{\tanh kd}{\sinh^2 kd}\left[\frac{\cosh 2k(z+d)}{\sinh^2 kd}-\frac{1}{3}\right]$$

$$\cos 2(kx-\sigma t)-\frac{1}{8}\frac{\pi H^2}{L}\frac{\tanh kd}{\sinh^2 kd}\left[\cosh 2k(z+d)-1\right] \tag{7-84}$$

8. 波能量

在一个波长的范围内，单位宽度波动水体的平均动能为

$$\bar{E}_k = \frac{\rho g H^2}{16}\left[1+\left(\frac{\pi H}{L}\right)^2\left(1+\frac{52\cosh^4 kd-68\cosh^2 kd+25}{16\sinh^6 kd}\right)\right] \tag{7-85}$$

平均势能为

$$\bar{E}_p = \frac{\rho g H^2}{16}\left[1+\frac{1}{16}\left(\frac{\pi H}{L}\right)^2\frac{\cosh^2 kd(2+\cosh^2 2kd)}{\sinh^6 kd}\right] \tag{7-86}$$

平均总波能量为

$$\bar{E}=\bar{E}_{k}+\bar{E}_{p}=\frac{\rho gH^{2}}{8}\left[1+\frac{1}{8}\left(\frac{\pi H}{L}\right)^{2}\left(5+\frac{68\sinh^{4}kd+57\sinh^{2}kd+18}{4\sinh^{6}kd}\right)\right] \tag{7-87}$$

由式(7－85)和式(7－86)可以看出，二阶斯托克斯波的动能和势能不相等，当 kd 较小时，势能比动能大，而当 kd 较大时，动能比势能大。

在深水条件下，二阶斯托克斯波的波面方程、流速势函数、超高可以分别表示为

$$\eta=\frac{H}{2}\cos(kx-\sigma t)+\frac{\pi H^{2}}{4L}\cos 2d \tag{7-88}$$

$$\varphi=\frac{gH}{2\sigma}e^{kz}\sin(kx-\sigma t) \tag{7-89}$$

$$h_{s0}=\frac{\pi H^{2}}{4L} \tag{7-90}$$

7.7 作用在直墙上的波浪力

设计海岸和近海建筑物，如防波堤、码头、护岸及采油平台等，必须知道波浪对建筑物的作用力，这是工程师们最关心的问题。波浪对建筑物的荷载非常复杂，不仅和波浪的类型及特性有关，而且和建筑物的形式及力学特性有关，还和当地的地形环境，如水深、海底坡度及等深线的分布状况有关。由于现在的理论知识不足以考虑所有因素的影响，现行的确定波载荷的方法不得不包含许多经验性措施。

在一般情况下，若波高超过 0.5 m，应考虑波浪作用力。对于不同形式的建筑物，波浪力的计算方法是不同的。根据建筑物的结构形式以及波浪对建筑物的作用方式，波浪力的计算常按表 7－4 中所列的三个种类进行。

表 7－4　考虑波浪力时建筑物的分类

建筑物的类型	直墙或斜坡	桩柱	墩柱
建筑物水平轴线长度 l 与波长 L 之比	$\frac{l}{L}>1$	$\frac{l}{L}\leqslant 0.2$	$0.2<\frac{l}{L}\leqslant 1$

首先介绍作用在直墙上的立波的特性及波浪力。

在直立式海洋工程建筑物前，入射的波浪受到直墙的限制不能向前传播，与直墙反射回来的波浪叠加，形成波形不具有传播性质、水面仅随时间周期性升降的立波。

根据实际观测和实验，反射波不仅产生于直墙前，而且产生在和水平面成 45°或大于 45°角的倾斜岸坡上。如果岸坡倾斜角小于 45°，原始行进波将被破坏。

当岸线不与行进波的波速方向垂直，即不与波峰线平行时，反射波将与行进波以某一角度相交而形成短峰波(short-crested wave)。这里只讨论行进波的波速方向与直墙正交的情况，反射波的波高、波长及波速均与入射波相同，只是波速方向相反而已。

如果入射波和反射波均可看作微幅波，叠加将形成微幅立波。

7.7.1 森弗鲁(Sainflou)有限振幅立波理论

关于有限水深有限振幅立波的研究,已有相当长的历史了。但是迄今为止,还没有得出一个适用于任何情况并与实际完全符合的解析解。在筑堤工程中,森弗鲁(1928)的方法曾得到广泛的应用。此法从水流运动的基本方程(采用拉格朗日研究方法)出发,推导得到了立波对直墙作用问题的理论解答。一系列自然界中和实验室内的观察证明,按照森弗鲁理论得出的立波的波动性质和波压强在有些范围内,如相对水深 d/L 为 0.135 ~ 0.200、波陡 $H/L \geqslant 0.035$,与实测结果非常相近,特别是立波的波动性质。

1. 拉格朗日形式的液体连续性方程和理想液体的运动方程

森弗鲁立波理论采用拉格朗日方法研究波浪,下面不作推导给出二维拉格朗日形式的液体连续性方程和理想液体的运动方程。取 z 轴向下为正,连续性方程和运动方程分别为

$$\frac{\partial}{\partial t}\left(\frac{\partial x}{\partial a}\frac{\partial z}{\partial c}-\frac{\partial z}{\partial a}\frac{\partial x}{\partial c}\right)=0 \tag{7-91}$$

$$\left.\begin{aligned}\frac{1}{\rho}\frac{\partial p}{\partial a}&=-\frac{\partial^2 x}{\partial t^2}\frac{\partial x}{\partial a}+\left(g-\frac{\partial^2 z}{\partial t^2}\right)\frac{\partial z}{\partial a}\\\frac{1}{\rho}\frac{\partial p}{\partial c}&=-\frac{\partial^2 x}{\partial t^2}\frac{\partial x}{\partial c}+\left(g-\frac{\partial^2 z}{\partial t^2}\right)\frac{\partial z}{\partial c}\end{aligned}\right\} \tag{7-92}$$

式中　(x,z)——某质点的运动轨迹;

(a,c)——标识该质点的拉格朗日变数。

2. 森弗鲁立波水质点运动方程

设原始行进波为有限水深为 d、有限振幅为 $H/2$ 的椭圆摆线波,这个波连续并正交地作用于一个直墙式建筑物,由于波浪反射的作用,形成一列列波浪要素相同而波速方向相反的反射波,原始行进波与反射波叠加就形成了有限振幅立波。椭圆摆线波理论从流体运动的拉格朗日观点出发,假定水质点围绕其振动中心做椭圆运动。森弗鲁理论同样从拉格朗日观点出发,采用如图 7 - 18 所示的坐标,并规定拉格朗日变数 (a,c) 标记质点静止时的位置,则森弗鲁立波水质点运动方程可表示为

$$\left.\begin{aligned}x&=a+2\alpha\sin\sigma t\cos ka\\z&=c-\frac{4\pi\alpha\beta}{L}\sin^2\sigma t-2\beta\sin\sigma t\sin ka\end{aligned}\right\} \tag{7-93}$$

式中:

$$\left.\begin{aligned}\alpha&=\frac{H\cosh k(d-c)}{2\sinh kd}\\\beta&=\frac{H\sinh k(d-c)}{2\sinh kd}\end{aligned}\right\} \tag{7-94}$$

水质点的振动中心相对于其静止位置的最大超高为

$$h_s=\frac{4\pi\alpha\beta}{L}\sin^2\sigma t \tag{7-95}$$

在水面上,有 $\beta=\beta_0=H/2$。当 $\sin\sigma t=\pm 1$ 时,可得水质点的最大超高为

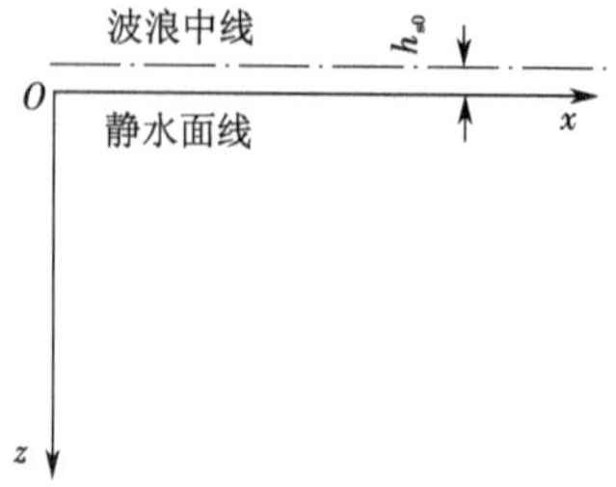

图 7－18　森弗鲁立波坐标示意

$$h_{s0}=\frac{4\pi\alpha_0(H/2)}{L}=\frac{\pi H^2}{L}\coth kd \tag{7-96}$$

式(7－96)计算所得即立波的超高。

原始行进波的一些关系式对立波仍然适用，如

$$\sigma^2=gk\tanh kd$$

$$k=2\pi/L$$

$$\sigma=2\pi/T$$

即立波的波长 L 和周期 T 均与原始行进波相同。

在直墙上，质点只做竖直振动，不论何时，x 总是等于 a。可设 $a=L/4$、$\sin ka=1$，于是墙表面的水质点($c=0$)位移为

$$z=-2\beta_0\sin\sigma t-\frac{4\pi\alpha_0\beta_0}{L}\sin^2\alpha \tag{7-97}$$

由式(7－97)可知，当 $t=T/4$ 时，$\sin\sigma t=1$，z 有最大值

$$z_{max}=-2\beta_0-\frac{4\pi\alpha_0\beta_0}{L}$$

当 $t=3T/4$ 时，$\sin\sigma t=-1$，z 有最小值

$$z_{min}=2\beta_0-\frac{4\pi\alpha_0\beta_0}{L}$$

因此，立波的最大波高 $=|z_{max}-z_{min}|=4\beta_0$，为原始行进波的 2 倍。

3. 立波曲线及质点运动轨迹方程

质点运动方程消去参变数 a，即得在任一深度 c 处的立波曲线方程为

$$z=c-2\beta\sin\sigma t\sin kx+\frac{4\pi\alpha\beta}{L}\sin^2\sigma t\cos 2kx \tag{7-98}$$

质点运动方程消去参变数 t，即得质点运动轨迹方程为

$$\frac{2\alpha}{k\beta}\cos^2 ka\left[z-\left(c-\frac{\beta}{2ka}\sin^2 ka\right)\right]+\left[x-\left(a+\frac{1}{2k}\sin^2 2ka\right)\right]^2=0 \tag{7-99}$$

令 $A=\frac{2\alpha}{k\beta}\cos^2 ka$，$B=c-\frac{\beta}{2ka}\sin^2 ka$，$C=a+\frac{1}{2k}\sin^2 2ka$，则式(7－99)变为

$$z=-\frac{1}{A}x^2+\frac{2C}{A}x+\frac{AB-C^2}{A} \tag{7-100}$$

由式(7－100)可以看出,立波质点运动的轨迹线为具有竖直轴的抛物线段,并凹向上方。图 7－19 显示了立波表面在 $t=0$、$T/12$、$T/6$、$T/4$、$3T/4$、$5T/6$ 及 $11T/12$ 各时间点的位置和 1、2、3、4、5、6 共六个质点的运动轨迹(虚线)。由图可见,直墙上的质点只做竖直运动,水底的质点只水平振动。图中所绘为一半波长的立波在不同时间时波浪表面的变化情形及质点运动情况,计算条件为:$L=80$ m,原始行进波波高 $H=6.67$ m,水深 $d=10$ m。

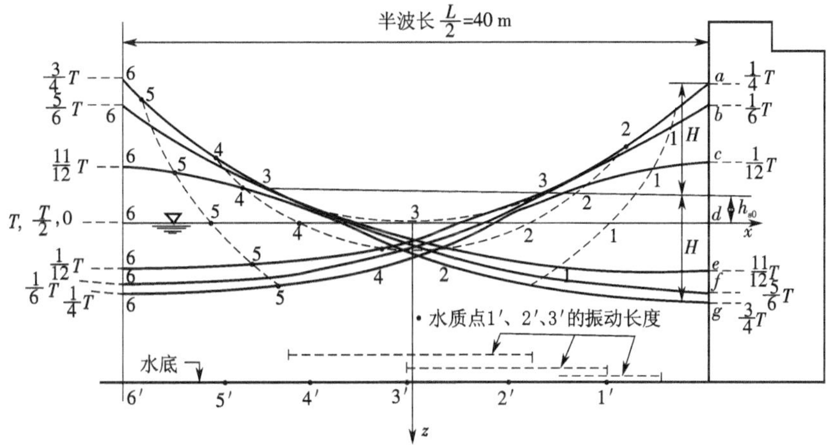

水质点的振动长度：1′—7.675 m，2′—13.30 m，3′—15.35 m

图 7－19　立波表面在不同相位时的位置和水质点运动轨迹

4. 直墙前立波最大底流速的确定

根据质点运动方程式(7－93),质点的水平速度分量为

$$u_x=\frac{\mathrm{d}x}{\mathrm{d}t}=2\alpha\sigma\cos\sigma t\cos ka \tag{7-101}$$

由式(7－101)可以看出,当 $a=0, -\frac{L}{2}, -L, \cdots$,即位于距离直墙 $\frac{L}{4}, \frac{3L}{4}, \cdots$ 的波浪节点处时,$\cos ka$ 值最大($\cos ka=1$),则这些节点的水底($c=d$)质点的水平速度分量为

$$u_H=2\alpha\sigma\cos\sigma t=\frac{H}{\sinh kd}\sqrt{gk\tanh kd}\cos\sigma t \tag{7-102}$$

当 $\cos\sigma t=1$ 时,u_H 最大,则最大底流速为

$$u_{H,\max}=\frac{H}{\sinh kd}\sqrt{\frac{gk\sinh kd}{\cosh kd}}=\frac{2\pi H}{\sqrt{\frac{\pi}{g}L\sinh 2kd}} \tag{7-103}$$

立波的最大底流速比行进波大 1 倍,它决定了堤前底部是否会发生冲刷,设计时应加以考虑。堤前护底及块石的重量应根据底流速的大小选定,根据部分设计经验,各种护底及块石的允许底流速见表 7－5。

表 7-5 堤前护底及块石的允许底流速

护底	沙质海底	抛石基础	400 kN 的块石	700 kN 的块石	700 kN 的块石
允许底流速/(m/s)	1.0~1.5	2.0~4.5	2.0~2.5	3.0~3.5	4.0~5.0

5. 波压强分布

对式(7-93)求相应的偏导数,代入运动方程式(7-92),在整理化简的过程中,略去含有 $k^2(\alpha^2-\beta^2)$ 与 $k^3\alpha\beta^2$ 的各项,得到波压强分布公式为

$$\frac{p-p_0}{\gamma}=c+H\sin\sigma t\sin ka\left[\frac{\cosh k(d-c)}{\cosh kd}-\frac{\sinh k(d-c)}{\sinh kd}\right] \tag{7-104}$$

在工程设计中,经常要求计算的是波浪作用在直墙上的最大和最小波压强。在直墙上(相当于波腹处),由式(7-93)可知,$\cos ka=0$,$\sin ka=1$,因此得到直墙上的压强分布公式为

$$\frac{p-p_0}{\gamma}=c+H\sin\sigma t\left[\frac{\cosh k(d-c)}{\cosh kd}-\frac{\sinh k(d-c)}{\sinh kd}\right] \tag{7-105}$$

当墙前出现最大波峰和波谷,即 $t=T/4$ 及 $t=3T/4$ 时,$\sin\sigma t=\pm1$,式(7-105)化为

$$\frac{p-p_0}{\gamma}=c\pm H\left[\frac{\cosh k(d-c)}{\cosh kd}-\frac{\sinh k(d-c)}{\sinh kd}\right] \tag{7-106}$$

由式(7-106)可以确定任一质点(c)在一个周期内的最大和最小压强。

在水底处,$c=d$,式(7-106)变为

$$\frac{p-p_0}{\gamma}=d\pm f' \tag{7-107}$$

$$f'=\frac{H}{\cosh kd}$$

可用式(7-107)确定水底处的最大和最小压强。

根据式(7-106)即可绘出墙前出现最大波峰和波谷时的波压强分布图,如图 7-20 所示。在图 7-20 中,$h_{s0}=\dfrac{\pi H^2}{L}\coth kd$,$h_s=\dfrac{\pi\alpha\beta}{4}$;$M$ 点为任一质点 N_b 的静止位置,P 点及 Q 点为质点 N_b 振动的上下限位置。PP' 及 QQ' 根据式(7-106)的计算结果绘出,即使

$$P'P''=Q'Q''=H\left[\frac{\cosh k(d-c)}{\cosh kd}-\frac{\sinh k(d-c)}{\sinh kd}\right]$$

于是可定出 P'、Q' 两点,即最大及最小波压强曲线上的点。用此法可求得整个曲线 P_1P_0 和 Q_1Q_0。有了波压强分布图,即可对立波作用于直墙上的波压强进行计算。

7.7.2 森弗鲁立波理论的讨论

关于有限水深立波,除森弗鲁理论外,Miche(1944)、Biesel(1952)、库兹聂佐夫、Rundgren(1958)等人提出了一些二阶近似解;Penny 和 Price(1952)对深水有限振幅立波进行了详尽的研究,得到了五阶近似理论解;Tadjbakhsh 和 Keller(1960)计算了有限水深立波的三阶近似解;合田良实(1967)得到了有限水深立波的四阶近似解;我国的洪广文(1980)、

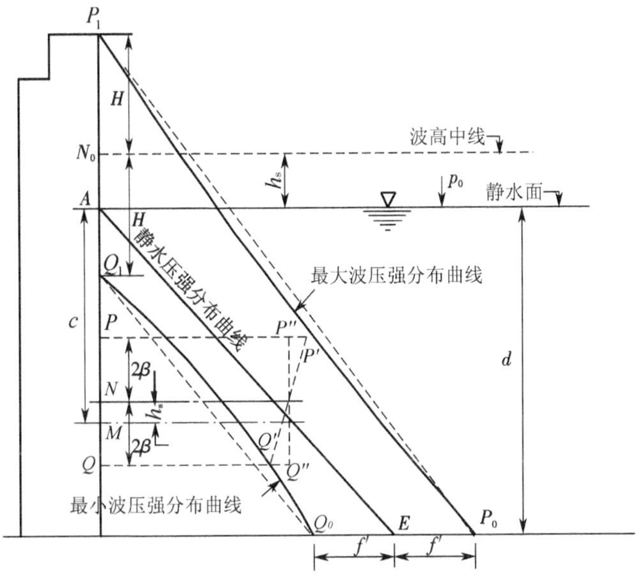

图 7－20　直墙前的波压强分布

邱大洪(1985,1997)等也进行了这方面的工作,蔡清标等(1992)提出了数值解法。除了数值解法外,还没有一种理论在各种波浪条件下都与实测结果相符。

大量原型观测与模型实验证明,森弗鲁立波理论给出的波浪的运动性质与实际情况基本相符。但在波压强的计算方面,森弗鲁公式还与实际情况有相当大的出入。例如森弗鲁理论关于波压强的结论是:在直墙上某点,波压强随时间的变化曲线与墙前水位的变化曲线是一致的。因此,在所有情况下,最大波压强都对应于最大波峰行近瞬时,最小波压强则对应于最大波谷行近瞬时。此外,波压强随深度增大趋向于零。而许多实测资料表明,这些结论是不完全符合实际的。实际情况是,在波陡较大的情况下,波峰区的压强过程线呈马鞍形变化,墙前出现最大波峰时墙面上各点的波压强并不一定是最大值;当墙前的波面通过静水面时,波浪附加压强不等于零。此外,由森弗鲁立波的波压强公式所得的结果一般比实际情况偏大一些。

7.7.3　作用在直墙上的波浪力的简化计算

森弗鲁波压强计算方法虽然有一些缺点,但由于它计算简便,在某些情况下与实际相差不大,因此仍得到广泛应用。下面以具有暗基床的直立堤为例,介绍采用森弗鲁法计算波压强的简化公式。

1. 波峰压强分布

立波的波峰在静水面以上的高度为 $H+h_{s0}$,该处的压强为零。墙前为波峰时,水底的波压强为

$$p_d=\frac{\rho gH}{\cosh kd} \tag{7-108}$$

把波压强分布曲线简化为直线,可得静水面处的波浪压强为

$$p_s=(p_d+\rho gd)\frac{H+h_{s0}}{d+H+h_{s0}} \tag{7-109}$$

墙底面上的波浪渗流压强为

$$p_b=p_d \tag{7-110}$$

因此,波峰时简化的森弗鲁理论压强分布如图 7-21 所示,静水面至波峰呈三角形分布,静水面以下呈梯形分布。墙底面上的波浪渗流压强分布呈三角形,迎浪方向最大,背面为 0。

单位长度墙身上的总波浪力为

$$P=\frac{(p_d+\rho gd)(H+h_{s0}+d)-\rho gd^2}{2} \tag{7-111}$$

墙底面上的波浪浮托力为

$$P_u=\frac{bp_b}{2} \tag{7-112}$$

2. 波谷压强分布

在波谷作用时,水底的波压强为

$$p'_d=\frac{\rho gH}{\cosh kd} \tag{7-113}$$

静水面处的波浪附加压强为零。静水面以下 $H-h_{s0}$ 处的波浪压强为

$$p'_s=\rho g(H-h_{s0}) \tag{7-114}$$

墙底面上的波浪渗流压强为

$$p'_b=p'_d \tag{7-115}$$

波谷时简化的森弗鲁理论压强分布如图 7-22 所示,波谷至静水面呈三角形分布,波谷以下呈梯形分布。墙底面上的波浪渗流压强分布呈三角形,迎浪方向最大(方向向下),背面为 0。

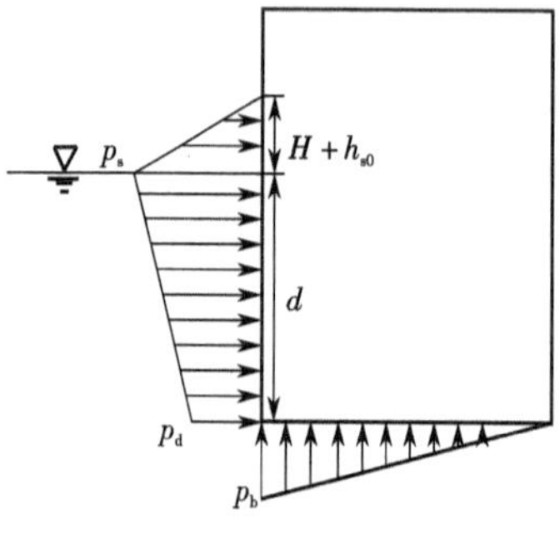

图 7-21 波峰时简化的森弗鲁理论压强分布

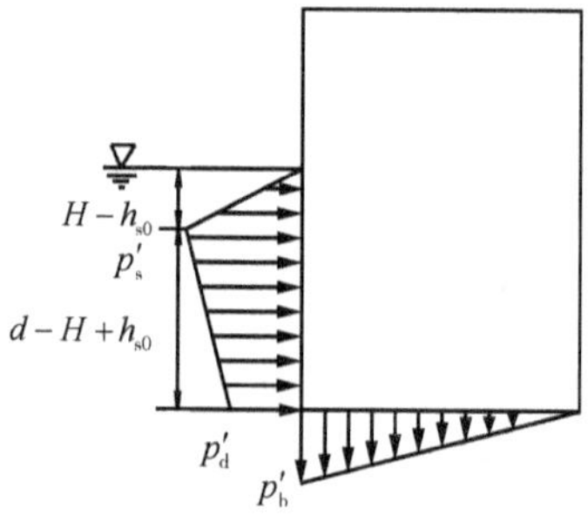

图 7-22 波谷时简化的森弗鲁理论压强分布

单位长度墙身上的总波浪力(方向与波向相反,称为波吸力)为

$$P'=\frac{\rho gd^2-(d-H+h_{s0})(\rho gd-p'_d)}{2} \tag{7-116}$$

墙底面上的波浪渗流力(方向向下)为

$$P'_u = \frac{bp'_b}{2} \tag{7-117}$$

在已知上述压强分布的情况下,可对直立堤的滑动或倾覆稳定性进行分析。

需要重点指出的是,入射波除了因反射而形成立波外,还有可能在墙前破碎,破碎波直接打击堤墙,产生一个瞬时的动压力,其数值可能很大,设计建筑物时必须予以考虑,这就是近破波的波压力计算。如果直墙处海底有斜坡,使直墙处的水深小于波浪破碎的水深,则波浪会在抵达直墙以前破碎。若破碎的地方距离直墙半个波长以上,则称为远破波。一般通过实验和数学模型进行近破波和远破波对直立墙的压力计算。

7.8　作用在孤立结构物上的波压力

四周为水体所包围的海上结构物称为孤立结构物。港口工程建筑物中的灯塔、桩基码头中的桩群和海洋工程中的桩基平台等都属于孤立结构物。

处于海洋中的结构物对海洋水流运动起着阻滞作用,例如,行进中的波浪遇到结构物时,产生反射和绕射效应,从而改变了原有的运动状态;潮流流经孤立结构物时,被迫绕行而产生所谓的绕流现象。就孤立结构物而言,当波浪和潮流行经时,会对孤立结构物产生一个作用力,称为绕流力,也就是说结构物要受到波浪和潮流的荷载。

波浪荷载常常是影响海洋结构物的最重要的因素,本节主要讨论波浪对固定于海底的孤立结构物的荷载。波浪对孤立结构物的荷载和流体绕固体流动时的绕流现象紧密联系。下面先对绕流力进行简单的介绍。

7.8.1　绕流拖曳力和惯性力

1. 绕流拖曳力

当定常均匀水流绕过圆柱体时,沿流动方向作用在圆柱体上的力称为绕流拖曳力。绕流拖曳力一般由摩擦拖曳力和压差拖曳力两部分组成。

摩擦拖曳力是由于液体的黏滞性在圆柱体表面形成边界层,在此边界层内,液体的速度梯度很大,摩擦效应显著,产生了较大的摩擦切应力。流体作用在圆柱体表面各点的摩擦切应力在流动方向上的投影总和,就是作用在圆柱体上的摩擦拖曳力。它与圆柱体表面附近边界层内流体的流态和圆柱体表面的粗糙度有关。

压差拖曳力是由于边界层在圆柱体表面某点处分离,在分离点下游(即圆柱体后部)形成很强的旋涡尾流,使得圆柱体后部的压强大大低于圆柱体前部的压强,于是形成了圆柱体前、后部的压差,从而在流动方向上产生了一个力。流体作用在圆柱体表面各点的法向压应力在流动方向上的投影总和,就是作用在圆柱上的压差拖曳力。它与圆柱体表面附近边界层内流体的流态和圆柱体沿流向的形状有关。

绕流拖曳力的产生和变化与边界层在圆柱体表面的形成、发展和分离密切相关。单位长度圆柱体上的拖曳力为

$$f_D = \frac{1}{2}C_D\rho A u_0^2 \tag{7-118}$$

式中：u_0 为未受绕流影响垂直于圆柱体轴线的流体速度分量；ρ 为流体的密度；A 为单位长度圆柱体垂直于流动方向的投影面积，对于圆柱体 $A = lD$，D 为圆柱体的直径；C_D 为拖曳力系数，它集中反映了流体的黏滞性引起的黏滞效应，与雷诺数 Re 和柱面粗糙度 δ 有关。表 7－6 根据实测资料列出了一些不同形状的光滑圆柱体的拖曳力系数，需要注意的是，这些拖曳力系数参考值是雷诺数比较大时的值。

表 7－6　不同物体的拖曳力系数

物体的形状	基准面积	拖曳力系数
圆柱 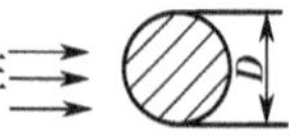	D	1.00($l \gg D$)
方柱 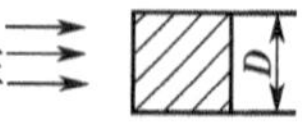	D	2.00($l \gg D$)
方柱 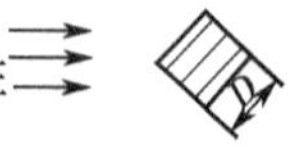	$\sqrt{2}D$	1.55($l \gg D$)
平板 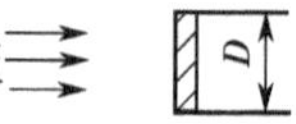	D	2.01($l \gg D$)
圆板 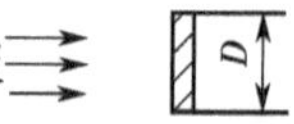	$\frac{\pi}{4}D^2$	1.20
球 	$\frac{\pi}{4}D^2$	0.50
立方体 	D^2	1.05

需要指出的是，由恒定运动所产生的拖曳力并非总是恒定的，在一定的雷诺数条件下，在被绕流的物体后面会产生规则的水流振荡运动，使物体左、右两侧交替形成强烈的旋涡，这些旋涡有规则地排列，称为涡街，如图 7－23 所示。涡街中的各个单涡以相反的方向旋转，并交错地从物体两侧泄放出来，因而对物体产生了一个周期性可变力。这个可变力的频率，也就是旋涡的泄出频率，很可能与结构物的自振频率接近，引起涡激共振的危险，在工程中需予以注意。

2. 绕流惯性力

在非恒定绕流运动中，绕流流体对物体的作用除了拖曳力外，还有由流体加速度引起的力。

设流体是不可压缩的理想流体，在 $u = u(x,y,z,t)$ 的流场中，有一个排水体积为 V_0 的柱

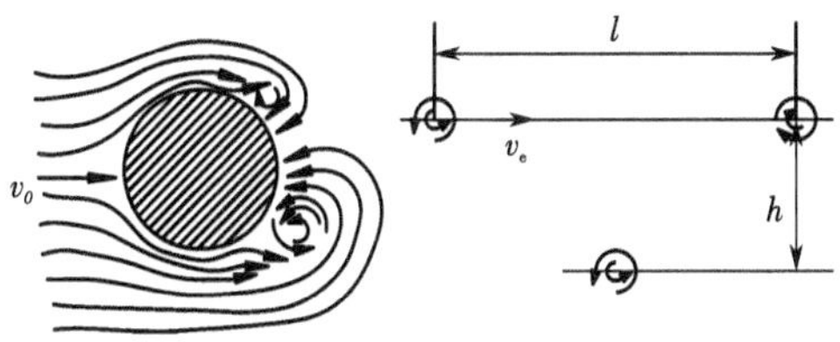

图 7－23　绕流涡街示意

体。若暂时不考虑柱体对流场的影响,即假定流场内的压强分布不因柱体的存在而改变,那么可将柱体的边界作为加速流体边界的一部分。也就是被柱体置换的那部分体积内的水体本来应该以与流场中该处相应的加速度加速运动,但实际上由于柱体的存在,这个水体减速至静止不动。因此,加速的流体将对排水体积为 V_0 的柱体产生沿流动方向的惯性力。这个惯性力是未受柱体存在影响的流体压强对柱体沿流动方向的作用力,称为弗劳德－克雷洛夫力 F_k,其数值应该等于柱体的排水质量与体积 V_0 内未被扰动水体的平均全加速度 $(\mathrm{d}u/\mathrm{d}t)_a$ 的乘积,即

$$F_k=\rho V_0\left(\frac{\mathrm{d}u}{\mathrm{d}t}\right)_a=M_0\left(\frac{\mathrm{d}u}{\mathrm{d}t}\right)_a \tag{7-119}$$

对细长圆柱体来说,$\left(\frac{\mathrm{d}u}{\mathrm{d}t}\right)_a$ 可以取柱体轴中心位置处流体的加速度$\frac{\mathrm{d}u}{\mathrm{d}t}$,此时

$$F_k=M_0\frac{\mathrm{d}u}{\mathrm{d}t} \tag{7-120}$$

但柱体的存在必将使柱体周围的流体质点受到扰动而产生速度变化,从而改变了原来流场内的压强分布。这种变化在柱体表面附近最大,随着与柱体距离的增大而逐渐减小,衰减规律取决于柱体的截面形状和流体的流动方向。所以,柱体的扰动会使柱体周围运动状态改变的那部分附加流体的质量 M_u 沿流动方向对杆体产生一个附加惯性力,又称附加质量力。

因此,加速的流体沿流动方向真正作用在柱体上的绕流惯性力可表示为

$$f_I=(M_0+M_u)\frac{\mathrm{d}u}{\mathrm{d}t}$$

令 $M_u=C_mM_0$,则

$$f_I=(1+C_m)M_0\frac{\mathrm{d}u}{\mathrm{d}t}=C_MM_0\frac{\mathrm{d}u}{\mathrm{d}t} \tag{7-121}$$

式中:C_m 为附加质量力系数;C_M 为质量力系数(或称惯性力系数),它集中反映了由于流体的惯性以及柱体的存在,柱体周围流场的速度改变引起的附加质量力效应。少数几种形状规则的物体的附加质量力可以采用势流理论从理论上推导,但大多数物体的附加质量力需要通过实验确定。表 7－7 中列出了几种形状的物体的质量系数。

总的绕流力可以表示为

$$f=f_D+f_I=\frac{1}{2}C_D\rho Au_0^2+C_M\rho V_0\frac{\mathrm{d}u}{\mathrm{d}t} \tag{7-122}$$

表 7-7 不同物体的质量力系数

物体的形状	基准体积	质量力系数
圆柱 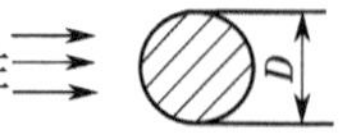	$\frac{\pi}{4}D^2$	2.0($l\gg D$)
方柱 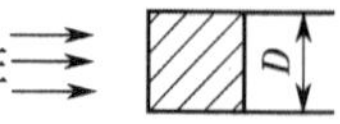	D^2	2.19($l\gg D$)
圆板 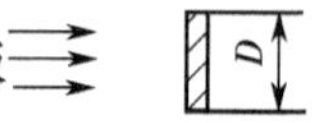	$\frac{\pi}{4}D^2$	1.0($l\gg D$)
球 	$\frac{\pi}{6}D^2$	1.5
立方体 	D^2	1.67

7.8.2 小尺度孤立桩柱上的波浪力

小尺度孤立桩柱指与波长相比尺度较小的圆柱,如 $D/L<0.2$。小尺度桩柱波浪力的计算目前广泛采用 Morison(莫里森)方程。它是以绕流理论为基础的半理论半经验公式,由 Morison、O' Brien 与 Johnson(1950)提出。其假定柱体的存在对波浪运动无显著影响,波浪对柱体的作用主要是黏滞效应和附加质量力效应。

设一个直径为 D 的孤立圆形桩柱直立地固定于水深为 d 的海底,波高为 H 的入射波沿 x 轴正方向传播,其坐标系如图 7-24 所示。Morison 认为作用于柱体任意高度 z(在海底以上 z)处的水平波浪力包括两个分量:一个是波浪水质点运动的水平速度 u_x 引起的对柱体的作用力——水平拖曳力 f_D;另一个是波浪水质点运动的水平加速度 du_x/dt 引起的对柱体的作用力——水平惯性力 f_I。他还认为波浪作用在柱体上的拖曳力的模式与单向定常水流作用在柱体上的拖曳力的模式相同,即与波浪水质点的水平速度的平方和单位柱高垂直于波向的投影面积成正比,不同的是波浪水质点做周期性往复振荡运动,水平速度 u_x 时正时负,因而对柱体的拖曳力也时正时负,速度的平方应改为速度向量与速度绝对值的乘积。

作用于直立柱体任意高度 z 处单位柱高的水平波浪力为

$$f=f_D+f_I=\frac{1}{2}C_D\rho Au_x|u_x|+C_M\rho V_0\frac{du_x}{dt} \tag{7-123}$$

式中:u_x 和 du_x/dt 分别为柱体轴中心位置任意高度 z 处波浪水质点的水平速度和水平加速度;A 为单位柱高垂直于波向的投影面积;V_0 为单位柱高的排水体积;ρ 为海水的密度;C_D 为垂直于柱体轴线方向的拖曳力系数;$C_M=1+C_m$,为质量力系数;C_m 为附加质量力系数。

对于圆柱体,式(7-123)可写成

$$f=\frac{1}{2}C_D\rho Du_x|u_x|+C_M\rho\frac{\pi D^2}{4}\frac{du_x}{dt} \tag{7-124}$$

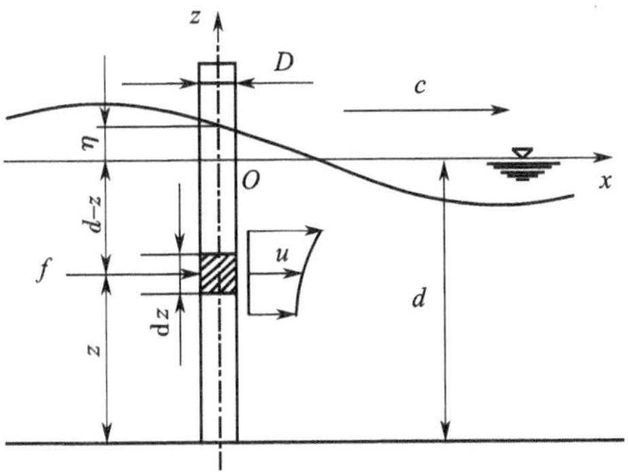

图 7－24　圆形桩柱波浪力计算的坐标系

因此，作用于单个圆柱体 z 处、柱高 $\mathrm{d}z$ 上的水平波浪力为

$$\mathrm{d}F = f\mathrm{d}z = \frac{1}{2}C_{\mathrm{D}}\rho D u_x |u_x| \mathrm{d}z + C_{\mathrm{M}}\rho\,\frac{\pi D^2}{4}\frac{\mathrm{d}u_x}{\mathrm{d}t}\mathrm{d}z \tag{7-125}$$

整个桩柱上的总水平波浪力为

$$F = \int_{-d}^{\eta}\mathrm{d}F = \int_{-d}^{\eta}\frac{1}{2}C_{\mathrm{D}}\rho D u_x |u_x| \mathrm{d}z + \int_{-d}^{\eta}C_{\mathrm{M}}\rho\,\frac{\pi D^2}{4}\frac{\mathrm{d}u_x}{\mathrm{d}t}\mathrm{d}z \tag{7-126}$$

波浪力对桩柱的总水平波浪力矩（对海底取矩）为

$$\begin{aligned} M &= \int_{-d}^{\eta}\mathrm{d}F_{\mathrm{H}}(z+d) \\ &= \int_{-d}^{\eta}\frac{1}{2}C_{\mathrm{D}}\rho D u_x |u_x| (z+d)\mathrm{d}z + \int_{-d}^{\eta}C_{\mathrm{M}}\rho\,\frac{\pi D^2}{4}\frac{\mathrm{d}u_x}{\mathrm{d}t}(z+d)\mathrm{d}z \end{aligned} \tag{7-127}$$

总水平波浪力的作用点距海底

$$e = \frac{M}{F} \tag{7-128}$$

从上面的公式可以看出，Morison 方程中的 η、u_x 和 $\mathrm{d}u_x/\mathrm{d}t$ 都随选取的波浪理论不同而异。因此，正确计算作用在直立柱体上的水平波浪力 F 和水平波浪力矩 M 的关键问题，一是针对所在海域的水深和设计波高 H、周期 T 选用一种适宜的波浪理论来计算波浪的 η、u_x 和 $\mathrm{d}u_x/\mathrm{d}t$；二是选取合理的拖曳力系数 C_{D} 和质量力系数 C_{M}。以往在确定水动力系数 C_{D}、C_{M} 的值时，基本上都是先通过模型实验测定作用在桩柱上的波浪力，然后根据一定的波浪理论反求水动力系数。显然，这样得到的水动力系数的值与所采用的波浪理论有关。因此，在应用 Morison 方程计算波浪力时，所采用的波浪理论应与水动力系数相适应。

采用微幅波理论求解作用在单个直立柱体上的水平波浪力和水平波浪力矩时，将微幅波理论的水质点速度与加速度的表达式代入式（7－125），得到作用在高度 z 处、柱高 $\mathrm{d}z$ 上的水平波浪力为

$$\begin{aligned} \mathrm{d}F = f\mathrm{d}z = {} & \frac{1}{2}C_{\mathrm{D}}\rho D\left[\frac{\pi H}{T}\frac{\cosh k(z+d)}{\sinh kd}\right]^2\cos\theta|\cos\theta|\mathrm{d}z + \\ & C_{\mathrm{M}}\rho\,\frac{\pi D^2}{4}\frac{2\pi^2 H}{T^2}\frac{\cosh k(z+d)}{\sinh kd}\sin\theta\mathrm{d}z \end{aligned} \tag{7-129}$$

式中，$\theta = kx - \sigma t$。

整个桩柱上的总水平波浪力为

$$F = \int_{-d}^{\eta} f\mathrm{d}z = C_{\mathrm{D}} \frac{\gamma D H^2}{2} K_1 \cos\theta |\cos\theta| + C_{\mathrm{M}} \frac{\gamma \pi D^2 H}{8} K_2 \sin\theta$$

$$= F_{\mathrm{D,max}} \cos\theta |\cos\theta| + F_{\mathrm{I,max}} \sin\theta \tag{7-130}$$

式中，最大拖曳力 $F_{\mathrm{D,max}}$、最大惯性力 $F_{\mathrm{I,max}}$ 以及系数 K_1、K_2 分别为

$$F_{\mathrm{D,max}} = C_{\mathrm{D}} \frac{\gamma D H^2}{2} K_1$$

$$F_{\mathrm{I,max}} = C_{\mathrm{M}} \frac{\gamma \pi D^2 H}{8} K_2 \tag{7-131}$$

$$K_1 = \frac{2k(d+\eta) + \sinh 2k(d+\eta)}{8\sinh 2kd} \tag{7-132}$$

$$K_2 = \frac{\sinh k(d+\eta)}{\cosh kd} \tag{7-133}$$

由上述表达式可以看出，作用在孤立桩柱上的波浪力的大小和正负取决于波浪的相位角 θ。最大拖曳力 $F_{\mathrm{D,max}}$ 和最大惯性力 $F_{\mathrm{I,max}}$ 不产生在同一个波浪相位上，当 F_{D} 最大时，F_{I} 为零；反之，当 F_{I} 最大时，F_{D} 为零。波浪力随相位变化的规律可以从图 7－25 中清楚地看出。图中给出了在某时刻 t，一个波长范围内波顶、波底以及波面与静水面相交处各个水质点的运动轨迹，箭头所示为水质点的流速方向，各个水质点的相位角 θ 和原点处的相位角相差 $\pi/2$ 的整数倍。由式(7－29)和式(7－30)可知，在波顶和波底处有正负最大的水平速度 u_x，而加速度为零；在波面与静水面相交处水质点的水平速度为零，而加速度 $\partial u_x/\partial t$ 达到正负最大值。因此，与液体的速度和加速度相关的拖曳力和惯性力也因桩柱在波浪中的相位不同而异。

图 7－25 所示是位于波浪中不同相位的桩柱所受波浪力的变化情况。对于波浪中处于固定位置的桩柱，例如固定于坐标原点的桩柱，在波浪往前传播的一个周期 T 内，桩柱所受波浪力的变化过程和上面的讨论相似。当波峰($\theta = 0$)和波谷($\theta = \pi$)通过桩柱时，产生最大的拖曳力，惯性力为零；当波面与静水面相交处($\theta = \pi/2, 3\pi/2$)通过桩柱时，产生最大的惯性力，拖曳力为零。

对于静止时位于同一条直线上的各个水质点，只要波浪处于不破碎的连续运动状态，则在任意时刻，各个水质点所处位置的相位角必然相同。故各质点处的拖曳力和惯性力分别具有一致的方向，只是随着水深增大而逐渐变小。

在工程实践中，还需要知道波浪力的作用点，这可以通过计算波浪对海底的力矩求得。由式(7－127)、式(7－29)及式(7－30)可以得到波浪对圆柱体的力矩为

$$M = M_{\mathrm{D,max}} \cos\theta |\cos\theta| + M_{\mathrm{I,max}} \sin\theta$$

式中：

$$M_{\mathrm{D,max}} = C_{\mathrm{D}} \frac{\gamma D H^2 L}{2\pi} K_3 M_{\mathrm{I,max}} = C_{\mathrm{M}} \frac{\gamma D^2 H L}{16} K_4 \tag{7-134}$$

$$K_3 = \frac{1}{32\sinh 2kd}\left[2k^2(d+\eta)^2 + 2k(d+\eta)\sinh 2k(d+\eta) - \cosh 2k(d+\eta) + 1\right]$$

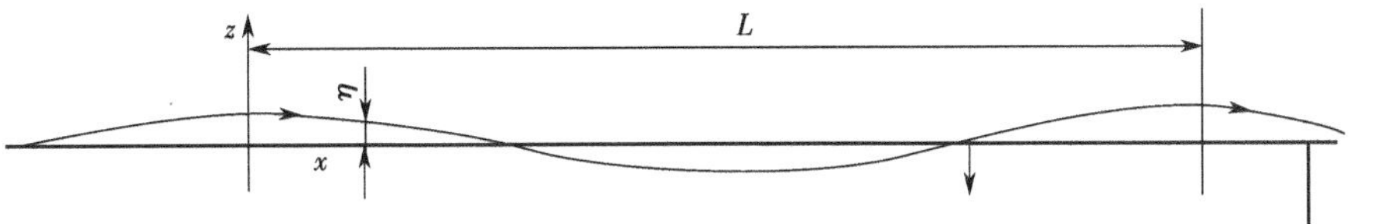

相位角θ	0		$\frac{\pi}{2}$		π		$\frac{3}{2}\pi$		2π
水平速度u_x	+最大	(+)	0	(-)	-最大	(-)	0	(+)	+最大
水平加速度$\frac{\partial u_x}{\partial t}$	0	(+)	+最大	(+)	0	(-)	-最大	(-)	0
拖曳力f_D	+最大	(+)	0	(-)	-最大	(-)	0	(+)	+最大
惯性力f_I	0	(+)	+最大	(+)	0	(-)	-最大	(-)	0

图 7-25　不同相位时桩柱所受的波浪力

$$K_4=\frac{1}{\cosh kd}[kd\sinh k(d+\eta)-\cosh k(d+\eta)+1] \tag{7-135}$$

在工程实践中，往往需要知道由多根桩柱组成的桩群在同一时刻所受到的最大波浪力和波浪力矩。不能简单地将单个桩柱的最大水平总波浪力乘以桩数，因为对各根桩柱而言，最大水平总波浪力不是同时出现的，必须考虑它们之间的相位差。

以两根沿波浪传播方向相距 l 的桩柱为例（如图 7-26 所示），当迎波向的前桩柱处于最大波浪力的相位时，和同时刻后桩柱所受的波浪力相加并不一定是两根桩柱在同一时刻可能受到的最大波浪力。因为在同一时刻，后桩柱所受的波浪力随着两根桩柱的间距 l 和波长 L 的比值不同而不同，可能处于任何或正、或负、或大、或小的波浪力区间。要计算前后两根桩柱所受合力最大时的相位角，可以先绘出前桩柱位于不同波浪相位时波浪力的变化情况，如图 7-27 中的曲线 Ⅰ 所示。

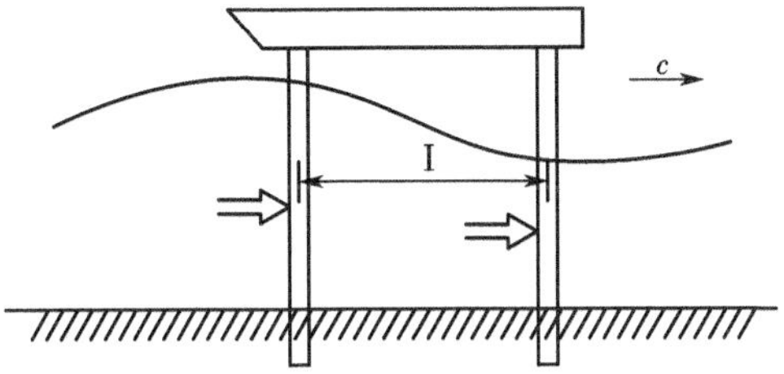

图 7-26　桩群示意

后桩柱所受的波浪力的变化情况和曲线 Ⅰ 完全一样，只不过相对于前桩柱处波浪相位角 θ 有一个相位差 $\varphi=2\pi l/L$。因此，曲线 Ⅰ 沿着负 θ 角的方向平移一个角度 φ，便得到对应于前桩柱波浪相位的后桩柱的波浪力曲线 Ⅱ。把曲线 Ⅰ 和曲线 Ⅱ 叠加，就得到两根桩柱所受合力随相位角的变化曲线。从合成的曲线（Ⅰ + Ⅱ）上可以查出两根桩柱所受合力最大时的相位角（以前桩柱为基准）。

同理，两根桩柱所受波浪力矩最大时的相位角也可以用类似的方法求得（见图 7-27）。

显然，两根以上桩柱所受最大合成波浪力和波浪力矩需要将各根桩柱相应于某一根桩

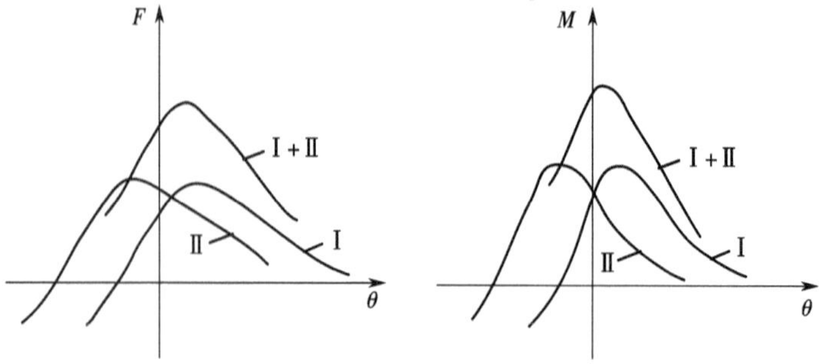

图 7-27 前后两根桩柱所受水平波浪力和波浪力矩的合成

柱的相位角的波浪力和波浪力矩过程线叠加求得。

对于桩群,除了上述波剖面相位的影响外,还必须考虑桩群的遮蔽效应和干扰效应,它们主要取决于柱体之间的间距与柱径的比值,具体计算方法参阅有关参考书。

必须指出的是,Morison 方程在理论上是有缺陷的。方程中的拖曳力是按真实黏性流体定常均匀流过柱体分析得到的,而惯性力是按理想流体的有势非定常流理论分析得到的,两者没有共同的理论基础,因此将它们叠加是缺乏根据的。虽然 Morison 方程存在上述缺陷,但目前还没有找到更好的方程取代它。几十年来在工程中使用的经验表明,它尚能给出满意的结果,因此 Morison 方程至今仍是小尺度结构物上波浪力的计算的主要方法。

7.8.3 大尺度物体上的波浪力

在小尺度的情况下($D/L<0.2$),可以假定物体的存在对入射的波浪并无影响,可以用物体不存在时物体中心处的波浪要素来计算波浪对物体的拖曳力和惯性力。然而,随着物体的大小相对于波长的比值增大,入射波在物体表面的散射效应增强,散射波和入射波相互干扰,就会改变物体周围的流场,使得 Morison 方程关于物体的存在对波浪场无显著影响的假设不合理。因此,尺度较大的结构物上的波浪力不能用 Morison 方程计算,而需要按绕射理论确定。在这一理论中,黏滞效应,即波浪对物体的拖曳力和惯性力相比常可忽略不计。于是问题归结为求解物体在波浪中的反射波的流速势函数。求得反射波的流速势函数,并和入射波的流速势函数叠加求出总的流速势函数后,即可利用伯努利方程确定物体表面的动压强分布,从而算出作用于物体的力和力矩。

黏滞效应,即拖曳力的取舍,主要取决于流体质点运动轨迹参数与物体大小的比值。当波长和水深一定时,这一参数反映为 H/D 这一比值,H 为波高,D 为特征长度,对于圆柱体 D 可取圆柱直径。H/D 越小,流体质点的相对位移越小。在这种情况下,物体附近的流体仍然贴在物体表面上,并不产生前述的绕流脱体现象,因而黏滞效应是微不足道的。所以,在 H/D 很小($H/D<1$)的区域,黏滞效应可忽略不计,这时绕射理论一般适用于全部 D/L 值,如图 7-28 所示。当相对长度 D/L 很小($D/L<0.2$)时,绕射效应可以忽略,Morison 方程适用于全部 H/D 值。当 D/L 和 H/D 都很小时,两种理论都适用。在这一区域,由于黏滞效应极小,C_D 趋于零,C_M 趋于势流值,即取决于物体的形状。

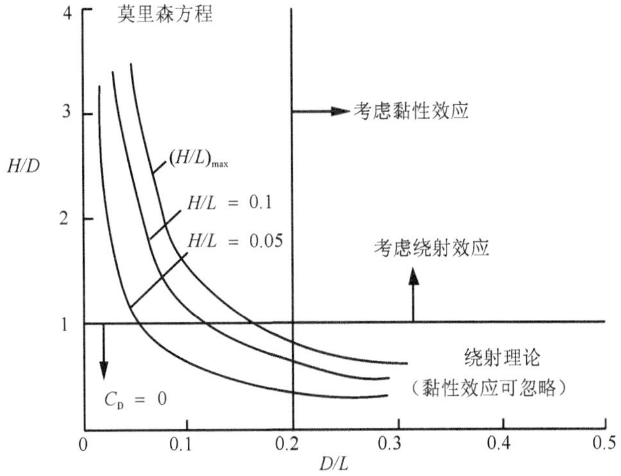

图7-28 两种波浪力计算方法的适用范围

假定流体无黏滞性且运动无旋，入射波浪为线性波，水深有限，为 d。取 xyz 坐标系，并以静水面以上为正。设一个半径为 a 的圆柱体轴线与 z 轴重合，竖直固定于海底，如图7-29所示，入射波是沿 x 轴负方向前进的波，则其流速势函数为

$$\varphi=-\frac{gH}{2\sigma}\frac{\cosh k(z+d)}{\cosh kd}\mathrm{e}^{\mathrm{i}(kx+\sigma t)} \tag{7-136}$$

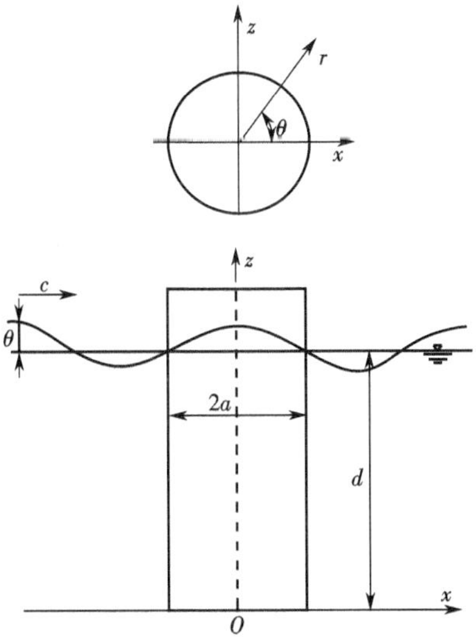

图7-29 大直径直立圆柱体波浪力计算的坐标系

实际上，具有物理意义的流速势函数只是上面的复数表达式的实部，但在数学中讨论物理现象时，使用复数推导较为方便。为了使入射波的势与柱面反射波的势便于叠加，引入极坐标 r 和 θ，则式(7-136)化为

$$\varphi=-\frac{gH}{2\sigma}\frac{\cosh k(z+d)}{\cosh kd}\left[\mathrm{J}_0(kr)+\sum_{m=1}^{\infty}2\mathrm{i}^m\cos m\theta\mathrm{J}_m(kr)\right]\mathrm{e}^{\sigma t\mathrm{i}} \tag{7-137}$$

式中，$J_m(kr)$为第一类贝塞尔(Bessel)函数。每一阶函数$J_m(kr)$乘以相应的方向余弦和时间因子$e^{\sigma ti}$都可以看作一个由中心向四周传播的柱面波。因此，对式(7－137)进行坐标变换意味着将一个具有水平波阵面的简单波用无限多个柱面波的和表示。

当圆柱存在于波动水体中时，由于绕射效应，入射波沿各个方向“入射”到柱面上，由于固体壁面的反射作用，将产生沿柱面的法向朝外呈发散面反射的柱面波。这个由柱面反射的波在柱面处有一定的幅度，而在无限远处，由于波阵面不断发散，即使总的波能量维持不变，柱面波的波幅亦将趋近于零。

以圆柱为中心朝外发散的柱面波的普遍形式可以表示为

$$\varphi_s = \sum_{m=0}^{\infty} A_m \cos m\theta [J_m(kr) - iY_m(kr)] e^{\sigma ti} \tag{7-138}$$

式中，$Y_m(kr)$是第二类 Bessel 函数，它代表和$J_m(kr)$有区别的另一种形式的波动。在二元波动问题中，特解$J_m(kr)$和$Y_m(kr)$线性组合，便构成了二元波动问题解的普遍形式。

将式(7－137)与式(7－138)叠加，并利用柱表面条件，即$\left.\frac{\partial \varphi}{\partial r}\right|_{r=a}=0$定出$A_m$后，便可得到受圆柱扰动后波动场的流速势函数为

$$\varphi = \frac{gH}{2\sigma} e^{\sigma ti} \frac{\cosh k(z+d)}{\cosh kd} \left\{ J_0(kr) - \frac{J_0'(kr)}{H_0^{(2)\prime}(ka)} H_0^{(2)}(kr) + 2\sum_{m=1}^{\infty} i^m \left[J_m(kr) - \frac{J_m'(ka)}{H_0^{(2)\prime}(ka)} - H_m^{(2)}(kr) \right] \cos m\theta \right\} \tag{7-139}$$

式中，$H_m^{(2)}(kr) = J_m(kr) - iY_m(kr)$，称为第二类汉开尔(Hankel)函数，函数组合$J_m(x) + iY_m(x) = H_m^{(1)}(x)$称为第一类汉开尔函数。它们乘以不同的时间因子$e^{\sigma ti}$和$e^{-\sigma ti}$均代表具有上述特性的波面阵。

作用在圆柱面上的压力可以利用理想流体无旋非恒定运动的伯努利方程

$$p = -\rho \frac{\partial \varphi}{\partial t} - \frac{1}{2}\rho\left[\left(\frac{\partial \varphi}{\partial x}\right)^2 + \left(\frac{\partial \varphi}{\partial z}\right)^2\right] - \rho g z$$

来计算。由于假定是理想液体的无旋运动，因此沿着柱的运动是对称的，上式右边括号内的速度项沿柱周长的积分为零。右边表示静水压强的第三项可以略去。于是得

$$p = -\rho \frac{\partial \varphi}{\partial t} \tag{7-140}$$

沿z轴单位长度上波浪力的x分量(简称单位力)为

$$f_x = \mathrm{Re}\left[2\int_0^{\pi} pa\cos(\pi - \theta)\,d\theta\right] \tag{7-141}$$

式中，符号 Re 表示对积分的结果取实部。将式(7－139)代入式(7－140)求得p后，即可代入式(7－141)求积分。注意，只含$\cos\theta$的项对积分起作用。积分结果取实部后可写为

$$f_x = \frac{2\rho g H \cosh k(z+d) A(ka) \cos(\sigma t - \alpha)}{k \cosh kd} \tag{7-142}$$

$$\tan\alpha = \frac{J_1'(ka)}{Y_1'(ka)}$$

$$A(ka)=\frac{1}{\sqrt{\mathrm{J}_1'^2(ka)+\mathrm{Y}_1'^2(ka)}}$$

在上式的推演中,取 $m=0,1$,而略去了 $m=2,3,4,\cdots$ 的各项。

将式(7-142)沿水深积分,则作用在直立圆柱面上的总波浪力为

$$F=\int_{-d}^{0}f_x\mathrm{d}z=\frac{2\rho gH}{k^2}\tanh kdA(ka)\cos(\sigma t-\alpha) \tag{7-143}$$

波浪力对海底的力矩可通过下式推求:

$$M=\int_{-d}^{0}(z+d)f_x\mathrm{d}z \tag{7-144}$$

习　题

一、问答题

1. 重力和惯性力在流体的波浪运动中各起什么作用?

2. 为什么波浪运动是理想流体的无旋运动?建立微幅波理论时都作了哪些假设?

3. 写出微幅波理论的基本方程和定解条件,并说明其意义及求解方法。

4. 波浪运动满足什么底部边界条件?运动和动力边界条件的物理意义是什么?如何采用数学表达式描述运动边界条件?

5. 波形传播速度与流体质点的绝对速度有何不同?

6. 说明波数 k 与圆频率 σ 的物理意义。二者与波要素有什么关系?

7. 水波如何按水深分类?不同水深的波浪相速度有什么差别?群速度又有什么差别?

8. 建立斯托克斯波理论的假设与建立微幅波理论的假设有什么不同?

9. 二元行进波由深水行进到浅水后,若波长保持不变,其波能量传播速度是否变化?

10. 什么是波的群速度?当水深 A 远大于波长 L 时,群速度与相速度的比例如何?当水深 A 远小于波长 L 时,群速度与相速度的比例如何?

11. 采用拉格朗日法得到的有限振幅立波水质点的压强,为什么可以用来以欧拉法研究直立墙面上各点所承受的压强?

12. 小尺度桩柱上的波浪力分为哪几部分?分别根据什么原理估算?其缺陷是什么?

13. 试述求解墩柱上的波浪力的思路。

二、计算题

1. 在岸上观察到浮标每分钟升降15次,求波浪的圆频率 ω、波数 k、波长 λ 和波速 c(可视为无限深水波)。

2. 在水深 $h=10$ m 的水域内有一个微幅波,波的振幅 $A=1$ m,波数 $k=0.21\ \mathrm{m}^{-1}$,求:

(1)波长、波速、周期;

(2)波面方程;

(3)$x_0=0$、$z_0=-5$ m 处水质点的轨迹方程。

3. 海洋波以10 m/s的速度移动,求波长和周期。

4. 证明 $w(z)=A\cos\frac{2\pi}{\lambda}(\xi+H\mathrm{i}-\Omega t)$ 为水深为 H 的行进波的复势,其中 $\xi=x+y\mathrm{i}$ 为复变数,y 轴竖直向上,原点在静水面上。并证明 $\Omega^2=\frac{2\pi}{\lambda}\tanh\frac{2\pi H}{\lambda}$。

[提示:$\cos(x+y\mathrm{i})=\cos x\cosh y-\mathrm{i}\sin x\sinh y$)]

5. 有一个半径为 a 的二维圆柱绕流,已知水面为小振幅波,建立基本方程及边界条件。

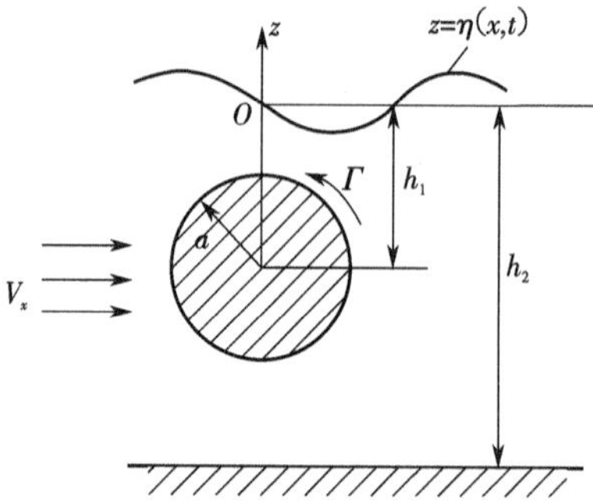

计算题 5 附图

6. 已知有限深液体平面行进波的流速势函数为 $\varphi=\frac{ag}{\sigma}\frac{\cosh k(z+h)}{\cosh kh}\cos(kx-\sigma t)$,写出自由表面的波形表达式。

7. 已知行进波的流速势函数为 $\varphi=\frac{ag}{\sigma}\mathrm{e}^{kz}\sin(kx-\sigma t)$,求:

(1)波速 c;

(2)波峰上流体质点的速度。

8. 有一艘全长为 90 m 的船沿某一方向以等速 v 航行,在船后与船航行的方向一致的波浪以传播速度 c 追赶该船。波浪超过一个船长所需的时间为 16.5 s,超过一个波长所需的时间为 6 s。求波长及船速 v。

9. 波长为 3.14 m 的波在某一深度处次波面的波高减小一半,求这一深度。

10. 一个线性平面重力波自由面形状为 $\eta=a\cos kx\cos\sigma t$,若水无限深,求:

(1)流体质点的速度;

(2)流体质点的运动轨迹;

(3)流体中的压强分布。

11. 已知某微幅波自由面形状为 $\eta=a\sin(3x-\sigma t)$,如果水深 $h=2$ m,求波长、频率。

12. 某线性平面重力波水深比波长小得多,已知其自由面形状为 $\eta=a\sin(kx-\sigma t)$,求流速势函数、波长、周期和相速度。

13. 已知波长为 10 m,波高为 1 m,求水下 1 m 处流体的相对压强。

14. 已知某深水波周期 $T=5$ s,波高 $H=1.2$ m,求其波长、波速、波群速以及波能传播量。

15. 已知在水深 $d=6.2$ m 处的海面上设置的浮标由于波浪的作用每分钟升降 12 次,观

察到波高 $H = 1.2$ m,求此波浪的波长、水底的流速振幅以及波动的压强变化振幅。

16. 设二维有限深度波动的流速势函数为 $\varphi = \frac{A_0 g}{\omega}\frac{\cosh k(z+d)}{\cosh kd}\sin(kx - \sigma t)$,求相应的流函数及复势表达式。

17. 在某水深处的海底设置压力式波高仪,测得周期 $T = 5$ s,最大压强 $p_{max} = 85\ 250$ Pa(包括静水压强,不包括大气压强),最小压强 $p_{min} = 76\ 250$ Pa,当地的水深、波高是多少?

18. 在 $d = 10$ m 的有限水深海域,$H = 2$ m,$L = 40$ m,分别采用微幅波理论和二阶斯托克斯波理论求(如果存在):(1)波浪传播速度 c,周期 T;(2)水面上水质点运动轨迹椭圆的长、短半轴值;(3)波浪中线超高 h_{s0};(4)水面上及海底水质点的最大速度;(5)海底任意点的压强;(6)单位宽度水体在一个波长范围内的总能量。

19. 有一个直立式防波堤位于水深 $d = 10$ m 处,其高 15 m,底宽 10 m。波高为 3 m,周期为 8 s 的波浪向此防波堤入射。(1)按照森弗鲁公式简化方法画出直立堤上出现波峰和波谷时的压力分布图,并计算直立堤每延米长度上的总波浪力和倾覆力矩;(2)如果堤高只有 12 m,波浪将越过堤顶,假设有越浪时直立堤面上的波压强分布与无越浪时相同,求总波浪力和倾覆力矩。

20. 一个桩基平台的支撑结构由 4 根直径 $D = 6.0$ m 的圆桩柱组成,桩间距均为 30 m。平台设计工作水深 $d = 40.0$ m,设计波高 $H = 10.0$ m,波周期 $T = 10.4$ s。试确定每根桩柱所受最大水平波浪力和作用点位置,4 根桩柱所受最大水平合波浪力和合波浪力矩。

第 8 章　相似理论与模型实验基础

处理流体力学问题的一个基本途径是直接应用前面所述的描述液体运动的基本方程求解,但由于液流运动基本方程的非线性和液流边界条件的复杂性,在求解这些基本方程时往往会在数学上遇到难以克服的困难,即使经过简化,也难以通过解析的方法求解。因而,不得不寻求其他分析途径和实验方法来解决工程中所遇到的流体力学问题。量纲分析和液流相似理论为解决这一类问题提供了十分有效的手段。

工程原型有时尺寸巨大,在其上进行实验会耗费大量人力与物力,有时则完全是不可能的(例如水坝、水工建筑物抗特大洪水的实验)。所以,通常利用缩小的模型进行实验。当然,如果原型尺寸很小,也可利用放大的模型进行实验。进行模型实验,首先必须解决以下两类问题。

(1)正确地设计和布置模型实验,例如模型形状与尺寸的确定、介质的选取。

(2)整理模型实验所得的结果,例如实验数据的整理,将实验结果推广到与实验相似的流动现象上。

相似理论是解决上述问题的基础。本章的重点是:应用量纲分析方法,在观测水力现象的基础上,建立其影响因素间的正确关系;从液流相似理论出发,建立各种力的相似条件,得到所应遵从的各种相似准则和比尺关系,为力学问题的实验研究提供理论依据。

8.1　量纲、单位和无量纲数

8.1.1　量纲和单位

流体力学中常见的物理量有长度、时间、速度、质量、力等。每一个物理量都有数量的大小和种类的差别。表征物理量的性质和类别的符号称为物理量的量纲(或因次)。例如,长度和时间就是不同性质的量;而管径 d 和水力半径 R 都是具有长度性质的同一类物理量,它们都具有长度的量纲。

量度各种物理量数值大小的标准称为单位。如长度的单位用米、厘米、尺、英尺等;时间的单位有秒、分、小时等。虽然某一类物理量的单位有不同的选择,该物理量的数值大小也就不同,但是所有同类物理量均具有相同的量纲。所以,量纲是物理量"质"的表征,而单位是物理量"量"的表征。

通常表示量纲的符号为物理量加方括号[ ]。例如长度 L 的量纲为$[L]$,时间 T 的量纲为$[T]$,质量 M 的量纲为$[M]$等。

全部物理量的量纲分为基本量纲和导出量纲两大类。所谓基本量纲是这样一组量纲:用它们的组合可以表示其余物理量的量纲,而它们之间是彼此独立不能相互表示的。其余量纲可由基本量纲导出，故称为导出量纲。在力学中，国际单位制（简称 SI）规定[L]、[T]、[M]为基本量纲，对应的基本单位长度用米（m）、时间用秒（s）、质量用千克（kg）。力 F 的量纲[F]可由基本量纲[L]、[T]、[M]直接导出，故[F]为导出量纲。但在工程界，20 世纪 80 年代以前习惯用[L]、[T]、[F]作为基本量纲，简称 LTF 制，而将质量的量纲[M]作为导出量纲。LTF 制现已被 LTM 基本量纲所取代。

在力学中通常会遇到三方面的物理量。

几何学量：如长度 L、面积 A、体积 V 等。

动力学量：如速度 u、加速度 a、角速度 ω、流量 Q、运动黏性系数 ν 等。

运动学量：如质量 m、力 F、密度 ρ、动力黏性系数 μ、切应力 τ、压强 p 等。

8.1.2　有量纲数和无量纲数

力学中某个物理量 U 的量纲可以用[L]、[T]、[M]这一组基本量纲的组合表示，即

$$[U]=[L]^{\alpha}[T]^{\beta}[M]^{\gamma} \tag{8-1}$$

式中基本量纲的指数 α、β、γ 的数值由该物理量的性质决定。

例如，当 U 为速度时，$\alpha=1,\beta=-1,\gamma=0$；当 U 为力时，$\alpha=1,\beta=-2,\gamma=1$。式（8－1）称为量纲表达式，只要指数 α、β、γ 中至少有一个不为零，则说明物理量 U 是有量纲的量。

当 $\alpha\neq0,\beta=0,\gamma=0$ 时，称为几何学量。

当 $\beta\neq0,\gamma=0$ 时，称为运动学量。

当 $\gamma\neq0$ 时，称为动力学量。

当 $\alpha=\beta=\gamma=0$ 时，称为无量纲量，记为

$$[U]=[L]^0[T]^0[M]^0=[1] \tag{8-2}$$

此时物理量 U 的数值与基本单位（L、M、T）的选择无关，是一个纯粹的数，在所有单位制中都保持同样的数值。例如，底坡 i 是落差与流程长度的比值，$i=\Delta h/L$，其量纲为$[L/L]=[L^0]=[1]$，即为无量纲量；圆周率 π 为圆的周长与直径之比，在任何单位制中其数值都不变化；此外，无量纲量还可以是几个物理量综合比较的结果，例如雷诺数 Re、弗劳德数 Fr 等，都是无量纲量。无量纲量的值与单位的选择无关（组合成无量纲量的各物理量的单位必须一致），这是其重要特点之一。

8.2　量纲齐次性原理和量纲分析法

在流体力学或其他学科领域中有时会遇到这样的情况：根据分析判断已知若干个物理量之间存在着函数关系，并且其中某个物理量受其余物理量的影响，但由于问题的复杂性，运用已有的理论分析方法不能确定这种变化过程的方程，这时就必须借助于科学实验。如果用依次改变每个自变量的方法进行实验，工作量过于巨大，为了减少工作量，同时使实验结果具有普遍适用价值，就必须合理选择实验变量，通常将物理量之间的函数式转化成无量纲量之间的函数式。确定实验中的无量纲量，需要量纲分析法和 π 定理的知识。

8.2.1 量纲齐次性原理

在各种物理现象中，各物理量间存在着一定的关系，可表示为物理方程。如果一个物理方程完整地反映了某一个物理现象的客观规律，则方程中的每一项和方程的两边一定具有相同的量纲，物理方程的这种性质就叫作量纲齐次性原理。例如，作为推导力学相似准则的基础的牛顿第二定律 $F=ma$，显然方程的量纲是相同的，因为采用基本量纲 M、L 和 T 时，方程左边力的量纲是 $[MLT^{-2}]$，方程右边的量纲也是 $[MLT^{-2}]$，即方程两边的量纲是相同的。

众所周知，正确的物理规律不应随单位的选择而改变形式。所以，为了正确地反映客观规律，物理公式可以由无量纲形式组成，或者说能够化为无量纲形式。由于量纲的齐次性，任何完整的物理公式都可以化为无量纲形式。

例如，理想液体的伯努利方程

$$z_1+\frac{p_1}{\gamma}+\frac{v_1^2}{2g}=z_2+\frac{p_2}{\gamma}+\frac{v_2^2}{2g}$$

可改写为

$$\frac{z_1-z_2}{v_1^2/2g}+\frac{p_1-p_2}{\gamma v_1^2/2g}=\left(\frac{v_2}{v_1}\right)^2-1$$

上式中各项均为无量纲量。

8.2.2 量纲分析法

由于实际液流运动的复杂性，有时候通过实验或现场观测可得知液流运动的若干因素，但是得不出这些因素之间的指数关系式。在这种情况下，就可采用量纲分析法快速得出各因素之间的正确结构形式，这是量纲分析法最显著的特点和优点。

量纲分析通常采用两种方法：一种称为雷利法，它适用于影响因素较少（$\leqslant 3$）的物理过程；另一种是具有普遍性的方法，称为 π 定理。它们都以量纲一致性原则为基础。

8.2.2.1 雷利法

雷利法直接应用量纲齐次性原理建立物理量间的指数关系式，其基本步骤通过下面的实例进行说明。

【例 8-1】 一个质量为 m 的物体从空中自由降落，经实验认为其降落的距离 s 与重力加速度 g 及时间 t 有关。试用雷利法得出自由落体的公式。

解：假定此自由落体降落的距离 s 与重力加速度 g、时间 t 及物体的质量 m 有关，其关系式可以写成各变量的指数的乘积，即

$$s=kg^x t^y m^z$$

式中比例系数 k 为纯数。

把上式写成量纲关系式

$$[L]=[LT^{-2}]^x[T]^y[M]^z$$

根据量纲齐次性原理，上式左右两边的量纲必须一致，从而得到

$$[L]:1=x,x=1$$

$[T]:0=-2x+y, y=2$

$[M]:0=z, z=0$

将指数 x、y、z 的值代入关系式，得

$$s=kgt^2$$

式中质量的指数为零，表明降落的距离与质量无关，常数 k 由实验确定。

【例 8-2】 通过实验观察得知，矩形量水堰的过堰流量 Q 与堰上水头 H_0、堰宽 b、重力加速度 g 等物理量之间存在着以下关系：

$$Q=kb^{\alpha}g^{\beta}H_0^{\gamma}$$

式中比例系数 k 为纯数。试用量纲分析法确定过堰流量公式的结构形式。

解：由已知关系式写出其量纲关系式

$$[L^3T^{-1}]=[L]^{\alpha}[LT^{-2}]^{\beta}[L]^{\gamma}=[L]^{\alpha+\beta+\gamma}[T]^{-2\beta}$$

由量纲一致性原理得

$[L]:\alpha+\beta+\gamma=3$

$[T]:-2\beta=-1$

联解以上两式，可得 $\beta=1/2$，$\alpha+\gamma=5/2$。

根据经验，过堰流量 Q 与堰宽 b 的一次方成正比，即 $\alpha=1$，从而得 $\gamma=3/2$。将 α、β、γ 的值代入量纲关系式，并令 $m=k/\sqrt{2}$，得

$$Q=mb\sqrt{2g}H_0^{\frac{3}{2}}$$

此式为堰流基本公式。

【例 8-3】 求水泵输出功率的表达式。

解：水泵输出功率是单位时间内水泵输出的能量。

(1) 找出与水泵输出功率 N 有关的物理量，包括单位体积水的重量 $\gamma=\rho g$、流量 Q、扬程 H，即

$$f(N,\gamma,Q,H)=0$$

(2) 写出指数乘积关系式

$$N=k\gamma^aQ^bH^c$$

(3) 写出量纲关系式

$$[N]=[\gamma]^a[Q]^b[H]^c$$

(4) 按式(8-1)，以基本量纲（$[M]$、$[L]$、$[T]$）表示各物理量的量纲：

$$[M][L]^2[T]^{-3}=([M][L]^{-2}[T]^{-2})^a([L]^3[T]^{-1})^b[L]^c$$

(5) 根据量纲齐次性原理求量纲的指数。

$[M]:1=a$

$[L]:2=-2a+3b+c$

$[T]:-3=-2a-b$

得 $a=1$，$b=1$，$c=1$。

(6) 整理方程式得

$$N=k\gamma QH$$

k 为由实验确定的系数。

【例8－4】 求圆管层流的流量关系式。

解:(1)找出影响圆管层流流量的物理量,包括管段两端的压强差 Δp、管段长 l、管半径 r_0、流体的黏度 μ。根据经验和已有实验资料,得知流量 Q 与压强差 Δp 成正比,与管段长 l 成反比。因此,可将 Δp、l 归并为一项 $\Delta p/l$,得到

$$f(Q,\Delta p/l,r_0,\mu)=0$$

(2)写出指数乘积关系式

$$Q=k\left(\frac{\Delta p}{l}\right)^a r_0^b\mu^c$$

(3)写出量纲关系式

$$[Q]=\left(\frac{[\Delta p]}{[l]}\right)^a[r_0]^b[\mu]^c$$

(4)按式(8－1),以基本量纲([M]、[L]、[T])表示各物理量的量纲:

$$[L]^3[T]^{-1}=([M][L]^{-2}[T]^{-2})^a[L]^b([M][L]^{-1}[T]^{-1})^c$$

(5)根据量纲齐次性原理求量纲的指数。

$$[M]:0=a+c$$

$$[L]:3=-2a+b-c$$

$$[T]:-1=-2a-c$$

得 $a=1,b=4,c=-1$。

(6)整理方程式得

$$Q=k\frac{\Delta p}{l}r_0^4\mu^{-1}=k\frac{\Delta p r_0^4}{l\mu}$$

系数 k 由实验确定,$k=\frac{\pi}{8}$,则

$$Q=\frac{\pi}{8}\frac{\Delta p r_0^4}{l\mu}=\frac{\rho gJ}{8\mu}\pi r_0^4$$

其中

$$J=\frac{\Delta p/\rho g}{l}$$

由以上例题可以看出,用雷利法求力学方程,在有关物理量不超过4个,待求的量纲指数不超过3个时,可直接根据量纲齐次性原理求出各量纲的指数,建立方程,如例8－3。当有关物理量超过4个时,则需要归并有关物理量或选待定系数,以求得量纲的指数,如例8－4。

可以看出,量纲分析法开拓了研究此类问题的途径。然而,量纲分析法也有其不足之处。因为物理量的基本量纲只有3个,即 M、L、T,所以只有当影响流动的参数也只有3个时,才能用3个等式求解3个未知数(即3个指数)。若影响流动的参数有4个,在只有3个等式的情况下求解4个指数,就存在1个待定指数。如果影响流动的参数更多,就有更多待定指数。所以,这种方法在指数的选取上存在着困难。

因此，白金汉提出了改进的量纲分析法，即解决上述问题的另外一种更普遍的方法，就是著名的 π 定理。

8.2.2.2　π 定理

π 定理是 1915 年由白金汉提出的具有普遍性的量纲分析法，故又叫白金汉定理。其基本意义可表述为：一个物理过程如包含 N 个物理量，涉及 r 个基本量纲，则这个物理过程可由 $N-r$ 个无量纲量的关系式来描述。因这些无量纲量用 $\pi_i(i=1,2,3,\cdots)$ 表示，故简称为 π 定理。

设影响物理过程的 N 个物理量为 $x_1,x_2,\cdots,x_N$，则这个物理过程可以用一个完整的函数关系式表示：

$$f(x_1,x_2,\cdots,x_N)=0 \tag{8-3}$$

根据国际单位制，流体力学中的基本量纲一般是 $[L]$、$[T]$、$[M]$，即 $r=3$，因此可从 N 个物理量中选出 3 个基本物理量，这 3 个基本物理量应满足：①包含所有物理量的基本量纲；②它们之间的量纲相互独立。这 3 个基本物理量一般可在几何学量、运动学量和动力学量中各选 1 个，然后在剩下的 $N-r$ 个物理量中每次轮取 1 个与所选的 3 个基本物理量组成 $N-r$ 个无量纲的 π 项，再根据量纲齐次性原理求出 $\pi_1,\pi_2,\cdots,\pi_{N-r}$。则式(8-3)可写成

$$F(\pi_1,\pi_2,\cdots,\pi_{N-r})=0 \tag{8-4}$$

这样就把一个具有 N 个物理量的关系式式(8-3)简化成了具有 $N-r$ 个无量纲量的表达式，这种表达式一般具有描述物理过程的普遍意义，可作为对问题进一步分析研究的基础。

【例 8-5】　实验表明，液流中边壁切应力 τ_0 与断面平均流速 v、水力半径 R、壁面粗糙度 Δ、液体密度 ρ 和动力黏度 μ 有关，试用 π 定理导出边壁切应力 τ_0 的一般表达式。

解：根据题意，此物理过程可用函数表达式 $F(\tau_0,v,\mu,\rho,R,\Delta)=0$ 表示。

选定几何学量中的 R、运动学量中的 v、动力学量中的 ρ 作为基本物理量。本题中物理量的个数 $N=6$，基本物理量的个数 $r=3$，因此可组成含 $N-r=6-3=3$ 个无量纲量的方程，即

$$F_1\left(\frac{\tau_0}{\rho^{x_1}v^{y_1}R^{z_1}},\frac{\mu}{\rho^{x_2}v^{y_2}R^{z_2}},\frac{\Delta}{\rho^{x_3}v^{y_3}R^{z_3}}\right)=0$$

比较上式中每个因子的分子和分母的量纲，它们应满足量纲齐次性原理。

第一个因子的量纲关系为

$$[\tau_0]=[\rho]^{x_1}[v]^{y_1}[R]^{z_1}$$

$$[ML^{-1}T^{-2}]=[ML^{-3}]^{x_1}[LT^{-1}]^{y_1}[L]^{z_1}$$

由等式两边量纲相等得

$$[M]:x_1=1$$

$$[L]:-3x_1+y_1+z_1=-1$$

$$[T]:-y_1=-2$$

联解得

$$\begin{cases}x_1=1\\y_1=2\\z_1=0\end{cases}$$

求得

$$\pi_1=\frac{\tau_0}{\rho v^2}$$

第二个因子的量纲关系为

$$[\mu]=[\rho]^{x_2}[v]^{y_2}[R]^{z_2}$$

$$[ML^{-1}T]=[ML^{-3}]^{x_2}[LT^{-1}]^{y_2}[L]^{z_2}$$

由等式两边量纲相等得

$$[M]:x_2=1$$

$$[L]:-3x_2+y_2+z_2=-1$$

$$[T]:-y_2=-1$$

联解得

$$\begin{cases}x_2=1\\y_2=1\\z_2=1\end{cases}$$

求得

$$\pi_2=\frac{\mu}{\rho vR}$$

同理,求得

$$\pi_3=\frac{\Delta}{R}$$

因此,对于任意选取的独立物理量 ρ、v、R,上述物理量之间的关系为

$$F_1(\pi_1,\pi_2,\pi_3)=0$$

无量纲量 $\rho vR/\mu$ 即雷诺数 Re,Δ/R 为相对粗糙度。上式也可以写成

$$\frac{\tau_0}{\rho v^2}=f\left(Re,\frac{\Delta}{R}\right)$$

或

$$\tau_0=f\left(Re,\frac{\Delta}{R}\right)\rho v^2$$

这就是液流中边壁切应力 τ_0 与流速 v、密度 ρ、雷诺数 Re、相对粗糙度 Δ/R 之间的关系式。这只是由量纲分析求得的量纲关系,至于 $f\left(Re,\frac{\Delta}{R}\right)$ 的具体关系,必须通过物理模型实验确定。

通过以上分析可知,在应用雷利法和 π 定理进行量纲分析时,都以量纲齐次性原理为基础。

在流体力学中当仅知道一个物理过程包含哪些物理量而不能给出反映该物理过程的微分方程或积分方程时，可以用量纲分析法导出该物理过程中各主要物理量之间的量纲关系式，并在满足量纲齐次性原理的基础上建立正确的物理公式，这是量纲分析法的主要用处。尽管量纲分析法具有如此明显的优点，但其毕竟是一种数学分析方法，具体应用时还须注意以下几点。

(1)在选择物理过程的影响因素时，绝对不能遗漏重要的物理量，也不要选得过多、重复或选得不全，以免导致错误的结论。

(2)所选的基本物理量应满足彼此独立的条件，一般在几何学量、运动学量和动力学量中各选一个。

(3)当通过量纲分析所得到的物理过程的表达式中存在无量纲系数时，量纲分析无法给出其具体数值，只能通过实验求得。

(4)量纲分析法无法区别量纲相同而物理意义不同的量。例如，流函数 ψ、流速势函数 φ、运动黏度 ν 的量纲均为 $[L^2/T]$，但其物理意义在公式中是不同的。

最后需要指出的是，必须对所要研究的物理问题有细致的观察和深刻的了解，才能有效地运用量纲分析法。换句话说，归根到底只能从实验中来、到实验中去，若缺乏实验资料，单纯依靠量纲分析是得不出正确结果的。

8.3　相似理论

8.3.1　流动相似的原理

许多流体力学问题都需要进行实验和模拟。如何进行实验？如何把实验成果推演到实际问题中去？相似理论(similarity theory)作为实验和模拟的理论依据，就是用于解决这类问题的。液流相似理论不仅是实验研究的理论根据，而且是对液流现象进行理论分析的重要手段，应用非常广泛，从局部流动现象到大气环流、海洋流动等，都可借助液流相似理论探求其运动规律。在流体力学的研究中，从水流的内部机理至与水流接触的各种复杂边界，包括水力机械、水工建筑物等的设计、施工，与运行管理等有关的水流问题，都可应用流体力学模型实验进行研究，即在和原型水流相似但几何尺寸缩小了的模型中进行实验。如果在几何尺寸缩小了的模型中，所有物理量都与原型中相应点上的对应物理量保持一定的比例关系，则这两种流动现象是相似的，这就是流动相似的基本含义。

在两个相似的水流系统中，每一个物理量的比尺常数都有各自的数值，例如长度 l、速度 u、力 F 的比例常数分别为

$$\lambda_l = \frac{l_\mathrm{p}}{l_\mathrm{m}}, \lambda_u = \frac{u_\mathrm{p}}{u_\mathrm{m}}, \lambda_F = \frac{F_\mathrm{p}}{F_\mathrm{m}}$$

式中：下角标“p”表示原型(prototype)量，“m”表示模型(model)量；λ_l、λ_u、λ_F 为各种物理量的相似比例常数，称为各种物理量的比尺(scale)，表示原型量与对应的模型量之比。λ_l 称为长度比尺(length scale)，λ_u 称为速度比尺(velocity scale)，λ_F 称为力比尺(force scale)。比

尺越大,模型越小。

8.3.2 液流相似的特征

表征液流现象的基本物理量一般可分为三类:第一类是描述液流的几何形状的量,如长度、面积、体积等;第二类是描述液流的运动状态的量,如时间、速度、加速度、流量等;第三类是描述液流的运动动力特征的量,如质量、动量、密度等。因此,两个系统的相似特征可以用几何相似、运动相似、动力相似以及初始条件和边界条件相似来描述。

1)几何相似(geometric similarity)

如果两个液流系统中对应点上的每一种几何量都存在着固定的比例关系,则这两个流动称为几何相似的。保证了这一点,就可使得原型和模型两个流场的几何形状相似。

如以 l 表示某一几何长度,其长度比尺为

$$\lambda_l = \frac{l_p}{l_m} \tag{8-5}$$

由此可推得相应的面积 A 和体积 V 的比例,即

$$\lambda_A = \frac{A_p}{A_m} = \frac{l_p^2}{l_m^2} = \lambda_l^2 \tag{8-6}$$

$$\lambda_V = \frac{V_p}{V_m} = \frac{l_p^3}{l_m^3} = \lambda_l^3 \tag{8-7}$$

几何相似时,对应的夹角相等。严格地说,几何相似还包括原型与模型表面的粗糙度相似,但这一点在一般情况下不易做到,只有在流体阻力实验、边界层实验等情况下才考虑物体表面的粗糙度相似。这样,在知道了原型的尺寸后,就可按照长度比尺求得模型的几何尺寸。

2)运动相似(kinematic similarity)

在几何相似的条件下,原型流动与模型流动的流线应该几何相似,即对应的速度场、加速度场相似,包括速度与加速度方向一致、大小成比例。

运动相似指液体运动的速度场相似,也就是两个流场各相应点(包括边界上的点)的速度 u 方向相同、大小成一个固定的比例 λ_u。

如以 u_p表示原型某一点的速度,u_m表示模型相应点的速度,则速度比尺为

$$\lambda_u = \frac{u_p}{u_m}$$

流速是位移对时间 t 的微商$\frac{dl}{dt}$,令 λ_t为相应点处的液体质点运动相应的位移所需时间的比例,

$$\lambda_t = \frac{t_p}{t_m} \tag{8-8}$$

则有

$$\lambda_u=\frac{u_p}{u_m}=\frac{\dfrac{dl_p}{dt_p}}{\dfrac{dl_m}{dt_m}}=\frac{dl_p dt_m}{dl_m dt_p}=\frac{\lambda_l}{\lambda_t} \tag{8-9}$$

分析式(8-9)可以看出长度比尺 λ_l 已由几何相似定出,因此运动相似就已规定时间比尺。

由于各相应点的速度成比例,所以相应断面的平均流速有同样的比尺,即

$$\lambda_v=\frac{v_p}{v_m}=\lambda_u$$

同样,在运动相似的条件下,流场中相应位置液体质点的加速度也是相似的,即

$$\lambda_a=\frac{a_p}{a_m}=\frac{\dfrac{du_p}{dt_p}}{\dfrac{du_m}{dt_m}}=\frac{\lambda_l}{\lambda_t^2}=\frac{\lambda_u}{\lambda_t} \tag{8-10}$$

3)动力相似(dynamic similarity)

动力相似指在几何相似的条件下,原型与模型流动中对应点的同名力方向相同,且大小成比例。同名力是具有同一力学性质的力,例如两水流相应点所受的压力。

若两个液流相应点处质点所受同名力 F 的方向互相平行,大小之比为一个固定值 λ_F,则称这两个液流动力相似。于是力比尺为

$$\lambda_F=\frac{F_p}{F_m} \tag{8-11}$$

若作用在原型和模型相应液流质点 M_p 和 M_m 上的力分别为 F_{1p}、F_{2p}、F_{3p} 和 F_{1m}、F_{2m}、F_{3m},根据达朗贝尔原理,任一运动质点的惯性力与质点所受的主动力平衡,构成封闭的力多边形。即动力相似表征为液流相应点上的力多边形相似,相应力(即同名力)成比例:

$$\frac{F_{1p}}{F_{1m}}=\frac{F_{2p}}{F_{2m}}=\frac{F_{3p}}{F_{3m}}=\frac{(ma)_p}{(ma)_m} \tag{8-12}$$

以上就是流动相似的含义。凡流动相似的液流,必是几何相似、运动相似和动力相似的流动。这三种相似是相联系的,几何相似是运动相似和动力相似的前提,动力相似是运动相似的主导,运动相似是几何相似和动力相似的表现。要使模型流动与原型流动相似,除了上述三个相似条件之外,还必须使两个流动的初始条件和边界条件相似。

4)初始条件和边界条件相似

初始条件和边界条件相似是流动相似的充分条件,正如初始条件和边界条件是微分方程的定解条件一样。在非恒定流中,初始条件是必需的;在恒定流中,初始条件则失去了实际意义。边界条件在一般条件下可分为几何的、运动的和动力的三方面,如固体边界上的法线流速为零,自由表面上的压强为大气压强等。初始条件和边界条件相似是模型及原型都应满足的条件。

符合上述全部条件的物理相似称为流动的力学相似。在上述所有的相似比例尺中,有三个各自独立的基本比例尺 l、u、F,基本比例尺一旦确定,其他一切物理量的比例尺随之确

定，原型与模型之间的一切物理量换算关系也就随之确定了。

还需说明一下，两个力学相似的流动还应该具有相同的运动微分方程。这是因为流体的运动微分方程实质上是惯性力、压力、黏性力以及其他外力的平衡关系式，两个流动相似，则对应点上的这些力应当方向一致、大小成比例。因此，如果两个流动相似，应满足同一运动微分方程。反之，如果两个流动具有相同的运动微分方程，则它们具有运动相似与动力相似的性质，几何相似已包含在运动相似与动力相似之中。因此，如果两个流动满足同一运动微分方程，且具有相似的初始条件和边界条件，那么这两个流动是力学相似的。

8.4 液流相似准则

由前面的讨论可知，判定两个流动是否相似，可采用检查各种比尺的方法，但是这样做往往是很烦琐的。实际上判定两个流动是否相似，可采用一个更简便的方法，即相似定理。

在介绍相似定理之前，先定义相似现象。相似现象必须满足下列条件。

(1)描述现象的微分方程组必须相同。

(2)单值条件相似。单值条件分为：

①几何条件，例如几何形状及；

②物性条件，例如密度与黏度；

③边界条件，例如进出口及壁面处的流速；

④初始条件，例如初始速度、温度等。

在定常流动的情况下，如果模型与原型采用同样的流体，则单值条件就是几何条件与边界条件。

(3)同名准则数相等。

上述三个条件是相似现象的必要与充分条件。

根据几何相似、运动相似和动力相似的定义，得到了长度比尺 λ_l、速度比尺 λ_u 或 λ_v、力比尺 λ_F 等。这些比尺之间有一定的约束关系，这些约束关系是由力学基本定律决定的。

流动由于运动的惯性产生惯性力，企图维持原有的运动状态。主动力有重力、黏滞力、压缩性引起的弹性力以及液体的表面张力等，它们都是企图改变运动状态的力。流动变化就是惯性力与主动力共同作用的结果。因此，各种力之间的比例关系应以惯性力为基准相互比较。在两个相似的流动中，这种比例关系应保持不变。

惯性力 $I = ma = \rho Va$（ρ 为密度，V 为体积），则惯性力比尺为

$$\lambda_I = \frac{(\rho Va)_{\mathrm{p}}}{(\rho Va)_{\mathrm{m}}} = \lambda_\rho \lambda_l^3 \lambda_a = \lambda_\rho \lambda_l^2 \lambda_v^2 \tag{8-13}$$

若某一个企图改变运动状态的力为 F，则两个相似流动的 F 比尺为

$$\lambda_F = \frac{F_{\mathrm{p}}}{F_{\mathrm{m}}}$$

根据动力相似有

$$\lambda_F = \lambda_I$$

即

$$\frac{F_{\mathrm{p}}}{F_{\mathrm{m}}}=\lambda_I=\lambda_\rho\lambda_l^2\lambda_v^2=\frac{\rho_{\mathrm{p}}l_{\mathrm{p}}^2v_{\mathrm{p}}^2}{\rho_{\mathrm{m}}l_{\mathrm{m}}^2v_{\mathrm{m}}^2} \tag{8-14}$$

$$\lambda_F=\lambda_\rho\lambda_l^2\lambda_v^2 \tag{8-15}$$

式(8－15)表明两个相似流动的力比尺 λ_F 取决于 λ_ρ、λ_l 和 λ_v。

式(8－15)也可以写成

$$\frac{F_{\mathrm{p}}}{\rho_{\mathrm{p}}l_{\mathrm{p}}^2v_{\mathrm{p}}^2}=\frac{F_{\mathrm{m}}}{\rho_{\mathrm{m}}l_{\mathrm{m}}^2v_{\mathrm{m}}^2} \tag{8-16}$$

令

$$Ne=\frac{F}{\rho l^2v^2} \tag{8-17}$$

Ne 称为牛顿数(Newton Number)，它表示液流所受的物理力与惯性力之比。

式(8－17)表示两个相似流动的牛顿数应相等，这是流动相似的重要标志和准则，称为牛顿相似准则(Newton's Similarity Criterion)。

下面分析讨论黏性力、重力、压力、表面张力、弹性力等的相似关系。

8.4.1　雷诺(Reynolds)准则

若作用在两个液流相应质点上的黏性阻力 T 成一个固定的比例 λ_T，根据牛顿内摩擦定律，

$$\lambda_T=\frac{T_{\mathrm{p}}}{T_{\mathrm{m}}}=\frac{\mu_{\mathrm{p}}A_{\mathrm{p}}\dfrac{\mathrm{d}u_{\mathrm{p}}}{\mathrm{d}y_{\mathrm{p}}}}{\mu_{\mathrm{m}}A_{\mathrm{m}}\dfrac{\mathrm{d}u_{\mathrm{m}}}{\mathrm{d}y_{\mathrm{m}}}}=\lambda_\rho\lambda_\nu\lambda_l\lambda_u \tag{8-18}$$

为两个液流的运动黏性系数之比。

要满足黏性阻力动力相似，就要求作用在任意相应质点上的惯性力之比与黏性阻力之比相等，即

$$\lambda_I=\lambda_T$$

或

$$\lambda_\rho\lambda_l^2\lambda_u^2=\lambda_\rho\lambda_\nu\lambda_l\lambda_u$$

得

$$\frac{\lambda_u\lambda_l}{\lambda_\nu}=1 \tag{8-19}$$

式(8－19)说明，若要满足黏性阻力相似，λ_u、λ_l、λ_ν 的选择受该式控制。

式(8－19)也可写成

$$\frac{u_{\mathrm{p}}l_{\mathrm{p}}}{\nu_{\mathrm{p}}}=\frac{u_{\mathrm{m}}l_{\mathrm{m}}}{\nu_{\mathrm{m}}}$$

即

$$Re_{\mathrm{p}}=Re_{\mathrm{m}} \tag{8-20}$$

$Re=\frac{ul}{\nu}$,为雷诺数。式(8－20)说明两个流动的黏性阻力相似时,原型与模型的雷诺数相等,这就是雷诺准则,也称黏性阻力相似准则。

8.4.2 弗劳德(Froude)准则

若作用在两个液流相应质点上的重力 G 成一个固定的比例 λ_G,

$$\lambda_G=\frac{G_p}{G_m}=\frac{m_p g_p}{m_m g_m}=\lambda_\rho\lambda_l^3\lambda_g \tag{8-21}$$

式中:$\lambda_g=g_p/g_m$,为两个液流相应质点的重力加速度之比,通常为1。

要满足动力相似,就要求作用在相应质点上的重力之比与惯性力之比相等,即

$$\lambda_G=\lambda_I$$

或

$$\lambda_\rho\lambda_l^3\lambda_g=\lambda_l^2\lambda_\rho\lambda_u^2$$

得

$$\frac{\lambda_u^2}{\lambda_g\lambda_l}=1 \tag{8-22}$$

式(8－22)说明,若要满足重力相似,λ_u、λ_l、λ_g 的选择受该式控制,其中只有2个是独立的。式(8－22)一般可写成

$$\frac{u_p^2}{g_p l_p}=\frac{u_m^2}{g_m l_m} \tag{8-23}$$

即

$$Fr_p=Fr_m$$

式(8－23)表明:两个流动相应点的弗劳德数相等,这就是弗劳德准则,也称重力相似准则。

8.4.3 欧拉(Euler)准则

若作用在两个液流相应质点上的动水总压力成一个固定的比例 λ_P,根据 $P=pA$,

$$\lambda_P=\frac{P_p}{P_m}=\frac{p_p A_p}{p_m A_m}=\lambda_p\lambda_l^2 \tag{8-24}$$

式中:$\lambda_p=p_p/p_m$,为两个液流相应质点的动水压强之比。

要满足动力相似,就要求作用在相应质点上的动水压力之比与惯性力之比相等,即

$$\lambda_P=\lambda_I$$

或

$$\lambda_p\lambda_l^2=\lambda_l^2\lambda_\rho\lambda_u^2$$

得

$$\frac{\lambda_p}{\lambda_u^2\lambda_\rho}=1 \tag{8-25}$$

式(8－25)说明,若要满足动水压力相似,λ_p、λ_u、λ_ρ(原型与模型通常采用同一液体,即 $\lambda_\rho=1$)的选择受该式控制,其中只有 2 个是独立的。式(8－25)一般可写成

$$\frac{p_{\mathrm{p}}}{u_{\mathrm{p}}^2\rho_{\mathrm{p}}}=\frac{p_{\mathrm{m}}}{u_{\mathrm{m}}^2\rho_{\mathrm{m}}} \tag{8-26}$$

即

$$Eu_{\mathrm{p}}=Eu_{\mathrm{m}}$$

Eu 称为欧拉数(Euler Number),它反映了动水压力与惯性力的比值。式(8－26)表明:两个流动相应点的欧拉数相等,这就是欧拉准则,也称压力相似准则。

有时以液流中相应两点的压强差 Δp 代替式(8－26)中的压强 p,于是欧拉数为

$$Eu=\frac{\Delta p}{u^2\rho}$$

只要满足了雷诺准则或弗劳德准则,欧拉准则将自动满足。

8.4.4 紊流阻力相似(Turbulent Resistance Similarity)准则

在分析阻力的时候,已经注意到水流阻力主要由切应力引起。切应力包括黏滞切应力与紊流附加切应力两部分,由于两者的性质不同,所引起的阻力的性质即相似准则也不同。当水流的雷诺数较小时,黏滞阻力占主要地位,此时雷诺相似准则起主导作用;当水流的雷诺数较大时,紊流阻力的作用增大,黏滞阻力的作用减小;当雷诺数很大时,水流紊动充分发展,水流阻力达到阻力平方区,此时紊流阻力占主导地位,黏滞阻力的作用可忽略不计,雷诺相似准则已不适用。下面讨论充分发展的紊流阻力相似准则。

流动的紊流阻力可表示为切应力乘以其作用面积,即

$$F_\tau=\tau_0 l^2 \tag{8-27}$$

在例 8－5 中,已经通过量纲分析得到切应力的关系式 $\tau_0=f(Re,\Delta/R)\rho v^2$,代入式(8－27)并引入特征长度,得

$$F_\tau=f\left(Re,\frac{\Delta}{R}\right)\rho l^2 v^2 \tag{8-28}$$

Re 越大,意味着黏滞作用越小。当 Re 增大到一定程度后,黏滞作用可不予考虑,以函数 $f(Re,\Delta/R)$ 表示的阻力系数与 Re 不再有依赖关系,只是相对光滑度 R/Δ(相对粗糙度的倒数)的函数。因此,

$$F_\tau=f\left(\frac{\Delta}{R}\right)\rho l^2 v^2 \tag{8-29}$$

写成比尺关系为

$$\lambda_{F\tau}=\lambda_f\lambda_\rho\lambda_l^2\lambda_v^2 \tag{8-30}$$

将式(8－30)与以比尺表示的牛顿相似准则式(8－15)相比,可得

$$\frac{\lambda_{F\tau}}{\lambda_F}=\frac{\lambda_f\lambda_\rho\lambda_l^2\lambda_v^2}{\lambda_\rho\lambda_l^2\lambda_v^2}=1$$

即

$$\lambda_f = 1 \tag{8-31}$$

因此，要保证两个液流系统的紊流阻力相似，就要求原型和模型的阻力系数 $f(\Delta/R)$ 相等，即两个液流系统的流动都必须处于阻力平方区。或者说，在两个相似的液流中，只要流动的 Re 足够大，保证水流进入阻力平方区，原型与模型保持相对粗糙度相等，则无须考虑 Re 是否相等，阻力作用将自动相似。这种流区称为自动模型区，简称自模区。

常用的谢才公式为

$$v = C\sqrt{RJ}$$

式中谢才系数 C 与阻力系数 f 的关系为 $f = g/C^2$。由于 $\lambda_f = 1$，即 $\lambda_g/\lambda_C^2 = 1$，又因 $\lambda_g = 1$，故

$$\lambda_C^2 = 1 \tag{8-32}$$

即紊流阻力相似要求原型与模型的谢才系数相等：

$$C_{\mathrm{p}} = C_{\mathrm{m}} \tag{8-33}$$

根据曼宁公式 $C = \dfrac{1}{n}R^{1/6}$ 可知 $\lambda_C = \lambda_R^{1/6}/\lambda_n = 1$，则明渠或河道糙率 n 的比尺为

$$\lambda_n = \lambda_R^{1/6} = \lambda_l^{1/6}$$

或

$$n_{\mathrm{m}} = n_{\mathrm{p}}/\lambda_l^{1/6} \tag{8-34}$$

因此，在紊流充分发展的情况下，若要保证原型与模型的紊流阻力相似，就要保证两个流动系统的阻力系数 f（即相对粗糙程度 Δ/R）或谢才系数 C 相等，或保证两者的糙率 n 有如式（8－34）所示的关系。

8.4.5 其他准则

若作用在相似液流上的同名力不止以上三类，就会引出另外一些需要满足的准则。

（1）若考虑液体运动时的表面张力作用，由液体受到的惯性力与表面张力之比可得韦伯数（We）。要满足两个流动表面张力相似，必须保证韦伯数相等，即

$$\frac{\rho_{\mathrm{p}}v_{\mathrm{p}}^2 l_{\mathrm{p}}}{\sigma_{\mathrm{p}}} = \frac{\rho_{\mathrm{m}}v_{\mathrm{m}}^2 l_{\mathrm{m}}}{\sigma_{\mathrm{m}}} \tag{8-35}$$

或

$$We_{\mathrm{p}} = We_{\mathrm{m}}$$

式中：σ 为表面张力系数。

（2）若考虑液体运动时的弹性力作用，由液体受到的惯性力与弹性力之比可得柯西数（Ca）。要满足两个流动弹性力相似，必须保证柯西数相等，即

$$\frac{\rho_{\mathrm{p}}v_{\mathrm{p}}^2}{K_{\mathrm{p}}} = \frac{\rho_{\mathrm{m}}v_{\mathrm{m}}^2}{K_{\mathrm{m}}} \tag{8-36}$$

或

$$Ca_{\mathrm{p}} = Ca_{\mathrm{m}}$$

式中：K 为液体的体积弹性系数。

声音在流体中的传播速度（声速）$c = \sqrt{K/\rho}$，代入柯西数，$\sqrt{Ca} = v/c = Ma$。Ma 称为马

赫数(Mach Number)。在空气流速接近或超过声速时,要保证流动相似,需保证马赫数相等,即

$$\frac{v_{\mathrm{p}}}{c_{\mathrm{p}}}=\frac{v_{\mathrm{m}}}{c_{\mathrm{m}}} \tag{8-37}$$

或

$$Ma_{\mathrm{p}}=Ma_{\mathrm{m}}$$

回顾本节叙述的相似准则可得以下结论。

(1)相似数(如 Re、Fr)都是由一些物理量组合而成的无量纲量。

(2)两个相似流动的各个相似数之间存在互相制约关系。

(3)同时受黏性力、重力和压力作用的两个流动,在忽略表面张力及压缩性时,要同时满足雷诺、弗劳德和欧拉准则才能实现动力相似。动力相似指相应点上上述三个力与惯性力构成的封闭力多边形相似,那么只要惯性力及其他任意两个同名力相似(方向相同,大小成比例),另一个同名力必将相似。由于压力通常是待求的量,所以只要相应点上的惯性力、黏性力和重力相似,压力即自行相似。换言之,若雷诺准则、弗劳德准则得到满足,欧拉准则可自行满足。因而,雷诺准则、弗劳德准则称为独立准则,欧拉准则称为导出准则。

8.5 模型实验

模型实验是依据相似理论制成和原型相似的小尺度模型进行实验研究,并根据实验结果推测出原型会产生的流动现象。进行模型实验需要解决下面两个问题。

8.5.1 模型律的选择

为了使模型和原型流动完全相似,除几何相似外,应同时满足各独立的相似准则。但实际上要同时满足各准则很困难,甚至是不可能的。若仅满足黏性阻力相似(即两液流的雷诺数相等),由式(8-19)求得两液流黏性系数的比尺为

$$\lambda_{\nu}=\lambda_{u}\lambda_{l} \tag{8-38}$$

就是说 λ_{ν} 取决于 λ_{u} 与 λ_{l} 的乘积,不能任意选择;反之,如 λ_{ν} 已经确定(通常等于1,即原型与模型的运动黏性系数相同),则 λ_{u}与 λ_{l}中只有一个可以任意确定。若模型尺寸较原型缩小 λ_{l}倍,模型中的液流流速就应较原型放大 λ_{l}倍。显然,这一要求不难达到,只要模型中的流量较原型减小 λ_{l}倍即可。管中的有压流动以及飞行体在空气压缩性的影响可以忽略的速度下飞行等的相似都仅仅依赖于雷诺准则。

若仅满足重力相似,就要保证模型的弗劳德数与原型相等。设 $\lambda_{g}=1$(即重力加速度相等),由式(8-22)得两液流流速的比尺为

$$\lambda_{u}=\sqrt{\lambda_{l}} \tag{8-39}$$

就是说 λ_{u}取决于 λ_{l}的平方根,不能任意选择。若模型尺寸较原型缩小 λ_{l}倍,模型中的流速就应较原型缩小$\sqrt{\lambda_{l}}$倍。显然,这一要求不难达到,只要模型中的流量较原型减小 $\lambda_{l}^{5/2}$ 倍即可。自由式孔口出流、坝上溢流、围绕桥墩的水流以及大多数明渠流动都是重力起主要作

用，一般首先受弗劳德准则控制。

若黏性阻力与重力同时相似，就要保证模型和原型的雷诺数和弗劳德数一一对应相等。在这种情况下，若模型与原型采用同一种介质，由雷诺数相等的条件有

$$\lambda_u = \frac{1}{\lambda_l}$$

由弗劳德数相等的条件有

$$\lambda_u = \sqrt{\lambda_l}$$

显然，λ_l 与 λ_u 的关系要同时满足以上两个条件，则 $\lambda_l = 1$，即模型不能缩小，若缩小则失去了模型实验的价值。若要同时满足雷诺与弗劳德准则，则

$$\lambda_\nu = \lambda_u \lambda_l = \sqrt{\lambda_l}\lambda_l = \lambda_l^{3/2} \quad (8-40)$$

就是说实现流动相似有两个条件：一是模型的流速为原型的 $\sqrt{\lambda_l}$ 倍；二是必须按长度比尺的 3/2 次方选择运动黏性系数的比值 λ_ν。后一条件目前难以实现。

由以上分析可知，模型实验做到完全相似是比较困难的，一般只能达到近似相似，就是保证对流体起主要作用的力相似，这就是模型律的选择问题。为了解决这一矛盾，就需要对黏性阻力的作用和影响作深入的分析。前面讨论水流的阻力得知，当雷诺数 Re 超过某一数值后，阻力系数不随 Re 变化，流动阻力的大小与 Re 无关，这个流动范围称为自动模型区。若原型和模型流动都处于自动模型区，只需几何相似，不需 Re 相等，就能实现阻力相似。工程中许多明渠水流都处于自模区，只要是按弗劳德准则设计的模型，便满足阻力相似。如有压管流、潜体绕流，黏滞力起主要作用，应按雷诺准则设计模型；堰顶溢流、闸孔出流、明渠流动等，重力起主要作用，应按弗劳德准则设计模型。

8.5.2 模型的设计

模型设计通常是根据实验场地、供水设备和模型制作条件选定长度比尺 λ_l，按选定的 λ_l 缩小原型，得出模型流动的几何边界；再根据对流动受力情况的分析，满足对流动起主要作用的力相似，选择模型律，在一般情况下，模型液体就采用原型液体，即 λ_ρ、λ_ν 为 1；然后按所选用的准则（如雷诺准则、弗劳德准则）确定速度比尺 λ_v，根据下式定出模型的流量比尺。

雷诺准则 $\dfrac{u_p l_p}{\nu_p} = \dfrac{u_m l_m}{\nu_m}$，如 $\nu_p = \nu_m$，

$$\frac{u_p}{u_m} = \frac{l_m}{l_p} = \lambda_l^{-1} \quad (8-41)$$

弗劳德准则 $\dfrac{u_p}{\sqrt{g_p l_p}} = \dfrac{u_m}{\sqrt{g_m l_m}}$，如 $g_p = g_m$，

$$\frac{u_p}{u_m} = \left(\frac{l_p}{l_m}\right)^{1/2} = \lambda_l^{1/2} \quad (8-42)$$

流量比尺

$$\lambda_Q = \frac{Q_p}{Q_m} = \frac{u_p A_p}{u_m A_m} = \lambda_u \lambda_l^2$$

或

$$Q_m = \frac{Q_p}{\lambda_u \lambda_l^2} \tag{8-43}$$

将速度比尺关系式式(8－41)、式(8－42)分别代入式(8－43)，得到模型流量：

雷诺准则模型 $Q_m = \dfrac{Q}{\lambda_l^{-1}\lambda_l^2} = \dfrac{Q}{\lambda_l}$

弗劳德准则模型 $Q_m = \dfrac{Q}{\lambda_l^{1/2}\lambda_l^2} = \dfrac{Q}{\lambda_l^{5/2}}$

这样便可实现原型、模型流动在相应的准则控制下流动相似。

按雷诺准则和弗劳德准则导出的各物理量比尺如表 8－1 所示。

表 8－1　物理量比尺

名称	比尺			名称	比尺		
	雷诺准则		弗劳德准则		雷诺准则		弗劳德准则
	$\lambda_\nu=1$	$\lambda_\nu\neq1$			$\lambda_\nu=1$	$\lambda_\nu\neq1$	
长度比尺 λ_l	λ_l	λ_l	λ_l	力比尺 λ_F	λ_ρ	$\lambda_\nu^2\lambda_\rho$	$\lambda_l^3\lambda_\rho$
速度比尺 λ_u	λ_l^{-1}	$\lambda_\nu\lambda_l^{-1}$	$\lambda_l^{1/2}$	压强比尺 λ_p	$\lambda_l^{-2}\lambda_\rho$	$\lambda_\nu^2\lambda_l^{-2}\lambda_\rho$	$\lambda_l\lambda_\rho$
加速度比尺 λ_a	λ_l^{-3}	$\lambda_\nu^2\lambda_l^{-3}$	λ_l^0	功比尺 λ_W	$\lambda_l\lambda_\rho$	$\lambda_\nu^2\lambda_l\lambda_\rho$	$\lambda_l^4\lambda_\rho$
流量比尺 λ_Q	λ_l	$\lambda_\nu\lambda_l$	$\lambda_l^{5/2}$	功率比尺 λ_N	$\lambda_l^{-1}\lambda_\rho$	$\lambda_\nu^3\lambda_l^{-1}\lambda_\rho$	$\lambda_l^{7/2}\lambda_\rho$
时间比尺 λ_t	λ_l^2	$\lambda_\nu^{-1}\lambda_l^2$	$\lambda_l^{1/2}$				

前面谈到几何相似是液流相似的前提，即长度比尺 λ_l不论在水平方向还是竖直方向都一致，这种几何相似模型称为正态模型(normal model)。但是在河流或港口水工模型中，水平长度比值较大，如果竖直方向也采用这么大的比值，则模型中的水深可能很小。在水深很小的水流中，表面张力的影响很显著，这样模型就不能保证水流相似。为了解决这个问题，竖直线性比值可较水平线性比值稍小，从而形成广义的“几何相似”，这种水工模型称为变态模型(abnormal model)。变态模型改变了水流的流速场，因此是一种近似模型，为了保证一定的精度，竖直长度比值与水平长度比值不能相差太大。

以上介绍的相似现象存在于同类现象之中，称为同类相似。相似现象也可以存在于不同类现象之间，如力和电的相似，这种相似称为异类相似。

【例 8－6】　混凝土溢流坝如图 8－1 所示，其最大泄流量 $Q_p=1\ 200\ m^3/s$，几何比尺 $\lambda_l=60$，求模型中的最大流量 Q_m。如在模型中测得坝上水头 $H_m=8$ cm，坝趾断面流速 $v_m=1$ m/s，求原型溢流坝相应的坝上水头 H_p及收缩断面(坝趾处)流速 v_p。

解:溢流坝的过坝水流主要受重力作用，按重力相似准则，其比尺关系为

$$\lambda_{Fr}=1$$

流量比尺

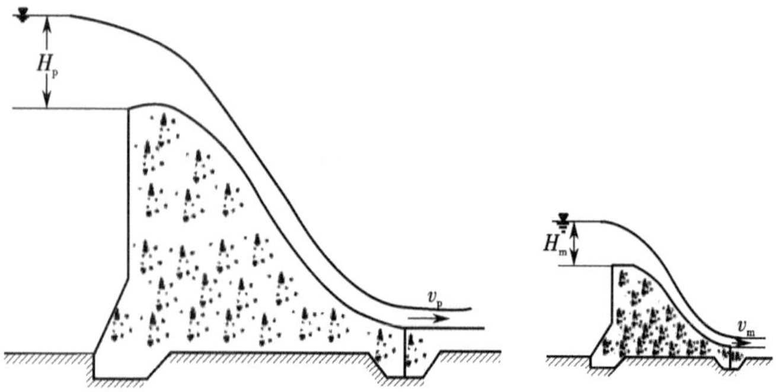

图8-1 例8-6图

$$\lambda_Q=\lambda_l^{5/2}$$

速度比尺

$$\lambda_v=\lambda_l^{1/2}$$

则模型流量

$$Q_m=Q_p/\lambda_l^{5/2}=1\ 200/60^{5/2}=0.043\ m^3/s=43\ L/s$$

原型坝上水头

$$H_p=H_m\lambda_l=8\times60=480\ cm=4.8\ m$$

原型坝趾收缩断面处的流速

$$v_p=v_m\lambda_v=v_m\lambda_l^{1/2}=1\times60^{1/2}=7.75\ m/s$$

【例8-7】 有一个混凝土溢流坝的拟定坝宽 $b_p=210$ m，根据调洪演算坝顶的设计泄流量 $Q_p=3\ 500\ m^3/s$，坝面糙率 $n_p=0.018$。现用一个槽宽 $b_m=0.3$ m，最大流量为 20 L/s 的玻璃水槽做断面模型实验，试确定实验的有关比尺并用阻力相似准则校核模型的制造工艺是否满足要求。

解：由于溢流坝溢流的作用力主要为重力，模型设计按重力（弗劳德）相似准则决定比尺。因原型溢流坝较长，故只需做断面模型实验。根据 $\lambda_Q=\lambda_l^{5/2}=\lambda_l^{3/2}\lambda_b$，$\lambda_q=\lambda_Q/\lambda_b$，可先对单宽流量进行比较以确定长度比尺。

原型溢流坝的单宽流量

$$q_p=\frac{3\ 500}{210}=16.67\ m^3/(s\cdot m)=166.7\ L/(s\cdot cm)$$

模型水槽的最大单宽流量为

$$q_m=\frac{20}{30}=0.667\ L/(s\cdot cm)$$

因此，长度比尺

$$\lambda_l=\left(\frac{166.7}{0.667}\right)^{2/3}=39.67$$

取 $\lambda_l=40$。

由于坝面水还受到边壁阻力的影响，因而确定了比尺后还应考虑阻力相似准则，以核定模型的制造工艺是否满足糙率的要求：

$$n_{\mathrm{m}}=\frac{n_{\mathrm{p}}}{\lambda_l^{1/6}}=\frac{0.018}{40^{1/6}}=0.00973\approx 0.01$$

模型的表面选用刨光的木板可以达到这一糙率要求，故选定 $\lambda_l=40$ 是可行的。

然后确定相应的其他比尺：

$$\lambda_Q=\lambda_l^{5/2}=10\ 119$$

$$\lambda_v=\lambda_l^{1/2}=6.32$$

$$\lambda_t=\lambda_l^{1/2}=6.32$$

$$\lambda_F=\lambda_l^{3}=64\ 000$$

$$\lambda_{\Delta p/\gamma}=\lambda_l=40$$

0.3 m 宽的水槽对应的原型中的坝段宽度为

$$b_{\mathrm{p}}=b_{\mathrm{m}}\lambda_l=0.3\times 40=12\ \mathrm{m}$$

【例 8-8】 有一个直径为 15 cm 的输油管，管长 10 m，输送流量为 0.04 m^3/s 的油。现用水做实验，所选模型管径和原型相等，原型中油的运动黏度为 0.13 cm^2/s，模型中的水温 $t=10$ ℃。(1)模型中的流量为多少才能与原型相似？(2)若在模型中测得 10 m 长管段的压差为 0.35 cm，原型中 1 000 m 长管段的压差为多少？(用油柱高表示)

解:(1)输油管中的主要作用力为黏滞力，所以相似条件应满足雷诺准则，即

$$\lambda_{Re}=\frac{\lambda_v\lambda_d}{\lambda_\nu}=1$$

因 $\lambda_d=\lambda_l=1$，故 $\lambda_v=\lambda_\nu=\nu_{\mathrm{p}}/\nu_{\mathrm{m}}$。

已知 $\nu_{\mathrm{p}}=0.13\ \mathrm{cm^2/s}$，查表得 10 ℃水的运动黏度 $\nu_{\mathrm{m}}=0.0131\ \mathrm{cm^2/s}$，则以水为模拟介质时，

$$Q_{\mathrm{m}}=\frac{Q_{\mathrm{p}}}{\lambda_\nu\lambda_l^2}=\frac{Q_{\mathrm{p}}}{\lambda_\nu}=\frac{0.04}{10}=0.004\ \mathrm{m^3/s}$$

(2)要使以黏滞力为主的原型与模型压强相似，就要保证两个液流的欧拉数和雷诺数的比尺关系式都等于 1，即要求

$$\lambda_{\Delta p}=\lambda_\rho\lambda_v^2,\ \lambda_\nu=\lambda_v\lambda_l$$

或

$$\lambda_{\Delta p/\gamma}=\frac{\lambda_{\Delta p}}{\lambda_\gamma}=\frac{\lambda_v^2}{\lambda_g}=\frac{\lambda_\nu^2}{\lambda_g\lambda_l^2}$$

故原型中的压强用油柱高表示为

$$h_{\mathrm{p}}=\left(\frac{\Delta p}{\gamma}\right)_{\mathrm{p}}=\frac{h_{\mathrm{m}}\lambda_\nu^2}{\lambda_g\lambda_l^2}$$

已知模型中 10 m 长管段的水柱压差为 0.003 5 m，则原型中 10 m 长管段的油柱压差为

$$h_{\mathrm{p}}=\frac{0.0035\times(0.13/0.0131)^2}{1\times 1^2}=0.345\ \mathrm{m}(\text{油柱高})$$

因而 1 000 m 长的输油管的压差为

$$0.345\times 1\ 000/10=34.5\ \mathrm{m}(\text{油柱高})$$

注：工程上往往以 1 km 长管路的水头损失作为设计管路加压泵站扬程的依据。

【例 8-9】 为了实验研究水流对光滑球形潜体的作用力，预先作出实验方案。

解：水流对光滑球形潜体的作用力 D 与水流的速度 v、潜体的直径 d、水的密度 ρ、水的黏度 μ 等物理量有关，即

$$D=f(v,d,\rho,\mu)$$

用量纲分析法组织实验，首先找出有关量使 $f(D,v,d,\rho,\mu)=0$。根据 π 定理，选 v、d、ρ 为基本量，组成各 π 项：

$$\pi_1=\frac{D}{v^{a_1}d^{b_1}\rho^{c_1}}$$

$$\pi_2=\frac{\mu}{v^{a_2}d^{b_2}\rho^{c_2}}$$

按 π 项无量纲确定基本量的指数：$a_1=2, b_1=2, c_1=1; a_2=1, b_2=1, c_2=1$。

整理方程式：

$$f\left(\frac{D}{v^2d^2\rho},\frac{\mu}{vd\rho}\right)=0$$

$$\frac{D}{v^2d^2\rho}=f_1\left(\frac{\mu}{vd\rho}\right)$$

$$D=f_2\left(\frac{vd\rho}{\mu}\right)\rho v^2d^2=f_2(Re)\frac{8}{\pi}\frac{\pi d^2}{4}\frac{\rho v^2}{2}=C_dA\frac{\rho v^2}{2} \tag{8-44}$$

式中：无量纲量 $C_d=f_2(Re)\frac{8}{\pi}=F(Re)$，为阻力系数；$Re=\frac{vd\rho}{\mu}=\frac{vd}{\nu}$，为雷诺数。

由上面的分析可知，实验研究水流对光滑球形潜体的作用力，可归结为实验测定阻力系数 C_d 与雷诺数 Re 的关系。故这项实验研究只需用一个球在温度一定的水流中实验，通过改变水流的速度得到不同 Re 和 C_d 的实验曲线，如图 8-2 所示。按式(8-44)及图 8-2 计算得到的流体对光滑球形潜体的作用力，对不同尺寸的球和不同黏度的流体都适用。

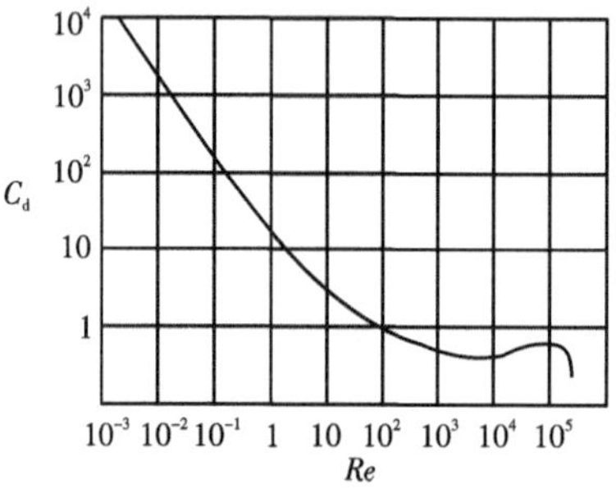

图 8-2 例 8-9 图

习 题

一、问答题

1. 何为几何相似、运动相似和动力相似？分别举例说明。

2. 为了确定所有动力学量的比尺，工程上一般选取哪三个量作为基本比尺？

3. 何为牛顿相似准则？写出牛顿数的表达式及其物理意义。

4. 写出弗劳德数、雷诺数、欧拉数、柯西数、马赫数、韦伯数的定义式及其物理意义。

5. 保证两个流动相似的条件是什么？这些相似条件可以解决模型实验中的哪些问题？

6. 何为工程中常常采用的近似模型实验方法？举例说明。

7. 对于无压的明渠流动及其他水工建筑物中的流动，应考虑什么准则数？对于有压的黏性管流及其他有压内流，应该考虑什么准则数？

8. 何为量纲分析法？它对进行模型实验有何作用？

9. 试述利用雷利法和 π 定理探索流动规律的基本思路。

10. 应用量纲分析法探索流动规律时必须注意哪几点？

二、计算题

1. 在圆管层流中，沿壁面的切应力 τ_0 与管径 d、流速 v 及动力黏性系数 μ 有关，用量纲分析法导出此关系的一般表达式。

2. 液体在管路中流动，已知压强坡度 $\Delta p/L$ 与 ρ、v、d、μ、Δ 有关。试用量纲分析法确定变量间的函数关系式，并导出计算 h_f 的公式。

3. 用油泵抽贮油池中的石油，为保证不产生旋涡及吸入空气，必须用实验方法确定最小油位 h。已知原型设备中吸入管直径 $d_n = 250$ mm，$\gamma_n = 0.75 \times 10^{-4}$ m^2/s，$Q_n = 14.0$ L/s，实验在 1∶5的模型中进行，试确定：

(1)模型中的 γ_m、Q_m、v_m；

(2)若模型中出现旋涡的最小液柱高度 $h_m = 60$ mm，求 h_n。

4. 20 ℃ 的空气在直径为 600 mm 的光滑风管中以 8 m/s 的速度运动，现用直径为 60 mm 的光滑水管进行模拟实验，为了保证动力相似，水管中的流速应为多大？若在水管中测得压降为 450 mmH_2O，那么在原型风管中将产生多大的压降？

5. 用 20 ℃ 的空气进行烟气余热回收装置的冷态模型实验，几何相似倍数为 1/5。已知实际装置中烟气的运动黏度为 248×10^{-6} m^2/s，流速为 2.5 m/s，模型中空气的流速为多大才能保证流动相似？

6. 用直径为 25 mm 的水管模拟输油管道，已知输油管直径为 500 mm，管长 100 m，输油量为 0.1 m^3/s，油的运动黏度为 150×10^{-6} m^2/s，水的运动黏度为 1.0×10^{-6} m^2/s，试求：

(1)模型管道的长度和模型的流量；

(2)若测得模型的压差为 2.5 cmH_2O，输油管的压差是多少？

7. 用一个管路通过空气进行水管阀门局部阻力系数的测定，水和空气的温度均为 20 ℃，管路直径为 50 mm，水速为 2.5 m/s 时，风速为多大？通过空气时测得的压差应扩大多少倍方可与通过水时的压差相等？

8. 为研究输水管道上直径为600 mm 的阀门的阻力特性，采用直径为 300 mm、几何相似的阀门用气流做模型实验，已知输水管道的流量为 0.283 m^3/s，水的运动黏度为 1.0×10^{-6} m^2/s，空气的运动黏度为 15×10^{-6} m^2/s，求模型中空气的流量。

9. 为研究风对高层建筑物的影响，在风洞中进行模型实验，当风速为 8 m/s 时，测得迎风面压强为 40 N/m^2，背风面压强为 $-24\ N/m^2$。若温度不变，风速增大至 10 m/s，迎风面和背风面的压强将为多少？

10. 已知汽车高 1.5 m，行车速度为 108 km/h，拟在风洞中进行动力特性实验，风洞风速为 45 m/s，测得模型车的阻力为 1.50 kN，试求模型车的高度以及原型车受到的阻力。

11. 直径为 0.3 m 的管道中水的流速为 1.0 m/s，某管段压降为 70 kN/m^2，现用几何相似倍数为 1/3 的小型风管做模型实验，空气和水的温度均为 20 ℃，两管中的流动均在水力光滑区。求：(1)模型中的风速；(2)模型相应管段的压降。

12. 模型水管的出口喷嘴直径为 50 mm，喷射流量为 15 L/s，喷嘴所受力为 100 N，直径扩大 10 倍的原型风管出口喷嘴在流量为 10 000 m^3/h 时所受力为多少？设水和空气的温度均为 20 ℃。

13. 防浪堤模型实验几何相似倍数为 1/40，测得浪的压力为 130 N，试求作用在原型防浪堤上的浪的压力。

14. 贮水池放水模型实验几何相似倍数为 1/225，开闸后 10 min 水全部放空，试求放空原型贮水池所需的时间。

15. 溢水堰模型的几何相似倍数为 1/20，模型中流量为 300 L/s，堰所受推力为 300 N，试求原型堰的流量和所受的推力。

16. 油池通过直径 $d = 250$ mm 的管路输送 $Q = 140$ L/s 的石油，石油的黏度为 $75\times10^{-6}\ m^2/s$，现用几何相似倍数为 1/5 的模型研究避免油面产生旋涡而卷入空气的最小油深 h_{min}，实验应保证 Re 和 Fr 都相等。问：(1)模型中液体的流量和黏度应为多少？(2)在模型中观察到最小液深 h_{min} 为 60 mm 时，原型中的最小油深 h_{min} 应为多少？

17. 用水进行如图所示的管嘴实验，模型管嘴直径 $d_m = 30$ mm，当水头 $H_m = 50$ m 时，得流量 $Q_m = 18\times10^{-3}\ m^3/s$，出口射流的平均流速 $u_{cm} = 30$ m/s。为保证管嘴流量 $Q = 0.1\ m^3/s$，出口射流的平均流速 $u_c = 60$ m/s，原型管嘴直径 d 及水头 H 应为多少？已知实验中的流动在自动模化区(阻力平方区)。

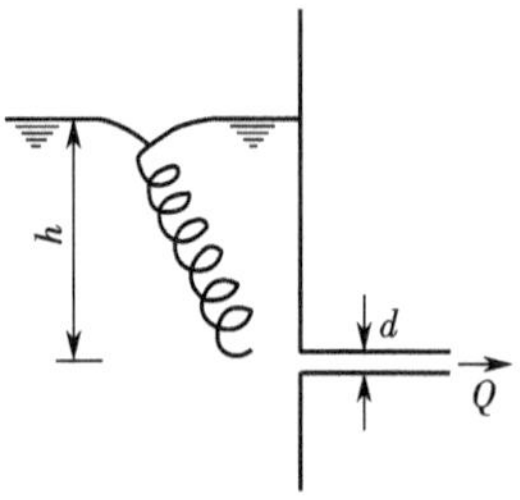

计算题 16 附图

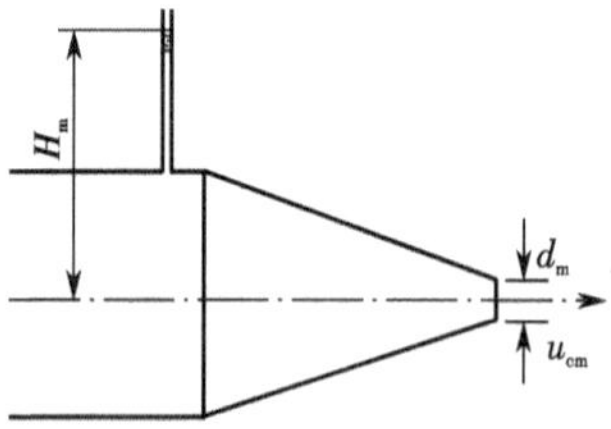

计算题 17 附图

18. 溢流坝泄流模型实验几何相似倍数为 1/60，溢流坝的泄流量为 500 m^3/s，(1)试求模型的泄流量；(2)模型的堰上水头 $H_m = 6$ cm，原型的堰上水头是多少？

19. 用几何相似倍数为 1/10 的模型进行炮弹的空气动力特性实验研究，已知炮弹的飞行速度为 1 000 m/s，空气的温度为 40 ℃，空气的动力黏度为 19.2×10^{-6} Pa·s；模型空气

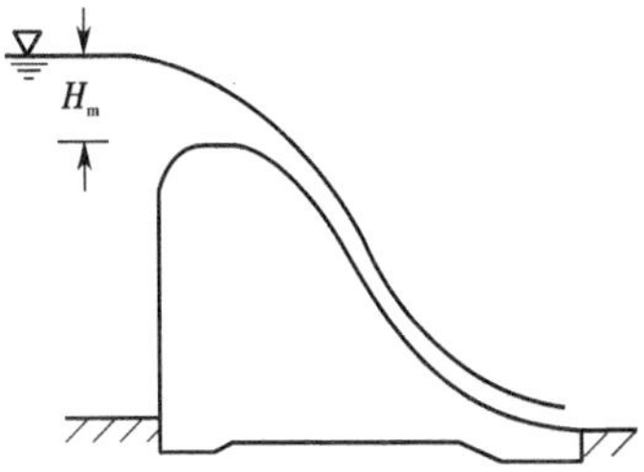

计算题 18 附图

的温度为 10 ℃，空气的动力黏度为 17.8×10^{-6} Pa·s。试求满足黏性力和弹性力相似的模型的风速和压力。

20. 在风洞中进行超声速飞机的模型实验，模型的几何相似倍数为 1/20。原型中大气温度为 40 ℃，绝对压强为 125 kN/m^2，飞机的航速为 360 m/s，模型中空气温度为 50 ℃，绝对压强为 170 kN/m^2，为保证动力相似，求模型中的风速。若模型实测阻力为 125 N，求原型飞机所受的阻力。

21. 车间长 40 m、宽 20 m、高 8 m，由直径为 0.6 m 的风口送风，送风量为 2.3 m^3/s，用几何相似倍数为 1/5 的模型实验，原型和模型的送风温度均为 20 ℃，求模型的尺寸及送风量。（提示：模型用铸铁送风管，雷诺数达到 60 000 时进入阻力平方区）

22. 为研究温差射流运动的轨迹，用几何相似倍数为 1/6 的模型进行实验，已知原型风口的风速为 22 m/s，温差为 15 ℃，模型风口的风速为 8 m/s，原型和模型周围空气的温度均为 20 ℃，求模型的温差。

23. 为研究吸风口附近气流的运动，用几何相似倍数为 1/10 的模型进行实验。测得模型吸风口的流速为 10 m/s，距风口 0.2 m 处轴线上的流速为 0.5 m/s，原型吸风口的流速为 18 m/s，求与模型对应的点的位置及该点的流速。

24. 气力输送管道中气流的速度为 10 m/s，悬砂直径为 0.03 mm，密度为 2 500 kg/m^3。在 1∶3 的模型中进行空气动力性能实验，要求 Re 相等、悬浮状况相似，求模型中气流的速度和模型砂的粒径。设空气的温度为 20 ℃。

25. 已知文丘里流量计的喉道流速 u 与流量计压差 Δp、主管直径 d_1、喉道直径 d_2 以及流体的密度 ρ 和运动黏度 ν 有关，试用雷利法确定流速的关系式。

26. 假设自由落体的下落距离 s 与落体的质量 m、重力加速度 g 及下落时间 t 有关，试用雷利法导出自由落体下落距离的关系式。

27. 试用雷利法推导不可压缩流体中流线型潜没物体所受到的阻力的表达式，已知阻力 F 与物体的速度 u、尺寸 l，流体的密度 ρ、动力黏度 μ 有关。

28. 水泵的轴功率 N 与泵轴的转矩 M、角速度 ω 有关，试用雷利法导出轴功率的表达式。

29. 球形固体颗粒在流体中的自由沉降速度 u_f 与颗粒的直径 d、密度 ρ_s，流体的密度 ρ、动力黏度 μ，重力加速度 g 有关，试用 π 定理推导自由沉降速度的关系式。

30. 作用在高速飞行的炮弹上的阻力 F 与弹体的飞行速度 u、直径 d，空气的密度 ρ、动

力黏度 μ 以及声速 a 有关,试用 π 定理确定阻力的关系式。

31. 圆形孔口出流的流量 Q 与作用水头 H、孔口直径 d、水的密度 ρ 和动力黏度 μ 以及重力加速度 g 有关,试用雷利法推导孔口流量公式。

32. 已知矩形薄壁堰的溢流量 Q 与堰上水头 H、堰宽 b、水的密度 ρ 和动力黏度 μ 以及重力加速度 g 有关,试用 π 定理推导流量公式。

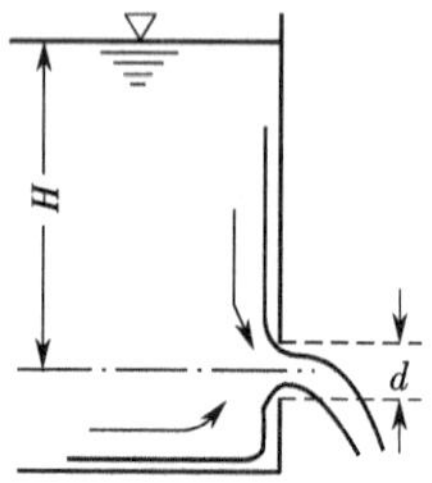

计算题 31 附图

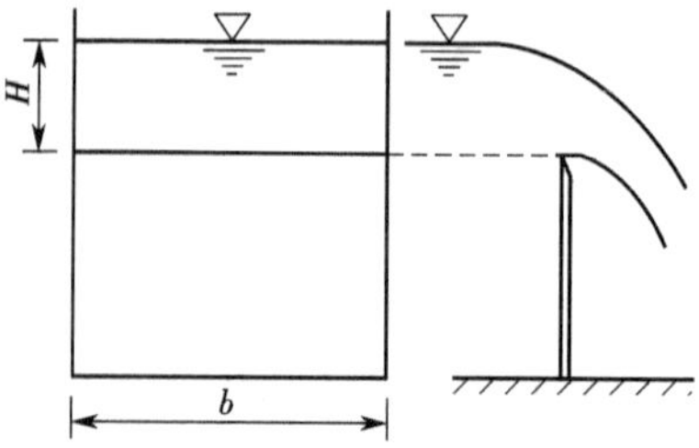

计算题 32 附图

33. 在一定的速度范围内,流体绕过圆柱体在其后部产生两侧交替释放的旋涡(卡门涡街),已知旋涡释放频率 n 与来流速度 u_∞、流体的密度 ρ 和动力黏度 μ 以及圆柱体的直径 d 有关,试用 π 定理证明 n 与其他量的关系为 $\frac{u_\infty}{nd}=f(Re)$。

34. 流体流动的压力损失 ΔP 取决于流体的速度 u、密度 ρ、动力黏度 μ、弹性模量 E、重力加速度 g 以及一些线尺寸 s、s_1、s_2。试确定其函数关系式。